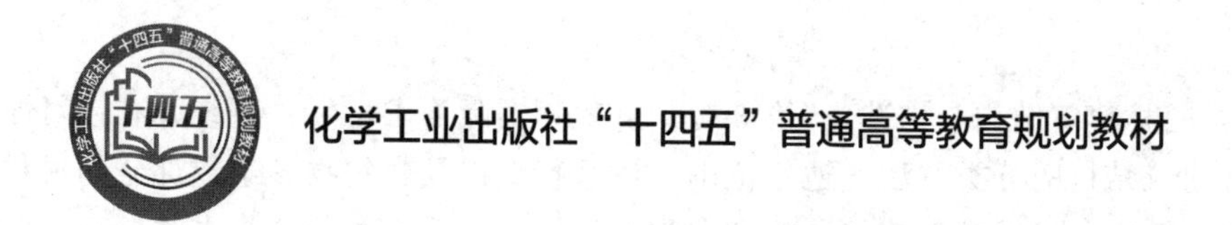


# 风景园林建筑结构与构造

第3版

张丹 姜虹 编

化学工业出版社
·北京·

## 内容简介

《风景园林建筑结构与构造》(第3版)从教学实际需求出发,系统并有针对性地介绍了风景园林建筑结构的分类方法、适用范围、体系特点以及建筑物各组成部分的材料组成、构造原理和构造方法,并配有实例分析和课程设计指导,图文并茂。全书共5章,内容包括概论、风景园林建筑结构、风景园林建筑构造、实例分析、课程设计。

本书在第2版的基础上,更新了部分实践案例,增加了课程思政设计,供读者参考。

《风景园林建筑结构与构造》(第3版)内容广泛、知识新颖、应用性突出,可作为园林、城乡规划、风景园林、环境艺术等专业的教材,也可供从事建筑设计与建筑施工的相关技术人员参考。

**图书在版编目(CIP)数据**

风景园林建筑结构与构造 / 张丹,姜虹编. -- 3版. 北京 : 化学工业出版社,2024. 9. -- ISBN 978-7-122-46250-3

Ⅰ. TU986.4

中国国家版本馆CIP数据核字第2024XG3918号

责任编辑:尤彩霞　　装帧设计:韩　飞

责任校对:张茜越

出版发行:化学工业出版社

(北京市东城区青年湖南街13号　邮政编码100011)

印　　刷:北京云浩印刷有限责任公司

装　　订:三河市振勇印装有限公司

787mm×1092mm　1/16　印张16¼　字数427千字

2025年1月北京第3版第1次印刷

购书咨询:010-64518888　　售后服务:010-64518899

网　　址:http://www.cip.com.cn

凡购买本书,如有缺损质量问题,本社销售中心负责调换。

定　　价:59.00元

# 丛书序

中国风景园林学会（Chinese Society of Landscape Architecture）2009年年会在《中国风景园林学会北京宣言》中提出，风景园林是已经持续数千年的人类实践活动，是大众物质和精神生活的基本需要，是人类文明不可或缺的组成部分。风景园林工作者的追求是：人与自然、精神与物质、科学与艺术的高度和谐，即现代语境中的“天人合一”。风景园林专业作为人居环境科学的三大支柱之一，其地位日益重要；与此同时，风景园林建筑设计及其相关理论在风景园林学科中的地位与作用也愈发凸显。

风景园林建筑从属于建筑学范畴，作为风景园林及景观专业一门重要的主干课，是自然科学与人文社会科学高度综合的实践应用型课程。从其形成与发展、设计方法与过程、施工技术和艺术特点等方面比较，风景园林建筑同普通的工业与民用建筑既有共性的特征，又有个性的区别。目前，在国内大多数高等院校风景园林及景观类专业的风景园林建筑教学中，普遍存在课程体系不完整、专业特色不突出、课程设置与实践结合不够紧密、教学内容不能完全适应学科发展等问题。针对以上不足之处，本套风景园林建筑系列图书在强调教学的针对性和时效性的同时，与工程实例相结合，具有以下三个特点：继承性与创新性、全面性与系统性、实用性与适用性。丛书由风景园林建筑理论、风景园林建筑技术、风景园林建筑设计三大部分构成。各单册包括《风景园林建筑设计基础》《风景园林建筑设计与表达》《风景园林建筑快速设计》《风景园林建筑结构与构造》《风景园林建筑管理与法规》等。

本套教学及教学参考丛书由东北林业大学园林学院组织学院建筑教研室的教师编写，参编人员研究方向涉及建筑学、城市规划、风景园林、环境艺术、土木工程和园林植物与观赏园艺等学科领域，构成了复合型的学缘结构体系，在教学与科研方面具有较丰富的经验。同时，主要参编人员均为国家一级注册建筑师，曾长期从事建筑设计与城市规划设计实践工作，拥有完备的工程设计经验与理论结合实践的能力，并在教学岗位工作多年，因此本丛书对教学与工程实践均具有较强的指导作用，适合风景园林、园林、景观、建筑、城乡规划、环境艺术、园艺等专业的高等教育、专业培训及相关工程技术人员参考使用，适应性广、实用性强。

风景园林建筑教学及教学参考丛书的各单册将陆续与广大读者见面。希望本套丛书的出版，能够促进风景园林建筑教学的进一步发展，为培养更多的优秀风景园林人才起到积极的作用。

国务院学位委员会　全国风景园林硕士学位教学指导委员会委员
教育部　中国风景园林学会理事

# 前 言

风景园林建筑在建筑设计、园林设计、城乡规划以及环境艺术设计中均占有重要的地位，进行风景园林建筑设计，必须掌握一定的建筑结构与建筑构造的设计知识。建筑结构与构造是一门实践性较强的综合性技术学科，对于风景园林建筑设计内容的丰富以及深化起着重要的作用。

随着新结构、新构造、新技术、新工艺、新材料在风景园林建筑设计中不断推陈出新和广泛应用，原有教科书的某些内容已不符合国家现行的设计规范，不适宜继续推广和使用。近年来虽然有关建筑设计、建筑结构选型、建筑构造的教材版本很多，但这些教材大都侧重结构计算，对于风景园林、园林专业的学生来说，内容含量过多，理论过深。

因此，本版教材仍然保持原书的风格和框架体系，坚持以适应园林、风景园林、城乡规划、环境艺术、景观设计等专业的风景园林建筑结构与构造课程教学需求为前提，把风景园林建筑概论、建筑结构、建筑构造、建筑材料以及建筑力学等相关课程内容加以融合，并紧扣国家相关规范和标准，针对风景园林建筑结构与构造的特殊性，结合近年来发展较快、又行之有效的一些建筑技术、结构和构造设计原理及典型做法，同时保留和吸取了一些传统的处理手法编写而成。

本次修订在第2版的基础上，不仅继续完善基本原理和概念，还对部分章节的内容和图例进行了调整，并且增加了地下室构造、天窗构造、疏散楼梯构造、建筑节能构造以及绿色建筑材料等内容，以保证教学与实践良好的衔接。同时，增加了课程思政教学设计内容，供读者参考。

为方便读者使用，教材配有电子课件，如有需求，请发邮件至 cipedu@163. com 索取，或者登录化学工业出版社教学资源网 www. cipedu. com. cn 免费注册下载。

本教材编写过程中得到了东北林业大学园林学院相关领导及教师的帮助与支持，在此表示衷心感谢！

鉴于编者水平所限，书中不妥之处在所难免，敬请读者批评指正！

**编者**

**2024年6月于哈尔滨**

# 目　录

# 第1章 概 论

## 1.1 风景园林建筑及其结构与构造的特点

### 1.1.1 风景园林建筑的作用与特点

风景园林建筑，顾名思义是指风景园林中的一切人工建筑物与构筑物，以丰富景观并为人们游览、休憩提供场所为主要目的的一类建筑，是风景园林整体中的有机组成部分。对风景园林建筑的设计，必须考虑周围所处的大环境；对风景园林建筑的评价，也必须以其是否与周围环境构成了有机融合关系，并达到了和谐统一的效果而定。

因此，风景园林建筑既是物质产品，又具有特定的艺术形象，同时也涉及建筑学、城乡规划、环境艺术、园艺、林学、生态学、人文科学等众多学科，已发展成内容广泛、高度综合的一门应用性科学。

#### 1.1.1.1 风景园林建筑的作用

风景园林建筑是建筑的一种类型，但又不同于一般意义上的建筑。其最大特点就是人工成分多，因此，风景园林建筑在营造景观所运用的手段中是最灵活、最积极的。风景园林建筑虽然在建筑规模、形式内容、功能作用上各不相同，但都与自然风景环境或周边景观有着密切的关系，既能满足景观营造的需要，又或多或少、或直接或间接地影响着风景园林的环境质量，同时也要受到景观及环境的制约。总而言之，风景园林建筑除了具备一般建筑所具备的遮风避雨、供人休憩、饮食服务等实用功能外，其对于自然景观来说主要的作用还可归纳为以下几点：

① 构景　山、水、植物、风景园林建筑是构成风景园林的四大要素，建筑是其中核心，往往是风景园林中的主要画面中心，是构图中心的主体。没有风景园林建筑就难以成景，难言风景园林之美（图 1-1-1、图 1-1-2）。

图 1-1-1　某度假酒店

图 1-1-2　哈尔滨大剧院

② 点景　风景园林建筑与自然风景融汇结合，或成为易于近观的局部小景，或成为主景控制全园布局，风景园林建筑在园林景观构图中具有画龙点睛的作用（图 1-1-3）。

③ 赏景　即利用风景园林建筑作为观赏景观的场所。结合赏景需要，综合规划和设计建筑的位置、朝向、布局、门窗形式及尺度，并利用组景手法，使观赏者能够在视野范围内

摄取到最佳的景观效果（图 1-1-4）。

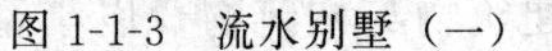
图 1-1-3　流水别墅（一）

图 1-1-4　流水别墅（二）

④ 组织游览路线　风景园林建筑常常具有起承转合的作用，当人们的视线触及某处优美的风景园林建筑时，游览路线就会自然而然地延伸，建筑即成为视线引导的主要目标。合理布置风景园林建筑在风景园林中的位置以及序列，使得游人在游览过程中享受到步移景异、时空转换的乐趣（图 1-1-5）。

⑤ 组织园林空间　风景园林规划和设计中空间组合和布局是重要的内容，风景园林常以一系列巧妙的空间变化给人以艺术享受，利用各种类型的风景园林建筑组织空间、划分空间，力求为人们提供丰富优美的活动空间和场所（图 1-1-6）。

图 1-1-5　苏州园林

图 1-1-6　苏州博物馆

### 1.1.1.2　风景园林建筑的特点

风景园林建筑的复杂性和综合性决定了它具有如下特点：

① 复合性　风景园林建筑必须依据自然、生态、社会、技术、艺术、经济、行为等原则进行规划和创作，既要充分挖掘传统景观园林的艺术精华，又要充分运用现代理论及技术手段，立足实际，以人为本，结合自然，从宏观的角度把握人、建筑以及自然环境之间的关系，因此风景园林建筑具有明显的复合性。

② 社会性　风景园林建筑不仅能为人们提供室内外的休闲活动空间，也是服务大众的精神场所，同时具备了环保、生态等复杂的功能，其社会属性也日益明显。

③ 艺术性　风景园林建筑主要功能之一是塑造具有观赏价值的景观，创造并保存人类生存的环境，以及拓展自然景观之美，为人提供丰富的精神生活空间，使人更加健康和舒适地生活，因此风景园林建筑亦具有艺术属性。

④ 技术性　风景园林建筑的创作是在结合自然景观要素基础之上，运用人工的手法进行自然美的再创造，这一过程的实施，均离不开一定的建筑设计、建筑结构与构造、建筑材

料与设备、建筑施工与维护等技术手段，因此风景园林建筑具有技术属性，其发展亦依赖工程技术的创新与发展。

⑤ 经济性　任何风景园林建筑的项目在实施过程中，都会消耗一定的人力和物力，因此如何提高经济效益，也是目前我国提倡建设节约型社会的重要内容。

⑥ 生态性　生态学是研究生物与环境之间的相互关系的学科，近年来在自然生态基础之上，又逐渐转向以人类活动为中心，而且涉及的领域也不断扩展。风景园林建筑正是人、建筑、自然环境和谐统一的产物，从这一角度讲，生态性也是风景园林建筑的固有属性。

### 1.1.2　风景园林建筑结构与构造的特点

建筑结构与构造和建筑有着密切的关系，它们是形成建筑空间的技术手段，也是建筑物赖以生存的物质基础。风景园林建筑的外观、形象和平面功能布局除了要满足特定的功能外，还要受到周围环境的制约，即最大限度地利用周围环境，所以风景园林建筑要比一般工业与民用建筑更重视造型和轮廓，这也给风景园林建筑的结构与构造都提出了更高的要求。既要保证建筑与周围环境有机融合，又要保证建筑的使用要求，同时还要考虑到材料的选用、结构与构造的可能和施工的难易。因为不同的建筑类型，具有不同的结构受力特点和构造要求。也就是说，除建筑设计外，还必须有适应这些特色的建筑结构与构造的技术保障，才能予以实现并营造出优秀的风景园林建筑。

#### 1.1.2.1　发掘和传承传统技术

发掘、整理、借鉴、传承传统技术，如乡土建筑、地方建筑中蕴含的优秀的结构体系、生态技术、节能措施、构造方法充分利用地方乡土材料。在传统的结构和构造技术基础上，按照资源和环境要求，改造、重组传统技术，不用或少用现代技术手段来达到建筑生态化的目的。这种实践多在非城市地区进行，形式上强调乡土、地方特征（图 1-1-7）。

图 1-1-7　中国传统民居

#### 1.1.2.2 传统技术与现代技术相结合

在现代建筑手段、方法理论的基础上，进行现实可行的生态建筑技术革新，通过精心设计的结构体系、细部构造，提高对建筑和资源的利用效率，减少不可再生资源的耗费，保护生态环境，如外墙保温隔热技术、被动式太阳能技术等，这类技术多在城市地区实践（图 1-1-8、图 1-1-9）。

图 1-1-8 北京香山饭店

图 1-1-9 曲阜阙里宾舍

#### 1.1.2.3 探索和发展高新技术

用先进的技术手段达到建筑生态化的高新技术，把其他领域的新技术，如信息技术、电子技术等，按照生态要求移植过来，以高新技术为主体，突出先进的技术手段，将环境工程、光电技术、空气动力学等综合应用到风景园林建筑的技术领域（图 1-1-10、图 1-1-11）。

图 1-1-10 国家大剧院

图 1-1-11 “鸟巢”体育场

## 1.2 建筑及风景园林建筑的组成

风景园林建筑作为建筑的类型之一，具有建筑的一般性质和特点。

解剖建筑或是风景园林建筑，我们不难发现它们均是由基础、墙或柱、楼板层和地坪、楼梯、屋顶、门窗等几大部分组成（图 1-2-1）。根据这些构件所处的位置不同，作用也不同。现将各组成部分及其作用分述如下。

（1）基础

基础是建筑物底部与地基接触的承重构件，承受着建筑物的全部荷载，并把这些荷载传给地基。基础必须具有足够的承载力和稳定性，防止不均匀沉降，而且能够经受冰冻和地下水及地下各种有害因素的侵蚀。基础的结构形式取决于上部荷载的大小、承重方式以及地基特性。

（2）墙和柱

墙和柱都是建筑物的竖向承重构件。

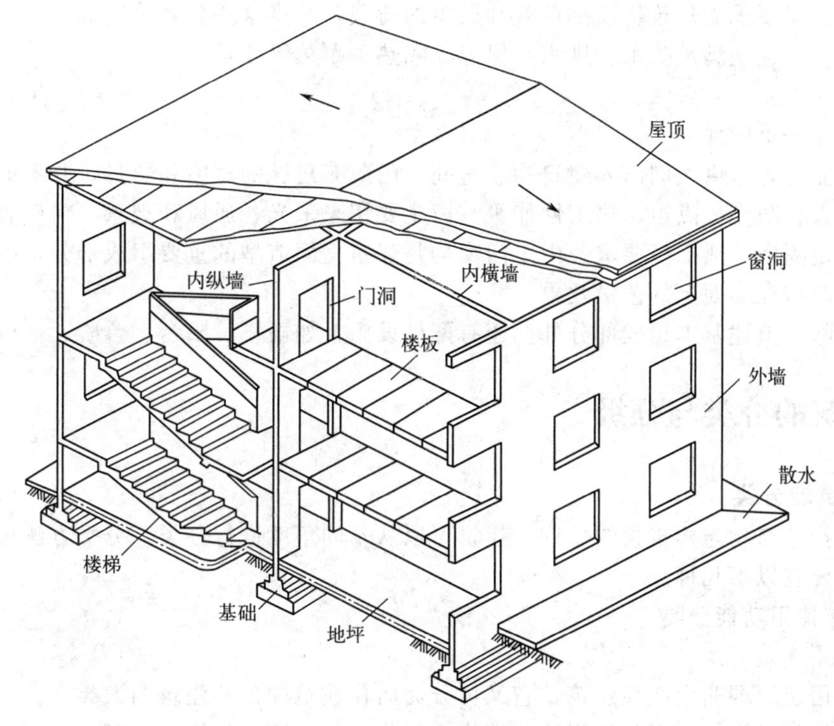


图 1-2-1　一般建筑物的组成

墙的主要作用是承重、围护和分隔空间。作为承重构件，它承受着屋顶、楼层传来的各种荷载，并把这些荷载传给基础。作为围护构件，外墙起着抵御自然界风、雨、雪、寒暑及太阳辐射的作用。内墙则起着分隔空间、隔声、遮挡视线、避免相互干扰等作用。对于墙体还需要具有足够的承载力、稳定性、良好的热功能性和防火、防水、隔声等性能，并符合经济性要求。

柱是框架结构的主要承重构件，同承重墙体一样，承担屋顶和楼板层传来的荷载，并把它们传递给基础。因此，柱应该具有足够的承载能力和刚度。利用柱子承重能扩大建筑空间，提高空间的灵活性。

(3) 楼板层和地坪

楼板层是水平方向的承重构件，同时还兼有在竖向划分建筑内部空间的功能。楼板承担建筑的楼面荷载，并把这些传给墙或梁，同时对墙体起到水平支撑的作用，它应具有足够的承载力和刚度。

地坪是建筑物底层与下部土层相接触的部分，承受着底层房间的地面荷载。由于地坪下面往往是夯实的土壤，所以承载力要求比楼板层低，但仍然要求地坪应具有均匀传力、坚固、耐磨、防潮、保温等性能。

(4) 楼梯和电梯

楼梯是建筑中联系上下层的垂直交通工具，供人们交通以及紧急疏散之用。楼梯应具有足够的通行能力，并且坚固、耐久、安全、美观。

电梯是一种以电动机为动力的垂直交通设施，多用于六层以上的建筑，应具有足够的运载能力和方便快捷性能。

(5) 屋顶（屋盖）

屋顶（屋盖）是建筑顶部的承重和围护构件，用来抵御自然界风、霜、雨、雪的侵袭和太阳的辐射。屋顶承受建筑物顶部荷载和风雪的荷载，并将这些荷载传给墙或柱。屋顶应有足够的承载力，并能满足防水、排水、保温、隔热、耐久等要求。

(6) 门窗

门窗为非承重构件。

门的功能主要是供人们出入建筑物和房间。门应有足够的宽度和数量，并考虑它的特殊要求，如防火、防盗、隔声、热工性能等。窗主要用来采光、通风和观景。窗应有足够的面积，同时满足隔声、热工等要求。由于门窗均是建筑立面造型的重要组成部分，因此在设计中还应注意门窗在立面上的艺术效果。

建筑物除了上述基本组成部分外，还有配件设施，如雨篷、阳台、台阶、通风道等。

## 1.3 建筑的分类与分级

### 1.3.1 建筑的分类

建筑是指建筑物与构筑物的总称。建筑可以从不同角度进行分类，分类方法可谓多种多样，其中主要有以下几种。

#### 1.3.1.1 按使用功能分类

(1) 民用建筑

所谓民用建筑即非生产性建筑，它又可分为居住建筑和公共建筑两大类。

居住建筑是供人们生活起居用的建筑物。如住宅、公寓、集体宿舍等。

公共建筑是人们从事政治文化活动、行政办公、商业、生活服务等公共事业所需要的建筑物。如办公建筑、文教建筑、托幼建筑、医疗建筑、商业建筑、观演建筑、体育建筑、展览建筑、旅馆建筑、交通建筑、通信建筑、风景园林建筑、纪念建筑、娱乐建筑等。

(2) 工业建筑

工业建筑即从事生产用的建筑。

按生产性质可以分为：黑色冶金建筑、纺织工业建筑、机械工业建筑、化工工业建筑、建材工业建筑、动力工业建筑、轻工业建筑、其他建筑等。

按厂房用途可以分为：主要生产厂房、辅助生产厂房、动力用厂房、附属储藏建筑等。

按厂房层数可以分为：单层厂房、多层厂房、混合厂房等。

按生产车间内部生产状况可以分为：热车间、冷车间、恒湿恒温车间等。

(3) 农业建筑

农业建筑即指农副业生产和加工服务的建筑，如温室、饲养场、农副产品加工厂、农机修理站、粮仓、水产品养殖场等。

#### 1.3.1.2 按规模大小分类

① 大量性建筑　指量大面广、与人们生活密切相关的那些建筑，如住宅、学校、商店、医院、风景园林建筑等。这些建筑在大中小城市和农村都是不可缺少的，修建的数量很大。

② 大型性建筑　指规模宏大的建筑，如体育馆、剧院、火车站和航空港、展览馆等，这些建筑规模巨大，耗资也大，不可能到处修建，与大量性建筑比起来，其修建量是有限的。但这些建筑在一个国家或一个地区具有代表性，对城市面貌影响也大。

#### 1.3.1.3 按层数或高度分类

建筑层数是建筑的一项非常重要的控制指标，但必须结合建筑总高度综合考虑。民用建筑根据其建筑高度和层数可以分为单层民用建筑、多层民用建筑和高层民用建筑。高层建筑具有较大的火灾危险性。高层建筑根据其使用性质、火灾危险性、疏散和扑救难度等，又分为一类高层建筑和二类高层建筑。

（1）根据《民用建筑设计统一标准》（GB 50352—2019），民用建筑按地上建筑高度或层数进行分类应符合如下规定：

① 单层或多层民用建筑　建筑高度不大于 27m 的住宅建筑、建筑高度不大于 24m 的其他公共建筑及建筑高度大于 24m 的单层公共建筑为低层或多层民用建筑。

② 高层民用建筑　建筑高度大于 27m 的住宅建筑和建筑高度大于 24m 的非单层公共建筑，且高度不大于 100m 的，为高层民用建筑。

③ 超高层建筑　建筑高度大于 100m 的为超高层建筑。

（2）根据《建筑设计防火规范》（GB 50016—2014）（2018 年版），民用建筑按地上建筑高度或层数进行分类应符合表 1-3-1 所示规定。

**表 1-3-1　民用建筑的分类**

| 名称 | 高层民用建筑 | | 单层、多层民用建筑 |
|---|---|---|---|
| | 一类 | 二类 | |
| 住宅建筑 | 建筑高度大于 54m 的住宅建筑（包括设置商业服务网点的住宅建筑） | 建筑高度大于 27m，但不大于 54m 的住宅建筑（包括设置商业服务网点的住宅建筑） | 建筑高度不大于 27m 的住宅建筑（包括设置商业服务网点的住宅建筑） |
| 公共建筑 | 1. 建筑高度大于 50m 的公共建筑；<br>2. 建筑高度 24m 以上部分任一楼层建筑面积大于 1000m² 的商店、展览、电信、邮政、财贸金融建筑和其他多功能组合的建筑；<br>3. 医疗建筑、重要公共建筑；<br>4. 省级及以上的广播电视和防灾指挥、调度建筑，网局级和省级电力调度建筑；<br>5. 藏书超过 100 万册的图书馆、书库 | 除一类高层公共建筑外的其他高层公共建筑 | 1. 建筑高度大于 24m 的单层公共建筑；<br>2. 建筑高度不大于 24m 的其他公共建筑 |

注：1. 表中未列入的建筑，其类别应根据本表类比确定。

2. 宿舍、公寓等非住宅类居住建筑的防火要求，应符合《建筑设计防火规范》（GB 50016—2014）有关公共建筑的规定。

3. 裙房的防火要求应符合《建筑设计防火规范》（GB 50016—2014）有关高层民用建筑的规定。

#### 1.3.1.4　按主要承重材料分类

① 砌体结构　是砖砌体、砌块砌体、石砌体建造的结构统称，一般用于多层建筑。

② 钢筋混凝土结构　是我国目前建筑中应用最为广泛的一种结构形式，如钢筋混凝土的高层、大跨度、大空间结构的建筑，以及装配式大板、大模板、滑模等工业化建筑等。

③ 钢结构　是一种强度高、塑性好、韧性好的结构。它适用于高层、大跨度或荷载较大的建筑。

④ 木结构　是大部分用木材建造或以木材作为主要受力构件的建筑物。主要适用于低层、规模较小的建筑物，如别墅、旅游性木质建筑以及风景园林建筑小品等。

⑤ 混合结构　用两种或两种以上材料作承重结构的建筑结构形式，如砖墙木楼板的砖木结构建筑、砖墙钢筋混凝土楼板的砖混结构建筑、钢屋架和混凝土墙（或柱的）及钢框架

和钢筋混凝土楼板组成的钢混结构建筑。砖混结构在大量性建筑中应用最为广泛，钢混结构多用于大跨度建筑，砖木结构由于木材资源的短缺而极少采用。

## 1.3.2 建筑的分级

### 1.3.2.1 按建筑的设计使用年限分级

《民用建筑设计统一标准》（GB 50352—2019）中规定，建筑物的设计使用年限应符合表1-3-2的规定。

**表1-3-2 设计使用年限分类**

| 类别 | 设计使用年限/年 | 示例 |
|---|---|---|
| 1 | 5 | 临时性建筑 |
| 2 | 25 | 易于替换结构构件的建筑 |
| 3 | 50 | 普通建筑和构筑物 |
| 4 | 100 | 纪念性建筑和特别重要的建筑 |

### 1.3.2.2 按建筑的耐火极限分级

民用建筑的耐火等级取决于主要构件（如墙、柱、梁、楼板、屋顶等）的燃烧性能和耐火极限。按照《建筑设计防火规范》（GB 50016—2014）（2018年版）的规定，民用建筑的耐火等级可分为四级，除规范另有规定外，不同耐火等级民用建筑相应构件的燃烧性能和耐火极限不应低于表1-3-3的规定，不同耐火等级建筑的允许建筑高度或层数、防火分区最大允许建筑面积应符合表1-3-4的规定。

**表1-3-3 不同耐火等级民用建筑相应构件的燃烧性能和耐火极限** 单位：h

| 构件名称 | | 耐火等级 | | | |
|---|---|---|---|---|---|
| | | 一级 | 二级 | 三级 | 四级 |
| 墙 | 防火墙 | 不燃性 3.00 | 不燃性 3.00 | 不燃性 3.00 | 不燃性 3.00 |
| | 承重墙 | 不燃性 3.00 | 不燃性 2.50 | 不燃性 2.00 | 难燃性 0.50 |
| | 非承重外墙 | 不燃性 1.00 | 不燃性 1.00 | 不燃性 0.50 | 可燃性 |
| | 楼梯间和前室的墙、电梯井的墙、住宅建筑单元之间的墙和分户墙 | 不燃性 2.00 | 不燃性 2.00 | 不燃性 1.50 | 难燃性 0.50 |
| | 疏散走道两侧的隔墙 | 不燃性 1.00 | 不燃性 1.00 | 不燃性 0.50 | 难燃性 0.25 |
| | 房间隔墙 | 不燃性 0.75 | 不燃性 0.50 | 难燃性 0.50 | 难燃性 0.25 |
| 柱 | | 不燃性 3.00 | 不燃性 2.50 | 不燃性 2.00 | 难燃性 0.50 |
| 梁 | | 不燃性 2.00 | 不燃性 1.50 | 不燃性 1.00 | 难燃性 0.50 |
| 楼板 | | 不燃性 1.50 | 不燃性 1.00 | 不燃性 0.50 | 可燃性 |
| 屋顶承重构件 | | 不燃性 1.50 | 不燃性 1.00 | 可燃性 0.50 | 可燃性 |
| 疏散楼梯 | | 不燃性 1.50 | 不燃性 1.00 | 不燃性 0.50 | 可燃性 |
| 吊顶(包括吊顶搁栅) | | 不燃性 0.25 | 难燃性 0.25 | 难燃性 0.15 | 可燃性 |

注：1. 除本规范另有规定外，以木柱承重且墙体采用不燃材料的建筑，其耐火等级应按四级确定。

2. 住宅建筑构件的耐火极限和燃烧性能可按现行国家标准《住宅建筑规范》（GB 50368—2005）的规定执行。

表 1-3-4 不同耐火等级建筑的允许建筑高度或层数、防火分区最大允许建筑面积

| 名称 | 耐火等级 | 允许建筑高度或层数 | 防火分区的最大允许建筑面积/$m^2$ | 备注 |
| --- | --- | --- | --- | --- |
| 高层民用建筑 | 一、二级 | 按表 1-3-1 确定 | 1500 | 对于体育馆、剧场的观众厅，防火分区的最大允许建筑面积可适当增加 |
| 单、多层民用建筑 | 一、二级 | 按表 1-3-1 确定 | 2500 | |
| | 三级 | 5 层 | 1200 | — |
| | 四级 | 2 层 | 600 | — |
| 地下或半地下建筑(室) | 一级 | — | 500 | 设备用房的防火分区最大允许建筑面积不应大于 1000$m^2$ |

注：1. 表中规定的防火分区最大允许建筑面积，当建筑内设置自动灭火系统时，可按本表的规定增加 1.0 倍；局部设置时，防火分区的增加面积可按该局部面积的 1.0 倍计算。

2. 裙房与高层建筑主体之间设置防火墙时，裙房的防火分区可按单层、多层建筑的要求确定。

民用建筑的耐火等级应根据其建筑高度、使用功能、重要性和火灾扑救难度等确定，并应符合下列规定：①地下或半地下建筑（室）和一类高层建筑的耐火等级不应低于一级；②单层、多层重要公共建筑和二类高层建筑的耐火等级不应低于二级。

（1）建筑构件的耐火极限

对任一建筑构件按时间温度标准曲线进行耐火试验，从受到火的作用时起，到失去支持能力或完整性被破坏或失去隔火作用时为止的这段时间，用小时（h）表示。

（2）建筑构件的燃烧性能

构件的燃烧性能分为三类：不燃性、难燃性和可燃性。

① 不燃性　用不燃性建筑材料制成的建筑构件为不燃烧体，是指在空气中受到火烧或高温作用时不起火、不微燃、不碳化的材料，如建筑中采用的金属材料和天然或人工的无机矿物材料，混凝土、钢材、天然石材等。

② 难燃性　用难燃烧材料制成的建筑构件或用燃烧材料做成而用不燃烧材料做保护层的建筑构件为难燃烧体，是指在空气中受到火烧或高温作用时难起火、难微燃、难碳化，当火源移走后燃烧或微燃立即停止的材料，如沥青混凝土、经过防火处理的木材、用有机物填充的混凝土以及水泥刨花板等。

③ 可燃性　用可燃性建筑材料制成的建筑构件为燃烧体，是指在空气中受到火烧或高温作用时立即起火或微燃，且火源移走后仍继续燃烧或微燃的材料，如木材等。

## 1.4 风景园林建筑的类型

风景园林建筑属民用公共建筑中的一类，根据其对营造景观所起的不同作用，还可以再细分为以下四类。

### 1.4.1 游憩建筑

供人们游览、休闲、娱乐之用的建筑，风景园林建筑多为此类，具有一定的使用功能。包括以下类型。

（1）科普展览建筑及设施

科普展览建筑及设施是指供历史文物、文学艺术、摄影、绘画、科普、书画、工艺美术、花鸟鱼虫等展览的建筑及设施，如各类展室、展馆等。

(2) 文体游乐建筑及设施

文体游乐建筑及设施是指文体场地、露天剧场、康乐中心、娱乐中心等。

(3) 游览观光建筑及设施

游览观光建筑及设施不仅给人提供游览、休息、赏景的场所，而且自身也是构景或点景要素，如亭、廊、阁、花架、码头等。

(4) 风景园林建筑小品

风景园林建筑小品一般体形小巧、数量众多、在风景园林中分布广泛，具有较强的装饰性，能够增加景色、活跃气氛，如景墙、栏杆、雕塑、座椅、宣传牌等。

### 1.4.2 服务建筑

服务建筑与人们生活密切相关，虽然体量不大，但融使用功能与艺术造型于一体，是风景园林中必不可少的一种建筑类型。

(1) 餐饮建筑

餐饮建筑是指餐厅、茶室、酒吧等。这类建筑及设施近年来在风景区和公园设计中已经逐渐成为一项重要内容，在人流集散、功能要求、服务游客、建筑形象等方面对风景园林有很大影响。

(2) 商业建筑

商业建筑是指商店、小卖部、购物中心等。主要提供游客用的物品和烟酒糖茶、水果、饮料、饼食、地方特产、手工艺品等，同时也为游人创造和提供一个休息、赏景之所。

(3) 住宿建筑

住宿建筑是指宾馆、招待所等。规模较大的风景区或公园，为满足游客休息住宿需要，一般均建设招待所或宾馆。

### 1.4.3 管理建筑

管理建筑主要指园区的管理设施，以及为职工服务的各种设施。

(1) 大门、围墙

大门、围墙等风景园林建筑在风景园林中突出醒目，是游人对风景园林的第一印象，具有标志意义。依据各类风景园林不同，大门及围墙的形象、内容、结构类型、构造方式以及规模都有较大差别，需要因地制宜地进行设计和施工。

(2) 其他管理设施

其他管理设施是指办公室、广播站、变电室、保卫室、宿舍食堂、医疗卫生场所等。

### 1.4.4 公用建筑

公用建筑是指为游人提供便利的建筑或设施，主要包括电话通信、导游牌、路标、停车场、公共厕所、供电及照明设施、供排水设施等。

(1) 公共厕所

园区内的公共厕所是为游人提供方便和维护环境卫生不可缺少的，既要满足功能要求，具有实用性，又要外形美观，与风景园林风格相协调，同时还要注意不能喧宾夺主。

(2) 导游牌、路标

在风景园林中各个路口设立标牌，协助指导游人顺利到达游览地点，尤其在道路系统较复杂、景点丰富的大型风景园林中，还起到点景的作用。

(3) 停车场、存车处

停车场、存车处是风景园林中必不可少的设施，为了方便游客，此类设施通常都和大门入口结合在一起设计。

(4) 供电及照明设施

供电及照明设施主要包括园路照明、造景照明、生活和生产照明以及游乐设施用电等。

(5) 供排水设施

供排水设施是指满足风景园林中用水及排水排污需要的设施或设备。

## 1.5 建筑标准化和模数协调

建筑工业化的内容是：设计标准化、构配件生产工厂化、施工机械化。设计标准化是实现其余两个方面目标的前提，只有实现了设计标准化，才能够简化构配件的规格类型，为工厂生产商品化构配件创造条件，为建筑产业化、机械化施工打下基础。

### 1.5.1 建筑标准化

实行建筑标准化，可以有效地减少建筑构配件的规格，在不同的建筑中采用标准构配件，进而提高施工效率，保证施工质量，降低造价。

建筑标准化包括两个方面：

(1) 制定各种法规、规范标准和指标，使设计有章可循；

(2) 设计和施工中推行建筑标准化。

### 1.5.2 建筑模数

模数，是选定的标准尺度单位，作为建筑物、建筑构配件、建筑制品以及有关尺寸相互协调中的增值单位，其目的是使构配件安装吻合，并有互换性。建筑设计和施工中，须遵循《建筑模数协调标准》(GB/T 50002—2013)。

#### 1.5.2.1 基本模数

基本模数是模数协调中选用的基本单位，其数值规定为 100mm ，符号 M，即 1M=100mm 。建筑物、建筑部件以及建筑组合件的模数化尺寸应是基本模数的倍数。

#### 1.5.2.2 导出模数

为满足建筑物中不同的尺度要求，在基本模数的基础上又发展了导出模数，导出模数分为扩大模数和分模数（图 1-5-1）。

(1) 扩大模数

基本模数的整数倍数。如 3M、6M、12M、60M，其相应的尺寸分别是 300mm、600mm、1200mm、6000mm。

① 水平扩大模数　3M 数列为 3M 至 75M；6M 数列为 6M 至 96M；12M 数列为 12M 至 120M；15M 数列为 15M 至 120M；30M 数列为 30M 至 360M；60M 数列为 60M 至 360M；必要时幅度不限。水平扩大模数主要适用于建筑物的开间或柱距、进深或跨度、构配件尺寸和门窗洞口尺寸。

② 竖向扩大模数　一般不受限制，主要适用于建筑物的高度、层高和门窗洞口等处。

(2) 分模数

整数除基本模数的数值。如 1/10M、1/5M、1/2M，其相应的尺寸分别是 10mm、20mm、50mm。主要适用于缝隙、节点构造、构配件截面等处 。

#### 1.5.2.3 模数数列

以选定的模数基数为基础而展开的模数系统，可以保证不同建筑及其组成部分之间尺度

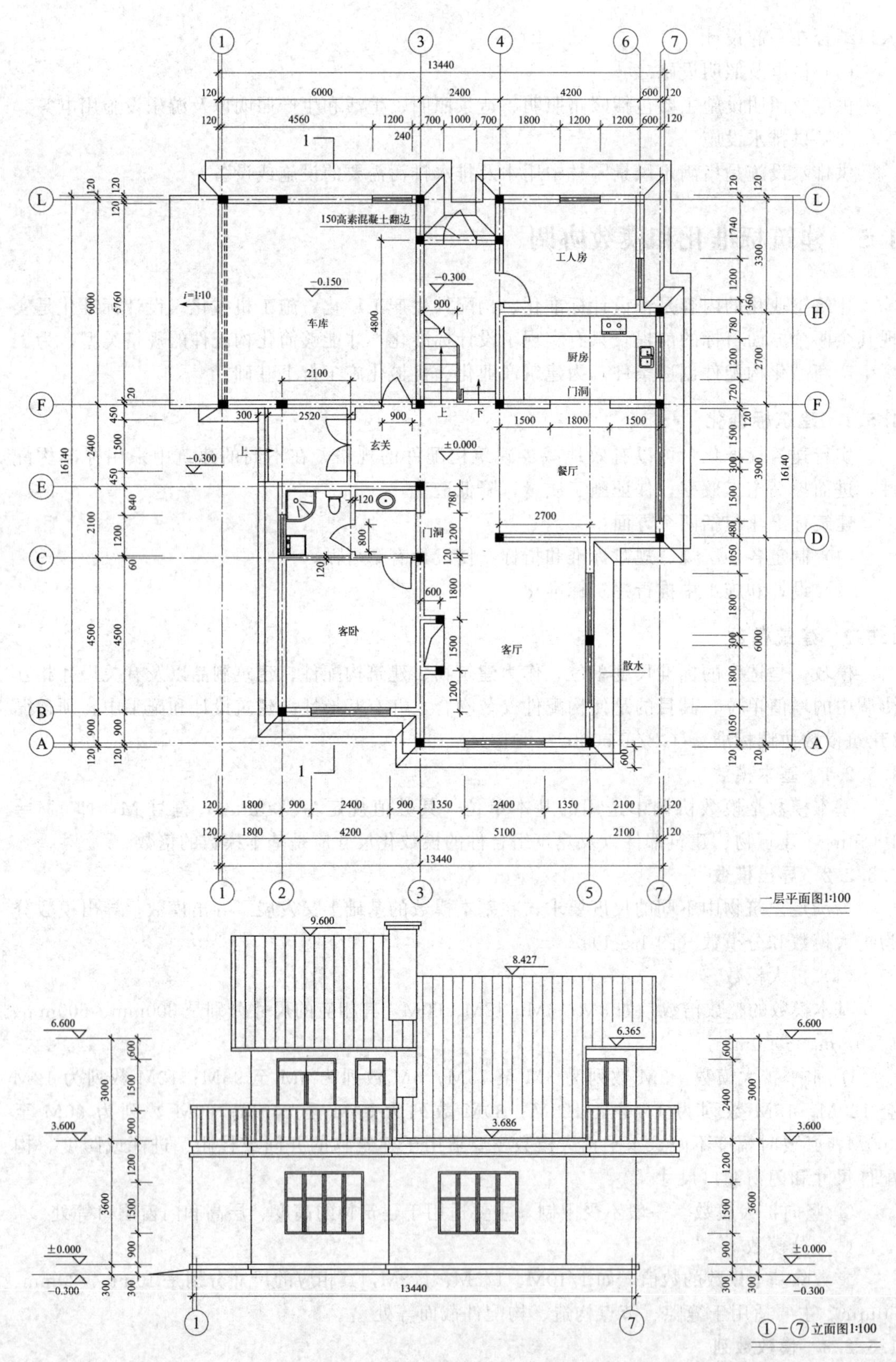


图 1-5-1　某独立住宅平面图及立面图

的协调统一，有效地减少建筑尺寸的种类，并确保尺寸具有合理的灵活性。建筑物所有的尺寸除特殊情况之外，都应该满足模数数列的要求。

模数数列的幅度应符合下列规定。

(1) 模数数列应根据功能性和经济性原则确定。

(2) 建筑物的开间或柱距，进深或跨度，梁、板、隔墙和门窗洞口宽度等分部件的截面尺寸宜采用水平基本模数和水平扩大模数数列，且水平扩大模数数列宜采用 $2n$M、$3n$M ($n$ 为自然数)。

(3) 建筑物的高度、层高和门窗洞口高度等宜采用竖向基本模数和竖向扩大模数数列，且竖向扩大模数数列宜采用 $n$M。

(4) 构造节点和分部件的接口尺寸等宜采用分模数数列，且分模数数列宜采用 M/10、M/5、M/2。

### 1.5.3 模数协调

为了使建筑物在满足使用功能的前提下，通过模数协调尽量减少预制构配件的类型，使其达到标准化、系列化、通用化、商品化，以便充分发挥投资总效益。砖混结构建筑，特别是其中量大面广的建筑必须进行模数协调。模数协调主要包括尺寸标识和定位轴线两方面内容。

#### 1.5.3.1 尺寸标识

为了保证建筑物构配件的安装与有关尺寸间的相互协调，在建筑模数协调中把尺寸分为以下三种。

① 标志尺寸　应符合模数数列的规定，用以标注建筑物定位轴面、定位面或定位轴线、定位线之间的垂直距离（如开间或柱距、进深或跨度、层高等），以及建筑构配件、建筑组合件、建筑制品及有关设备界限之间的尺寸。

② 构造尺寸　指建筑构配件、建筑组合、建筑制品等的设计尺寸，一般情况下，标志尺寸减去缝隙为构造尺寸。

③ 实际尺寸　建筑构配件、建筑组合、建筑制品等生产制作后的实有尺寸，实际尺寸与构造尺寸之间的差数应符合建筑公差的规定。

几种尺寸之间的关系如图 1-5-2 所示。

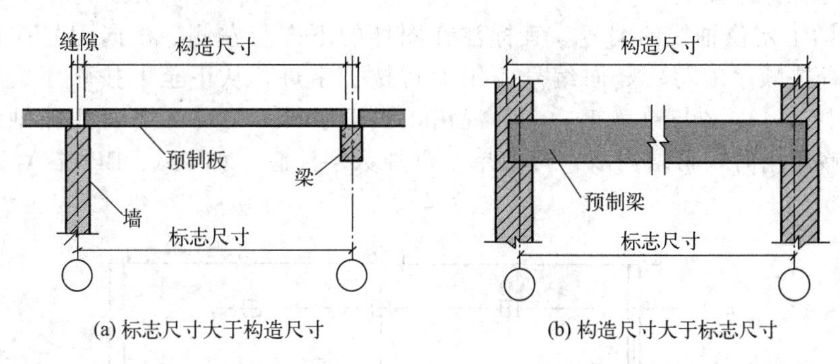


图 1-5-2　几种构造尺寸的关系

#### 1.5.3.2 定位轴线

定位轴线，是确定建筑构配件位置及相互关系的基准线。

为了实现建筑工业化，尽量减少预制构件的类型，就应当合理地选择和运用定位轴线。定位轴线的具体表达方法如下：

（1）承重外墙的定位轴线

① 当底层墙体与顶层墙体厚度相同时，平面定位轴线与外墙内缘距离为 120mm［图 1-5-3(a)］。

② 当底层墙体与顶层墙体厚度不同时，平面定位轴线与顶层外墙内缘距离为 120mm［图 1-5-3(b)］。

（2）承重内墙的定位轴线

承重内墙的平面定位轴线应与顶层墙体中线重合。为了减轻建筑自重和节省空间，承重内墙往往是变截面的，即上部墙厚变薄。

① 如果墙体是对称内缩，则平面定位轴线中分底层墙身［图 1-5-4(a)］。

② 如果墙体是非对称内缩，则平面定位轴线偏分底层墙身［图 1-5-4(b)］。

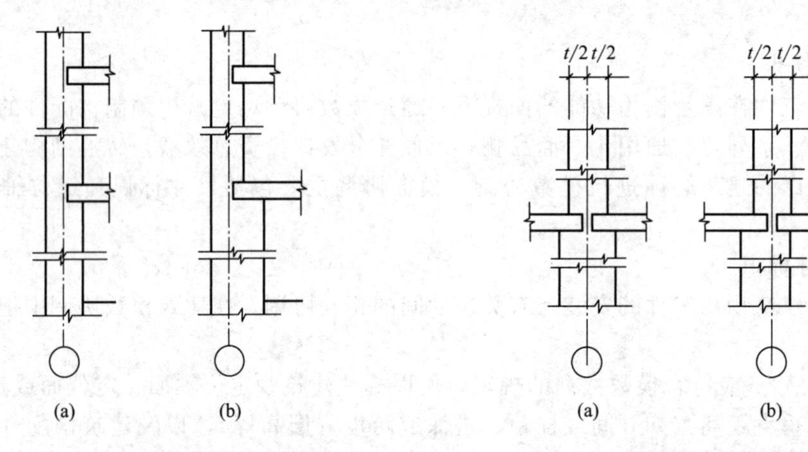


图 1-5-3　承重外墙的定位轴线

图 1-5-4　承重内墙的定位轴线

$t$ 为墙厚

（3）非承重墙定位轴线

由于非承重墙没有支撑上部水平承重构件的任务，因此平面定位轴线的定位就比较灵活。非承重墙除了可按承重墙定位轴线的规定定位之外，还可以使墙身内缘与平面定位轴线相重合。

（4）定位轴线的编号

① 平面图上定位轴线的编号，宜标注在图样的下方与左侧。横向编号应用阿拉伯数字，从左至右按顺序编写；竖向编号应用大写拉丁字母，从下至上按顺序编写。为了避免拉丁字母中 I、O、Z 与数字 1、0、2 混淆，拉丁字母 I、O、Z 不得用作轴线编号。如字母数量不够使用时，可增用双字母或单字母加数字注脚，如 AA、BB 或 $A_1$、$B_1$ 等（图 1-5-1、图 1-5-5）。

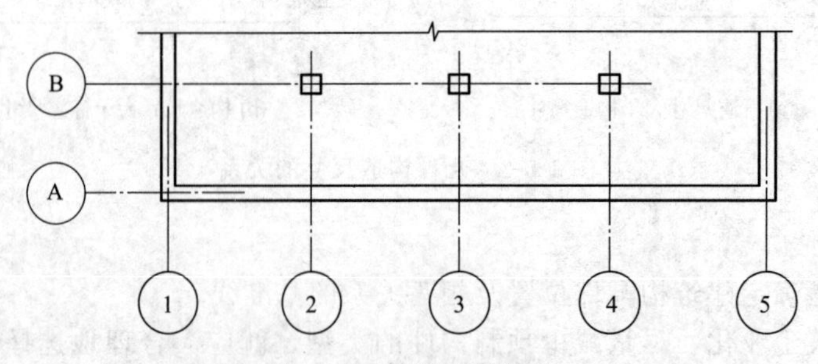


图 1-5-5　定位轴线编号

② 当建筑规模较大，定位轴线也可以采用分区编号。编号的注写方式应为分区号—该区轴线号（图 1-5-6）。

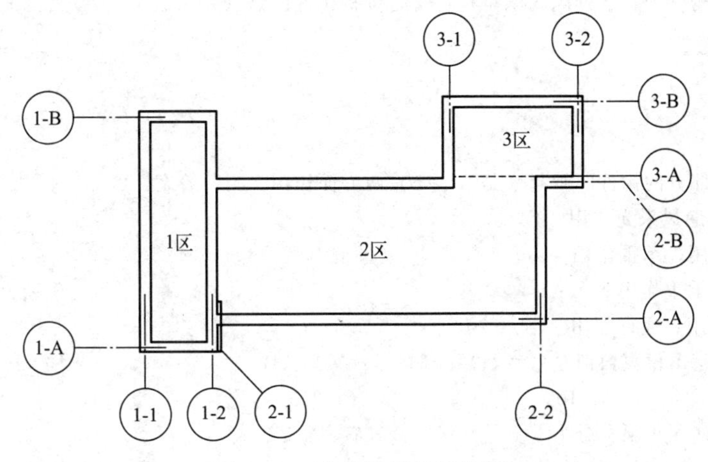


图 1-5-6　定位轴线分区编号

## 本章小结

1. 风景园林建筑按建筑分类属于公共建筑，是指风景园林中的一切人工建筑物。其既具有建筑的一般性质和特点，又受周围环境制约明显，所以它要比一般工业与民用建筑更应重视造型和轮廓，这也给风景园林建筑的结构与构造都提出了更高的要求。

2. 建筑及风景园林建筑主要是由基础、墙（柱）、楼板和地面层、楼梯、屋顶、门窗等构件组成。

3. 建筑物常根据其功能性质、某些规律和特征分类；常按建筑物的设计使用年限及耐火程度分级。

4. 风景园林建筑的类型：游憩建筑、服务建筑、管理建筑、公用建筑。

5. 我国规定基本模数的数值为 100mm，其符号为 M，即 1M 等于 100mm。整个建筑物和建筑物的一部分以及建筑组合件的模数化尺寸，应是基本模数的倍数。

## 本章练习题

简答题：

1. 风景园林建筑的作用及特点有哪些？

2. 风景园林建筑主要是由哪些部分组成的？各个组成部分的作用及其设计要求是什么？

3. 建筑物可以分成哪几类？

4. 建筑物如何分级？

5. 什么是基本模数？什么是扩大模数和分模数？

6. 标志尺寸、构造尺寸和实际尺寸的相互关系是什么？

单项选择题：

1. 建筑物一般由（　　）组成。　　答案：A

A. 基础、楼地面、楼梯、墙（柱）、屋顶、门窗

B. 地基、楼板、地面、楼梯、墙（柱）、屋顶、门窗

C. 基础、楼地面、楼梯、墙、柱、门窗

D. 基础、地基、楼地面、楼梯、墙、柱、门窗

2. 组成房屋的构件中，下列既属承重构件又是围护构件的是（　　）。　　答案：A

A. 墙、屋顶

B. 楼板、基础

C. 屋顶、基础

D. 门窗、墙

3. 组成房屋各部分的构件归纳起来是（　　）两方面作用。　　答案：C

A. 围护作用、通风采光作用

B. 通风采光作用、承重作用

C. 围护作用、承重作用

D. 通风采光作用、通行作用

4. 我国规定的基本模数数值是（　　）mm。　　答案：B

A. 10　　B. 100　　C. 300　　D. 600

5. 建筑按设计使用年限可分为（　　）级。　　答案：B

A. 三　　B. 四　　C. 五　　D. 六

6. 建筑按耐火等级可分为（　　）级。　　答案：B

A. 三　　B. 四　　C. 五　　D. 六

7. 以下不属于公共建筑的是（　　）。　　答案：B

A. 影剧院　　B. 学生宿舍　　C. 旅馆　　D. 教学楼

8. 下列数值符合建筑模数统一制要求的是（　　）。　　答案：B

A. 1570mm　　B. 3000mm　　C. 3330mm　　D. 25mm

9. 模数数列中（　　）主要用于缝隙、构造节点等处。　　答案：D

A. 基本模数　　B. 扩大模数　　C. 导出模数　　D. 分模数

10. 在普通高层住宅建筑中应用最为广泛的承重材料是（　　）。　　答案：C

A. 木材　　B. 钢材　　C. 钢筋混凝土　　D. 砌块

# 第2章 风景园林建筑结构

## 2.1 建筑结构的基础知识

### 2.1.1 建筑结构及其组成

#### 2.1.1.1 建筑结构

建筑结构，是建筑物中支承荷载而起骨架作用的部分，是建筑物赖以生存的物质基础。也就是说，建筑结构是建筑物中由承重构件（梁、柱、桁架、墙、楼板和基础等）组成的体系，用以承受作用在建筑物上的各种荷载。

建筑结构体系是指结构抵抗外部作用的构件组成方式。

建筑物要承受各种荷载作用的影响，一般把荷载分为永久荷载（也称恒载，例如建筑物自重等）和可变荷载（也称活载，例如人、家具、设备、风、雪的荷载）；另外，根据荷载的作用方向，又可分为竖向荷载（所有由地球引力而产生的荷载）和水平荷载（如风荷载和地震作用）。荷载大小和作用方式是建筑结构设计的主要依据，也是结构选型的重要基础。它决定着建筑结构的形式，构件的选择、形状和尺寸与建筑构造设计有着密切的关系，是建筑构造设计的重要依据。

古今中外，建筑结构类型众多（图 2-1-1～图 2-1-4），且各具特色，但它们都具备两个共同的特点：

（1）科学性——建筑结构自身必须符合力学规律性

建筑结构或构件抵抗破坏的能力通常称为强度；抵抗变形的能力称为刚度；保持其原有平衡形式的能力称为稳定性。总之，建筑物必须具有足够的强度、刚度、稳定性和耐久性，以适应使用要求。

（2）实用性——必须能够形成或覆盖某种形式的空间

一幢完美的建筑，不仅要符合功能要求、体现造型的艺术美，而且要体现结构的合理性，也就是说，只有建筑和结构的有机结合，才是一幢完美无缺的建筑。因此，我们在做一个建筑方案的同时，必须要考虑到在整个方案的实施过程中，结构上有没有实现的可能性，它将采用何种结构形式，施工过程中有哪些困难。这就要求我们要对所有的结构形式和特点有个全面的了解和掌握，这样才能使一个建筑方案不会成为一纸空文。

图 2-1-1　赵州桥

图 2-1-2　香港青马大桥

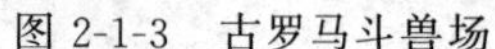

图 2-1-3　古罗马斗兽场

图 2-1-4　上海代表性超高层建筑

#### 2.1.1.2　建筑结构的组成

建筑结构体系一般是由若干结构构件按力学原理组合而成的，这些结构构件按其所处位置及所起作用的不同，可以分为水平构件、竖向构件和基础三大类。

（1）水平构件

布置在水平方向，用以承受竖向荷载的构件。主要有以下三种：

① 板　根据所处位置不同可以分为楼面板和屋面板。根据形式的不同可以分为平板、曲面板、斜板等。

② 梁　根据所起作用的不同可以分为主梁、次梁、联系梁等。根据形式的不同可以分为直梁、曲梁、斜梁等。

③ 桁架、网架等。

（2）竖向构件

竖向构件是指布置在竖直方向，用以支撑水平构件或承担水平荷载的构件。主要有柱、墙体、框架三种。

（3）基础

基础用以将建筑物所承受的所有荷载传至地基上。

### 2.1.2　建筑结构的功能要求

建筑结构设计的目的是要使所设计的结构能够完成规定的功能要求、有较好的经济性和便于施工。建筑结构的功能要求具体表现为以下三点。

#### 2.1.2.1　安全性

安全性是指结构应能承受在正常施工和正常使用期间可能出现的各种作用，如各种荷载、支座沉降、温度变化等作用；以及在偶然作用（如爆炸、地震等作用）下或偶然事件发生时及发生后，仍能保持必要的整体稳定性，不至于因局部破坏而发生连续倒塌。

建筑结构的安全与否，直接关系到人的生命和财产的安危，因此要求结构具有能够抵抗各种外来作用的能力，在正常使用期间不能因为构件的承载能力不足而发生破坏，而且在地震等偶然事件发生后不会出现整体倒塌。

#### 2.1.2.2　适应性

适应性是指建筑结构在正常使用时应能满足正常的使用要求，具有良好的工作性能，如变形或振动等性能均不超过规定的限值。良好的工作性能指的是除安全性以外，人们在日常工作和活动中对结构的一些基本要求，如楼板和大梁应具有足够的刚度，在使用过程中不要因过大的变形和颤动而影响正常工作的进行，或者使用户心理上产生不安全感。

#### 2.1.2.3　耐久性

建筑结构在正常使用和正常维护下，在规定的使用期限内应具有足够的耐久性能。如在设计基准期内，结构因裂缝过宽导致材料的锈蚀或其他腐蚀而达不到规定的设计使用年限。一般混凝土结构的设计使用年限为50年，若建设单位提出更高的要求，也可以按建设单位的要求确定。

安全、适用和耐久是结构的可靠标志，统称为结构的可靠性。即结构在规定的时间内，在规定的条件下（正常设计、正常施工、正常使用和正常维修条件），满足预定功能（安全性、适用性、耐久性）的要求，则认为结构是可靠的。

在满足各项预定功能的前提下，要使结构造价越低越好。安全性和经济性是一对对立统一的矛盾，结构设计就是要在试验研究分析的基础上，以科学、合理的计算方法使安全性和经济性达到最佳的平衡。

### 2.1.3　确定建筑结构形式的基本原则

#### 2.1.3.1　符合力学原理

结构的安全性是建立在力学基础上的。在考虑一个结构方案时，首先要看其是否符合力学原理，也就是说，要具有科学的道理，不是凭空想象。

#### 2.1.3.2　满足使用要求

如观演类建筑的观众厅，其功能是观众观演的地方，因此，在观众厅中不允许设立柱子，否则将阻挡观众的视线，在考虑其结构形式时必须强调这一点。

#### 2.1.3.3　注意美观

一个好的结构体系，它不仅是建筑的骨骼，更是美的象征。在古代建筑中，多数结构是外露的，不用装饰来表现内部空间，它的梁、柱既是建筑的骨骼，又体现了艺术美。

#### 2.1.3.4　便于施工

施工方法在方案阶段也要予以考虑，如果方案确定后，施工无法实现，其方案也是一纸空文。

#### 2.1.3.5　考虑经济

设计时应满足造价投资少、维修投资少、管理投资少的经济要求，因此，如何选择结构形式、如何控制总造价也是基本建设的主题和基本原则。

### 2.1.4　建筑结构设计要点及步骤

① 根据建筑平面布置及房屋层数和高度，选用合理的结构体系。

② 合理确定和布置竖向承重构件和抗侧力构件，如墙、柱、框架等。

③ 合理选择横向承重构件，如屋盖、楼板、梁系等。

④ 合理选用基础形式。

## 2.2　建筑结构的类型及风景园林建筑常用的结构形式

建筑结构的分类与应用问题，可以从结构所用材料的不同和结构受力特征的不同两个方面来讨论。

### 2.2.1　建筑结构的类型及应用概况

#### 2.2.1.1　按承重材料分类

（1）砌体结构

砌体结构是由块体（砖、石材、各种砌块）和砂浆砌筑而成的墙、柱作为建筑物主要受力构件的结构，包括砖砌体结构、石砌体结构和砌块砌体结构（图 2-2-1、图 2-2-2）。

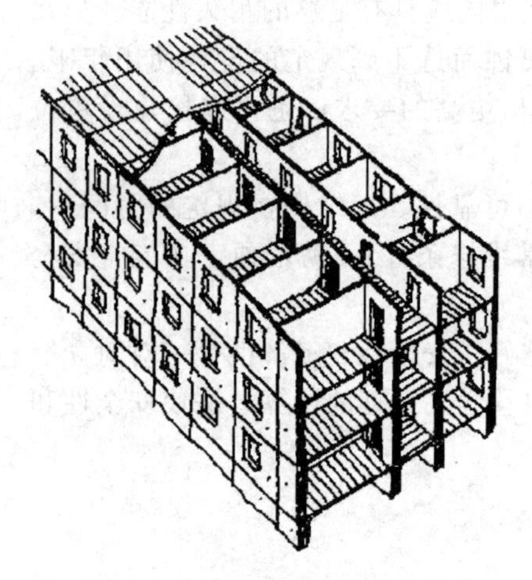
图 2-2-1　砖砌体结构

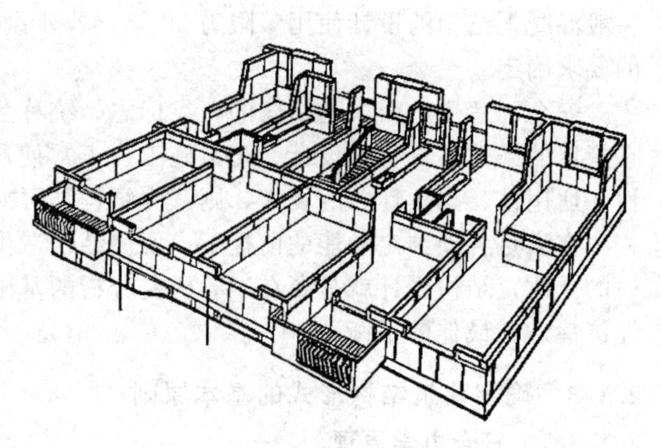
图 2-2-2　石砌体结构

砌体结构历史悠久，具有就地取材、节约钢材水泥和降低造价的优点；但抗灾害性能差，自重大，不宜用于抗震设防地区和地基软弱的地方。

这种结构形式一般适用于多层建筑，已不适应目前建筑工业化发展的要求。因此在建筑及风景园林建筑中使用具有一定的局限性，仅少量应用于公园大门、景墙、小卖部、中小型展览室及五层以下的办公用房、宿舍等。

（2）钢筋混凝土结构

混凝土是人工石材，它由石子、砂粒、水泥、外加剂和水按一定比例拌和而成，简称"砼"。混凝土材料像天然石材一样，承受压力的能力很强，但抵抗拉力的能力却很弱。而钢材则不然，其抗压和抗拉的能力都很强。于是，人们利用两种材料各自的特点，把它们有机地结合在一起共同工作，形成了用于工程实际的钢筋混凝土结构。

钢筋混凝土具有许多优点，如强度大、耐久性好、抗震性好，并具有可塑性等，所以它是一种主要的结构材料。但是，钢筋混凝土也有一些缺点，如自重大、抗裂能力差、建造周期长、费工费模板等。

这种结构形式在当今建筑领域中应用十分广泛，而且发展前途巨大。如钢筋混凝土的高层、大跨度、大空间结构的建筑，以及装配式大板、大模板、滑模等工业化建筑等。大跨度、悬挑结构（水榭、茶餐楼）的风景园林建筑，造景要求平、立面有高低错落变化较大的风景园林建筑以及在地震区修建体形不规则的风景园林建筑等，多采用钢筋混凝土结构形式。

（3）钢结构

钢结构是主要的建筑结构形式之一，特点如下：①强度高、塑性好、韧性好、重量轻、运输架设方便；②质地均匀、可靠性高；③具有可焊性，制造工艺简单；④容易锈蚀，经常性的维修费用高；⑤耐火性差。

钢结构适用于高层、大跨度或荷载较大的建筑。近年来，随着高层建筑的兴起，在超高层建筑中采用钢结构的趋势正在增长。由于钢结构又具有工厂化、装配化、景观视线好、施工方便、易于造型、外维护材料灵活等特点，因此其在风景园林建筑中的应用越来越广泛。如大型的体育场馆、展览场馆，特别是风景园林建筑中，大跨度的展览厅、动物园的飞禽馆、植物园的温室等的屋顶都可采用钢结构（图 2-2-3）。

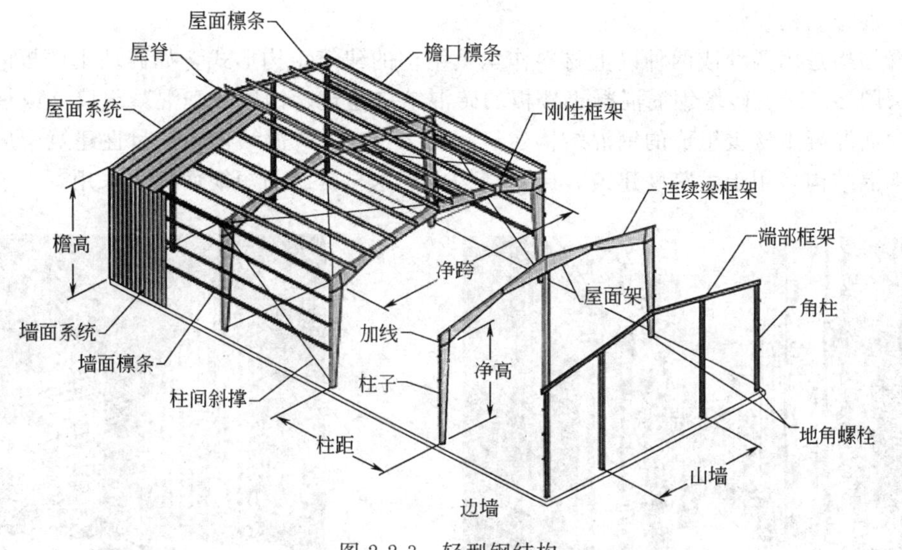

图 2-2-3　轻型钢结构

（4）木结构

木结构是大部分用木材建造或以木材作为主要受力构件的建筑结构形式。我国古代建筑大多采用木结构，其具有独特的艺术风格，已有几千年的历史，是我国悠久文化遗产的组成部分，是古代劳动人民伟大创造的结晶。这些建筑具有独特的建筑风格和巧思多变的设计手法。由于受自然木材产量的影响，目前大量采用木结构的建筑不多，但在修复和改建古代遗留的古建筑，或在风景园林建筑中新建少量仿古建筑时，仍多沿用木结构建筑。为了节约木材，但又要保留原有民族形式古建筑的造型，目前常用现浇钢筋混凝土柱、梁、板来代替木柱、木梁和木望板。但柱网、屋顶曲线、出檐等仍采用古建筑形式，从而来保持中国古建筑的民族形式（图 2-2-4）。

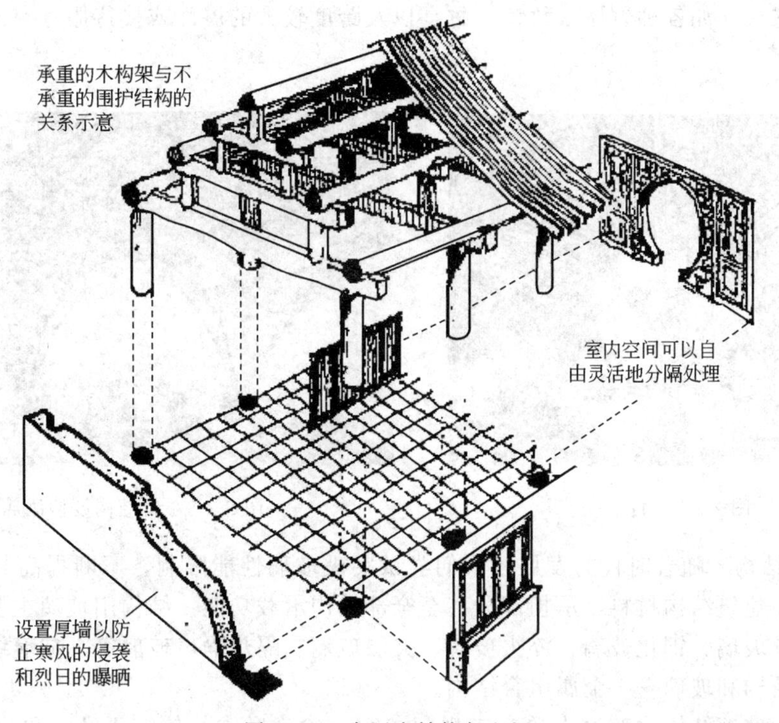

图 2-2-4　中国木结构与空间

（5）混合结构

混合结构是用两种或两种以上材料作承重结构的建筑结构形式，如砖墙木楼板的砖木结构建筑（图 2-2-5）、砖墙钢筋混凝土楼板的砖混结构建筑、钢屋架和混凝土墙（或柱）及钢框架和钢筋混凝土楼板组成的钢混结构建筑（图 2-2-6）。砖混结构在大量性建筑中应用最为广泛，钢混结构多用于大跨度建筑，砖木结构由于木材资源的短缺而极少采用。

图 2-2-5　上海石库门建筑

图 2-2-6　钢屋架和混凝土墙组成的混合结构

（6）其他结构

① 竹结构　是指用竹材建造或以竹材作为主要受力构件的建筑结构形式，在我国的应用由来已久。竹材具有一定的强度、韧性以及优异的抗震性能，自重轻、施工方便、造价低，工艺独特简单、造型新颖多变。且生长速度快，属于可再生的天然绿色有机材料，有利保温隔音、有助空气流通，能够有效降低建筑能耗。竹材干燥时易开裂收缩，结构易产生变形或安全度降低，不能用于永久建筑。竹结构在风景园林建筑中的应用灵活广泛且历史悠久，如各种竹屋、竹桥、竹亭以及跨度较大的展厅或接待服务空间（图 2-2-7、图 2-2-8）。

图 2-2-7　竹亭

图 2-2-8　竹结构度假酒店

② 玻璃结构　随着时代的发展，人们尝试突破玻璃性能限制，不断提高其强度和安全性，将其用作建筑结构材料，承担部分甚至全部结构承载功能。结构用玻璃主要类型为：退火玻璃、夹丝玻璃、钢化玻璃、淬火玻璃、夹层玻璃、隔热隔声玻璃等。玻璃结构主要形式为：全玻璃结构和玻璃——金属组合结构。

近年来，玻璃结构改变过去单一表现门、窗、建筑形式的传统手法，更多地发挥其防风、遮雨、隔热、降噪、防空气渗透等机能，更好地利用其透明和可塑的特性，追求建筑物的光影变化、内外空间的流畅以及独特绝佳的造型效果。因此，玻璃结构越来越广泛地应用于梁、柱、楼梯、雨篷、幕墙、天幕、特殊造景以及温室、展厅、场馆等风景园林建筑中（图 2-2-9、图 2-2-10）。

图 2-2-9　全玻璃屋

图 2-2-10　北京植物园温室

#### 2.2.1.2　按受力特征分类

（1）梁板结构体系

梁板结构体系主要以砌筑的墙体为承重构件（图 2-2-11）。屋盖荷载（屋盖自重、雪荷载等）以及楼层荷载（楼板自重、楼面荷载等）或者通过横梁传给承重墙，或者直接传给承重墙，墙下有基础。这种结构体系最大特点是墙既用来围护、分隔空间，又用来承担梁板所传递的荷重。屋盖或楼板一般用钢筋混凝土制造，承重墙体可用砖、砌块、石材等砌筑，也可以是预制式钢筋混凝土大型板材。一般层数不多且跨度不大的建筑及风景园林建筑多采用梁板结构体系。

（2）框架结构体系

框架结构体系主要承重体系由横梁及柱组成，最大的特点是把承重结构和围护结构分开，因而墙体、门窗洞口的设置都比较灵活（图 2-2-12）。一般多层工业厂房或层数较少、高度不超过 60m 的建筑及风景园林建筑多采用框架结构体系。

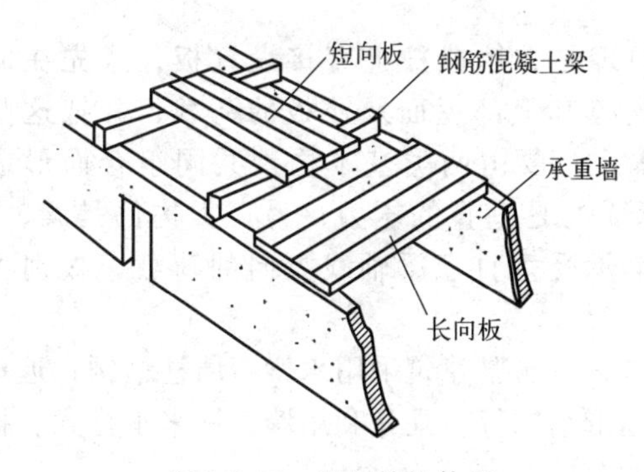


图 2-2-11　梁板结构体系

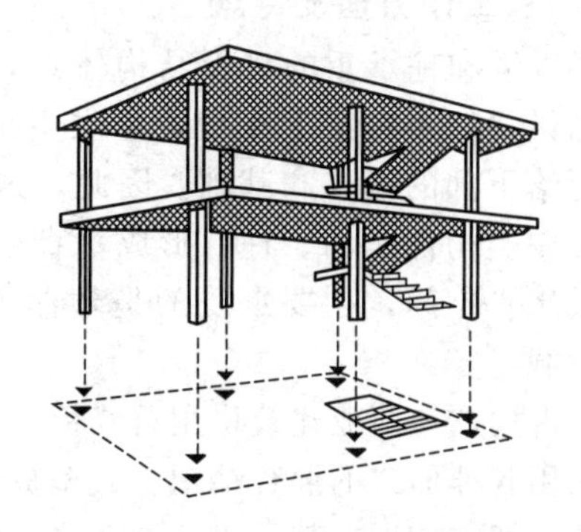

图 2-2-12　框架结构体系

（3）大跨度结构体系

建筑功能的要求带动了大跨度建筑的发展和研究，出现了很多种大跨度屋盖结构形式。按各自受力特点，可再分为平面结构体系和空间结构体系两类。

① 平面结构体系　拱结构、单层刚架结构、桁架结构等。

② 空间结构体系　网架结构、悬索结构、壳体结构、薄膜结构等。

(4) 高层建筑的结构体系

在高层建筑中，抵抗水平力成为设计的主要矛盾，因此抗侧力结构体系的确定和设计成为结构设计的关键问题。高层建筑中的结构体系主要有以下几种：

① 剪力墙结构体系　利用建筑物的钢筋混凝土墙体作为抗侧力构件并同时承受竖向荷载的结构体系。高层建筑已经广泛采用剪力墙结构体系。

② 框架-剪力墙结构体系　在框架结构中布置一定数量的剪力墙可以组成框架-剪力墙结构，竖向荷载主要由框架承受，水平荷载主要由剪力墙承受。此种结构体系一般用于高层或超高层建筑。

③ 筒体结构体系　是框架-剪力墙结构体系和剪力墙结构体系的演变与发展，它将剪力墙集中到建筑的内部与外部形成空间封闭的筒体，使整个结构体系既具有极大的刚度，又能获得较大的空间。此种结构体系适用于超高层建筑。

剪力墙在现行国家标准《建筑抗震设计规范》中称抗震墙。

### 2.2.2　风景园林建筑常用的结构形式

风景园林建筑处于风景园林之中，外观、形象和平面功能布局除了要满足特定的功能外，还必须要与周围环境构成有机融合，达到和谐统一的效果，是物质与艺术的双重产物。风景园林建筑自身的特点、使用场所以及服务对象，决定了其要比一般工业与民用建筑更应重视造型和轮廓，但其规模有限，基本小于一般工业与民用建筑。因此，风景园林建筑常采用以下几种结构形式：

① 梁板结构体系；

② 框架结构体系；

③ 大跨度结构体系。

详细内容参见本章 2.3、2.4、2.5 节。

## 2.3　梁板结构体系

### 2.3.1　工作原理及特点

以墙和柱承重的梁板结构体系，其工作原理是在墙或柱上直接设置板，或先在墙或柱上设梁，再在梁上布板，总之由梁、板来支撑其上部屋面及楼板的荷载，并把这些荷载传给下部的墙体和基础。因此，这种结构体系主要由两类基本构件共同组合而形成空间：一类构件是墙、柱，形成垂直空间，并承受的是垂直的压力；另一类构件是梁、板，形成水平空间，主要承受的是弯曲力，其中梁承受垂直于梁轴线方向的荷载，板则承受面荷载。

古埃及、西亚建筑采用石梁板、石墙柱结构；古希腊建筑采用木梁石墙柱结构；近现代多采用各种形式的混合结构、大型板材结构、箱形结构等。凡是利用墙、柱来承担梁、板荷重的一切结构形式都可以归纳在这种结构体系的范围之内。

梁板结构体系的特点就是：墙体本身既要起到围隔空间的作用，同时又要承担屋盖和楼面的荷重，把围护结构和承重结构这两重任务合并在一起，一身而二任。

### 2.3.2　发展及演变历程

梁板结构体系，是一种既古老又年轻的结构体系，说它古老是指它具有悠久的历史，早在公元前两千多年的中外建筑中就已经广泛地采用了这种结构体系；说它年轻则是指直到今天人们还利用它来建造建筑（图 2-3-1）。

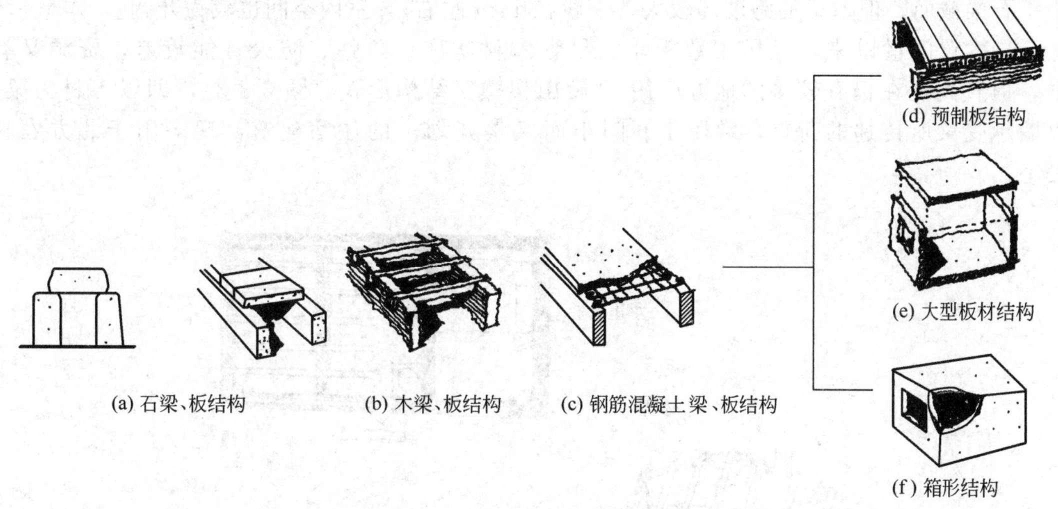


图 2-3-1　梁板结构体系发展历程

#### 2.3.2.1　砌体墙结构

作为受力构件的墙或柱由石材、砖以及各种现代砌块和砂浆砌筑而成，统称为砌体墙。

（1）石梁板、石砌墙柱

在古代大量的石建筑中，如古埃及的神庙、古代中国的石墓等，均以石墙、石柱承重且石梁、石板也得到了大量的应用，属于这种原始的石砌墙柱结构。

石材抗压强度很高，但抗拉强度却很低，所以石梁高度往往很大，极其笨重，而跨度却很小，势必会使得两面墙互相平行而又靠得很近，从而形成一条狭长的空间，影响室内空间的使用。

为了克服此种局限获得更宽大的空间，人们用石柱替代墙来支撑梁、板（图 2-3-2）。采用这种方法虽然可以扩大室内空间，但是终究由于石梁板的跨度有限（最大仅达 8～9m），加之石柱本身又十分粗大，结果又导致柱子林立、内部空间局促拥塞的效果。

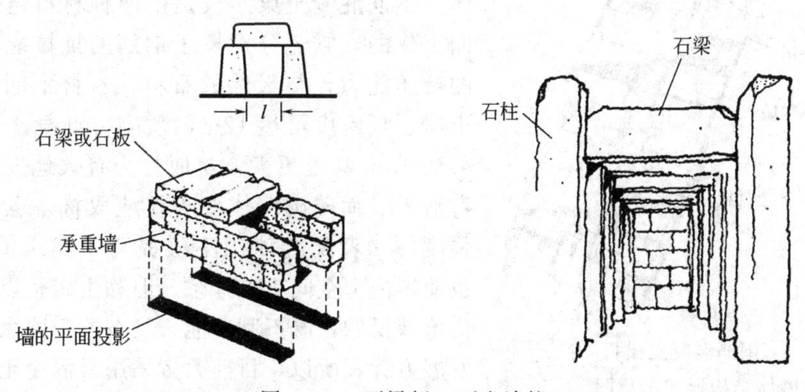


图 2-3-2　石梁板、石砌墙柱

注：$l$ 为跨度

（2）木梁板、石砌墙柱

为了获得更大的空间，古希腊神庙的屋顶结构开始采用木梁代替石梁，而木梁在我国古代的庙宇、宫殿建筑中应用也极为普遍。

这是因为木材本身的自重较轻，而且抗弯、抗剪强度均较高，因此，虽然木梁截面要远小于石梁截面，但木梁的跨度却较大（一般在 11m 左右），室内空间也较为开阔。

自木梁问世以来，经历了数千年，尽管木材防腐、防蛀、防火性能较差，资源又有限，但直到现在仍有较多的地方应用。“硬山架檩”结构形式（图 2-3-3），即以木材为梁，以墙承受梁所传递的荷重，常用于开间小而又整齐划一的住宿建筑，现多用于北方农村民宅。

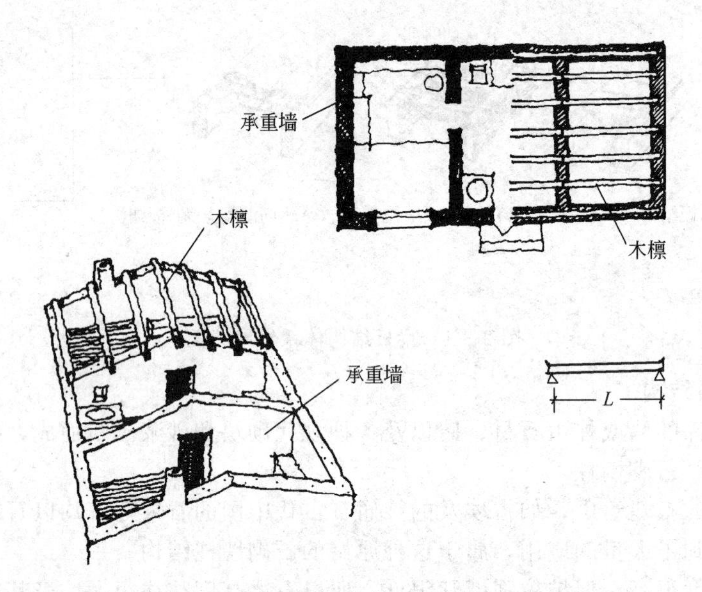

图 2-3-3 采用“硬山架檩”结构形式的民居

（3）钢筋混凝土梁板、砖砌（或砌块）墙体（图 2-3-4）

随着建筑技术、建筑材料的发展，近现代建筑中墙体结构体系多采用钢筋混凝土梁、板和砖砌墙体。钢筋混凝土梁、板是由两种材料组合在一起协同工作的，它充分发挥了钢筋的抗拉能力和混凝土的抗压能力，与天然的石料、木材不同，钢筋混凝土梁、板跨度可达 12m，预应力混凝土梁跨度一般可达 18m 甚至更大，从而更为有效地发挥材料的抗弯潜力。而砖砌墙体便于就地取材，也具有一定的强度，二者配合使用不仅提高了建筑的承重能力，也使得内部空间更加开敞。但黏土砖是以牺牲耕地为代价获得的，既不利节能，又有悖于国家建筑工业的发展方针。所以，目前大多采用素混凝土、工业废料和地方性材料制造的砌块替代黏土砖作为砌墙材料。

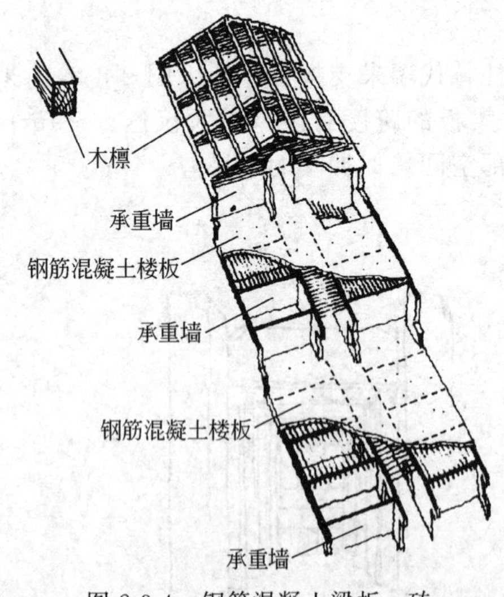

图 2-3-4 钢筋混凝土梁板、砖砌墙体结构形式示意图

### 2.3.2.2 大型板材与箱形结构

为了提高劳动生产率和加快施工速度，近年来又出现了大型板材结构和箱形结构。

大型板材结构（图 2-3-5、图 2-3-6），是采用大型板材为基本构件，将房间拼合而成。

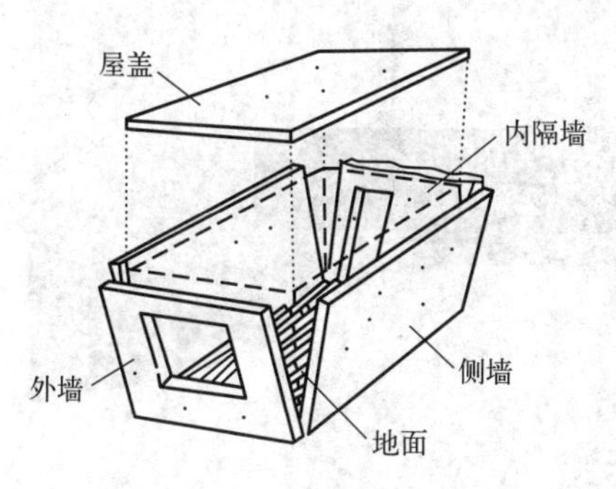

图 2-3-5　大型板材结构形式示意图

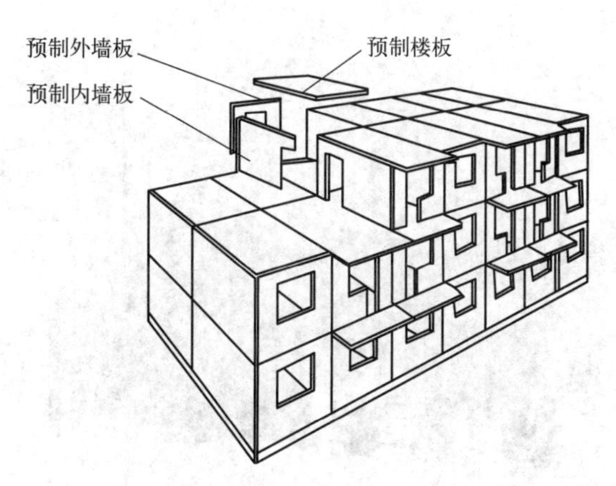

图 2-3-6　大型板材结构装配示意图

箱形结构（图 2-3-7、图 2-3-8），是在由六块大型板材拼合成一间房间的基础之上，把每个房间当作一个基本单元，进一步组合，即为箱形结构。箱形结构又称之为盒体结构。

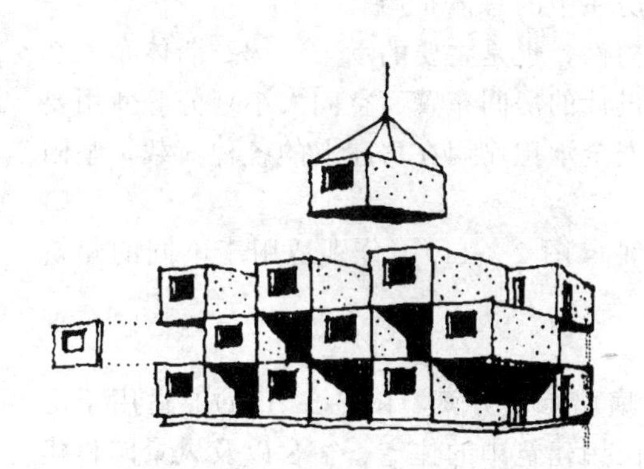
图 2-3-7　箱形结构形式示意图

图 2-3-8　蒙特利尔预制混凝土盒体住宅

这两种结构都属于预制装配式钢筋混凝土梁板体系，优越性首先表现在生产的工厂化，其次，由于可以采用机械化的施工方法，还可以大大地加快施工速度。尽管它们具有一定的优点，但是由于把承重结构和围护结构合而为一，特别是由于构件密度加大，因而使空间的组合极不灵活，也不可能获得较大的室内空间，所以这两种结构形式的运用范围也是很有局限的，一般仅适用于功能要求比较确定、房间组成比较简单的住宿建筑。

#### 2.3.2.3　悬挑结构

悬挑结构不同于两侧设置支承的结构，只需沿一侧设置立柱或支承，以此向外出挑梁或板，形成悬臂（无端部支承构件），本质上仍属于梁板结构。其空间开敞通透，且有利于景观营造，是一种十分受欢迎的结构形式，如雨篷、挑檐、外阳台、挑廊、影剧院挑台等（图 2-3-9、图 2-3-10）。

悬挑结构的历史比较短暂，因为在钢和钢筋混凝土等具有强大抗弯性能材料出现之前，无法实现大跨度的悬挑。钢筋混凝土悬挑结构跨度可达 20～30m，近年来多采用钢桁架悬挑结构，配合薄膜结构覆盖，悬挑跨度显著提升，参见本章 2.5 节。

悬挑结构可分为：单面出挑、双面出挑、四面出挑三种形式。单面出挑横剖面呈“┌”形，由于出挑部分的重心远离支座，如处理不当极易倾覆。双面出挑横剖面呈对称的“┬”形，具有良好的平衡条件。四面出挑形状如伞，把支承集中于中央的一根支柱上，可形成四面临空空间。

图 2-3-9　赫尔辛基中央图书馆

图 2-3-10　吉林“森之舞台”

### 2.3.3　结构布置方案及适用范围

结构布置，是指梁、板、墙、柱等结构构件在房屋中的总体布局。

以墙和柱承重的梁板结构体系中墙体既是围护构件，也是主要的承重结构。墙体布置必须同时考虑建筑和结构两方面的要求，既满足建筑设计的房间布置、空间大小划分等使用要求，又应选择合理的墙体承重结构布置方案，使之安全承担作用在房屋上的各种荷载，坚固耐久，经济合理。

梁板结构体系的结构布置方案，通常有以下四种（图 2-3-11），分别适用于不同的建筑类型。

#### 2.3.3.1　横墙承重方案

横墙，沿建筑物短轴方向布置的墙称为横墙。横墙承重方案［图 2-3-11(a)］适用于房间的使用面积不大、墙体位置比较固定的建筑，如民用建筑中的住宅、宿舍以及风景园林建筑中的住宿建筑等。可按房屋的开间设置横墙，楼板的两端搁置在横墙上，横墙承受楼板等外来荷载，连同自身的重量传给基础，这即为横墙体系。横墙的间距是楼板的长度，也是开间，一般在 4.2m 以内较为经济。这种承重方案由于横墙数量多，因而房屋空间刚度大，整体性好，对抗风力、地震力和调整地基不均匀沉降有利，但是建筑空间组合不够灵活。在横墙承重方案中，纵墙起围护、隔离和将横墙连成整体的作用，纵墙只承担自身的重量，所以对在纵墙上开门、窗限制较少。

#### 2.3.3.2　纵墙承重方案

纵墙，沿建筑物长轴方向布置的墙称为纵墙。纵墙承重方案［图 2-3-11(b)］适用于房间的使用上要求有较大空间、墙体位置在同层或上下层之间可能有变化的建筑，如民用建筑中的教室、阅览室、实验室及风景园林建筑中的科普展览建筑等。通常把大梁或楼板搁置在内、外纵墙上，此时纵墙承受楼板自重及活荷载，连同自身的重量传给基础和地基，这称为纵墙体系。在纵墙承重方案中，由于横墙数量少，房屋刚度差，应适当设置承重横墙，与楼板一起形成纵墙的侧向支撑，以保证房屋空间刚度及整体性的要求。这种承重方案空间划分较灵活，但设在纵墙上的门、窗大小和位置将受到一定限制。相对横墙承重方案来说，纵墙承重方案楼板材料用量较多。

#### 2.3.3.3　纵横墙承重方案

纵横墙承重方案又称为混合承重方案［图 2-3-11(c)］，适用于房间变化较多的建筑，如民用建筑中的医院、实验楼，风景园林建筑中的文体游乐建筑、游览观光建筑、餐饮建筑

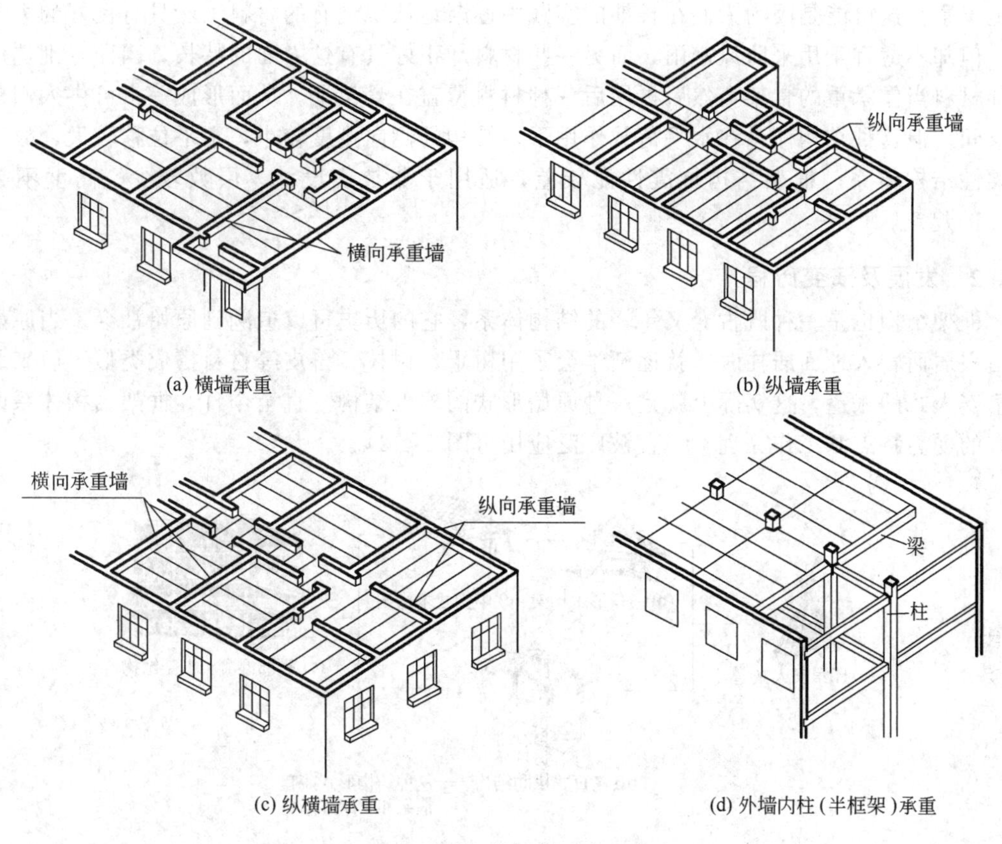


图 2-3-11　梁板结构体系布置方案

等。该结构方案可根据需要布置，房屋中一部分用横墙承重；另一部分用纵墙承重，形成纵横墙混合承重方案。此方案建筑组合灵活，空间刚度较好，墙体材料用量较多，适用于开间、进深变化较多的建筑。

**2.3.3.4　外墙内柱承重方案**

外墙内柱承重方案又称为半框架承重方案［图 2-3-11(d)］，某些建筑由于功能要求有较大的室内空间，也就不允许在建筑物内部空间设置相对密集的承重墙，此种情况下，就需要用梁柱体系来代替内隔墙而承受楼板所传递的荷重，从而形成外墙内柱承重的结构体系，如民用建筑中的商店、综合楼等，此种结构形式在风景园林建筑中应用也十分广泛。建筑的总刚度主要由框架保证，因此水泥及钢材用量较多。

## 2.4　框架结构体系

### 2.4.1　工作原理及特点

框架结构体系的工作原理，即完全由承重骨架（多由柱、梁组成）来支撑其上部楼板及屋面的荷载，并把这些荷载传给下部的基础（图 2-4-1）。

图 2-4-1　多层框架结构

框架结构体系的特点：把承重的骨架和用来围护或分隔空间的墙面明确地分开。即墙体只起围护和分隔空间之作用，而不承受荷载，因此建筑物的墙体可以相对灵活地布置，平面和立面变化也丰富。这可能是因为人们在长期的实践中逐渐地认识到有的材料虽然具有良好的力学性能，但却不适宜于用来防风避雨，而另一些材料却正好具有这方面的特长，因而分别选用前一种材料当作承重的骨架，然后再用后一种材料覆盖在骨架上，从而形成一个可供人们栖息的空间。但这种结构体系在水平荷载作用下，结构的侧向刚度较小，水平位移较大，故称其为柔性结构体系。框架结构抗震性能较差，适用于非抗震设计、层数较少、高度不超过60m 的建筑。

## 2.4.2 发展及演变历程

框架结构也是一种既古老又年轻的结构体系，它的历史可以追溯到原始社会。当原始人类由穴居而转入地面居住时，就逐渐学会了用树干、树枝、兽皮等材料搭成类似于后来北美印第安人式的帐篷，这实际上就是一种原始形式的框架结构。直至今日，框架结构体系因其特有的受力特点和工作原理，一直被广泛应用（图 2-4-2）。

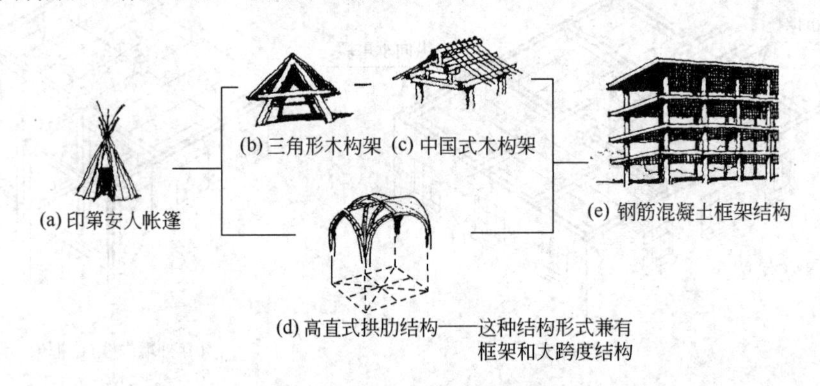


图 2-4-2 框架结构体系发展历程

### 2.4.2.1 木框架结构

典型的印第安人式帐篷［图 2-4-3(a)］、“A”字形的三脚架［图 2-4-3(b)］以及欧洲中世纪的半木结构（一种露明的木框架结构）［图 2-4-3(c)］，都属于木框架结构体系范畴，但对于此种结构体系应用最炉火纯青的莫过于我国传统的“木构架”建筑。

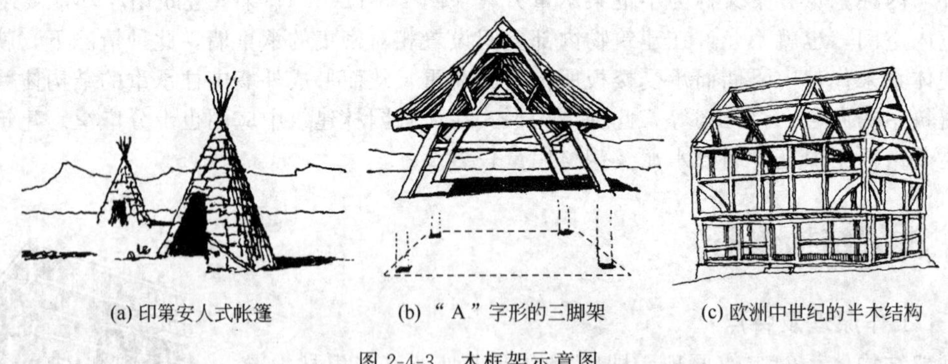


图 2-4-3 木框架示意图

中国传统的“木构架”建筑，选材以木为主，承重的构架仅仅通过立柱把屋顶荷重传递到地面，而围护结构——墙、槅窗等与木构架完全分离，不承担任何荷重，这反映在平面上除有限的几根柱子外，其他均可自由灵活地处理。从结构的受力情况看，中国古代木构架用重叠的梁架，即梁上架梁，每层收短、逐级加高，从而形成举折，具有十分独特的形式和风格。这种形式的梁架可以避免最大的弯矩，就当时的水平来看是一种优越的结构形式（图 2-4-4）。

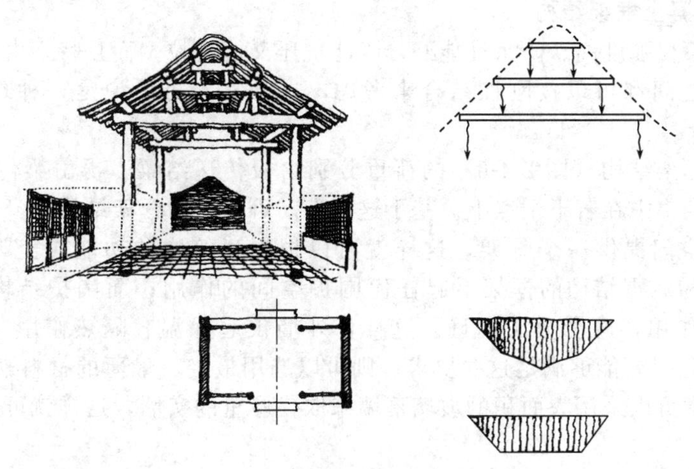

图 2-4-4　中国传统木框架示意图

### 2.4.2.2　砖石框架结构

除木材外，用砖石也可以砌筑成为框架结构的形式（图 2-4-5）。13～15 世纪在欧洲风行一时的高直式建筑所采用的正是一种砖石框架结构。高直式教堂所采用的尖拱的拱肋结构，无论从形式或受力状况上看都不同于罗马时代的筒形拱或穹窿。它的最大特点是把拱面上的荷重分别集中在若干根拱肋上，再通过这些交叉的拱肋把重力汇集于拱的矩形平面的四角，这样就可以通过极细的柱墩把重力传递给地面。高直式教堂就是以重复运用这种形式的基本空间单元而形成宏大的室内空间的。在这种结构体系中，为了克服拱肋的水平推力，又分别在建筑物的两侧设置宽大的飞扶壁，这既满足了结构的要求，又使建筑物的外观显得更加雄伟、高耸、空灵。由于这种结构体系把屋顶荷重及水平推力分别集中在柱墩和飞扶壁上，反映在平面上则是既无内墙也无外墙，所剩下的仅仅是整齐排列着的柱网和飞扶壁的纵

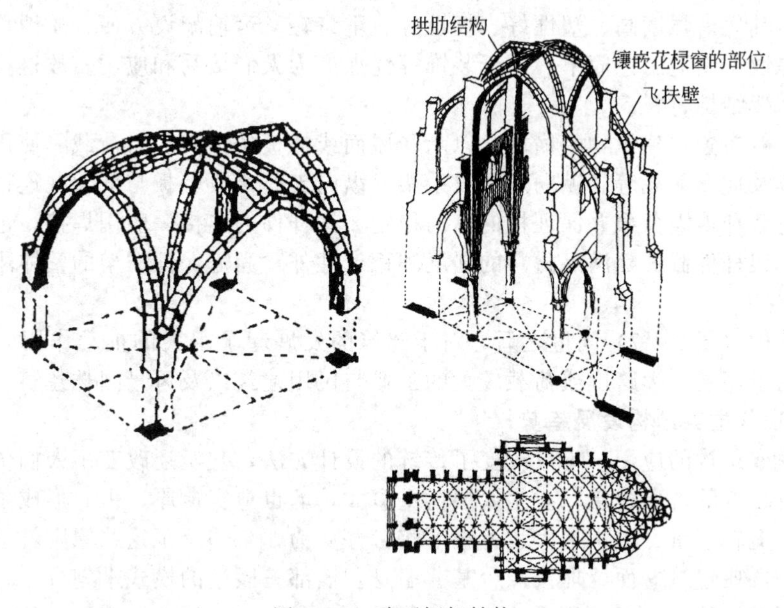


图 2-4-5　砖石框架结构

向墙垛，这种平面具有一切框架结构的特点。此外，为分隔室内外空间，还在相邻的拱架间镶嵌大面积的花棂窗，这将会给室内空间造成一种极其神秘的宗教气氛。

### 2.4.2.3 钢筋混凝土框架结构

钢筋混凝土不仅强度高、防水性能好，既能抗压又能抗拉，而且特别由于它可以整体浇筑，所有的构件之间都可以按刚性结合来考虑，这种材料可以说是一种理想的框架结构材料。

钢筋混凝土框架结构（图 2-4-6）的荷重分别由板传递给梁，再由梁传递给柱，因此，它的重力传递分别集中在若干个点上。基于这一点，可以认为框架结构本身并不形成任何空间，而只为形成空间提供一个骨架，这样就可以根据建筑物的功能或美观要求自由灵活地分隔空间。作为承重结构的框架不起任何围护空间的作用；而围护结构的内外墙不起任何承重结构的作用，两者分工明确。这样，外墙仅起保温、隔热作用，内墙仅起隔声和遮挡视线作用，只要能够满足这些要求，则可以选用最轻、最薄的材料来做内墙或外墙，特别是外墙，通常可以采用大面积的玻璃幕墙来取代厚重的实墙，这样就可以极大地减轻结构的重量。

图 2-4-6 钢筋混凝土框架结构

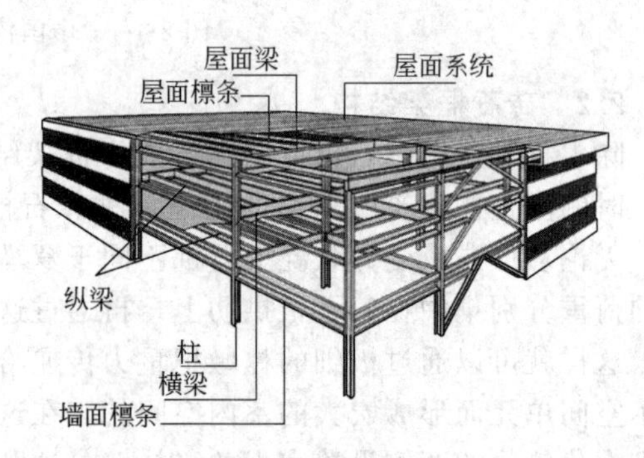


图 2-4-7 钢框架结构

### 2.4.2.4 钢框架结构

钢框架结构是由钢梁和钢柱组成的能承受垂直和水平荷载的结构。钢材虽然容易锈蚀且耐火性差，但其凭借强度高、塑性好、韧性好、重量轻、运输架设方便、质地均匀、可靠性高、具有可焊性、制造工艺简单、易于装饰等优点广为人们接受和应用。故这种材料是一种更为理想的框架结构材料。

钢框架一般布置在建筑物的横向，以承受屋面或楼板的恒载、雪荷载、使用荷载及水平方向的风荷载及地震荷载等。纵向之间以系梁、纵向支撑梁或墙板与框架柱连接，以承受纵向的水平风荷载和地震荷载并保证柱的纵向稳定。钢杆件的连接一般用焊接，也可用高强螺栓或铆接。框架杆件截面除满足材料的强度和稳定性外，尚需保证框架的整体刚度以满足设计的使用要求。

钢框架结构（图 2-4-7）问世之后，对于建筑的发展起了很大的推动作用。目前，此种结构广泛适用于高层、大跨度或荷载较大的工业与民用建筑以及风景园林建筑。

### 2.4.2.5 近现代框架结构发展趋势

近现代框架结构的应用，不仅改变了传统的设计方法，甚至还改变了人们传统的审美观念。采用砖石结构的古典建筑，愈是底层荷重愈大，墙也愈实愈厚，由此形成了一条关于稳定的观念——上轻下重、上小下大、上虚下实，并认为如果违反了这些原则就会使人产生不愉快的感觉，古典建筑立面处理按照台基、墙身、檐部三段论的模式来划分，正是这些原则的反映。采用框架结构的近现代建筑，由于荷重全部集中在立柱上，底层无须设置厚实的墙体，而仅仅依靠立柱就可以支托建筑物的全部荷重，因而它可以根本无视这些传统原则，甚至还可以把这些原则颠倒过来——采用底层透空的处理手法，使建筑物的外形呈上大下小或上实下虚的形式。亦可给自由灵活的分隔空间创造十分有利的条件（图 2-4-8）。

图 2-4-8　近现代框架结构形式

### 2.4.3　结构布置方案及适用范围

框架结构体系的结构布置包括两个方面：柱网布置和梁格布置。

#### 2.4.3.1　柱网布置

柱网布置应满足以下要求：

（1）满足使用功能要求

柱网排列形式及尺寸应与建筑空间的功能、形式以及工艺流程相适应，也应与建筑隔墙布置相协调，一般常将柱子设在纵横墙交叉点上，以尽量减少柱网对建筑使用功能的影响。

① 对于旅馆建筑，尽管房间的组成比较复杂，但是在各类房间中，占主导地位和起决定性影响的则是客房，因而必须按照客房的理想大小及布局来考虑柱网的排列形式及尺寸；同理，对于办公建筑来讲，则必须综合考虑大、中、小各类办公室的功能要求来确定柱网的排列形式及尺寸［图 2-4-9(a)］。

② 对于商业建筑，由于功能的特点，其柱网的排列形式及尺寸则不同于旅馆或办公楼。在这里柱子之间的尺寸必须符合于营业柜台的布局、尺寸和人流活动要求，并且在纵横两个方向都可以作连续多跨的排列［图 2-4-9(b)］。

③ 对于工业建筑，柱网排列形式及尺寸主要取决于生产设备的大小、形状和排列方式，另外还要考虑工人的操作和工艺要求［图 2-4-9(c)］。

④ 对于图书馆建筑的书库，柱网的排列形式及尺寸，则主要取决于书架的大小、尺寸及排列情况，同时还要考虑到工作人员交通及运送图书的方便［图 2-4-9(d)］。

（2）满足结构受力要求

柱网布置应规则、整齐、间距适中，传力明确，受力合理。一般应沿建筑物的两个主轴方向设置框架，跨度 6～9m 为宜。

（3）兼顾施工方便和经济因素

设计时应尽量考虑到构件尺寸的模数化和标准化，尽量减少构件规格，柱网布置时应尽量使梁板布置简单、规则，以方便施工、加快进度，降低工程造价。

#### 2.4.3.2　梁格布置

梁格布置即承重框架布置。柱网确定后，用梁把柱连接起来，即形成框架结构体系。可把其看成纵横两个方向的平面框架，沿建筑物长轴向的称为纵向框架，沿建筑物短向的称为

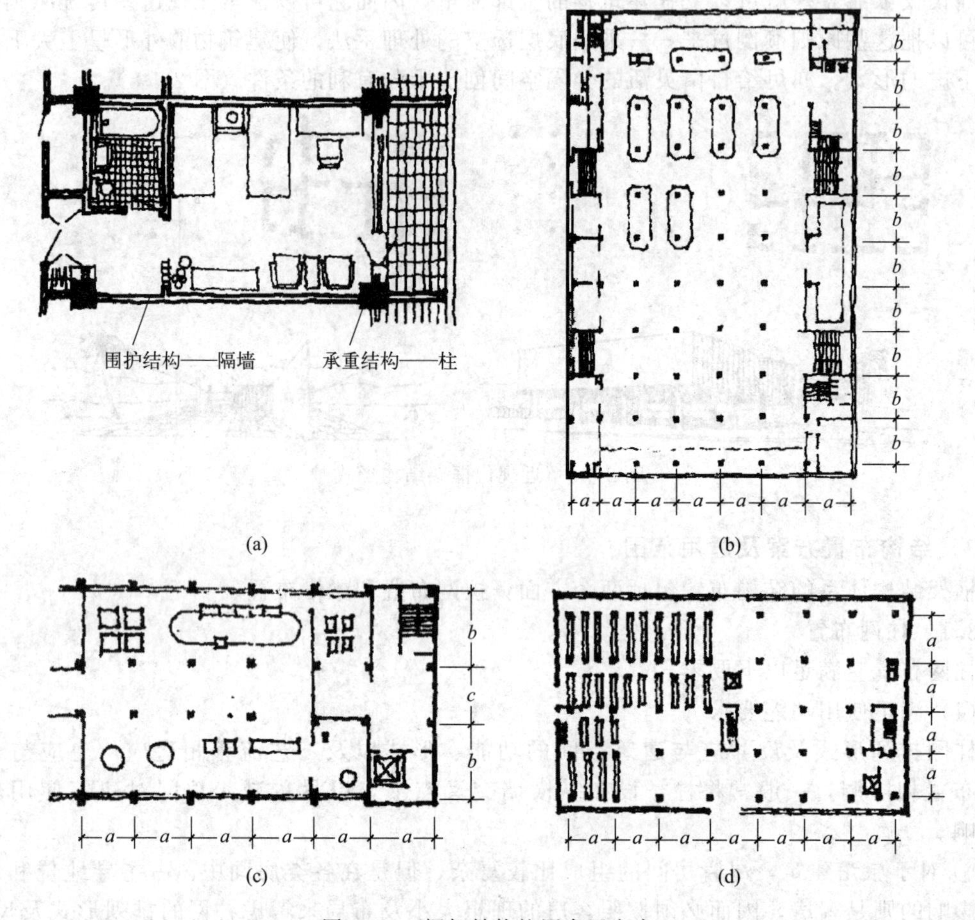

图 2-4-9　框架结构柱网布置方案

横向框架，分别承受各自方向的侧向荷载（水平力），楼面竖向荷载则根据楼盖结构布置方式向不同的方向传递。如现浇平板楼盖向距离较近的梁上传递；预制楼盖则传至预制板的搁置梁上。通常在承受较大楼面竖向荷载的方向布置主梁，相应平面内的框架称为承重框架，而另一方向上则布置次梁或称为联系梁。

梁格布置方案按楼面竖向荷载传递路线可以分为三种：横向框架承重、纵向框架承重和纵横向框架共同承重（图 2-4-10）。

（1）横向框架承重方案

在横向布置框架主梁以支承楼板，在纵向布置联系梁。横向框架跨数少，承受风力大，主梁沿横向布置有利于高建筑物的横向抗侧刚度。纵向框架跨数较多，承受风力小，所以在纵向仅需按构造要求布置联系梁，也有利于房屋室内的采光和通风。

（2）纵向框架承重方案

在纵向布置框架主梁以支承楼板，在横向布置联系梁。优点是楼面荷载由纵向梁传至柱子，所以横梁高度较小，有利于设备管线的穿行，当房屋开间方向需要较大空间时，可获得较高的室内净高。缺点是房屋的横向抗侧刚度较差，进深尺寸受预制板长度的限制。

（3）纵横向框架共同承重方案

在两个方向均需布置框架主梁以承受楼面荷载。当楼面上有较大荷载作用，或楼面有较大开洞，或当柱网布置为正方形或接近正方形时，常采用这种承重方案。此方案具

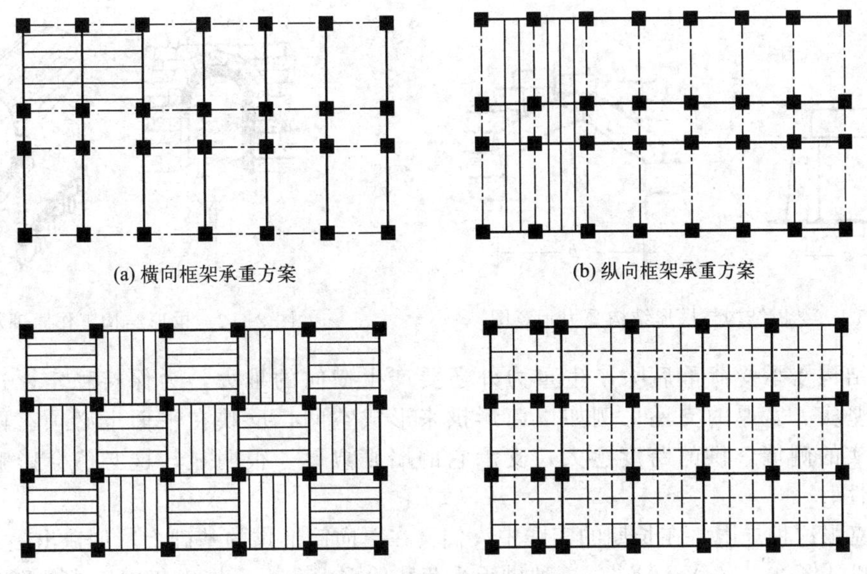

图 2-4-10　承重框架布置方案

有较好的整体工作性能，框架柱均为双向偏心受压构件，为空间受力体系，因此也称为空间框架。

## 2.5　大跨度结构体系

人类素来就有扩大室内空间的要求，这种要求促进人们不断追寻新材料、新技术、新结构的突破，带动了大跨度建筑的发展和研究。所谓大跨度结构体系，是指横向跨越一定尺度（现代理论为 30m）以上空间的各类结构体系。这种结构体系源于古代罗马的大跨度拱顶，发展至今已有较大成就，出现了很多种大跨度屋盖结构形式。它们多用于民用建筑中的影剧院、体育馆、展览馆、大会堂、航空港候机大厅及其他大型公共建筑，以及工业建筑中的大跨度厂房、飞机装配车间和大型仓库等。风景园林建筑中的大型展馆、游乐建筑、温室等亦常采用此种结构体系。

大跨度结构体系类型十分丰富，按其受力机制的不同，又可再分为：拱形结构、单层刚架结构、桁架结构、网架结构、悬索结构、薄壁空间结构、薄膜结构等。其中拱形结构、单层刚架结构和桁架结构，按照结构空间布置形式属于“平面结构体系”，其余均属于“空间结构体系”。

### 2.5.1　平面结构体系

#### 2.5.1.1　拱形结构

（1）工作原理及特点

古代建筑室内空间的扩大是和拱形结构的演变发展紧密联系着的，拱形结构和梁板结构最根本的区别在于这两者受力的情况不同：梁板结构所承受的是弯曲力；拱形结构所承受的主要是轴向的压力（图 2-5-1）。在以天然石料作结构材料的古代，以石为梁不可能跨越较大的空间。拱形结构则不然，由于它不需要用整块石料来制作，而且基本上又不承受弯曲力，因而，用小块的石料不仅可以砌成很大的拱形结构，并且还可以跨越相当大的空间（图 2-5-2）。

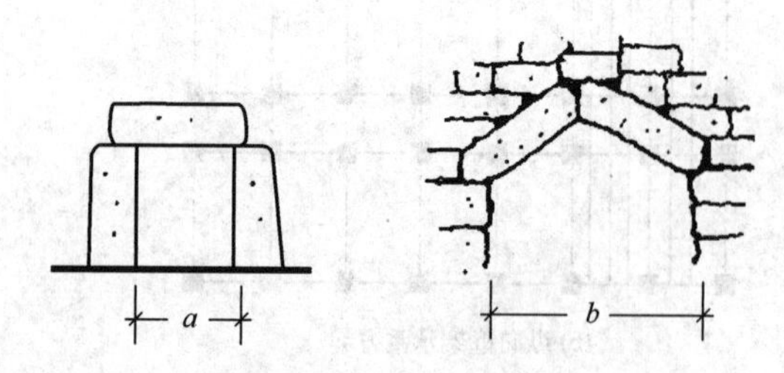
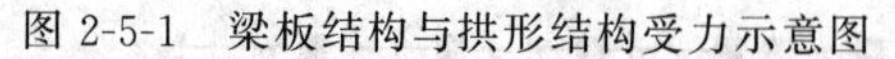


图 2-5-1　梁板结构与拱形结构受力示意图

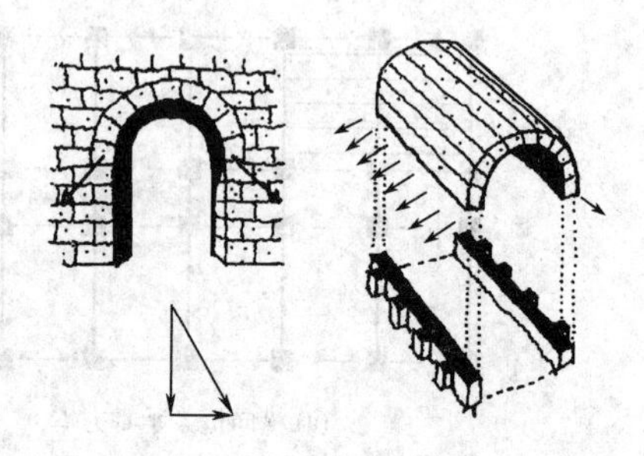

图 2-5-2　拱形结构工作原理示意图

拱形结构在承受荷重后除产生重力外还要产生横向的推力，为保持稳定，这种结构必须要有坚实、宽厚的支座。例如以筒形拱来形成空间，反映在平面上必须有两条互相平行的厚实的侧墙，拱的跨度愈大，支承它的墙则愈厚。很明显，这必然会影响空间组合的灵活性。

为了克服这种局限，在长期的实践中人们又在单向筒形拱的基础上，创造出一种双向交叉的筒形拱［图 2-5-3(a)～(c)］。这种拱承受荷载后重力和水平推力集中于拱的四角，与单向筒形拱相比前者的灵活性要大得多。

穹隆也是一种古老的大跨度拱形结构形式，早期直径约 10m，到了罗马时代，半球形的穹隆结构已被广泛地运用于各种类型的建筑，直径可达 40～50m，大多采用混凝土材料（图 2-5-4）。

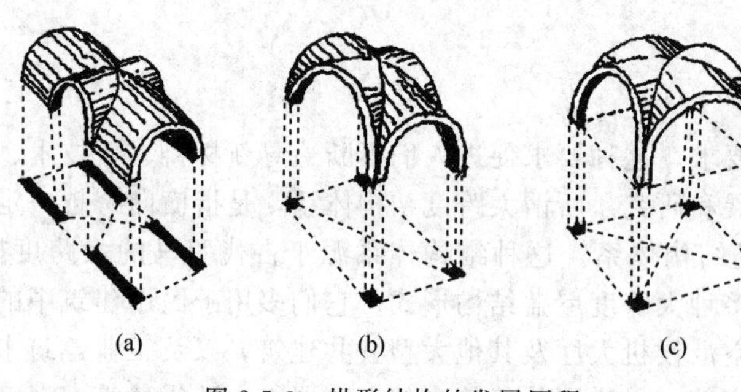


图 2-5-3　拱形结构的发展历程

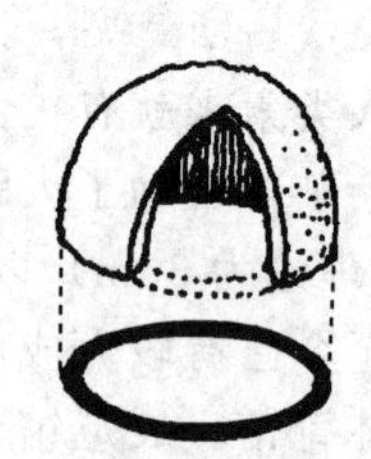

图 2-5-4　穹隆结构

(2) 结构形式及布置方案

拱形结构应用广泛，形式多样（图 2-5-5～图 2-5-7）。

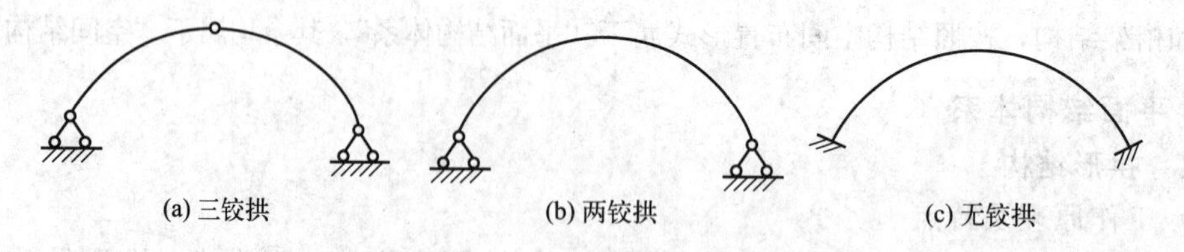


图 2-5-5　拱的结构计算简图

按支撑方式可分为：无铰拱、两铰拱和三铰拱。

按结构材料可分为：砖石砌体拱、钢筋混凝土拱、钢拱、胶合木拱。

按拱身截面可分为：格构式和实腹式、等截面和变截面。

按拱轴形式可分为：半圆拱和抛物线拱。

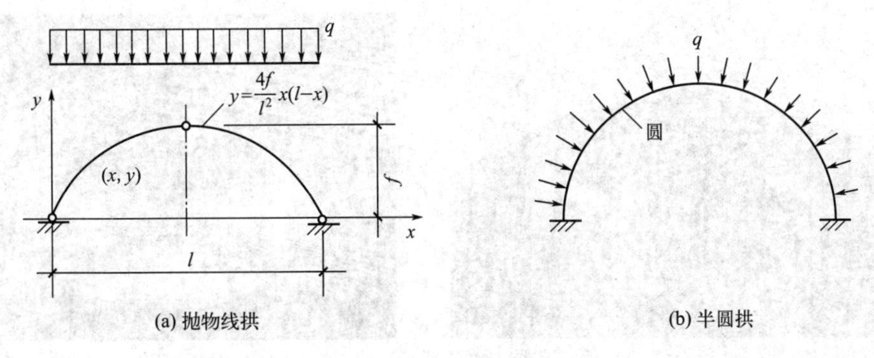


图 2-5-6　合理的拱轴线

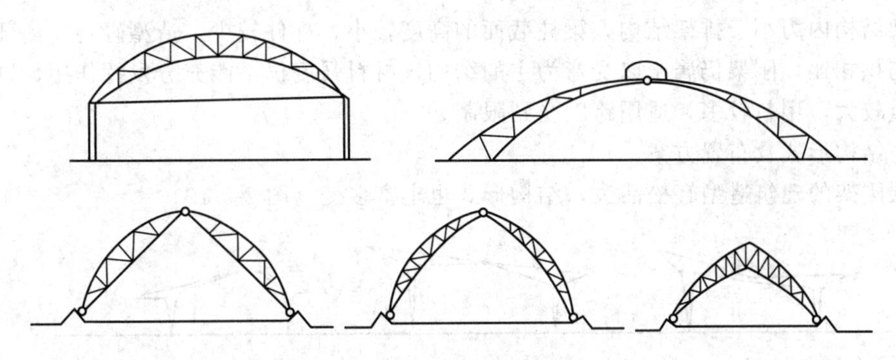

图 2-5-7　格构式钢拱

进行结构选型时，需要综合考虑结构的支承形式、拱轴线的形式、拱的矢高、拱身形式和截面高度以及拱的结构布置和支撑体系设置。

拱形结构的布置可以根据建筑平面形式的不同，分为以下几种：

① 并列布置　当建筑平面为矩形时，一般采用等间距、等跨度、并列布置的平面拱结构，其纵向抗侧力的能力与侧向稳定性需要加设支撑来解决。

② 径向布置　当建筑平面为非矩形时，常采用径向布置的空间拱结构，这种布置空间刚度和稳定性都比较好。

③ 环向布置　当建筑平面为圆形时，以环向布置的空间拱结构最为合理，各拱沿周围排列、拱脚互抵、推力相消。

④ 井式布置　仿效井字梁的布置方式，采取多向承受荷载、共同传力的井字拱。

⑤ 多叉布置　能够适应任何平面，最好是正多边形或圆形，其围绕一个中心铰或环、径向布置辐射状拱肋，呈多叉状的肋形拱，有三叉拱、四叉拱、六叉拱等，多叉拱肋的顶端汇聚于中心。尽可能使多叉拱的拱脚水平推力（由连接的相邻拱脚支座所形成的多边形圈梁承担）大小一致，保持结构有良好的稳定性。

**2.5.1.2　单层刚架结构**

（1）工作原理及特点

单层刚架结构也称为门式刚架（图 2-5-8、图 2-5-9），是指梁与柱刚性连接，即梁柱合一的平面结构体系。当梁与柱之间为铰接时，一般称为排架；多层多跨的刚架结构称为框架。

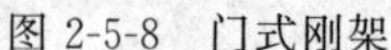

图 2-5-8　门式刚架

图 2-5-9　中国农业大学体育馆

刚架结构内力小于排架结构，梁柱截面的高度较小，杆件较少，造型轻巧，内部净空较大；但与拱相比，刚架仍属于以受弯为主的结构，材料强度仍不能充分发挥作用，以致刚架结构自重较大，用料较多，适用跨度受到限制。

（2）结构形式及布置方案

单层刚架的建筑造型轻松活泼，结构形式也丰富多变（图 2-5-10）。

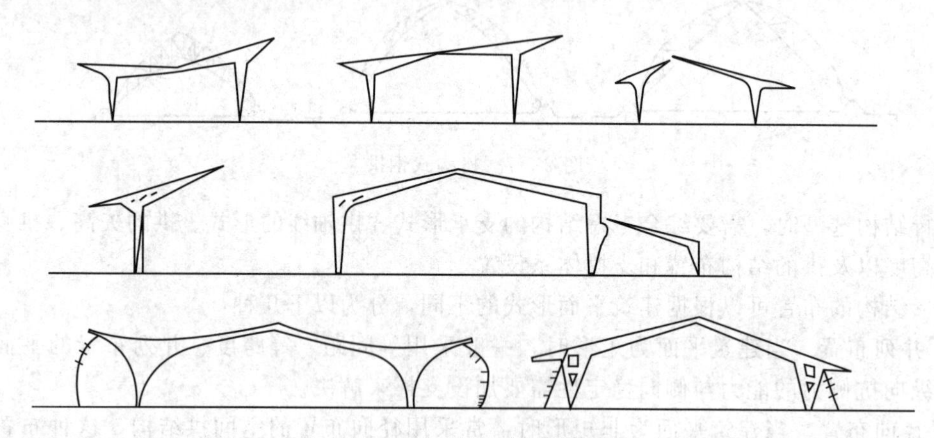

图 2-5-10　单层刚架的形式

按结构约束条件可分为：无铰刚架、两铰刚架、三铰刚架。

按结构材料可分为：胶合木结构、钢结构、混凝土结构。

按构件截面可分为：实腹式刚架、空腹式刚架、格构式刚架、等截面与变截面刚架。

按建筑型可分为：平顶、坡顶、拱顶、单跨与多跨刚架。

按施工技术可分为：预应力刚架和非预应力刚架。

结合建筑造型需要，刚架可正、可反，可单、可双（向上下同时伸展），可双铰、可三铰（铰位应设置在弯矩较小的梁柱中部或柱脚，且都是永久性），可带悬臂、可无悬臂（横梁外伸悬挑有利于减小刚架梁的跨中正弯矩），且可组合、也可外露，可以展示出极强的美学表现力，创造出各种各样的建筑形象。

单层刚架的结构布置也十分灵活，可以是平行布置、辐射状布置或以其他的方式排列，形成风格多变的建筑造型（图 2-5-11），并可以根据通风、采光的需要设置天窗、通风屋脊和采光带。一般情况下，矩形平面建筑都采用等间距、等跨度的平行刚架布置方案，应加强结构的整体性，保证结构纵横两个方向的刚度（图 2-5-12）。对正方形或接近方形平面的建筑或局部结构，可采用纵、横双向连成整体的空间刚架。对一些大型复杂建筑，也可以采用门式刚架与其他结构或构件形成主次结构布置方案。

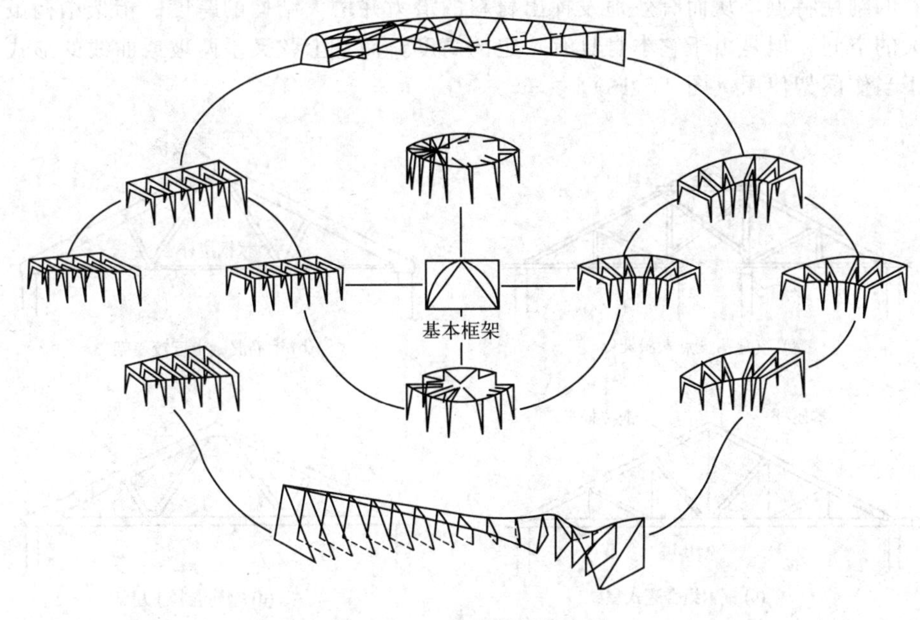


图 2-5-11　单层刚架的布置

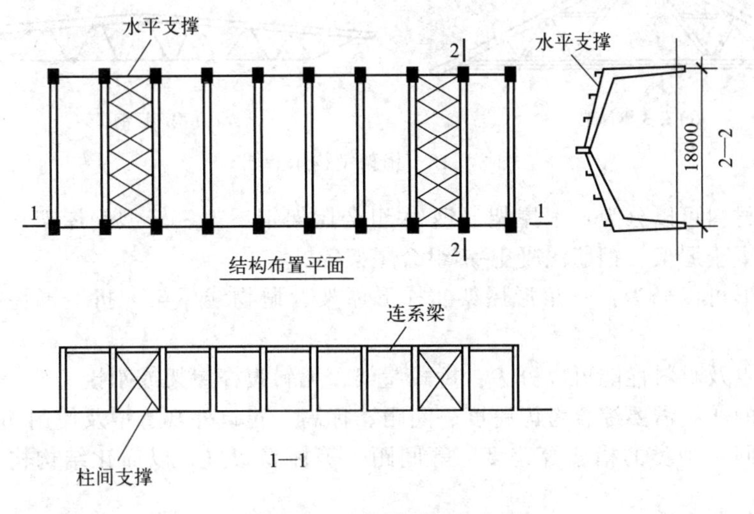


图 2-5-12　单层刚架的支撑

### 2.5.1.3　桁架结构

桁架，指的是桁架梁，是格构化的一种梁式结构，也是一种大跨度结构。它是用杆件按三角形法则相互连接而成的几何不变结构体系，其各杆件受力均以单向拉、压为主，通过对上下弦杆和腹杆的合理布置，可适应结构内部的弯矩和剪力分布。由于水平方向的拉、压内力实现了自身平衡，整个结构不对支座产生水平推力。结构布置灵活，应用范围非常广。桁架梁和实腹梁（即我们一般所见的梁）相比，在抗弯方面，由于将受拉与受压的截面集中布置在上下两端，增大了内力臂，使得以同样的材料用量，实现了更大的抗弯强度。在抗剪方面，通过合理布置腹杆，能够将剪力逐步传递给支座。这样无论是抗弯还是抗剪，桁架结构都能够使材料强度得到充分发挥。

桁架结构最大的特点是：①把整体受弯转化为局部构件的受压或受拉；②充分利用三角形所具有的刚性特点，从而有效地发挥出材料的潜力并增大结构的跨度。桁架结构虽然可以跨越较大的空间，但是由于它本身具有一定的高度，而且上弦又呈两坡或曲线的形式，所以只适合于当作屋架使用（图 2-5-13）。

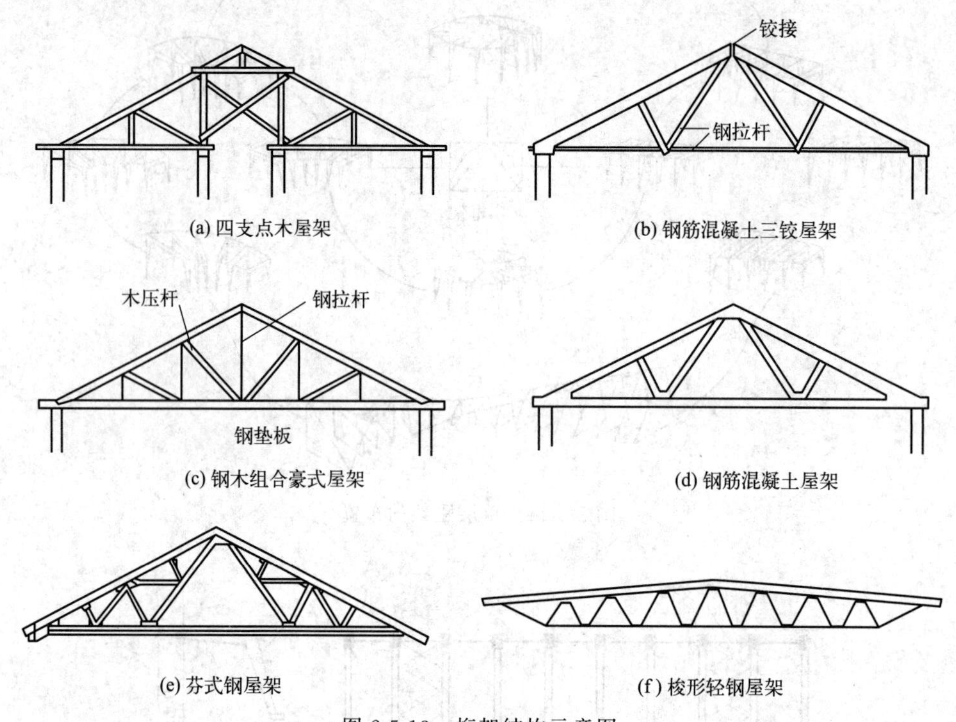


图 2-5-13　桁架结构示意图

按所使用材料可以分为：木屋架、钢-木组合屋架钢屋架、轻型钢屋架、钢筋混凝土屋架、预应力混凝土屋架、钢筋混凝土-钢组合屋架等。

按屋架外形可以分为：三角形屋架、梯形屋架、抛物线屋架、折线形屋架、平行弦屋架等。

按受力特点及材料性能可以分为：桥式屋架、无斜腹杆屋架或刚接桁架、立体桁架等。

桁架结构的布置需要综合考虑跨度、间距、标高、建筑外观造型及使用功能等因素。矩形平面宜采用同一种类的桁架等跨度、等间距、等标高布置，以简化结构构造，方便结构施工。

## 2.5.2　空间结构体系

在“平面结构体系”基础之上，随着跨度尺寸的增加以及工程技术的发展，“空间结构体系”应运而生。它比平面结构的适用跨度大、受力好、刚度大、自重轻，现已成为解决大跨度建筑的更好形式。

### 2.5.2.1　网架结构

网架结构是由许多杆件根据建筑形体要求，按照一定的规律进行布置，通过节点连接组成的一种网状的三维杆系结构，所用材料一般为钢材，也可用木材以及其他复合材料。它具有空间受力、重量轻、刚性大、变形小、应力分布较均匀、能大幅度地减轻结构自重和节省材料、工业化程度高、稳定性好、外形美观等特点。缺点是交汇于节点上的杆件数量较多，制作安装较平面结构复杂。近年来此结构颇受关注、发展前景广阔，国内外许多大跨度公共建筑或工业建筑普遍地采用这种新型的大跨度空间结构来覆盖巨大的空间。

网架结构根据外形特点可分为平面网架（图 2-5-14）和曲面网架（图 2-5-15）。

图 2-5-14　平面网架结构示意图

图 2-5-15　曲面网架结构示意图

（1）平面网架

平面网架又称平板网架，可以看作是格构化的板，按弦杆层数不同可分为双层网架（图 2-5-16）和三（多）层网架（图 2-5-17）；按照杆件的布置规律及网格的构造原理又可分为：交叉桁架体系和角锥体系，再由这些基本单元可组合成三边形、四边形、六边形、圆形或其他任何形式的平面形状。

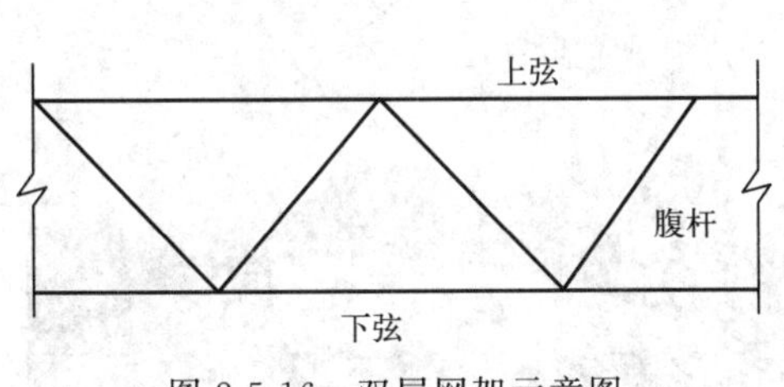


图 2-5-16　双层网架示意图

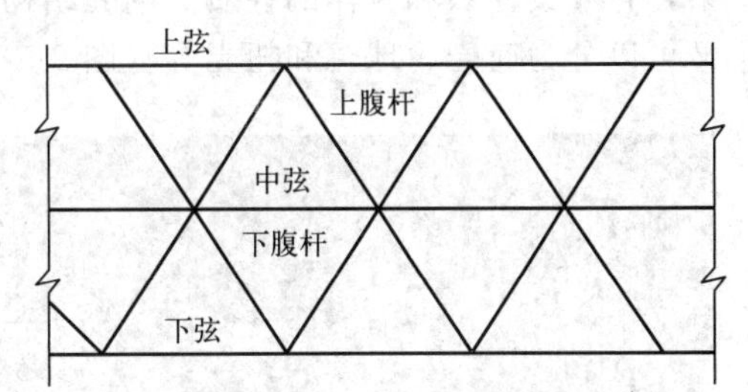


图 2-5-17　三层网架示意图

交叉桁架体系网架（图 2-5-18）主要有：两向正交正放网架、两向正交斜放网架、两向斜交斜放网架、三向网架等。

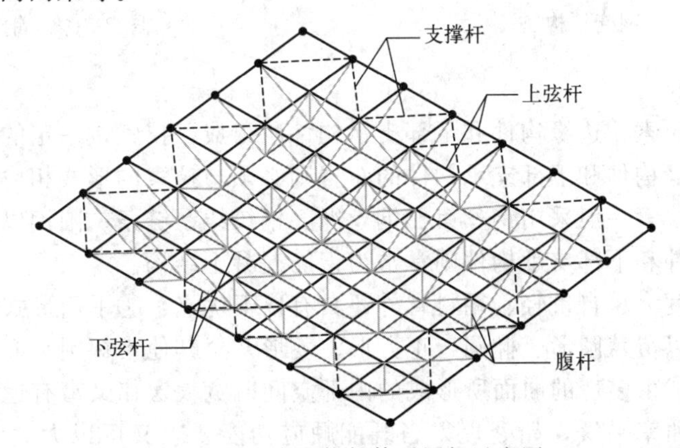


图 2-5-18　交叉桁架体系网架示意图

四角锥体系网架（图 2-5-19）主要有：正放四角锥网架、斜放四角锥网架、正放抽空四角锥网架、棋盘形四角锥网架、星形四角锥网架等。

三角锥体系网架（图 2-5-20）主要有：三角锥网架、抽空三角锥网架、蜂窝形三角锥网架等。

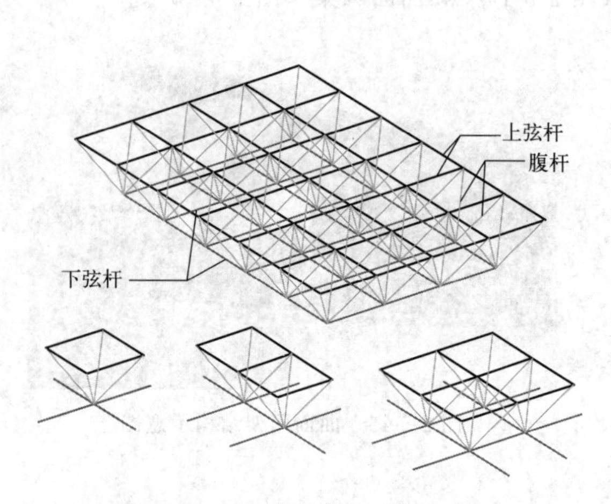


图 2-5-19 四角锥体系网架示意图

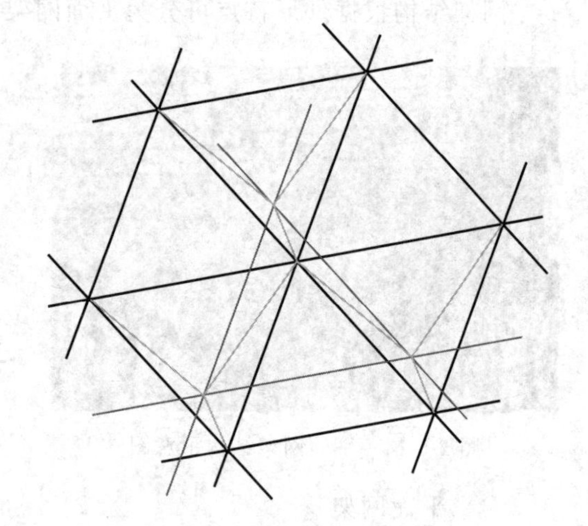

图 2-5-20 三角锥体系网架示意图

（2）曲面网架

曲面网架又称网壳，以杆件为基础，按一定规律组成网格，按壳体结构布置的空间构架，它兼具杆系和壳体的性质。网壳结构有单层、双层以及单曲、双曲之分，从外观形态看又可以分为筒壳、球壳和扭壳等（图 2-5-21、图 2-5-22）。

图 2-5-21 网壳结构

图 2-5-22 钢网壳屋顶

#### 2.5.2.2 悬索结构

悬索结构由受拉索、边缘构件和下部支承构件所组成，拉索按一定的规律布置可形成各种不同的体系，边缘构件和下部支承构件的布置则必须与拉索的形式相协调，有效地承受或传递拉索的拉力，拉索一般采用钢丝束、钢丝绳、钢绞线、链条、圆钢以及其他受拉性能良好的线材，边缘构件和下部支承构件则常常为钢筋混凝土结构。

悬索结构除跨度大、自重轻、用料省外还具有以下优点：①平面形式多样，除覆盖一般矩形平面外，还可以覆盖圆形、椭圆、正方形、菱形乃至其他不规则平面的空间，使用的灵活性大、范围广；②由多变的曲面所形成的内部空间既宽大宏伟又富有运动感；③主剖面呈下凹的曲线形式，曲率平缓，如处理得当既能顺应功能要求又可以大大节省空间和空调费用；④外形变化多样，可以为建筑体形和立面处理提供新的可能性。悬索结构的缺点如下：①动荷载作用下的共振现象明显；②不能承受反向荷载。

悬索结构按照布置方式和层数可以分为以下几种：①单层悬索体系（图 2-5-23）：由一

系列、按一定规律布置的单层悬索组成，悬索两端锚挂在稳固的支撑结构上；②预应力双层悬索体系（图 2-5-24、图 2-5-25）：由一系列下凹的承重索和上凹的稳定索以及它们之间的连系杆组成；③预应力鞍形索网体系（图 2-5-26）：由相互正交、曲率相反的两组钢索直接叠交而形成一种负高斯曲率的曲面悬索结构。

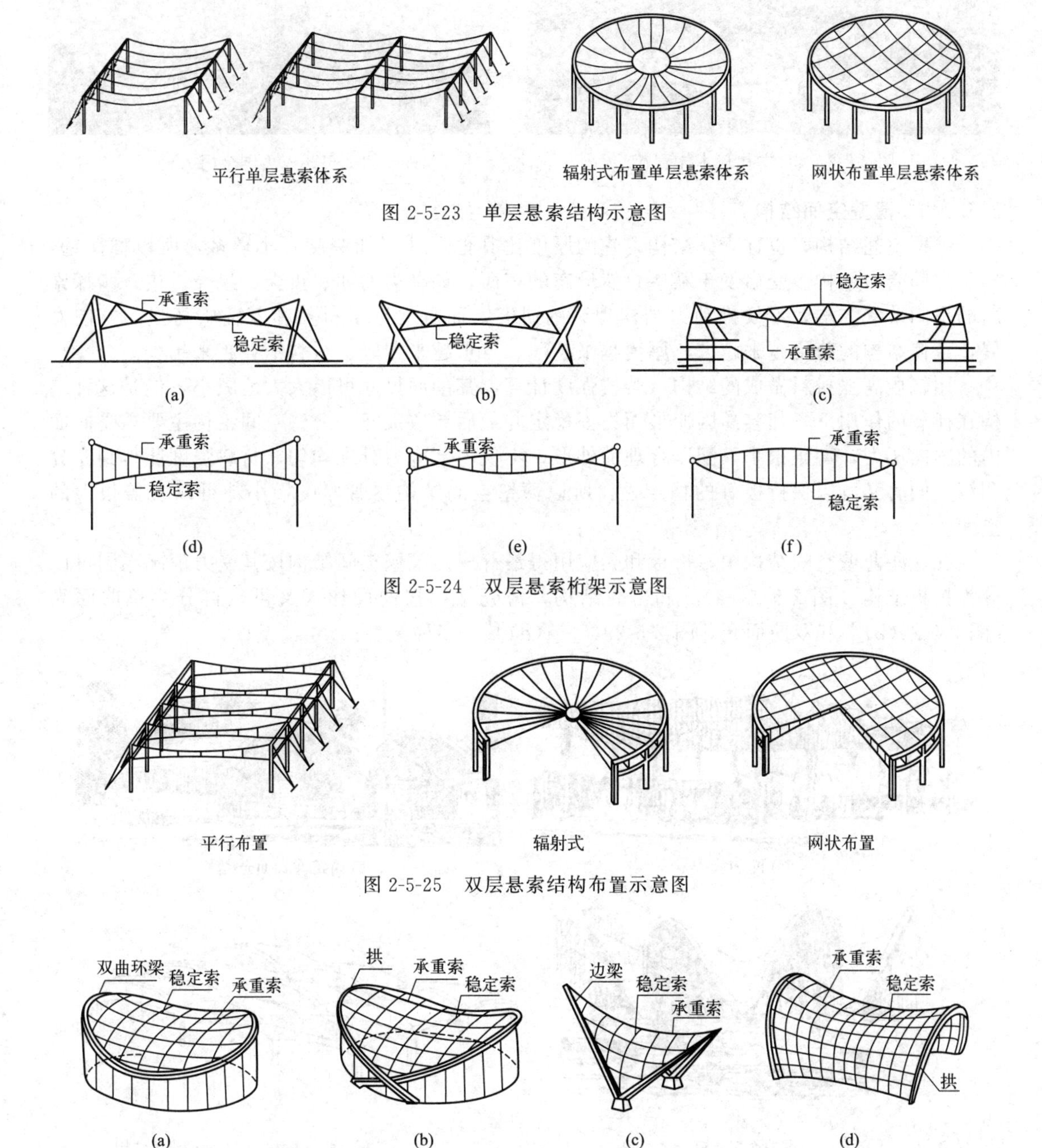


图 2-5-23　单层悬索结构示意图

图 2-5-24　双层悬索桁架示意图

图 2-5-25　双层悬索结构布置示意图

图 2-5-26　预应力鞍形索网示意图

悬索结构历史悠久，最早应用于桥梁工程中。在房屋建筑中，蒙古包、帐篷等也可以看作悬索结构的雏形。现代悬索结构则广泛应用于桥梁、飞机场、体育馆、展览馆等大跨度公共建筑和工业厂房（图 2-5-27、图 2-5-28）。

图 2-5-27　日本代代木体育馆

图 2-5-28　美国金门大桥

### 2.5.2.3　薄壁空间结构

薄壁空间结构，也称壳体结构。它的厚度比其他尺寸（如跨度）小得多，所以称薄壁，属于空间受力结构。受启发于某些自然形态的东西，如鸟类的卵、贝壳、果壳，进一步探索新的空间薄壁结构，不仅推动力结构理论的研究，而且促进了材料朝着轻质高强的方向发展，致使结构的跨度越来越大，厚度越来越薄、自重越来越轻、材料消耗越来越少。

用轻质高强材料做成的结构，若按强度计算，其剖面尺寸可以大大地减小，但是这种结构在荷载的作用下，却容易因变形而失去稳定并最后导致破坏。薄壁空间结构主要承受曲面内的轴向压力，弯矩很小，配以合理的外形，不仅内部应力分配均匀，材料强度能得到充分利用，同时又可以保持极好的稳定性，所以薄壁空间结构尽管厚度极小却可以覆盖很大的空间。

在这些薄壁空间结构中，折板和壳应用得最普遍。薄壁空间结构按其受力情况不同可以分为折板结构［图 2-5-29(a)］和薄壳结构，薄壳结构按曲面形式又可以再分为单曲面壳［图 2-5-29(b)］和双曲面壳［图 2-5-29(c)、(d)］等多种类型。

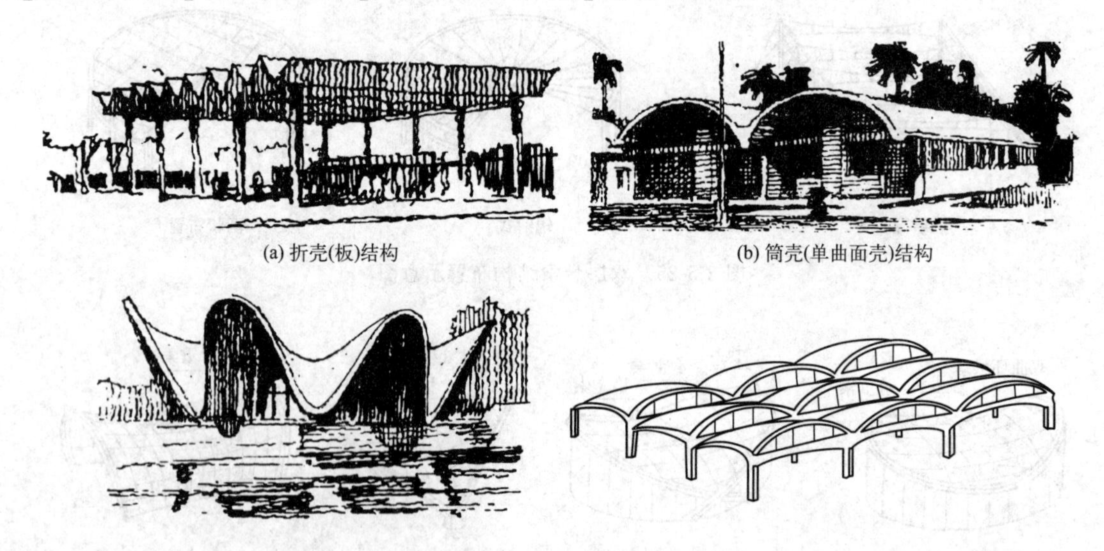

(a) 折壳(板)结构　(b) 筒壳(单曲面壳)结构

(c) 双曲面壳结构　(d) 重复组合的双曲面壳体结构

图 2-5-29　薄壁空间结构示意图

（1）折板结构

折板结构是由若干狭长的薄板以一定角度相交连成折线形的空间薄壁体系。跨度不宜超过 30m，适宜于长条形平面的屋盖，两端应有通长的墙或圈梁作为折板的支点。折板按截面形式分有折线多边形、槽形、H 形及 V 形折板等。按跨数分有单跨、多跨及悬臂折板。按覆盖平面分有矩形、扇形、环形及圆形的平面折板。按所用材料分有钢筋混凝土折板、预应力混凝土折板及钢纤维混凝土折板。如果折板沿跨度方向也是折线形或弧线形，则形成折板拱，是大跨度屋盖结构的形式之一。

(2) 薄壳结构

薄壁空间结构的曲面形式主要有两种：筒壳和双曲壳。①筒壳，一般由壳板、边梁和横隔三部分组成。筒壳的空间工作是由这三部分结构协同完成的。它的跨度在 30m 以内是有利的。②双曲壳，特别适用于大空间大跨度的建筑。双曲壳又分为圆顶壳、双曲扁壳和双曲抛物面壳。目前薄壳结构材料多采用现浇钢筋混凝土，覆盖直径已超 200m。

在实际工用中，空间薄壁结构的形式更是丰富多彩的。它既可以单独地使用，又可以组合起来使用；既可以用来覆盖大面积空间，又可以用来覆盖中等面积的空间；既适合于方形、矩形平面要求，又可以适应圆形平面、三角形平面，乃至其他特殊形状平面的要求。因此，空间薄壁结构广泛应用于大跨度公共建筑，尤其是对体型要求较高的风景园林建筑。

#### 2.5.2.4 薄膜结构

薄膜结构是张拉结构中最近发展起来的一种形式，是 21 世纪最具代表性与充满前途的建筑形式。打破了纯直线建筑风格的模式，以其独有的优美曲面造型，简洁、明快、刚与柔、力与美的完美组合，呈现给人以耳目一新的感觉，同时给建筑设计师提供了更大的想象和创造空间。

薄膜结构是由多种高强薄膜材料及加强构件（钢架、钢柱或钢索）通过一定方式（可以向膜内充气，由空气压力支撑膜面；也可以利用柔软性的拉索结构或刚性的支撑结构将薄膜绷紧或撑起）使其内部产生一定的预张应力，从而形成具有一定刚度、能够覆盖大跨度空间的结构体系。目前薄膜结构已经被广泛地应用于体育建筑、展览中心、商场、仓库、交通服务设施等大跨度建筑中。

薄膜结构按照受力性质不同，主要分为骨架式薄膜结构（图 2-5-30）、张拉薄膜结构（图 2-5-31）、充气薄膜结构（图 2-5-32）三大类。

图 2-5-30 骨架式薄膜结构

图 2-5-31 张拉薄膜结构

(1) 骨架式薄膜结构

骨架式薄膜结构以钢构或是集成材构成骨架，在其上方张拉膜材的构造形式，下部支撑结构稳定，造型比较简单，开口部不易受限制，经济效益较高，适用于任何规模的空间。

(2) 张拉薄膜结构

张拉膜结构是依靠膜自身的张拉应力，与支撑杆和拉索共同构成机构体系，作为空间覆盖结构。施工精度要求高，结构性能强，且具丰富的表现力，所以造价较高。

图 2-5-32　充气薄膜结构

(3) 充气薄膜结构

充气薄膜结构即充气结构，又称空气薄膜结构，是靠室内不断充气，使室内外产生一定压力差，室内外的压力差使屋盖膜布受到一定的向上的浮力，无需任何梁，柱支撑，便可实现较大的跨度。根据充气方式不同，可以分为气压式、气承式和混合式。

① 气压式（气胀式）　在若干充气肋或充气肋的闭空间内保持气压力，以保证其支撑能力的结构，其工作原理与轮胎、游泳圈相似（图 2-5-33）。

② 气承式　是靠不断地向壳体内鼓风，在较高的室内气压作用下使其自行撑起，以承受自重和外荷载的结构。其工作原理与热气球相似（图 2-5-34）。

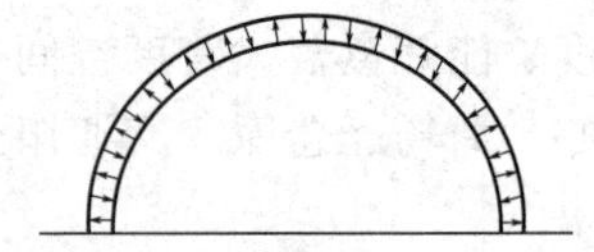

图 2-5-33　气压式结构示意图

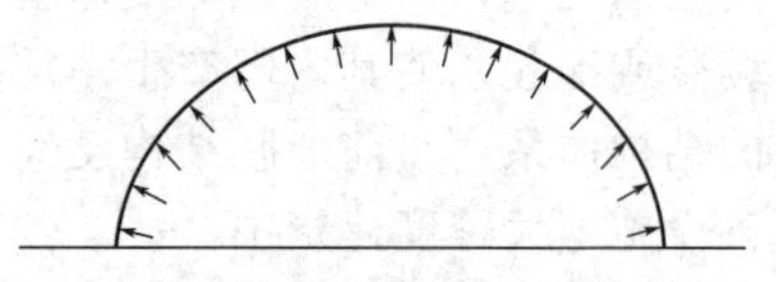

图 2-5-34　气承式结构示意图

③ 混合式　其一，将气压式和气承式膜结构混合；其二，将充气结构与其他传统建筑结构结合。

## 2.6　高层建筑结构体系

高层建筑，顾名思义是层数较多、高度较高的建筑。虽然在风景园林建筑中很少应用，但在现代城市建筑中应用非常广泛，主要有以下三方面原因：

① 节约用地　不扩大城市面积，房屋层数增多之后，建筑容积率相对提高，以此来节省建筑占地面积。

② 节约市政基础设施费用　包括小区道路、文化福利设施、上下水、天然气及热力网等项目的费用和投资。

③ 改善城市市容　高层建筑也是一个国家和地区经济繁荣与科技进步的象征。

然而，也并非层数越多、高度越高就越有利。建筑层数增多之后，建筑物受力增大，附属设施（电梯、空调、供水加压、消防等）增加，施工相对复杂，造价提高。不仅如此，从受力上分析，10 层左右的建筑，有竖向荷载产生的内力占主导地位，水平荷载的影响较小。当建筑物建造得更高时，水平荷载对建筑物的作用愈加明显。

因此，在高层建筑，特别是超高层建筑结构设计中，既要求有很大的抗垂直荷载能力，又要求有相当高的抗水平荷载能力，尤其是抗侧力结构的设计已成为关键。近年来国内外新建的高层、超高层建筑已经普遍采用剪力墙结构体系、框架-剪力墙结构体系、筒体结构体系来代替以往的框架结构体系。

### 2.6.1 剪力墙结构体系

剪力墙，又称抗风墙、抗震墙或结构墙。梁板结构体系中的墙体主要承受竖向荷载，而剪力墙既能承受由重力引起的竖向荷载，更能承受风荷载或地震作用引起的水平荷载，并且能够防止结构剪切（受剪）破坏。剪力墙按结构材料可以分为钢板剪力墙、钢筋混凝土剪力墙和配筋砌块剪力墙，目前以钢筋混凝土剪力墙最为常用。

剪力墙结构体系，就是由剪力墙组成的承受竖向和水平荷载的结构。在这种结构体系中，墙体同时也作为建筑物的围护及房间分隔构件。适宜于建造 10～40 层的高层建筑，在 20～30 层的建筑中应用较为广泛（图 2-6-1～图 2-6-3）。

图 2-6-1　剪力墙

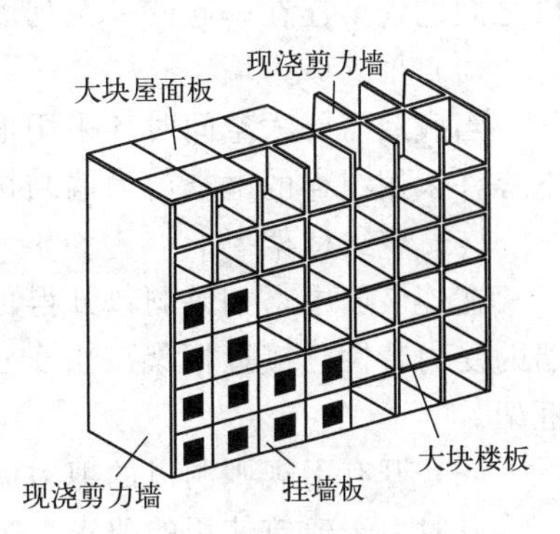


图 2-6-2　剪力墙结构示意图

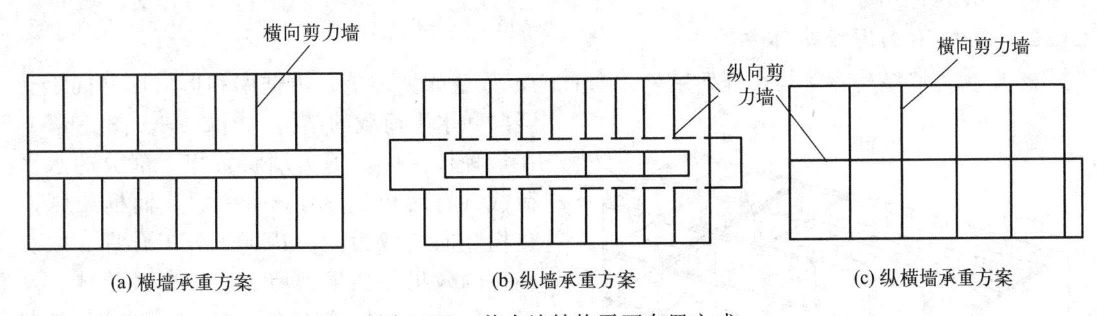


图 2-6-3　剪力墙结构平面布置方式

#### 2.6.1.1 剪力墙特点

（1）剪力墙结构体系的主要优点

① 结构集承重、抗风、抗震、围护与分隔为一体，经济合理地利用了结构材料。

② 结构整体性强，抗侧刚度大，侧向变形小，易于满足承载要求，适于建造较高的建筑。

③ 抗震性能好，具有承受强烈地震而不倒的良好性能。

④ 与框架结构体系相比，施工相对快捷。

（2）剪力墙结构体系的主要缺点

① 墙体密集，剪力墙间距 3～8m，使得平面布置和空间利用受到限制，很难满足大空间建筑功能的要求。

② 结构自重较大。

### 2.6.1.2 剪力墙类型

按照剪力墙上洞口的大小、多少、排列方式以及受力特点，将剪力墙分为以下几种类型。

（1）整体墙

没有门窗洞口或只有少量很小的洞口时，可以忽略洞口的存在，这种剪力墙即称为整体剪力墙，简称整体墙。

（2）小开口整体墙

门窗洞口尺寸比整体墙要大一些，此时墙肢中已出现局部弯矩，这种墙称为小开口整体墙。

（3）连肢墙

剪力墙上开有一列或多列洞口，且洞口尺寸相对较大，此时剪力墙的受力相当于通过洞口之间的连梁连在一起的一系列墙肢，故称连肢墙。

（4）框支剪力墙

当底层需要大空间时，采用框架结构支撑上部剪力墙，就形成框支剪力墙。在地震区，不容许采用纯粹的框支剪力墙结构。

（5）壁式框架

在连肢墙中，如果洞口开得再大一些，使得墙肢刚度较弱、连梁刚度相对较强时，剪力墙的受力特性已接近框架。由于剪力墙的厚度较框架结构梁柱的宽度要小一些，故称壁式框架。

（6）开有不规则洞口的剪力墙

有时由于建筑使用的要求，需要在剪力墙上开有较大的洞口，而且洞口的排列不规则，即为此种类型。

## 2.6.2 框架-剪力墙结构体系

框架-剪力墙结构体系是在框架结构中布置一定数量的剪力墙，由框架和剪力墙共同承受竖向和水平荷载的结构（图 2-6-4、图 2-6-5）。在这种体系中，剪力墙将负担大部分的水平荷载（有时可达 80%～90%），而框架则以负担竖向荷载为主，达到了分工合理、取长补短的效果。如果把剪力墙布置成筒体，又可以称之为框架-筒体结构体系。筒体的承载能力、侧向刚度和抗扭能力都较单片剪力墙提高很多。在结构上，这是提高材料利用率的一种途径；在建筑平面布局上，则往往利用筒体作电梯间、楼梯间和竖向管道的通道，也是十分合理的。

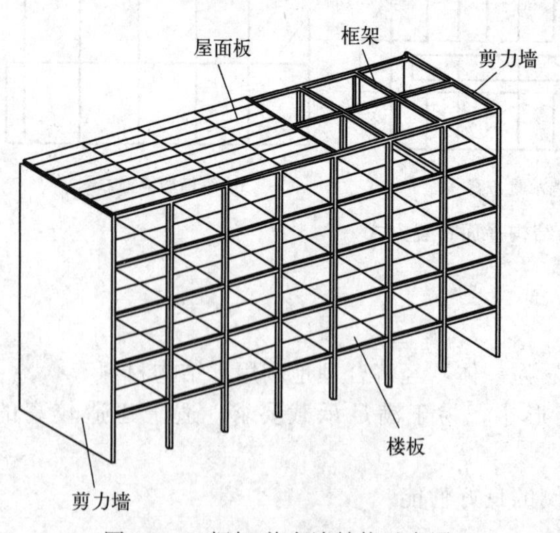

图 2-6-4　框架-剪力墙结构示意图

框架-剪力墙结构体系既有框架结构布置灵活、使用方便的优点，又有较大的刚度和较强的抗震能力，因而广泛地应用于高层办公楼及宾馆建筑，可应用于 10～20 层，一般不宜超过 25 层，但若布置合理，也可更高。

框架-剪力墙结构中剪力墙的数量不宜过多，但也不宜少于 3 道，以满足位移限值为宜。

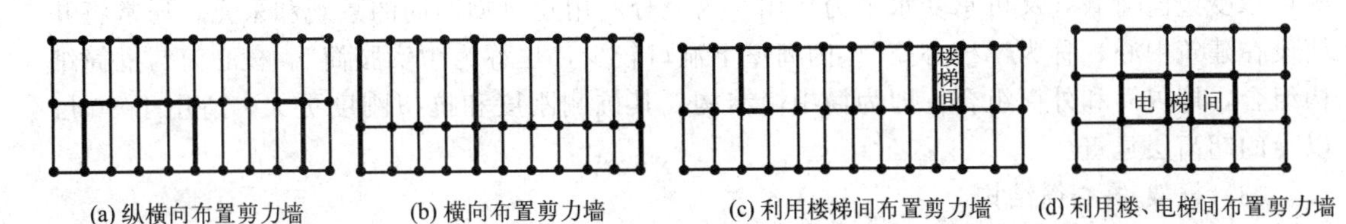


图 2-6-5 框架-剪力墙结构平面布置方式

剪力墙的布置不宜过长，最好成筒体、或对称布置，且应贯通全高、确保上下刚度连贯而均匀。

### 2.6.3 筒体结构体系

筒体结构体系是由竖向筒体为主组成的承受竖向和水平荷载的高层建筑的结构体系。体系中的筒体分剪力墙围成的薄壁筒和由密柱框架或壁式框架围成的框筒等。筒体结构体系是框架-剪力墙结构体系和剪力墙结构体系的演变与发展，它将剪力墙集中到房屋的内部与外部形成空间封闭的筒体（如同一根竖立在地面上的悬臂箱形梁），使整个结构体系受力合理且具有极大的刚度和良好的抗侧力能力。又能因为剪力墙的集中而获得较大的空间，使建筑平面布局灵活多变、建筑造型美观多样，适用于高层、超高层公共建筑。

筒体结构体系包括空腹筒结构、框筒结构、筒中筒结构、框架-核芯筒结构、多重筒结构和束筒结构等（图 2-6-6）。

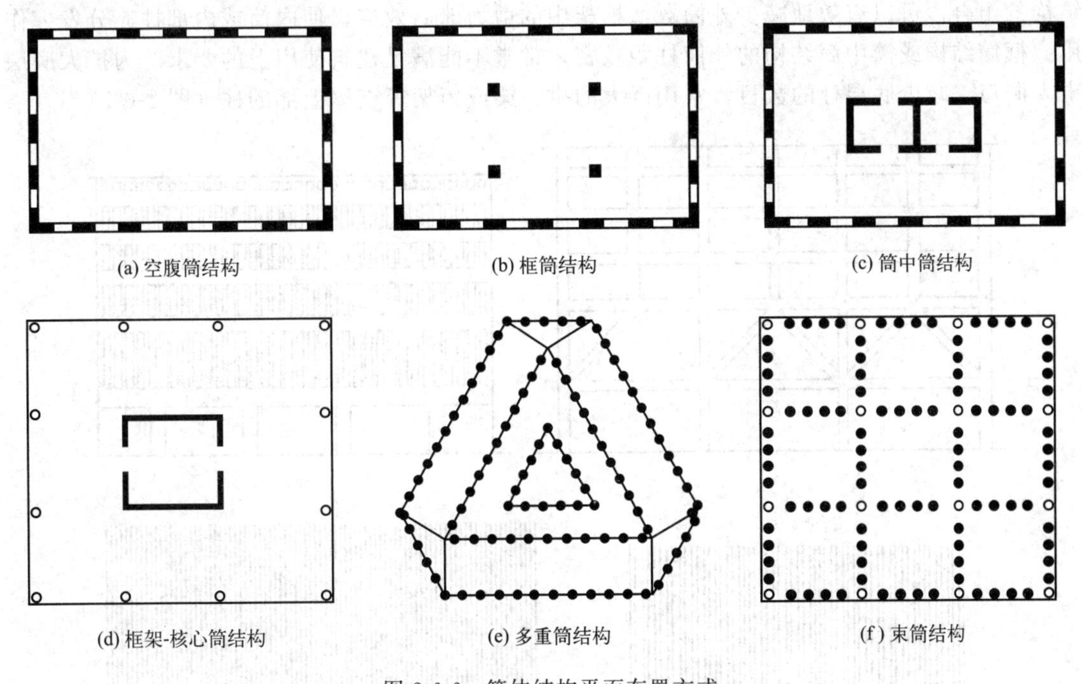


图 2-6-6 筒体结构平面布置方式

（1）框筒结构

框筒结构是由周边密集柱和高跨比很大的窗裙梁所组成的空腹筒结构。为减少楼盖结构的内力和挠度，中间往往要布置一些柱子，以承受楼面竖向荷载。

（2）筒中筒结构

将电梯间、楼梯间及设备井道的墙布置成钢筋混凝土墙，并组成井筒（中央服务竖井），既可承受竖向荷载，又可承受水平力作用。为充分利用建筑物四周的景观和采光，通常将井筒设在建筑中心，称为“核心筒”，因筒壁上洞口较少，也称为“实腹筒”。核心筒与框筒结构组合，即内筒和外筒组合，即为筒中筒结构，其抗侧刚度和抗扭刚度更大，适用于50层以上的超高层建筑。

（3）框架-核心筒结构

筒中筒结构外部柱距较密（一般为1.5～3.0m），当建筑设计中要求外部柱距在4m以上时，周边柱便无法形成筒的工作状态，即相当于空间框架的作用，这种结构称为框架-核心筒结构。

筒中筒结构与框架-核心筒结构平面形式相似，受力分析却差别极大，前者外围是筒体，后者外围是框架。

（4）多重筒结构

当建筑物平面尺寸较大或内筒较小时，即内外筒之间的距离较大，楼盖结构的跨度也随之变大，势必会增加楼板厚度或楼面大梁的高度。为降低楼盖结构的高度，可在筒中筒结构的内外筒之间增设一圈柱或剪力墙，将这些柱或剪力墙连接起来便又形成一个筒的作用，即由三个筒共同工作来抵抗侧向荷载，成为“三重筒”结构。

（5）束筒结构

两个或两个以上的框筒紧靠在一起成“束”状排列，称为“束筒”。

当建筑物高度或平面尺寸进一步加大，以致框筒结构或筒中筒结构可以看成若干个框筒结构的组合，可以有效地减少外筒翼缘框架中的剪力滞后效应，使内筒或内部柱充分发挥作用。框筒结构或筒中筒结构的外筒柱距较密，常常不能满足建筑使用上的要求。为扩大底层出入洞口，减少底层柱的数目，常用巨大的拱、梁或桁架等支撑上部的柱（图2-6-7）。

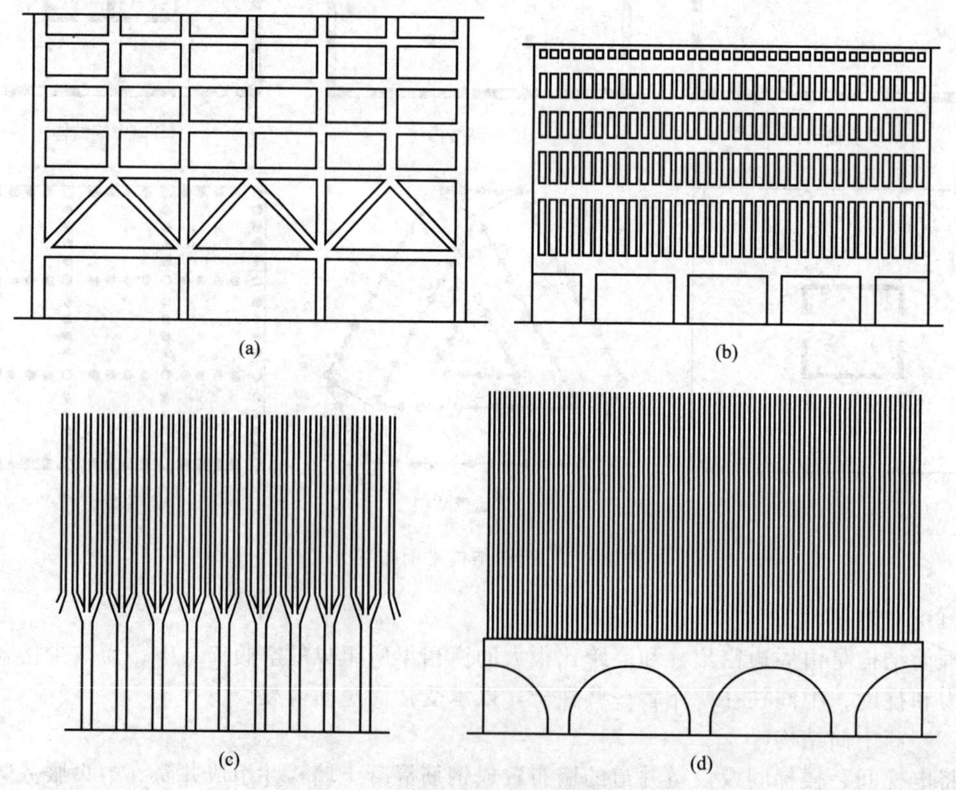


图2-6-7　筒体结构底部柱的转换

# 本章小结

1. 建筑结构，是建筑物中由承重构件（梁、柱、桁架、墙、楼板和基础等）组成的体系，是建筑物中支承荷载而起骨架作用的部分，是建筑物赖以生存的物质基础。建筑结构体系是指结构抵抗外部作用构件的组成方式。安全、适用和耐久是结构的可靠标志，统称为结构的可靠性。确定建筑结构形式的基本原则：①符合力学原理；②满足使用要求；③注意美观；④便于施工；⑤考虑经济。建筑结构按承重材料分：砌体结构、钢筋混凝土结构、钢结构、木结构和混合结构。建筑结构按受力特征分：梁板结构体系、框架结构体系、大跨度结构体系（拱结构、桁架结构等平面结构体系；网架结构、悬索结构、薄壁空间结构、薄膜结构等空间结构体系）以及高层建筑的结构体系（剪力墙结构体系、框剪——剪力墙结构体系、筒体结构体系）。

2. 风景园林建筑常用的结构体系：①梁板结构体系、②框架结构体系、③大跨度结构体系。

3. 以墙和柱承重的梁板结构体系，由于墙体一般是由砖或石用砂浆砌筑而成，因而从结构用材角度也可以称之为砌体结构。特点是：墙体本身既要起到围隔空间的作用，同时又要承担屋盖和楼面的荷重，把围护结构和承重结构这两重任务合并在一起，一身而二任。这种结构体系的传力途径是：荷载——板——梁——墙(墙和柱)—— 基础——地基。结构布置方案分为四种：①横墙承重；②纵墙承重；③纵横墙承重；④外墙内柱承重。

4. 框架结构体系的工作原理，即完全由承重骨架（多由柱、梁组成）来支撑其上部楼板及屋面的荷载，并把这些荷载传给下部的基础。这种结构体系的传力途径是：荷载——板 ——梁——柱—— 基础——地基。框架结构体系的特点：把承重的骨架和用来围护或分隔空间的墙面明确地分开。结构布置方案分为三种：①横向框架承重；②纵向框架承重；③纵横向承重。

5. 大跨度结构体系，是指横向跨越一定尺度（现代理论为30m）以上空间的各类结构体系，多用于民用建筑中的影剧院、体育馆、展览馆、大会堂、航空港候机大厅及其他大型公共建筑，工业建筑中的大跨度厂房、飞机装配车间和大型仓库等。按其形式及受力特点的不同，又可再分为：拱形结构、单层刚架结构、桁架结构、网架结构、悬索结构、薄壁空间结构、薄膜结构等等。其中拱形结构、单层刚架结构和桁架结构，属于“平面结构体系”，其余几种均属于“空间结构体系”。

6. 在高层建筑，特别是超高层建筑结构设计中，既要求有很大的抗垂直荷载能力，又要求有相当高的抗水平荷载能力，尤其是抗侧力结构的设计已成为关键。近年来国内外新建的高层、超高层建筑已经普遍采用剪力墙结构体系、框架-剪力墙结构体系、筒体结构体系。

# 本章练习题

简答题：

1. 何谓建筑结构？由哪几部分组成？

2. 建筑结构的功能要求如何？

3. 建筑结构设计要点以及结构形式的确定原则是什么？

4. 建筑结构的分类方法是什么？
5. 梁板结构体系的工作原理及特点有哪些？
6. 试比较石、木、钢筋混凝土等材料构成的梁、板结构体系各自的优缺点。
7. 外墙与内柱承重结构的特点有哪些？
8. 大型板材与箱形结构的优越性有哪些？
9. 梁板结构体系的布置方案有哪几种？并简述其各自特点。
10. 从结构用材角度划分的砌体结构有何优缺点？
11. 框架结构体系的工作原理及特点有哪些？
12. 试比较石、木、钢筋混凝土等材料构成的框架结构体系各自的优缺点。
13. 高层建筑主要采用哪些结构体系？各自工作原理及特点如何？
14. 大跨度结构体系具体还包括哪些形式？各自工作原理及特点如何？

单项选择题：

1. 桁架结构按形状分不包括（　　）。　答案：C

A. 三角形　　B. 梯形　　C. 矩形　　D. 弧形

2. 下列哪项不是网架结构的特点？（　　）　答案：D

A. 空间刚度大，整体性好　　B. 稳定性好

C. 安全度高　　D. 平面适应性差

3. 单层悬索体系的优点是（　　）。　答案：A

A. 传力明确　　B. 抗风能力好　　C. 稳定性好　　D. 耐久性好

4. 薄膜结构的主要缺点是（　　）。　答案：C

A. 传力不明确　　B. 抗震能力差　　C. 耐久性差　　D. 施工复杂

5. 下列哪项不属于空气薄膜（即充气）结构？（　　）　答案：D

A. 气压式　　B. 气乘式　　C. 混合式　　D. 充气式

6. 高层建筑结构常用的竖向承重结构体系不包括（　　）。　答案：C

A. 框架结构体系　　B. 剪力墙结构　　C. 砌体结构　　D. 筒体结构体系

7. 下列哪项不属于水平受力构件？（　　）　答案：C

A. 板　　B. 梁　　C. 柱　　D. 桁架

8. 按承重材料分类不包括下列哪项？（　　）　答案：A

A. 大型板材结构　　B. 木结构　　C. 砌体结构　　D. 混合结构

# 第3章 风景园林建筑构造

## 3.1 概述

风景园林建筑是民用建筑中公共建筑的一类，因此普通风景园林建筑主要组成部分及构配件的构造方法与民用建筑构造方法基本相同。

### 3.1.1 建筑构造的基础知识

#### 3.1.1.1 建筑构造

建筑构造是建筑学专业的一门综合性工程技术科学，是专门研究建筑物各组成部分以及各部分之间的构造方法和组合原理的科学。它阐述了建筑物中构件或配件的组成和相互结合的方式、方法。按照用途、材料性能、受力情况、施工工艺和艺术要求，做成各种实用、经济、美观的构件或配件，并以构件和配件结合成建筑空间整体。既要满足建筑物的功能要求，又要考虑受力的合理性，同时，还应满足防潮、防水、隔热、隔声、防火、防震、防腐等方面的要求，以利于提供实用、安全、经济、美观的构造方案。

建筑结构中的每一个基本部分称为建筑构件，主要是指墙、柱、楼板、屋架等承重结构；建筑配件是指屋面、地面、墙面、门窗、栏杆、花格、细部装修等。建筑结构设计主要侧重于建筑构件的设计；建筑构造设计主要侧重于建筑配件的设计。

#### 3.1.1.2 建筑构造在建筑设计及施工中的作用

建筑构造设计是建筑设计中的重要环节和组成部分。它是在建筑平、立、剖面设计基础之上的继续和深入，贯穿于整个设计的全过程。构造设计方案的好坏，直接影响到建筑物的使用、美观、投资资金、施工难易和使用安全等，因此它是一项不可忽视的设计内容，对丰富建筑创作、优化建筑设计起着非常重要的作用。

建筑构造设计也是建筑工程施工的主要依据，它是直接体现工程技术的有效手段。建筑构造设计的最终目的是保证设计意图的最佳实现，因此，在施工图设计和构造详图设计中，要考虑施工的可操作性。

#### 3.1.1.3 建筑构造的研究内容及方法

(1) 研究内容

① 构造组成　研究建筑物的各个组成部分及作用。

② 构造原理　研究建筑物的各个组成部分的构造要求及符合这些要求的构造理论。

③ 构造方法　研究在构造原理指导下，用性能优良、经济可行的建筑材料和建筑制品构成配件以及构配件之间的连接方法。

(2) 研究方法

① 选定符合要求的建筑材料与建筑产品。

② 确定整体构成的体系与结构方案。

③ 全方面考虑建筑构造节点和细部处理所涉及的多种因素。

### 3.1.2 影响建筑构造的因素及其设计原则

#### 3.1.2.1 影响建筑构造的主要因素

任何建筑物都要经受着自然界各种因素的考验，为了提高建筑物对这些不利因素的抵御能力，延长建筑物的使用寿命，在进行建筑构造设计时，必须选用适宜的建筑材料和构造方案。归纳起来这些影响建筑构造的因素大致分为以下几方面。

（1）外界环境的影响

外界环境的影响是指自然界和人为的影响。

① 外界作用力的影响　外力包括人、家具和设备的重量，结构自重，风力、地震作用以及雪重量等，这些通称为荷载。荷载对选择结构类型和构造方案以及进行细部构造设计都是非常重要的依据。

② 气候条件的影响　如日晒雨淋、风雪冰冻、地下水等。对于这些影响，在构造上必须考虑必要的相应防护措施，如防水防潮、防寒隔热、防温度变形等。

③ 人为因素的影响　如火灾、机械振动、噪声等的影响，在建筑构造上需采取防火、防震和隔声的相应措施。

（2）建筑技术条件的影响

建筑技术条件指建筑材料技术、结构技术和施工技术等。随着这些技术的不断发展和变化，建筑构造技术也在改变着。例如砖混结构建筑构造体系不可能与木结构建筑构造体系相同。同样，钢筋混凝土建筑构造体系也不能和其他结构的构造体系一样。所以建筑构造做法不能脱离一定的建筑技术条件而存在。

（3）建筑标准的影响

建筑标准所包含的内容较多，与建筑构造关系密切的主要有建筑造价标准、建筑装修标准和建筑设备标准。标准高的建筑，其装修质量好，设备齐全且档次高，建筑的造价相应也较高；反之，则较低。标准高的建筑，构造做法考究，反之，构造只能采取一般的做法。因此，建筑构造的选材、选型和细部做法无不根据标准的高低来确定。一般来讲，大量性建筑多属一般标准的建筑，构造方法往往也是常规的做法，而大型性的公共建筑，标准则要求高些，构造做法上对美观的考虑也更多一些。

（4）使用者的需求

在建筑构造设计中，满足使用者的生理和心理需求非常重要。使用者的生理需求主要是人体活动对构造实体及空间环境与尺度的需求，如门洞、窗台及栏杆的高度，走道、楼梯、踏步的高宽，家具设备尺寸及建筑内部使用空间的热、声、光物理环境和尺度等。使用者的心理需求则主要是使用者对构造实体、细部和空间尺度的审美心理需求。

#### 3.1.2.2 建筑构造的设计原则

影响建筑构造的因素很多，构造设计要同时考虑这许多问题，有时错综复杂的矛盾交织在一起，设计者只有根据以下原则，分清主次和轻重，综合权衡利弊而求得妥善处理。

① 坚固实用　即在构造方案上首先应考虑坚固实用，保证房屋的整体刚度，安全可靠，经久耐用，同时还要满足建筑物的各项使用要求。

② 技术适宜　建筑构造设计应该从材料、结构、施工三方面引入先进技术，但是必须注意因地制宜，不能脱离实际。

③ 经济合理　建筑构造设计处处都应考虑经济合理，在选用材料上要注意就地取材，节约钢材、水泥、木材三大材料，并在保证质量的前提下降低造价。

④ 美观大方　建筑构造设计是初步设计的继续和深入，建筑要做到美观大方，构造设计是非常重要的一环。

### 3.1.3　建筑物的施工建造方法

由于建筑材料的不同、施工机械和各种建筑构配件的供应情况的差异、施工场地条件的限制及经济因素等各方面的影响和制约，建筑物的施工建造方法也有很大的不同。

#### 3.1.3.1　砌体结构的施工建造方法

砌体结构是建筑物中的砌体部分，是由黏土砖或各种空心承重砌块按一定的排列方式，通过砂浆的黏结，组砌形成墙、柱等结构。这种施工建造方法主要靠手工劳动，人工劳动强度高，一般情况下建造成本较低。砌体结构由于黏土砖和砌块的规格小、数量多，砌筑砂浆的黏结强度不高，因而其结构整体性较差、抗震能力不强，在设计上常采用设置圈梁和构造柱（或芯柱）等能够加强结构整体性的构造措施。

#### 3.1.3.2　钢筋混凝土结构的施工建造方法

钢筋混凝土结构的建筑物，其承载能力和结构整体性均大大强于砌体结构，而且十分有利于采用各种施工机械进行建造活动，当然其建造成本也就相应的高一些。钢筋混凝土结构是由主要承受拉力、制成一定形状的钢筋骨架和主要承受压力并由水泥、砂子、石子、水等混合成为混凝土而共同形成的，其施工建造方法又可分为 3 种。

① 现浇整体式　是一种主要的施工作业全部在现场进行的施工方法。首先根据结构构件的受力特点（按设计要求）绑扎钢筋骨架，然后支搭模板构件，浇筑混凝土并进行混凝土的养护，待混凝土的强度达到要求之后，再将模板拆除。一个施工程序就此完成。这种施工方法，由于可以将整个建筑物的结构系统浇筑成一个整体，因而其结构整体性非常好，抗震能力强，但也具有现场湿作业量大、劳动强度高、施工周期长等方面的不足。

② 预制装配式　施工建造方法是，首先将建筑物的整体结构划分成若干个单元构件，并预先在构件工厂的流水线上进行大批量的生产（即把支模板、绑钢筋、浇筑混凝土并养护、脱模等一系列工序都转移到工厂车间里进行），然后运到建筑施工现场进行组装。这种施工方法的优点是现场湿作业量小、劳动强度低、施工周期大大缩短、预制构件的质量有保障，但其结构整体性则比现场浇筑的方式要差一些。

③ 装配整体式　称谓是由前述两种施工方式的称谓组合而来的，实际上就是一种现浇与预制相结合的施工方法，因而也就综合了两种施工方法的优点。具体方法是，将建筑物整个结构中的部分构件或某些构件的一部分在工厂预制，然后运到施工现场安装，再以整体浇筑其余部分而形成完整的结构。

## 3.2　地基、基础与地下室

基础和地下室都是建筑物的下部结构。基础是建筑的重要组成部分，是建筑地面以下的承重构件，它承受建筑物上部结构传下来的全部荷载，并把这些荷载连同本身的重量一起传到地基上。地下室是建筑物地下的使用空间，可作为储藏、设备用房、人民防空以及居住、娱乐、商业之用，可以提高建筑用地效率。地基不是建筑的组成部分，它是基础之下承托建筑物总荷载的土体或岩体。

### 3.2.1　地基与基础的关系及要求

#### 3.2.1.1　地基与基础的关系

基础，是建筑的重要组成部分，位于建筑物的最下部位、埋入地下、直接作用于土层上的承重构件。它承受建筑物上部结构传下来的全部荷载，并把这些荷载连同本身的重量一起传到地基上。

地基，与基础密切相关，是基础下面支承建筑物总荷载的土体或岩体。建筑物总荷载是通过基础传给地基的。地基承受建筑物荷载而产生的应力和应变随着土层深度的增加而减小，在达到一定深度后就可忽略不计。直接承受建筑荷载的土层为持力层，持力层以下的土层为下卧层（图 3-2-1）。

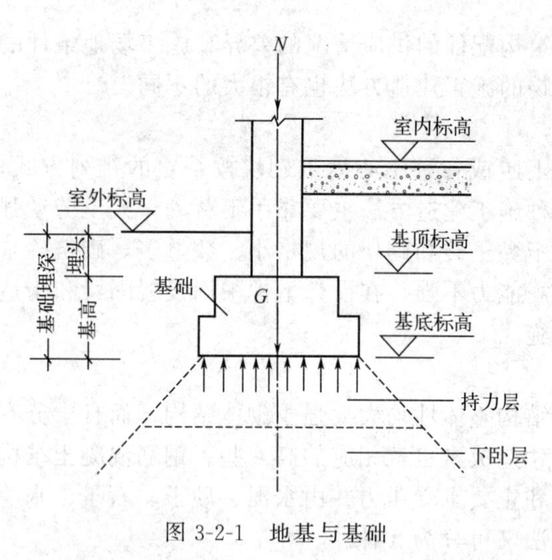

图 3-2-1　地基与基础

地基与基础共同作用，保证建筑物的稳定、安全、坚固耐久，若地基基础一旦出现问题，就难以补救。地基与基础之间的关系可以表述为：

$$A \geqslant N_k / f_a$$

式中，$A$ 表示基础底面面积；$N_k$ 表示建筑物的总荷载；$f_a$ 表示地基允许承载力。

由此可见，基础底面积是根据建筑物总荷载和建筑场地的地基允许承载力来确定的。当地基承载力 $f_a$ 不变时，传给地基的建筑物总荷载 $N_k$ 越大，基础底面积 $A$ 也随之越大；换言之，当建筑物总荷载 $N_k$ 不变时，允许地基承载力 $f_a$ 越小，基础底面积 $A$ 则应越大。

#### 3.2.1.2　对地基与基础的要求

① 地基应具有较高的承载力　建筑物的场址首先应尽可能选在承载力高且分布均匀的地段，如岩石类、碎石类、砂性土类和黏性土类等地段。如果地基土质分布不均匀或处理不好，极易使建筑物发生不均匀沉降，引起墙身开裂、房屋倾斜甚至破坏。

② 基础应具有足够的强度和耐久性　基础是建筑物的重要承重构件，又是埋于地下的隐蔽工程，易受潮，且很难观察、维修、加固和更换。所以，在构造形式上必须使其具备足够的强度和与上部结构相适应的耐久性。

③ 基础工程应注意经济效果　基础工程占建筑总造价的 10%～40%，要使工程总投资降低，首先要降低基础工程的投资。人工地基较天然地基费工费料，所以应尽可能选用天然地基，以降低造价。当地段不允许选择时，尽量采用恰当的基础形式及构造方案，就地就近取材，节省运输费用，以节约工程投资。

### 3.2.2　地基的类型

地基可分为天然地基和人工地基两大类。

#### 3.2.2.1　天然地基

天然地基，是指天然土层具有足够的承载力，不需经人工改善或加固便可直接承受建筑物荷载的地基。岩石、碎石、砂石、粉土、黏性土和人工填土等，一般可视为天然地基。

① 岩石　是颗粒间牢固联结，呈整体或具有节理裂隙的岩体。根据其坚固程度可分为坚硬岩、较硬岩、较软岩、软岩、极软岩。根据其完整程度可划分为完整、较完整、较破碎、破碎和极破碎。根据风化程度可分为未风化岩、微风化岩、中风化岩、强风化岩和全风化岩。

② 碎石土　根据颗粒形状和粒组含量不同又分为漂石、块石、卵石、圆砾、角砾。根据碎石土的密度又可以分为松散碎石土、稍密碎石土、中密碎石土和密实碎石土。

③ 砂土　根据其粒组含量又分为砾砂、粗砂、中砂、细砂、粉砂。根据砂土的密实程度也分为松散砂土、稍密砂土、中密砂土和密实砂土。

④ 粉土　是性质介于砂土和黏性土之间的土。

⑤ 黏性土　按其塑性指数值的大小又分为黏土和粉质黏土两大类。

⑥ 人工填土　根据其组成和成因可分为素填土、杂填土、冲填土。素填土为碎石土、砂土、粉土、黏性土等组成的填土。压实填土为经过压实或夯实的素填土，杂填土为含有建筑垃圾、工业废料、生活垃圾等杂物的填土；冲填土为水力冲填形成的填土。

#### 3.2.2.2　人工地基

人工地基，是指天然土层承载力较弱，缺乏足够的稳定性，不能满足承受上部荷载的要求，必须对其进行人工加固，以提高其承载力和稳定性的地基。

人工加固地基的方法通常有压实法、换土法和打桩法等三大类，此外，还有化学加固法、排水法、加筋法和热学加固法等。

① 压实法　用各种机械对土层进行夯打、碾压、振动来压实松散土的方法为压实法（图 3-2-2）。

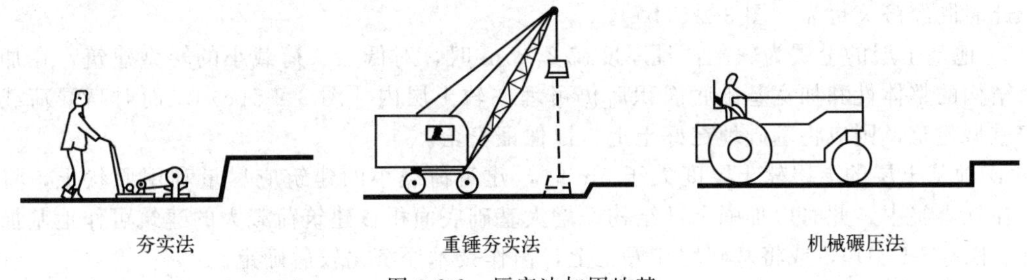


图 3-2-2　压实法加固地基

② 换土法　当基础下土层比较软弱，不能满足上部荷载对地基的要求时，可将较弱土层全部或部分挖去，换成其他较坚硬的材料，这种方法叫换土法（图 3-2-3）。

换土法所用材料一般是选用压缩性低的无侵蚀性材料，如砂、碎石、矿渣、石屑等松散材料。这些松散材料是被基槽侧面土壁约束，借助互相咬合而获得强度和稳定性，通常称为砂垫层或砂石垫层。如垫层中石料较多，起到传递荷载的作用，则常称为砂石基础。

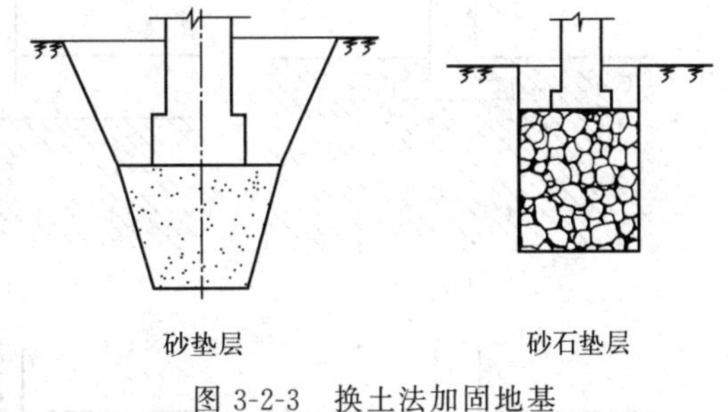


图 3-2-3　换土法加固地基

③ 打桩法　当建筑物荷载很大、地基土层很弱、地基承载力不够满足要求时，可以采用桩基，即采取措施将桩基打入地基土层中，从而使得基础上的荷载经过桩传给地基土层，这也是一种加固地基的方式。

### 3.2.3　基础的埋置深度及影响因素

#### 3.2.3.1　基础的埋置深度

埋置深度，从室外设计地面到基础底面的垂直距离称为基础的埋置深度（图 3-2-4）。

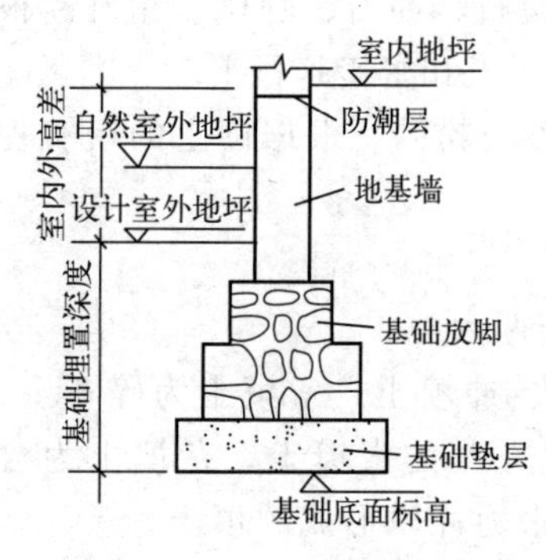

图 3-2-4　基础埋置深度

根据基础埋置深度的不同，基础可分为浅基础、深基础和不埋基础。一般埋深小于 5m 的称浅基础；埋深大于 5m 的称深基础；当基础直接做在地表面上时，称不埋基础。从施工和造价方面考虑，一般民用建筑，基础应优先选用浅基础。

但基础的埋深最小不能小于 500mm。否则，地基受到压力后可能将四周土挤走，使基础失稳，或受各种侵蚀、雨水冲刷、机械破坏而导致基础暴露，影响建筑安全。

### 3.2.3.2　影响基础埋深的因素

当房屋的上部结构确定后，基础的埋置深度主要取决于：地基土层的构造、地下水位深度、土的冻结深度和相邻建筑物的基础埋深等因素。

(1) 地基土层构造对基础埋深的影响

根据建筑物必须建造在坚实可靠的地基土层上的原则，依地基土层分布不同，基础埋深一般有六种典型情况：

① 地基土层为均匀好土时，基础应尽量浅埋，但不得浅于 500mm [图 3-2-5(a)]。

② 地基土层的上层为软土，且厚度在 2m 以内，下层为好土时，基础应埋在好土层之上，此时既经济又可靠 [图 3-2-5(b)]。

③ 地基土层的上层为软土，且厚度在 2～5m 时，对低层、荷载小的轻型建筑，在加强上部结构的整体性和加宽基础底面积后仍可埋在软土层内 [图 3-2-5(c)]。而对高层荷载较大的重型建筑，则应将基础埋在好土上，以保证安全。

④ 地基土层的上层软土厚度大于 5m 时，建筑荷载小的建筑应尽量利用原状土，将基础埋在软土层中，此时应加强上部结构，增大基础底面积；建筑荷载大的建筑可作地基加固处理 [图 3-2-5(d)]，或将基础埋在好土上，需作技术经济比较后确定。

⑤ 地基土层的上层为好土，下层为软土时，应力争将基础埋在好土内，适当提高基础底面 [图 3-2-5(e)]。

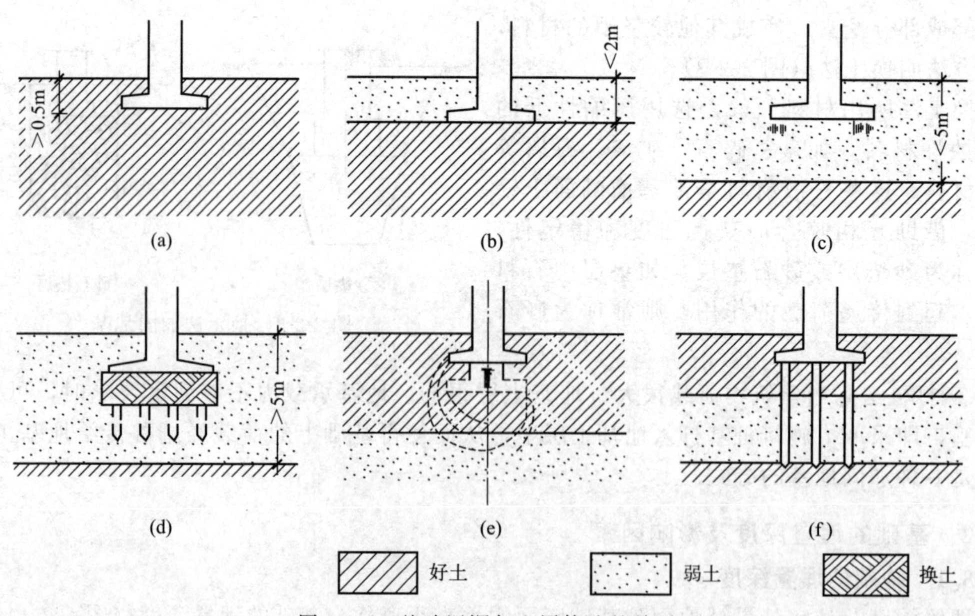

图 3-2-5　基础埋深与土层构造的关系

⑥ 地基土层由好土和软土交替构成时，总荷载小的低层轻型建筑应尽可能将基础埋在好土内；总荷载大的建筑可采用人工地基或将基础深埋到下层好土中［图 3-2-5(f)］，两方案可经技术经济比较后选定。

（2）地下水位的影响

地基土含水量的大小，对地基承载力有很大影响，如黏性土遇到水后，土颗粒间的孔隙水含量增加，导致土体增大，土的承载力就会下降。另外，含有侵蚀性物质的地下水，对基础会产生腐蚀，所以地下水位的高低直接影响到地基承载力，建筑物的基础应尽量埋在地下水位以上，如不能满足这一要求，基础必须埋在地下水位以下时，应将基础底面埋置在低于地下水位 200mm 以下，使基础避免因水位变化，而遭受的水的浮力的影响。埋在地下水位以下的基础，在材料上要选择具有良好的耐水性能的材料，如选用石材、混凝土等。当地下水中含有腐蚀性物质时，基础应采取防腐措施（图 3-2-6）。

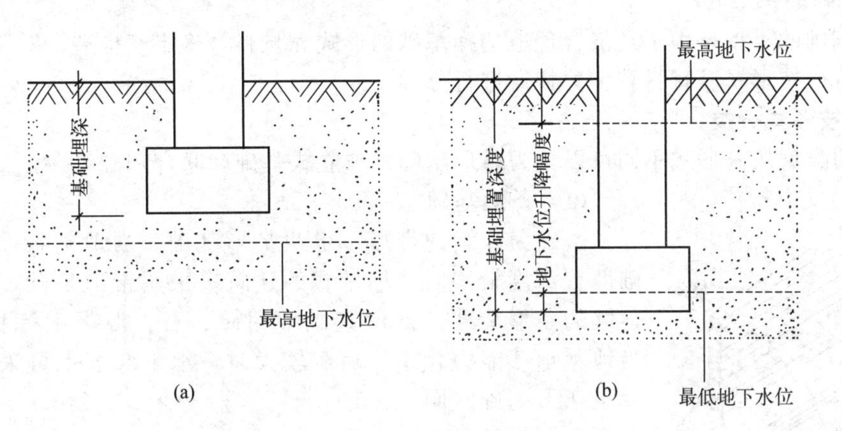


图 3-2-6　地下水位与埋置深度的关系

（3）土的冻结深度的影响

土的冻结深度即冰冻线，是地面以下的冻结土与非冻结土的分界线。土的冻结是指土中的水分受冷，冻结成冰，使土体冻胀的现象。土的冻胀会把基础抬起，而解冻后，基础又将下沉。在这个过程中，冻融是不均匀的，致使建筑物周期性地处于不均匀的升降状态中，势必会导致建筑物产生变形、开裂、倾斜等一系列的冻害。

冻结深度主要是由当地的气温条件决定的，气温越低，持续时间越长，冻结深度就越大。如北京地区为 0.8～1.0m，哈尔滨是 2m，重庆地区则基本无冻结土。

冻胀土体膨胀的大小与土中含水量和土颗粒大小、地下水位高低有关。地下水位越高，冻胀越严重。含水率相同，颗粒大的膨胀小，如碎石、卵石、粗石、中砂等，土的颗粒及颗粒间孔隙均较大，在冻结时，体积基本不膨胀。而粉砂、粉土等土的颗粒细、孔隙小、毛细作用显著，具有明显的冻胀性。

一般基础应埋置在冰冻线以下 200mm 的地方，当冻土深度小于 500mm 时，基础埋深不受影响（图 3-2-7）。

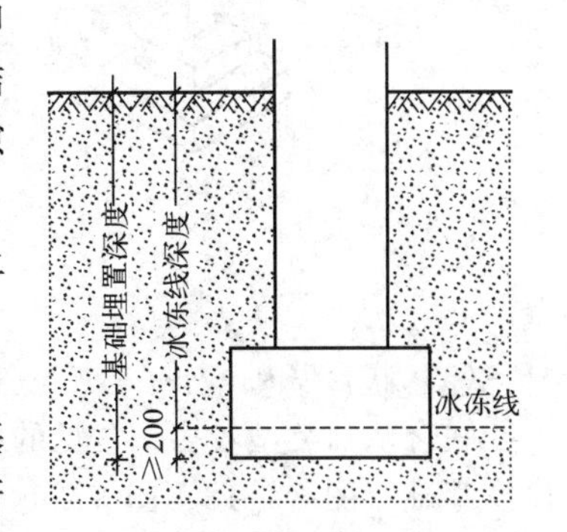


图 3-2-7　基础埋置深度与冰冻线的关系

（4）相邻建筑物对基础埋深的影响

当新建房屋建在原有房屋附近时，一般新建房屋基础的埋置深度，应小于原有房屋基础的埋置深度。当新建房屋基础的埋深必须大于原有房屋时，应使两基础间留出相邻基础底面高差的 1～2 倍距离，以保证原有房屋的安全。若新旧建筑间不能满足此条件时，可通过对新建房屋的基础进行处理（如做悬挑梁）来解决。

（5）连接不同埋深基础的影响

一幢建筑当荷载差异较大或需考虑基础埋置深度影响因素时，基础的埋深也不同。深浅基础相交时，基础应做成踏步形并逐渐由深及浅，踏步高不应大于500mm，踏步长不小于2倍的踏步高，以此定出基础的埋置深度。

（6）其他因素对基础埋深的影响

基础的埋深除与以上几种影响因素有关外，还需考虑新建建筑物是否有地下室、设备基础、地下管沟等因素。另外，当地面上有较多的硫酸、氢氧化钠、硫酸钠等腐蚀液体作用时，基础埋置深度不宜小于1.5m，必要时，需对基础作防护处理。

### 3.2.4 基础的类型

研究基础的类型是为了经济合理地选择基础的形式和材料，确定其构造，对于民用建筑的基础，可以按形式、材料和传力特点进行分类。

#### 3.2.4.1 按形式分类

基础的类型按其形式不同可以分为条形基础、独立式基础和联合基础等。

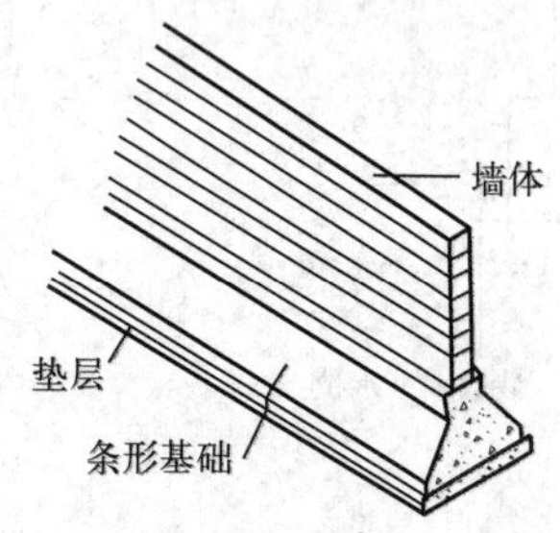


图 3-2-8　条形基础

（1）条形基础

基础为连续的带形，也叫带形基础。当地基条件较好、基础埋置深度较浅时，墙承式的建筑多采用带形基础，以便传递连续的条形荷载。条形基础常用砖、石、混凝土等材料建造。当地基承载能力较小、荷载较大时，承重墙下也可采用钢筋混凝土条形基础（图3-2-8）。

（2）独立式基础

独立式基础呈独立的块状，形式有台阶形［图3-2-9(a)］、锥形［图3-2-9(b)］、杯形［图3-2-9(c)］、长颈［图3-2-9(d)］等，当须满足局部工程条件变化的需要时，要将个别柱基础底面降低，做成高杯口基础。独立式基础主要用于柱下，在墙承式建筑中，当地基承载力较弱或埋深较大时，为了节约基础材料，减少土石方工程量，加快工程进度，亦可采用独立式基础。为了支承上部墙体，在独立基础上可设梁或拱等连续构件（图3-2-10）。

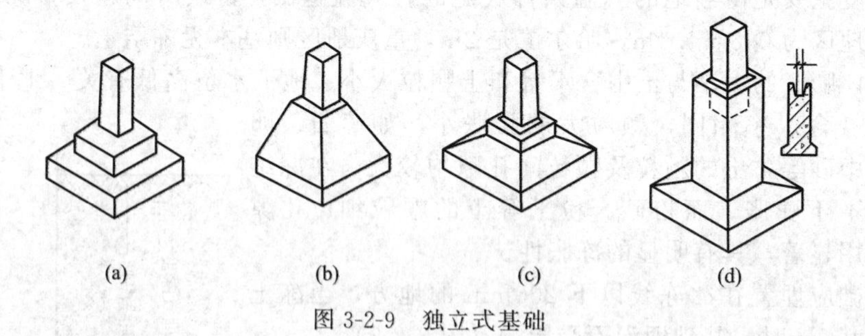


图 3-2-9　独立式基础

（3）联合基础

联合基础类型较多，常见的有柱下条形基础（图3-2-11）、柱下十字交叉基础（图3-2-12）、片筏基础（图3-2-13、图3-2-14）和箱形基础（图3-2-15）。

当柱子的独立基础置于较弱地基上时，基础底面积可能很大，彼此相距很近甚至碰到一起，这时应把基础连起来，形成柱下条形基础、柱下十字交叉基础。

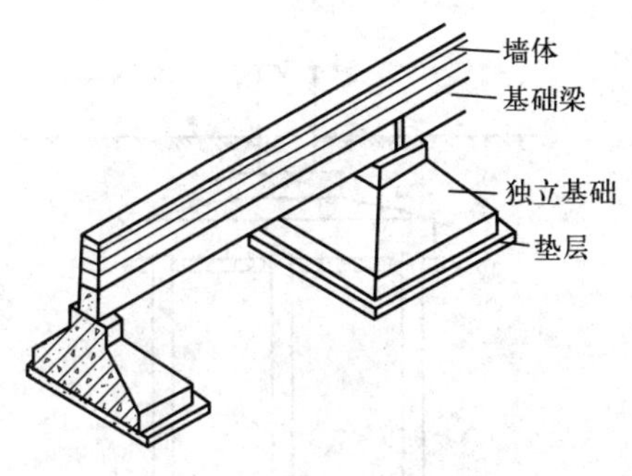


图 3-2-10　墙下独立基础

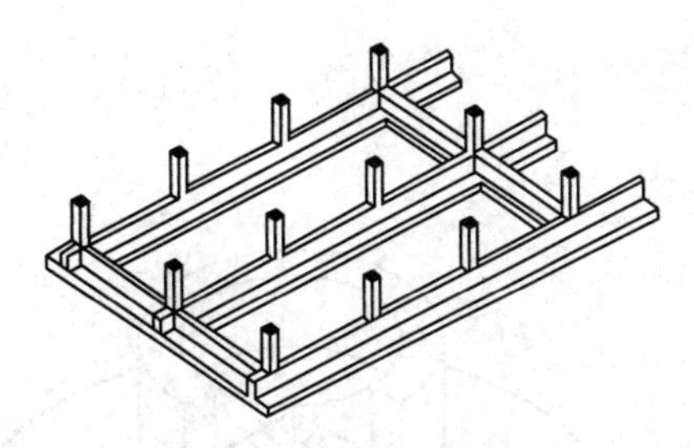

图 3-2-11　柱下条形基础

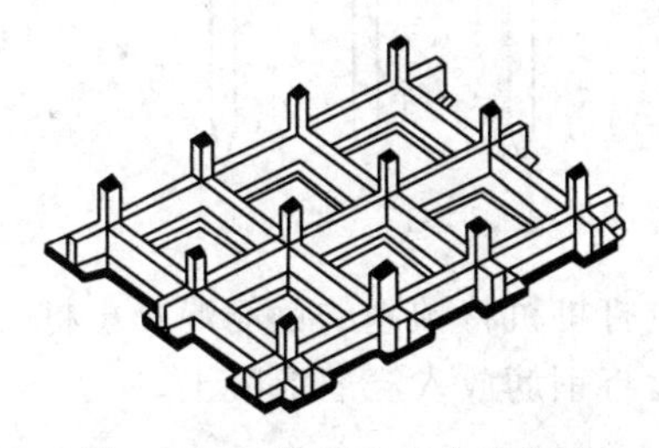

图 3-2-12　柱下十字交叉基础

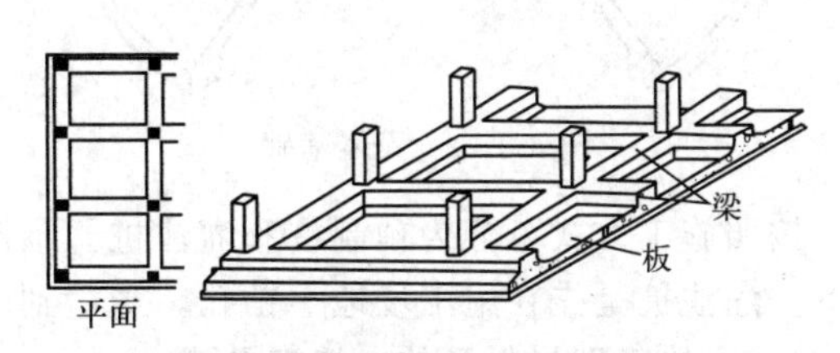


图 3-2-13　片筏基础（梁板式）

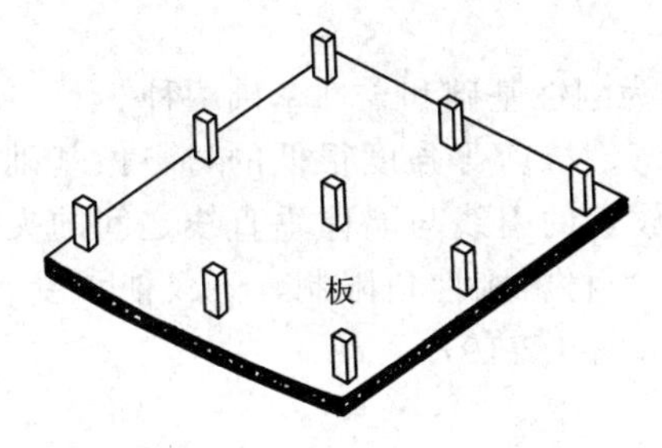


图 3-2-14　片筏基础（板式）

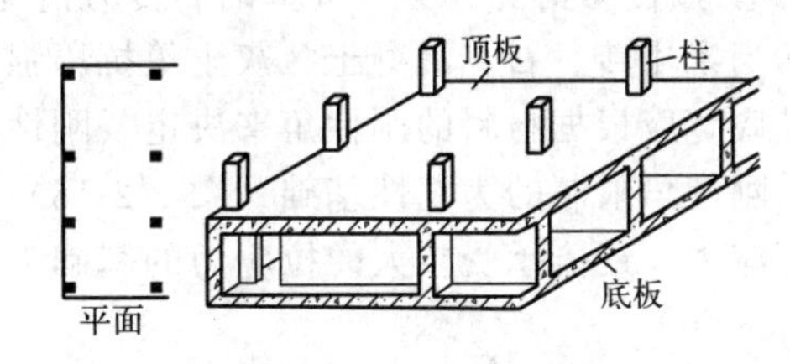


图 3-2-15　箱形基础

如果地基特别弱而上部结构荷载又很大，即使做成联合条形基础，地基的承载力仍不能满足设计要求时，可将整个建筑物的下部做成一整块钢筋混凝土梁或板，形成片筏基础。片筏基础整体性好，可跨越基础下的局部较弱土。片筏基础根据使用的条件和断面形式，又可分为板式和梁板式。

当建筑设有地下室，且基础埋深较大时，可将地下室做成整浇的钢筋混凝土箱形基础，它能承受很大的弯矩，可用于特大荷载的建筑。

（4）壳体基础

为改善基础的受力性能，基础的形式可不做成台阶状，而做成各种形式的壳体，称为壳体基础（图 3-2-16）。如烟囱、水塔、贮仓等各类筒形构筑物基础的平面尺寸较一般独立基础大，为节约材料，同时使基础结构有较好的受力特性，常用壳体基础。

（5）桩基础

桩基础又称桩基，是人工地基加固的一种方式。当建筑物荷载较大、地基承载力较弱时，通常采用桩基础。桩基础由基桩和连接于桩顶的承台共同组成（图 3-2-17）。

按照受力原理可分为摩擦桩和端承桩。摩擦桩是利用地层与基桩的摩擦力来承受荷载，一般用于较软的承载层或较深的承载层。端承桩是使基桩坐落于承载层上（岩盘上），以此来承受荷载。

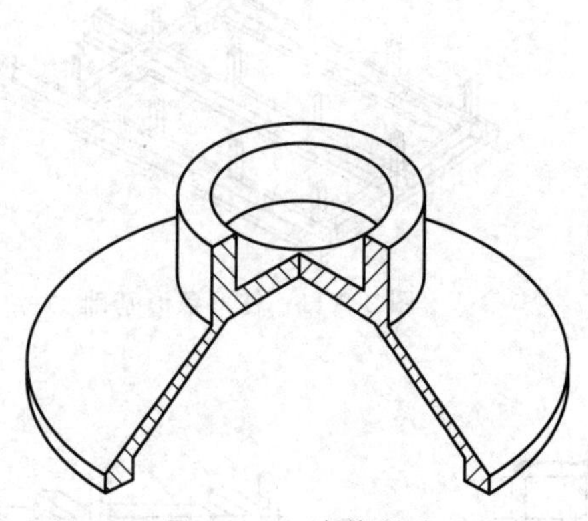

图 3-2-16　壳体基础

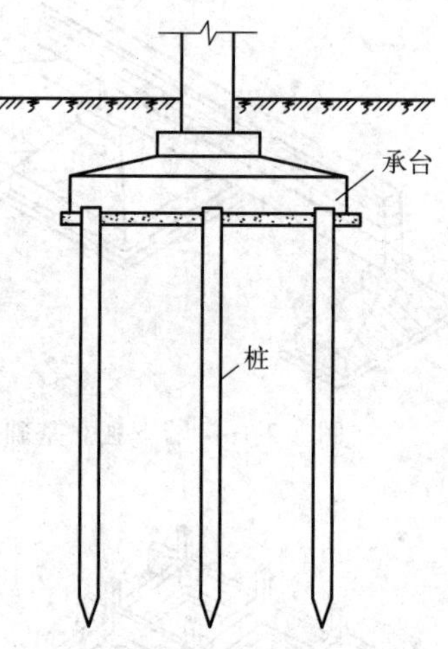


图 3-2-17　桩基础

按照施工方式可分为预制桩和灌注桩。预制桩是通过打桩机将预制的钢筋混凝土桩打入地下。灌注桩是先在施工场地上钻孔，当达到所需深度后将钢筋放入浇灌混凝土。

#### 3.2.4.2　按基础材料及传力情况分类

① 按材料分类　按基础材料不同可分为砖基础、石基础、混凝土基础、毛石混凝土基础、钢筋混凝土基础等。

② 按传力情况分类　按基础的传力情况不同可分为刚性基础和柔性基础两种。

当采用砖、石、混凝土、灰土等抗压强度好而抗弯、抗剪等强度很低的材料做基础时，基础底宽应根据材料的刚性角来决定。刚性角是基础放宽的引线与墙体垂直线之间的夹角。凡受刚性角限制的为刚性基础（图 3-2-18）；反之，不受材料刚性角限制，不仅能承受较大的压应力，还能承受较大的拉应力的基础为柔性基础（图 3-2-19）。

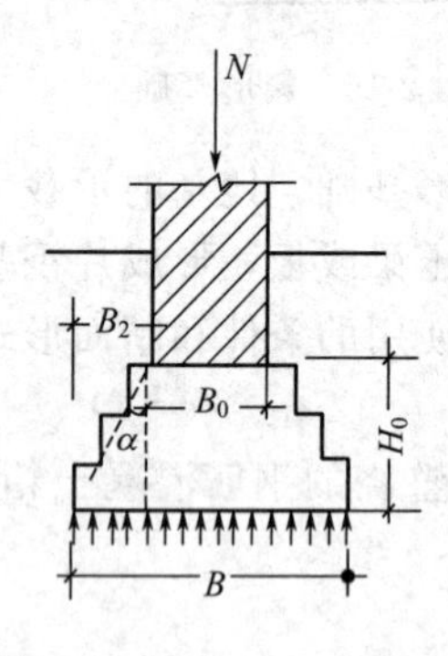


(a) 基础放脚宽高比在允许范围内，基础底面拉应力很小，未超过材料的抗拉强度，受力良好

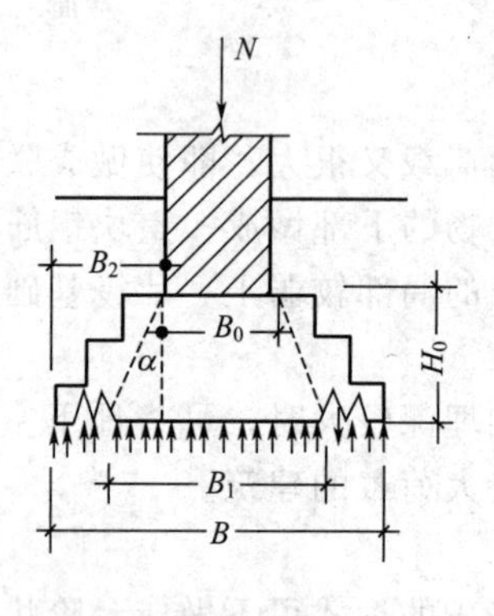


(b) 基础宽度加大，其放脚宽高比超过允许刚性角范围，基础因受拉开裂而破坏

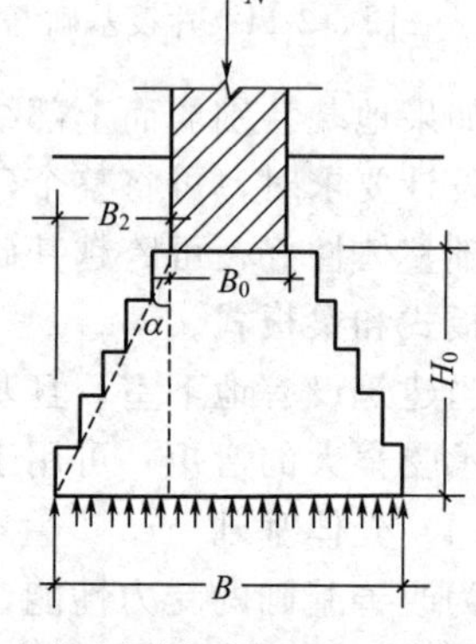


(c) 在基础宽度加大的同时，也增加基础高度，使基础放脚宽高比控制在允许范围之内

图 3-2-18　刚性基础受力分析

### 3.2.5　基础的构造

#### 3.2.5.1　刚性基础构造

（1）砖基础

用黏土砖砌筑的基础叫砖基础。它具有取材容易、价格低、施工简便等优点（图 3-2-20）。

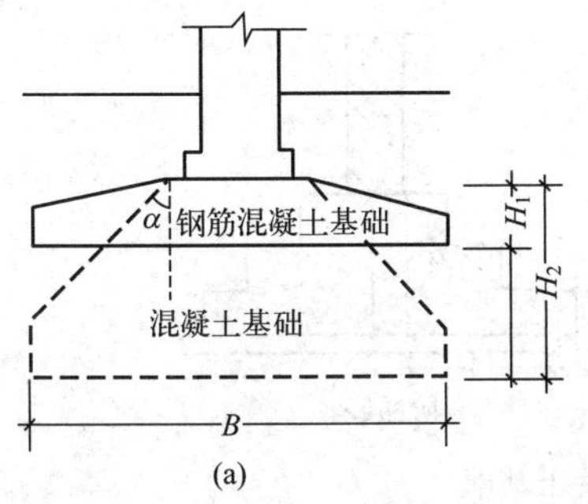

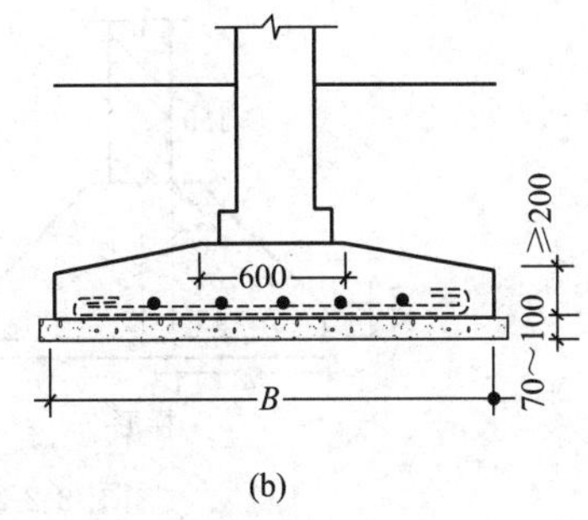


图 3-2-19 柔性基础示意图

但其大量消耗耕地，目前，我国有些地区已限制使用黏土砖，不做详细介绍。

(2) 毛石基础

毛石基础（图 3-2-21）是由石材和砂浆砌筑而成。其外露的毛石略经加工，形状基本方整，粒径一般不小于 300mm。中间填塞的馅石是未经加工的厚度不小于 150mm 的块石。砌筑时一般用水泥砂浆。由于石材抗压强度高，抗冻、抗水、抗腐蚀性能好，水泥砂浆也是耐水材料，所以毛石基础可用于地下水位较高、冻结深度较深的低层或多层民用建筑中，但其体积大、自重大、劳动强度亦大，运输、堆放不便，故多被用在邻近石材区的一般标准的砖混结构的基础工程中。其造价要比砖基础低。

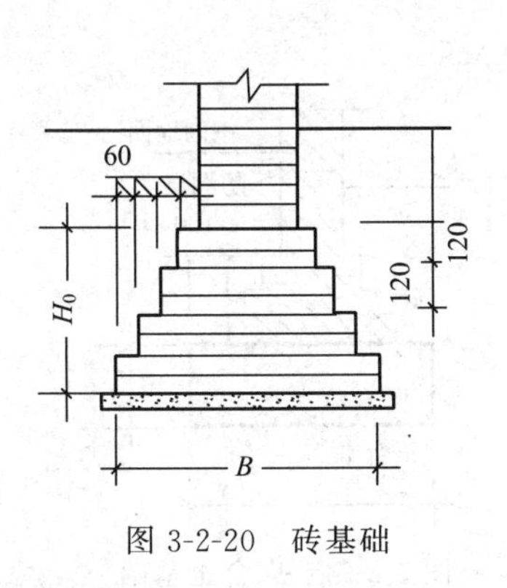


图 3-2-20 砖基础

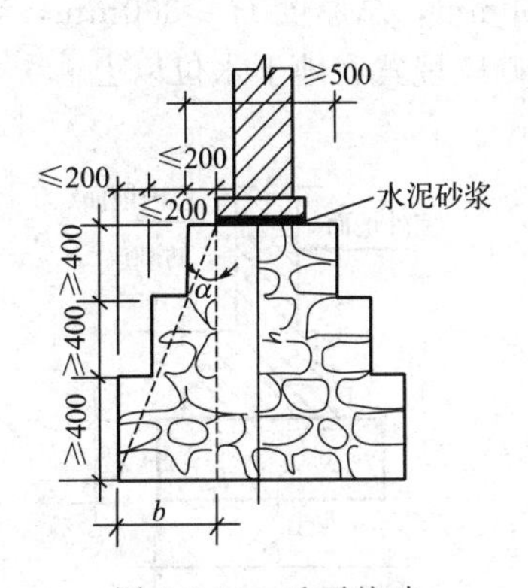


图 3-2-21 毛石基础

毛石基础的剖面一般为阶梯形，基础顶部宽度不宜小于 500mm，且要比墙或柱每边宽出 100mm。每个台阶的高度不宜小于 400mm，每个台阶挑出的宽度不应大于 200mm。当基础底面宽度小于 700mm 时，毛石基础应做成矩形截面。毛石顶面砌墙前应先铺一层水泥砂浆。

(3) 混凝土以及毛石混凝土基础

① 混凝土基础　也叫素混凝土基础。它坚固、耐久、抗水、抗冻、刚性角大，可用于有地下水和冰冻作用的基础。混凝土基础不仅能做成矩形和阶梯形，当底面宽度大于等于 2000mm 时，还可以做成锥形。锥形断面能节省混凝土、减轻基础自重。

② 毛石混凝土基础　在混凝土中加入粒径不超过 300mm 的毛石，可形成毛石混凝土基础（图 3-2-22），可节约混凝土用量。毛石混凝土基础所用毛石的尺寸不得大于基础宽度的 1/3。毛石的体积一般为总体积的 20%～30%，且毛石在混凝土中应均匀分布。

(4) 灰土基础

在砖基础下做由石灰与黏土加水拌和夯实而成的石灰垫层，便形成灰土基础（图 3-2-23)。

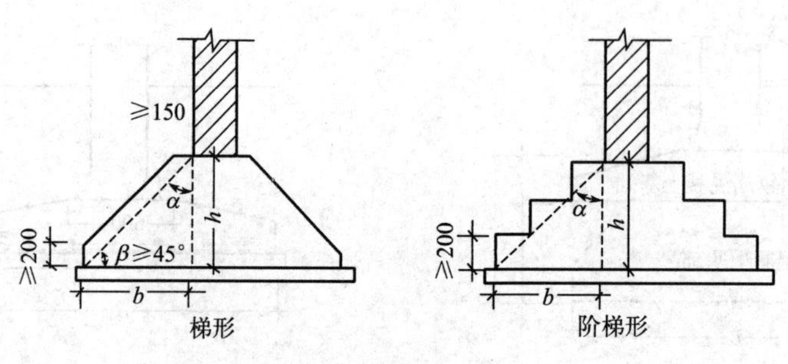


图 3-2-22　毛石混凝土基础

在地下水位较低的地区，低层房屋采用灰土基础，可节省材料，提高基础的整体性。

灰土基础的石灰与黏土的体积比为 3∶7 或 2∶8，灰土每层均需铺 220mm，夯实厚度为 150mm，此为第一步。三层及三层以下的房屋用二步，三层以上的建筑用三步。

由于灰土抗冻、耐水性很差，故灰土基础宜埋置在地下水位以上，且顶面应在冰冻线以下。

(5) 三合土基础

如将砖基础下的灰土换成由石灰、砂、骨料（碎砖、碎石或矿渣）组成的三合土（图 3-2-24），则形成三合土基础。三合土的体积比为 1∶3∶6 或 1∶2∶4，加适量水拌和夯实，每层厚 150mm，总厚度 $H \geqslant 300$mm，宽度 $B \geqslant 600$mm。这种基础适用于四层及四层以下的建筑，基础应埋置在地下水位以上。

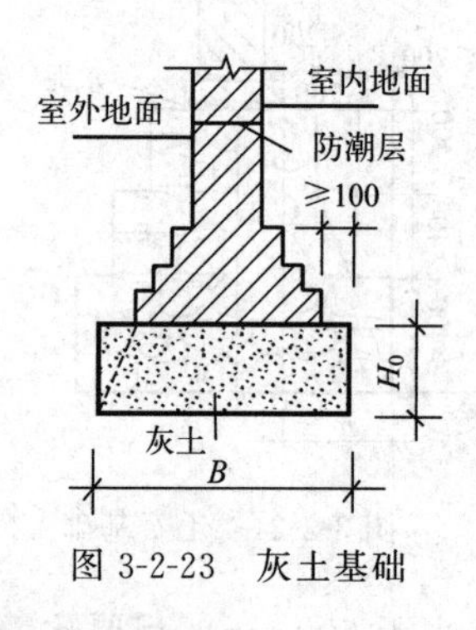


图 3-2-23　灰土基础

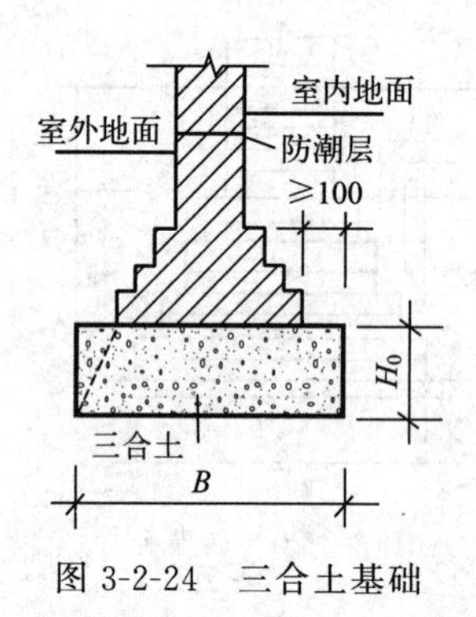


图 3-2-24　三合土基础

#### 3.2.5.2　柔性基础构造

钢筋混凝土柔性基础因其不受刚性角的限制，基础就可做得很宽、很薄，还可尽量浅埋。这种基础相当于一个倒置的悬臂板，所以它的根部厚度最大、配筋最多，两侧的板厚较小（但不应小于 200mm），钢筋也较少。钢筋的用量通过计算而定，但直径不宜小于 8mm，间距不宜小于 200mm。混凝土的强度等级也不宜低于 C20。当等级较低的混凝土作垫层时，为使基础底面受力均匀，垫层厚度一般为 60～100mm。为保护基础钢筋不受锈蚀，当有垫层时，保护层厚度不宜小于 35mm；不设垫层时，保护层厚度不宜小于 70mm（图 3-2-25）。

### 3.2.6　地下室

#### 3.2.6.1　地下室的定义

房间地平面，低于室外地平面高度超过该房间净高 1/2 者为地下室。地下室是建筑物中处于室外地面以下的使用空间。在建筑底层以下建造地下室，可以提高建筑用地效率。一

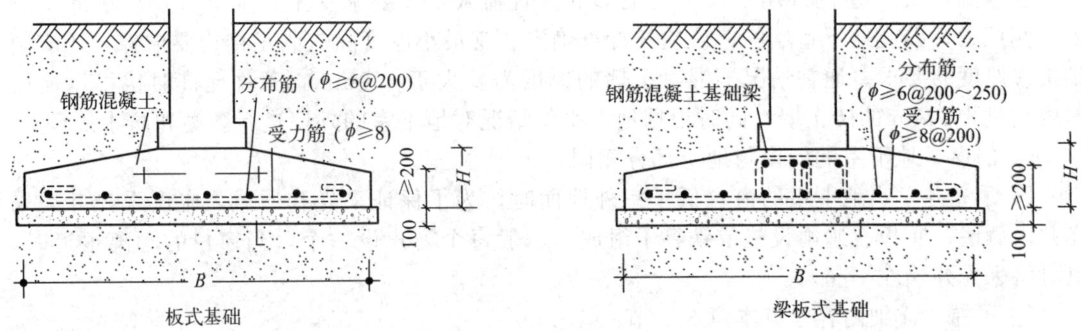


图 3-2-25　柔性基础构造

些高层建筑基础埋深很大，充分利用这一深度来建造地下室，其经济效果和使用效果俱佳（图 3-2-26）。

图 3-2-26　地下室及其入口

### 3.2.6.2　地下室的组成

地下室一般由顶板、底板、侧墙、楼梯、门窗、采光井等部分组成（图 3-2-27）。

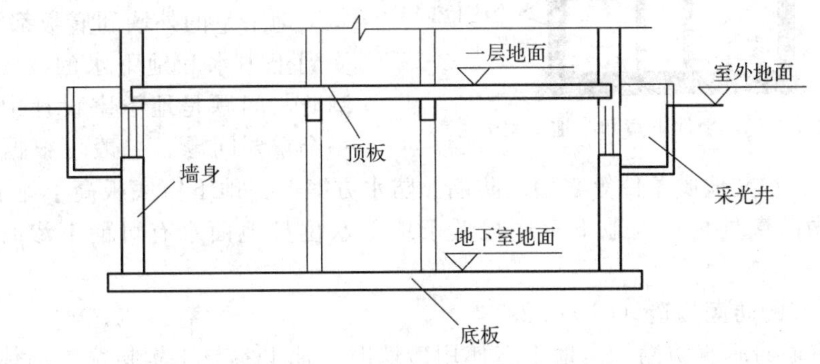


图 3-2-27　地下室的组成

① 顶板　地下室的顶板采用现浇或预制混凝土楼板，板的厚度按首层使用荷载计算，防空地下室则应按相应的防护等级的荷载计算。

② 底板　在地下水位高于地下室地面时，地下室的底板不仅承受作用在它上面的垂直荷载，还承受地下水的浮力，因此必须具有足够的强度、刚度、抗渗透能力和抗浮力的能力。

③ 侧墙　地下室的外墙不仅承受上部的垂直荷载，还要承受土、地下水及土壤冻结产生的侧压力，因此地下室墙的厚度应按计算确定。其最小厚度除应满足结构要求外，还应满足抗渗厚度的要求。通常情况下混凝土墙的厚度需要大于 300mm，条件允许时也可以使用厚度超过 490mm 的砖土墙，同时根据地下水位情况对地下室的外墙进行防潮和防水处理。

④ 门窗　地下室的门窗与地上部分相同。

⑤ 采光井　当地下室的窗台低于室外地面时，为了保证采光和通风，应设采光井。采光井由侧墙、底板、遮雨设施或铁箅子组成，一般每个窗户设一个，当窗户的距离很近时，也可将采光井连在一起。

⑥ 楼梯　详细内容参见本章 3.5 节。

### 3.2.6.3　地下室的分类

(1) 按使用功能分类

① 普通地下室　一般用作地下居住、娱乐、商服、仓储、停车库、设备用房等用途。根据使用性质和结构要求可以做成一层、二层或多层地下室。

② 防空地下室　依据人民防空要求设置的地下空间，用于战争发生时人员的隐蔽和疏散，需要具备保障人身安全的各项技术措施。

(2) 按结构材料分类

主要有砌体结构和混凝土结构地下室。

(3) 按构造形式分类（图 3-2-28）

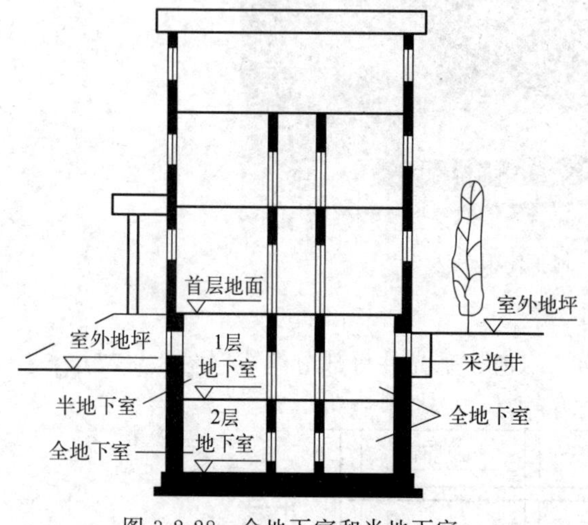

图 3-2-28　全地下室和半地下室

① 全地下室　地下室地面低于室外设计地面的平均高度大于该房间平均净高 1/2 的。

② 半地下室　地下室地面低于室外设计地面的平均高度为该房间平均净高 1/3 ～1/2。这类地下室一部分在地面以上，可利用侧墙外的采光井解决采光和通风问题。

### 3.2.6.4　地下室的防潮与防水

地下室的外墙和底板都深埋在地下，受到土中水和地下水的浸渗，因此，防潮防水问题是地下室设计中所要解决的一个重要问题。一般可根据地下室的标准和结构形式、水文地质条件等来确定防潮、防水方案。当地下室底板高于地下水位 300～500mm 时可做防潮处理；当地下室底板低于地下水位且地面水有可能下渗时，应做防水处理。

(1) 地下室的防潮构造（图 3-2-29）

① 地下室墙身垂直防潮　当地下室使用砖墙时，地下室与土壤接触的墙体外侧均应设置垂直防潮层，垂直防潮层必须做到室外散水以上，然后在其外侧回填低渗透性土壤（如黏土、灰土等），回填宽度约为 500mm，并分层夯实，以防止地表水下渗。对混凝土墙体不必另作处理。

a. 地下室外墙外侧用 15mm 厚 1：3 的水泥砂浆进行打底，使用 10mm 厚 1：2 的水泥砂浆进行抹面，并且涂刷防水涂料两道。

b. 地下室外墙外侧粉刷 20mm 厚聚合物水泥防水砂浆。

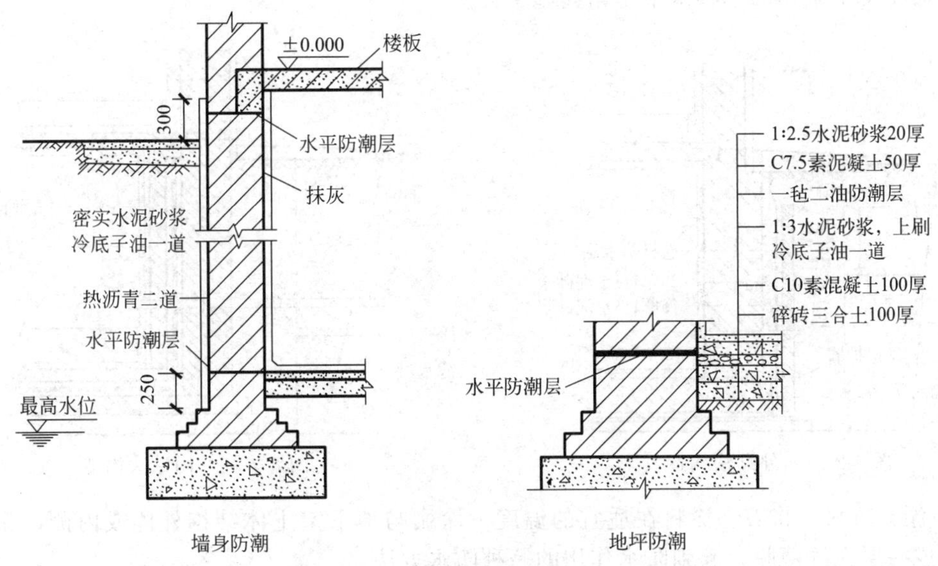

图 3-2-29　地下室防潮构造

② 地下室墙身水平防潮　地下室所有墙体必须设置两道水平防潮层，一道设在墙体与地下室地坪交接处；另一道设在距离室外地面散水上表面 150～200mm 的墙体中，以防止土层中的水分因毛细管作用沿基础和墙体上升，导致墙体潮湿以及地下室和首层室内湿度过大。

③ 地下室地坪防潮　对防潮要求较高的地下室，地坪也应做防潮处理，一般在垫层与地面之间设防潮层，与墙身水平防潮层处于同一水平面上。

(2) 地下室的防水构造

由于地下室的结构和用途决定了地下室防水的复杂性，因此地下室的外墙和地坪都必须做好防水处理。地下室防水构造按照防水材料的不同可以分为刚性防水、柔性防水和涂料防水。

① 刚性防水　以刚性材料作为防水面层，如以水泥、砂、石为原料或掺入少量外加剂、高分子聚合物等材料，配置而成的具有一定抗渗能力的混凝土或水泥砂浆（图 3-2-30）。

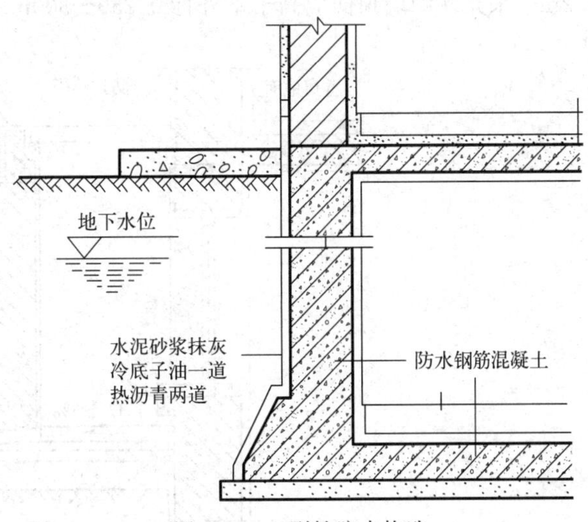

图 3-2-30　刚性防水构造

② 柔性防水　是将柔性防水卷材以胶结材料铺贴在需要防护的部位，防水卷材具有一定的强度和延伸性，防水效果较好，使用较为广泛。根据卷材铺贴位置的不同，又可以分为外贴法和内贴法。外贴法（图 3-2-31），即在底板垫层上铺设卷材防水层，并在围护结构墙体施工完成后，再将防水卷材直接铺贴在围护结构的外表面。这款地下室防水施工方案其优点是随时间的推移，围护结构墙体的混凝土将会逐渐干燥，能有效防止室内潮湿，但维修较为困难。内贴法（图 3-2-32），是在底板垫层上先将永久性保护墙全部砌完，再将防水卷材铺贴在永久性保护墙和底板垫层上，待地下室防水层全部做完，最后浇筑围护结构混凝土。这款地下室防水施工方案是在施工环境条件受到限制，难以实施

外贴法而不得不采用的一种地下室堵漏施工方法。

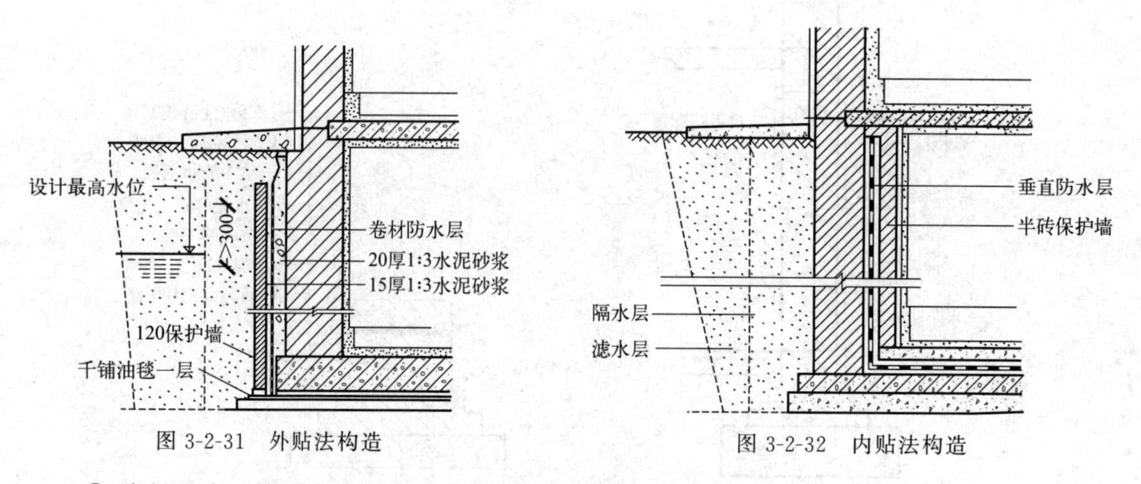

图 3-2-31 外贴法构造

图 3-2-32 内贴法构造

③ 涂料防水 将液态涂料在适宜的温度下涂刷与地下室主体结构外侧或内侧，涂料固化后形成一层无缝薄膜，起到防水作用的一种防水方法。

#### 3.2.6.5 地下室采光井的构造

采光井的作用：①可以增加室内光线，改善建筑采光；②便于室内通风，能驱除潮湿，提高室内空气质量；③能使建筑更美观。

采光井侧墙一般采用砖砌筑，井底板则用混凝土浇筑而成，并设有避雨设施或铁箅子，以防止人员或物品掉进采光井内。

一般采光井底面应低于窗台 250～300mm，开间比窗宽大 1m 左右，进深 1m 左右，深度 1～2m。采光井侧墙顶面应高于室外标高 250～300mm，以防止地面水流入地下室（图 3-2-33）。

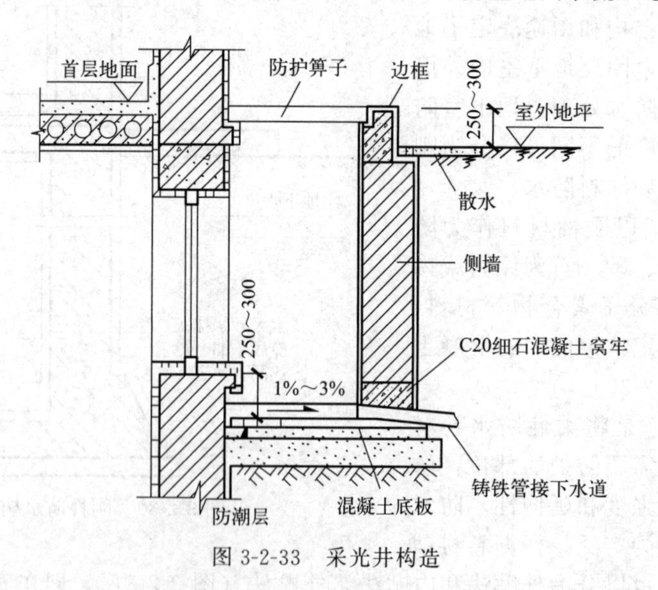

图 3-2-33 采光井构造

## 3.3 墙体

墙体是建筑物的重要组成部分，其造价、工程量和自重往往是建筑物所有构件当中所占份额最大的。人们长期以来一直围绕着墙体的技术和经济问题进行着不懈的努力和探索，并取得了一定的进展。

### 3.3.1 墙体的基础知识

#### 3.3.1.1 墙体的作用

① 承重　承担建筑物上部分或全部荷载及风荷载，是建筑物主要的竖向承重构件。

② 围护　外墙是建筑物围护结构的主体，担负着抵御自然界中风、雨、雪及噪声、冷热、太阳辐射等不利因素侵袭的责任。

③ 分隔　墙体是建筑物水平方向划分空间的构件，把建筑内部划分成不同的空间、室内与室外。

墙体并不是经常同时具有上述的三个作用，而是往往只具备其中的一两个作用。

#### 3.3.1.2 墙体的类型

墙体在建筑物之中分布广泛，其作用和要求也不相同，通常根据墙体在建筑物中的位置和走向、受力情况、材料及构造方式以及施工方法进行分类（图 3-3-1）。

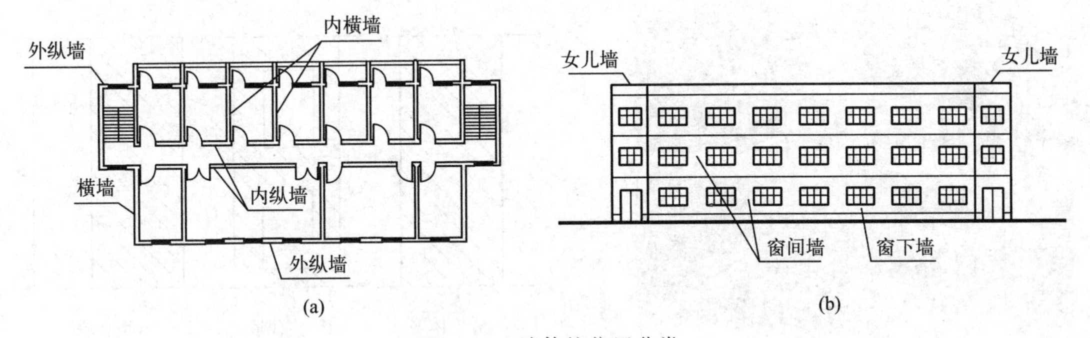


图 3-3-1　墙体按位置分类

（1）按墙所处位置及走向分类

① 按墙所处位置分为外墙和内墙。外墙位于房屋的四周，能抵抗大气侵袭，保证内部空间舒适，故又称为外围护墙。内墙位于房屋内部，主要起分隔内部空间作用。

② 按墙的方向又可分为纵墙和横墙。沿建筑物长轴方向布置的墙称为纵墙，房屋有外纵墙和内纵墙。沿建筑物短轴方向布置的墙称为横墙，房屋有内横墙和外横墙，外横墙通常叫山墙。窗与窗之间的墙称窗间墙；窗洞下部的墙称为窗下墙。平屋顶四周高出屋面部分的墙称为女儿墙。

（2）按受力情况分类

在砖混结构建筑中，墙按结构受力情况分为承重墙和非承重墙两种。

① 凡承担上部构件传来荷载的墙称为承重墙。常用的承重墙材料有：混凝土中小型砌块、粉煤灰中型砌块、粉煤灰砖、现浇钢筋混凝土及烧结多孔砖等（图 3-3-2）。

② 不承受上部构件传来荷载的墙称为非承重墙。非承重墙又可以分为自承重墙和隔墙。自承重墙仅承受自身重量，并把自重传给基础。隔墙则把自重传给楼板层。在框架结构中，墙不承受外来荷载，自重由框架承受，墙仅起分隔作用，称为框架填充墙。常用的承自重砌块墙的材料有：加气混凝土砌块、陶粒空心砌块、混凝土空心砌块、烧结空心砖等（图 3-3-3）。

（3）按材料及构造方式分类

按构造方式可以分为实体墙、空体墙和组合墙三种（图 3-3-4）。

图 3-3-2　常用承重墙材料

图 3-3-3　常用自承重墙材料

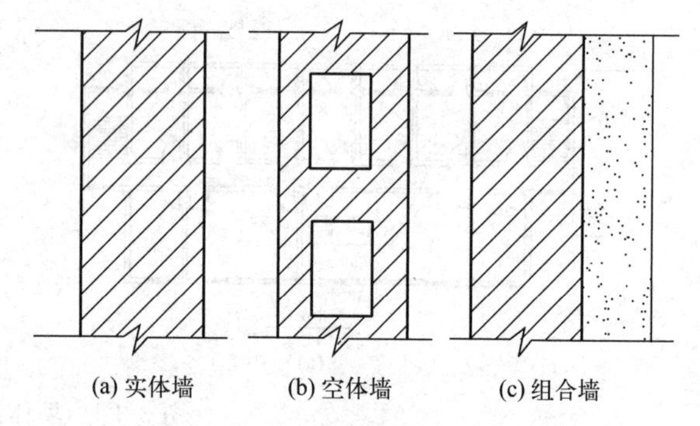


图 3-3-4　墙体按构造方式分类

① 实体墙由单一材料组成，如普通砖墙、实心砌块墙等。

② 空体墙也是由单一材料组成，可由单一材料砌成内部空腔，例如空斗砖墙（图 3-3-5），也可用具有孔洞的材料建造墙，如空心砌块墙、空心板材墙等。

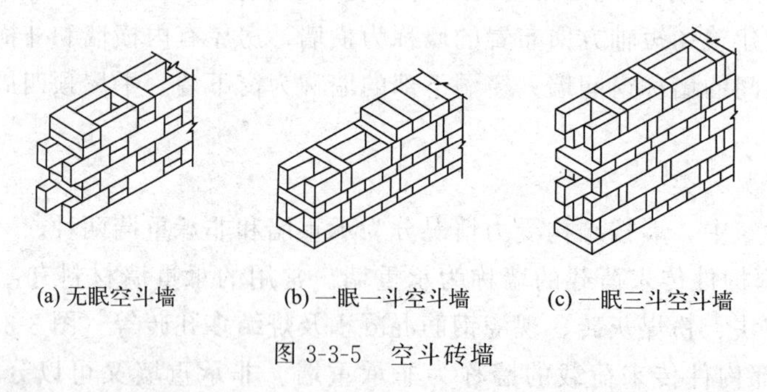


图 3-3-5　空斗砖墙

③ 组合墙由两种以上材料组合而成，例如混凝土、加气混凝土复合板材墙中混凝土起承重作用，加气混凝土起保温隔热作用。

（4）按施工方法分类

按施工方法可分为块材墙、板筑墙及板材墙三种。

① 块材墙是用砂浆等胶结材料将砖石块材等组砌而成，例如砖墙、石墙及各种砌块墙等。

② 板筑墙是在现场立模板，现浇而成的墙体，例如现浇混凝土墙等。

③ 板材墙是预先制成墙板，施工时安装而成的墙，例如预制混凝土大板墙、各种轻质条板内隔墙。

#### 3.3.1.3 墙体的构造设计要求

（1）结构方面的要求

① 承载力　是指墙体承受荷载的能力。大量性民用建筑，一般横墙数量多，空间刚度大，但仍需验算承重墙或柱在控制截面处的承载力。承重墙应有足够的承载力来承受楼板及屋顶竖向荷载。地震区还应考虑地震作用下墙体承载力，对多层砖混房屋一般只考虑水平方向的地震作用。

② 墙体的稳定性　也是关系到墙体正常使用的重要问题。墙体的稳定性与墙体的高度、厚度有关，墙体的高厚比是保证墙体稳定的重要措施。墙、柱高厚比是指墙、柱的计算高度 $H$ 与墙厚 $h$ 的比值。高厚比越大构件越细长，其稳定性越差。实际工程高厚比必须控制在允许高厚比限值以内。允许高厚比限值结构上具有明确的规定，它是综合考虑了砂浆强度等级、材料质量、施工水平、横墙间距等诸多因素确定的。

提高墙体的稳定性可以通过验算以及根据需要增加墙厚、提高砌筑砂浆等级、加墙垛、加构造柱、圈梁、墙内加筋办法来达到。

砖墙是脆性材料，变形能力小，如果层数过多，重量就大，砖墙可能破碎和错位，甚至被压垮。特别是地震区，房屋的破坏程度随层数增多而加重，因而对房屋的高度及层数有一定的限制值，见表 3-3-1。

**表 3-3-1　多层普通砖房墙厚 240mm 时建筑总高和层数限值**

| 烈度① | 6 | | 7 | | | | 8 | | | | 9 | |
|---|---|---|---|---|---|---|---|---|---|---|---|---|
| 设计基本地震加速度 | 0.05g | | 0.10g | | 0.15g | | 0.20g | | 0.30g | | 0.40g | |
| 限定项 | 高度 | 层数 | 高度 | 层数 | 高度 | 层数 | 高度 | 层数 | 高度 | 层数 | 高度 | 层数 |
| 限定值 | 21m | 7 | 21m | 7 | 21m | 7 | 18m | 6 | 15m | 5 | 12m | 4 |

① 烈度：即地震烈度，是指地面及房屋等建筑物受地震破坏的程度。对同一个地震，不同的地区，烈度大小是不一样的，距离震源近，破坏就大，烈度就高；距离震源远，破坏就小，烈度就低。

（2）功能方面的要求

① 保温、隔热性能　作为围护结构的外墙应具有保温、隔热的性能，以满足建筑热工的要求。在寒冷地区要求外围护结构具有良好的保温性能，以减少室内热量的损失，同时还应防止在围护结构内表面出现凝结水现象。在炎热地区要求外围护结构具有一定的通风隔热措施，以防止夏季室内温度过高。

② 隔声性能　墙体作为建筑围护构件，必须具有足够的隔声能力，满足隔声标准要求。关于墙体隔声构造，在稍后章节详细介绍。

③ 其他方面的要求

a. 防火要求：选择燃烧性能和耐火极限符合防火规范规定的材料。在较大的建筑中应设置防火墙，把建筑分成若干区段，以防止火灾蔓延。根据《建筑设计防火规范》(GB 50016—2014)，不同性质不同规模的建筑应按相应要求划分防火分区，各防火分区之间由防火墙分隔。

b. 防水防潮要求：在卫生间、厨房、实验室等有水的房间及地下室的墙应采取防水防潮措施。选择良好的防水材料以及恰当的构造做法，保证墙体的坚固耐久性，使室内有良好的卫生环境。

c. 建筑工业化要求：在大量性民用建筑中，墙体工程量占着相当的比重。墙的重量占建筑总重量的 40％～65％，造价占 30％～40％，同时劳动力消耗大，施工工期长。因此，建筑工业化的关键是墙体改革，必须改变手工生产及操作，提高机械化施工程度，提高工效，降低劳动强度，并采用轻质、强度高的墙体材料，以减轻自重、降低成本。

### 3.3.2 砖砌体墙构造

#### 3.3.2.1 砖砌体墙的材料

砌筑墙是用砂浆将一块块砖按一定规律砌筑而成的砌体，其主要材料是砖和砂浆。

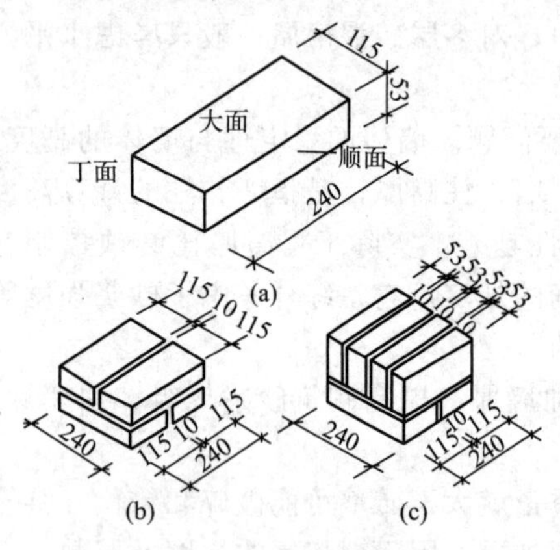

图 3-3-6 标准黏土砖规格

① 砖 种类很多，按其使用材料分黏土砖、炉渣砖和灰砂砖等；依其形状特点分实心砖、空心砖和多孔砖。黏土砖是我国传统的墙体材料。它以黏土为主要材料，经成型、干燥、烧结而成。根据生产方法的不同，有红砖和青砖之分。我国标准黏土砖的规格为 240mm×115mm×53mm（图 3-3-6）。砖的强度以强度等级表示，分别为 MU30、MU25、MU20、MU15、MU10 和 MU7.5 六个级别。

目前，我国不少地区面临黏土资源严重不足的情况，所以从发展趋势来讲，生产砖的根本出路是利用工业废渣。当前利用煤矸石、粉煤灰等工业废料制砖是有效的途径。

② 砂浆 是砌体的黏结材料，它将砖胶结成为整体，并将砖块之间的缝隙填实，便于上层砖块所承受的荷载逐层均匀地传至下层砖块，以保证砌体的强度。砌筑墙体常用的砂浆有水泥砂浆、石灰砂浆和混合砂浆三种：水泥砂浆是由水泥、砂和水按一定比例拌和而成的，它属水硬性材料，强度高，较适合于砌筑潮湿环境的砌体；石灰砂浆是由石灰、砂和水拌和而成的，它属气硬性材料，强度不高，多用于砌筑一般次要的民用建筑中地面以上砌体；混合砂浆是由水泥、石灰膏、砂加水拌和而成的，这种砂浆强度较高，和易性（是指在一定施工条件下，便于操作，并能获得质量均匀密实的混凝土的性能，因此它含有流动性、可塑性、稳定性和致密性等各方面的含义）和保水性好，常用于砌筑地面上砌体。

砂浆的强度分七个级别，有 M15、M10、M7.5、M5、M2.5、M1 和 M0.4，常用的砌筑砂浆是 M2.5 和 M5 级砂浆。

#### 3.3.2.2 砖砌体墙的砌筑方式及基本尺寸

① 砌筑方式 是指砖块在砌体中排列的方式。为了保证墙体的坚固，砖块排列的方式应遵循内外搭接、上下错缝的原则，错缝长度一般不应小于 60mm。同时也应便于砌筑，尽量少砍砖。砌筑时不应使墙体出现连续的垂直通缝，否则将影响墙的强度和稳定性（图 3-3-7）。砌筑方式有全顺式、上下皮一顺一丁式、每皮一顺一丁式、多顺一丁式等（图 3-3-8）。

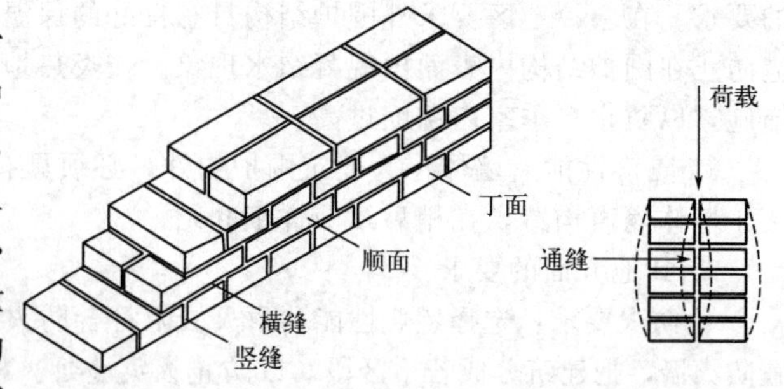

图 3-3-7 砖缝示意图

② 基本尺寸 砖墙的厚度决定于荷载的大小和性质、层高及横向墙的间距、门窗的大小和数量、支撑楼板的情况等。砖墙的厚度一般用砖长来表示，一砖以上砖墙的厚度，应加灰缝的宽度（表 3-3-2）。

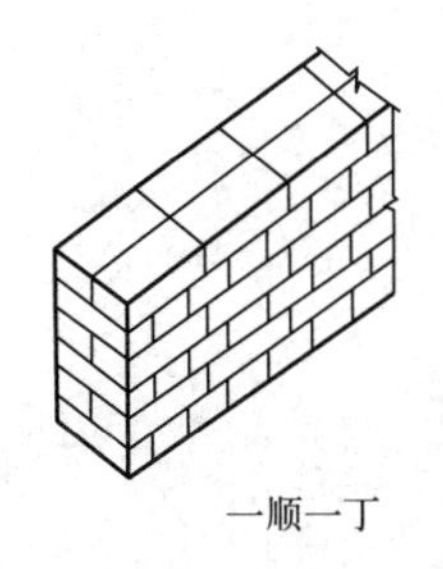

一顺一丁

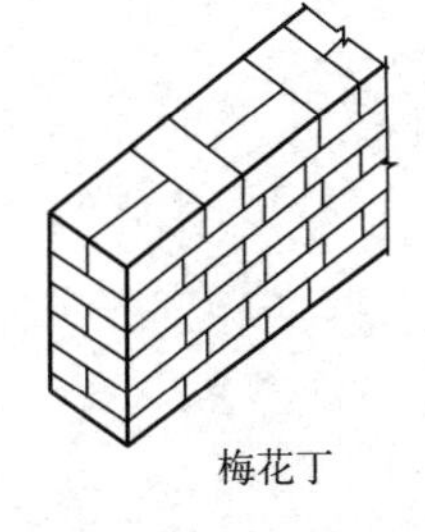

梅花丁

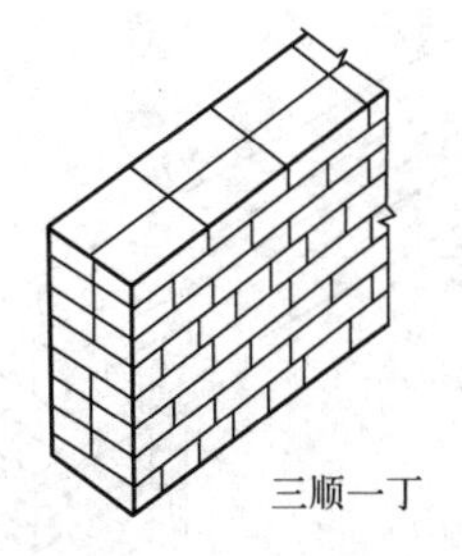

三顺一丁

图 3-3-8　砖墙砌筑方式

**表 3-3-2　砖墙厚度**

| 墙厚名称 | 1/2 砖 | 3/4 砖 | 1 砖 | 1 砖半 | 2 砖 | 2 砖半 |
|---|---|---|---|---|---|---|
| 标志尺寸/mm | 120 | 180 | 240 | 370 | 490 | 620 |
| 构造尺寸/mm | 115 | 178 | 240 | 365 | 490 | 615 |
| 习惯称谓 | 12 墙 | 18 墙 | 24 墙 | 37 墙 | 49 墙 | 62 墙 |

#### 3.3.2.3　门窗过梁

过梁是承重构件，放置于门、窗洞口之上，用来支承门窗洞口上墙体的荷重，承重墙上的过梁还要支承楼板荷载，同时过梁还要将这些荷载传给窗间墙。

由于砌体相互错缝咬接，同时过梁上的墙体在砂浆硬结后具有拱的作用，所以过梁上墙体的重量并不完全由过梁承担，其中部分重量直接传给洞口两侧的墙体，过梁承担的重量为图 3-3-9 中粗线内呈三角形的砌体荷载。

根据材料和构造方式不同，过梁有以下三种。

① 钢筋混凝土过梁（图 3-3-10）　承载能力强，可用于较宽的门窗洞口，对房屋不均匀下沉或振动有一定的适应性。预制装配过梁施工速度快，是最常用的一种。

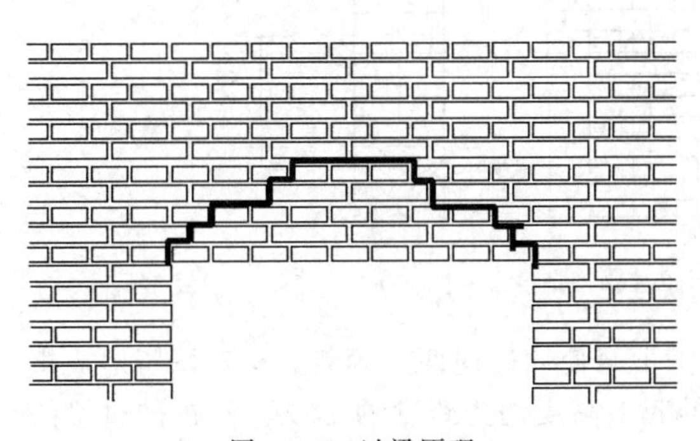

图 3-3-9　过梁原理

图 3-3-10　钢筋混凝土过梁

矩形截面过梁施工制作方便，是常用的形式。过梁宽度一般同墙厚，高度按结构计算确定，但应配合砖的规格，如 60mm、120mm、180mm、240mm，过梁两端伸进墙内的支承长度不小于 240mm。在立面中往往有不同形式的窗，过梁的形式应配合处理。如有窗套的窗，过梁截面为 L 形，挑出 60mm，厚 60mm。又如带窗楣板的窗，可按设计要求出挑，一般可挑 300～500mm，厚度 60mm（图 3-3-11）。

钢筋混凝土的导热系数大于砖的导热系数，在寒冷地区为了避免在过梁内表面产生凝结水，采用 L 形过梁，使外露部分的面积减小，或把过梁全部包起来（图 3-3-12）。

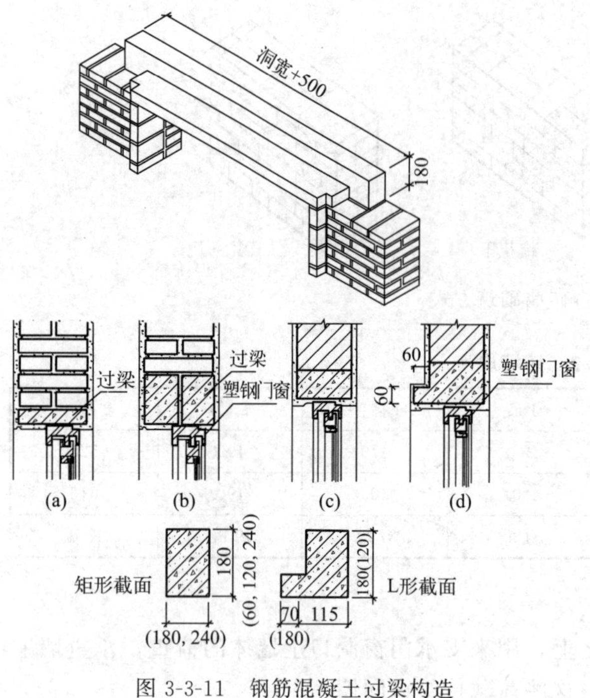


图 3-3-11　钢筋混凝土过梁构造

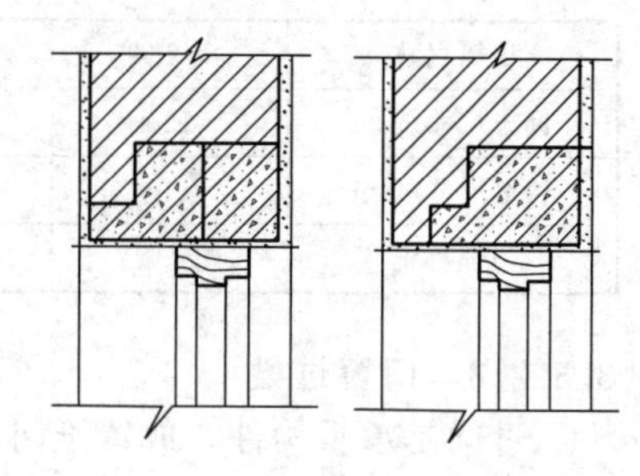

图 3-3-12　寒冷地区过梁构造

② 钢筋砖过梁　是在洞口顶部配置钢筋，形成能受弯矩的加筋砖砌体。钢筋直径 6mm，间距小于 120mm。钢筋伸入两端内墙不小于 240mm。用 M5 号水泥砂浆砌筑钢筋砖过梁，高度不少于 5 皮砖，且不小于门窗洞口宽度的 1/4。此过梁外观与外墙砌法相同，清水墙面效果统一，但施工麻烦，仅用于 2m 宽以内的洞口（图 3-3-13）。

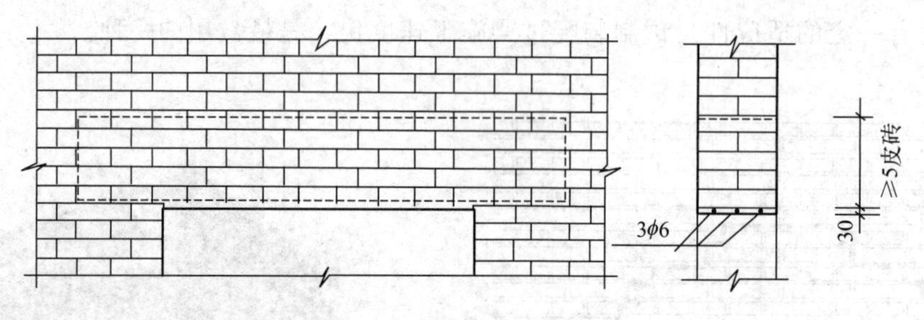


图 3-3-13　钢筋砖过梁构造

③ 平拱砖过梁　是将砖侧砌而成，灰缝上宽下窄使侧砖向两边倾斜，相互挤压形成拱的作用，两端下部伸入墙内 20～30mm，中部的起拱高度约为跨度的 1/50。平拱砖过梁的优点是钢筋、水泥用量少，缺点是施工速度慢，用于非承重墙上的门窗，洞口宽度应小于 1.2m。有集中荷载或半砖墙不宜使用（图 3-3-14）。

### 3.3.2.4　窗台

窗台的作用是排除沿窗面流下的雨水，防止其渗入墙身，且沿窗缝渗入室内，同时避免雨水污染外墙面。处于内墙或阳台等处的窗，不受雨水冲刷，可不必设挑窗台。外墙面材料为贴面砖时，墙面被雨水冲洗干净，也可不设挑窗台（图 3-3-15）。

砖砌挑窗台施工简单，应用广泛。根据设计要求可分为：60mm 厚平砌挑砖窗台及 120mm 厚侧砌挑砖窗台。

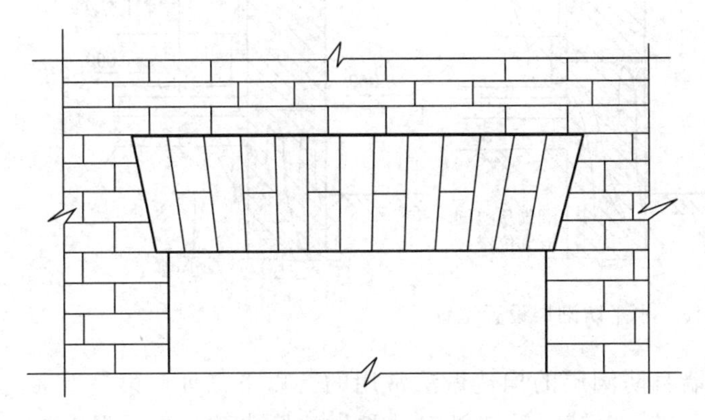

图 3-3-14　平拱砖过梁构造

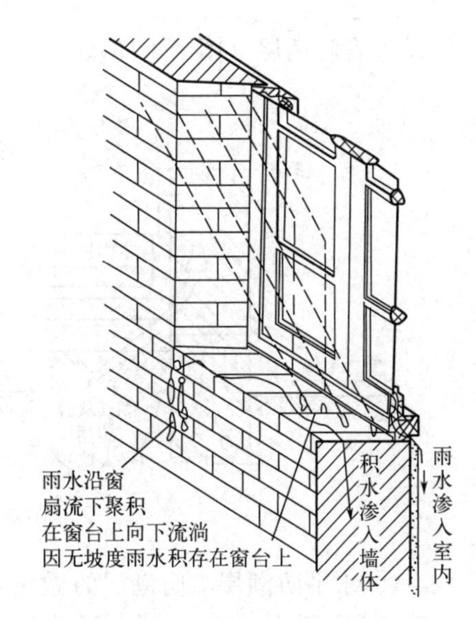


图 3-3-15　窗台原理

窗台的构造（图 3-3-16）要点是：

① 悬挑窗台向外出挑 60mm。窗台长度最少每边应超过窗宽 120mm。

② 窗台表面应做抹灰或贴面处理。侧砌窗台可做水泥砂浆勾缝的清水窗台。

③ 窗台表面应做一定排水坡度，并应注意抹灰与窗下槛的交接处理，防止雨水向室内渗入。

④ 挑窗台下做滴水槽或斜抹水泥砂浆，引导雨水垂直下落不致影响窗下墙面。预制混凝土挑窗台施工速度快，其构造要点与砖窗台相同。

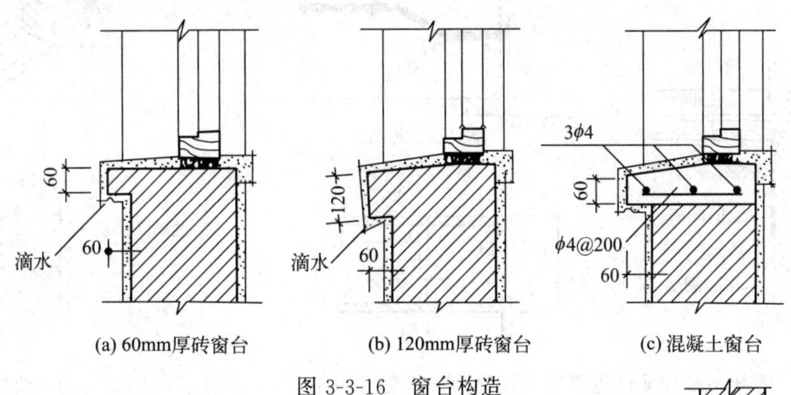


图 3-3-16　窗台构造

### 3.3.2.5　墙脚构造

（1）墙身防潮

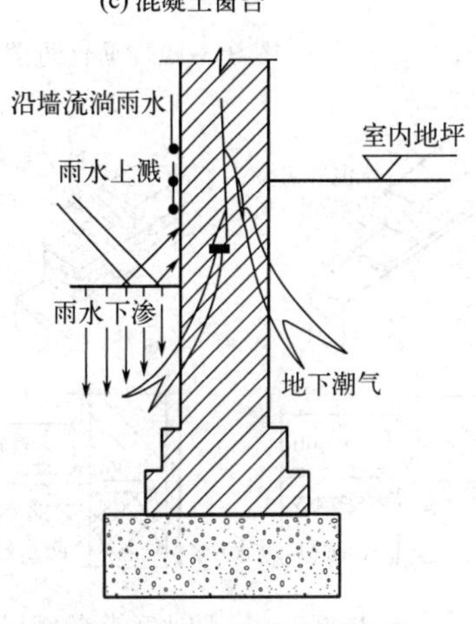


图 3-3-17　墙身受潮原理

墙身防潮的方法是在墙脚铺设防潮层，防止土壤和地面水渗入砖墙体（图 3-3-17）。防潮层的位置：当室内地面垫层为混凝土等密实材料时，防潮层的位置应设在垫层范围内，低于室内地坪 60mm 处，同时还应至少高于室外地面 150mm，防止雨水溅湿墙面。当室内地面垫层为透水材料时（如炉渣、碎石等），水平防潮层的位置应平齐或高于室内地面 60mm 处（图 3-3-18）。当内墙两侧地面出现高差时，应在墙身内设高低两道水平防潮层，并在土壤一侧设垂直防潮层（图 3-3-19）。

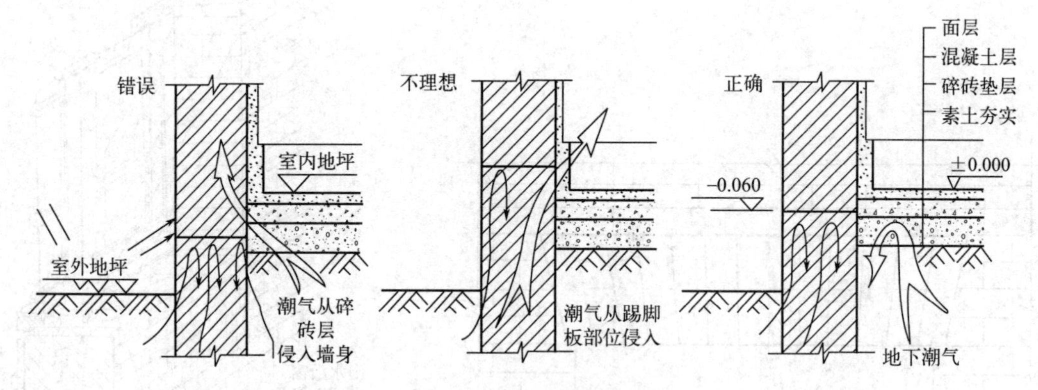


图 3-3-18　水平防潮层设置位置

① 水平防潮层　防潮层的做法：墙身防潮层的构造做法常用的有以下三种：第一，油毡防潮层，先抹 20mm 厚水泥砂浆找平层，上铺一毡二油。此种做法防水效果好，但有油毡隔离，削弱了砖墙的整体性，不宜在刚度要求高或地震区采用（图 3-3-20）。第二，防水砂浆防潮层，采用 1∶2 水泥砂浆加 3%～5%防水剂，厚度为 20～25mm 或用防水砂浆砌三皮砖作防潮层。此种做法构造简单，但砂浆开裂或不饱满时影响防潮效果（图 3-3-21）。第三，细石混凝土防潮层，采用 60mm 厚的细石混凝土带，内配三根 $\phi$6 钢筋，其防潮性能好（图 3-3-22）。

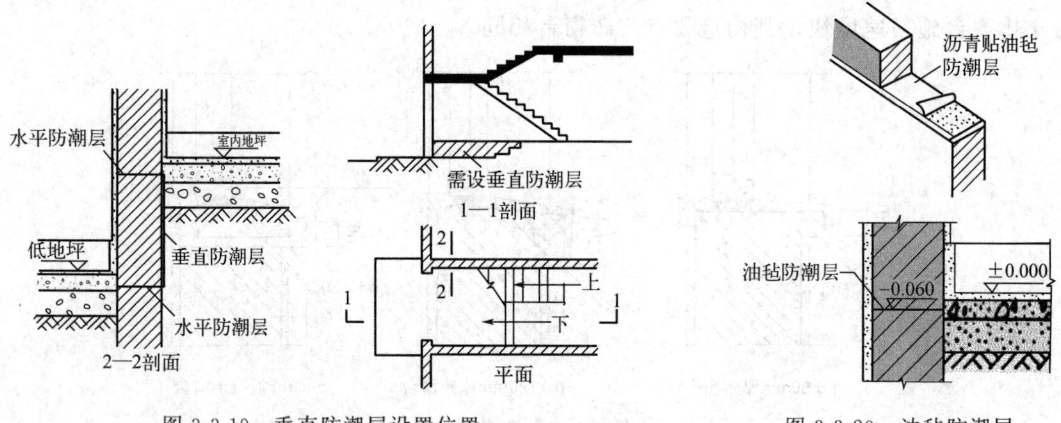


图 3-3-19　垂直防潮层设置位置　　图 3-3-20　油毡防潮层

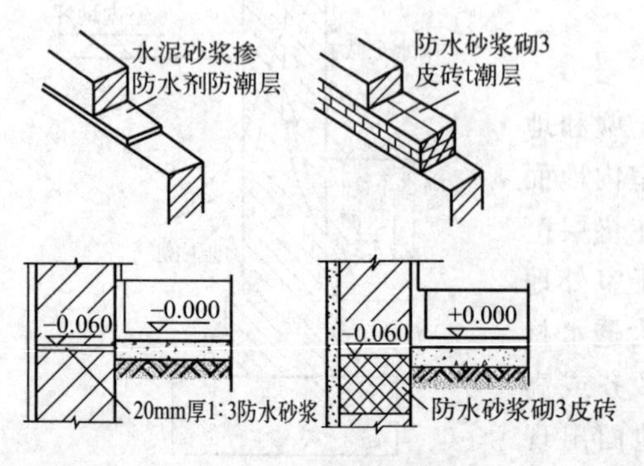


图 3-3-21　防水砂浆防潮层

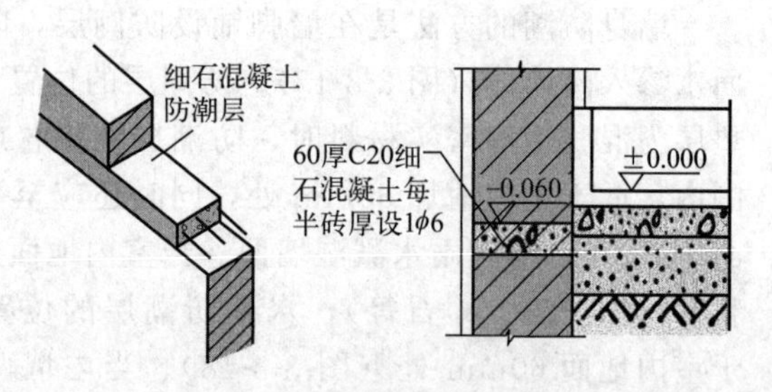


图 3-3-22　细石混凝土防潮层

如果墙脚采用不透水的材料（如条石或混凝土等），或设有钢筋混凝土地圈梁时，可以不设防潮层。

② 垂直防潮层　具体做法是在高地坪填土前，在两道水平防潮层之间的垂直墙面上先抹 15～20mm 厚的水泥砂浆，然后再刷防水涂料。

（2）勒脚

勒脚是外墙的墙脚，它和内墙脚一样，受到土壤中水分的侵蚀，应做相同的防潮层。同时，它还受地表水、机械力等的影响，所以要求勒脚更加坚固耐久和防潮。另外，勒脚的做法、高矮、色彩等应结合建筑造型，选用耐久性高的材料，或防水性能好的外墙饰面。一般采用以下几种构造做法（图 3-3-23）。

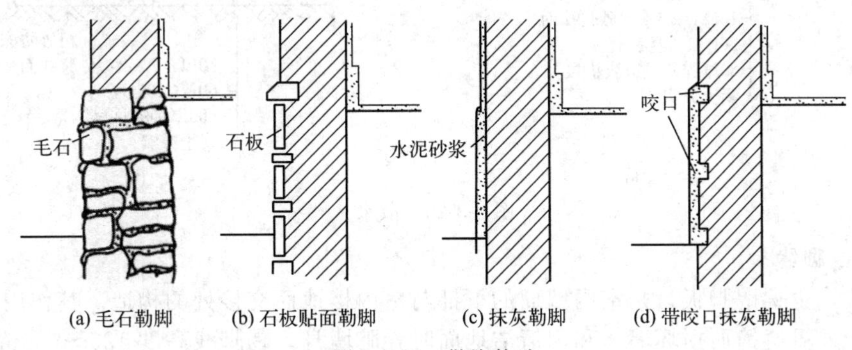


图 3-3-23　勒脚构造

① 勒脚表面抹灰　可采用 8～15mm 厚 1∶3 水泥砂浆打底，12mm 厚 1∶2 水泥白石子浆水刷石或斩假石抹面。此法多用于一般建筑。

② 勒脚贴面　可用天然石材或人工石材贴面，如花岗石、水磨石板等。贴面勒脚耐久性强、装饰效果好，用于高标准建筑。

③ 勒脚用坚固材料　采用条石、混凝土等坚固耐久的材料代替砖勒脚。

#### 3.3.2.6　明沟与散水

① 明沟（图 3-3-24）　是设置在外墙四周的能将屋面落水有组织地导向地下排水集井的排水沟，其主要目的在于保护外墙墙基。明沟材料一般用素混凝土现浇，外抹水泥砂浆，或用水泥砂浆抹面。

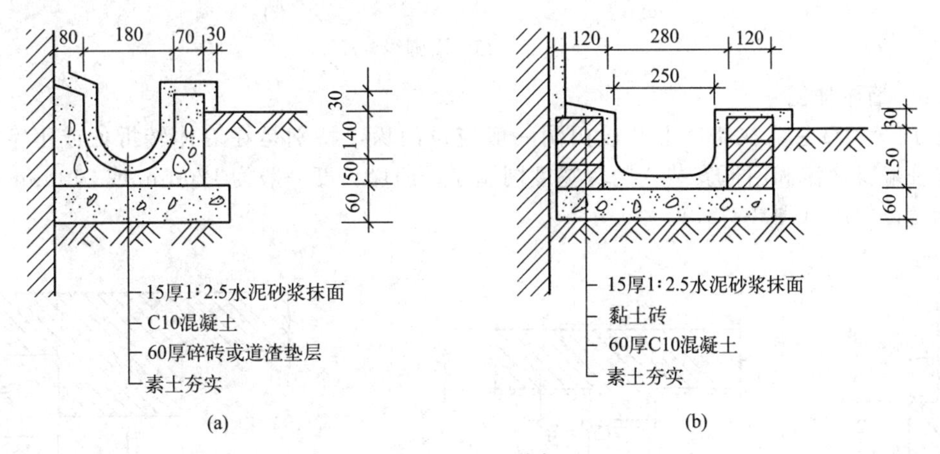


图 3-3-24　明沟

② 散水　为了将积水排离建筑物，在建筑物外墙四周作护坡，即散水（图 3-3-25）。散

水的做法通常是在素土夯实上，铺三合土、混凝土等材料，厚度 60～70mm。散水应设不小于 3%的排水坡。散水宽度一般 0.6～1.0m。散水与外墙交接处应设分格缝，分格缝用弹性材料嵌缝，防止外墙下沉时将散水拉裂。

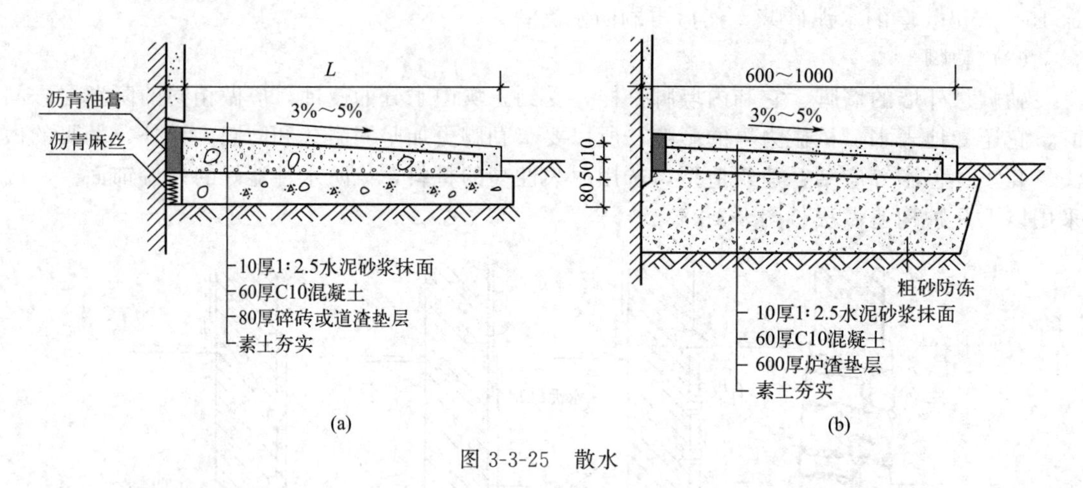


图 3-3-25 散水

### 3.3.2.7 踢脚线

踢脚线，也称踢脚板，是室内墙面的下部与室内楼地面交接处的构造。其作用是保护墙面，防止因外界碰撞而损坏墙体和因清洁地面时弄脏墙身。踢脚线高度 120～150mm，可以与墙面齐平［图 3-3-26(a)］，也可突出墙面［图 3-3-26(b)］。常用的踢脚材料有水泥砂浆、水磨石、大理石、缸砖、木材和石板等，应随室内地面材料而定。

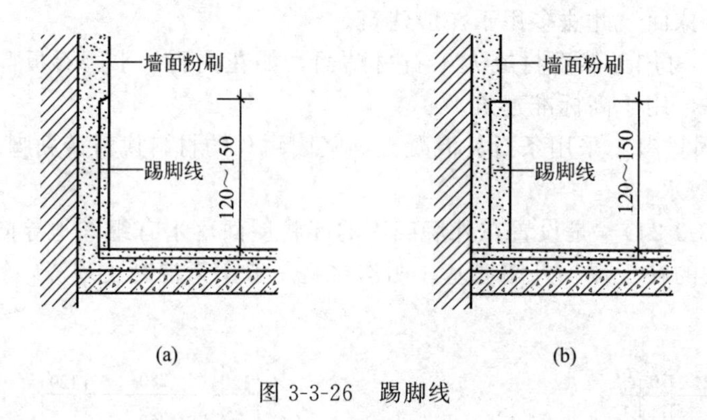


图 3-3-26 踢脚线

### 3.3.2.8 墙体加固

① 门垛和壁柱　在墙体上开设门洞一般应设门垛，特别是在墙体转折处或丁字墙处，用以保证墙身稳定和门框安装。门垛宽度同墙厚，门垛长度一般为 120mm 或 240mm，过长会影响室内使用（图 3-3-27）。

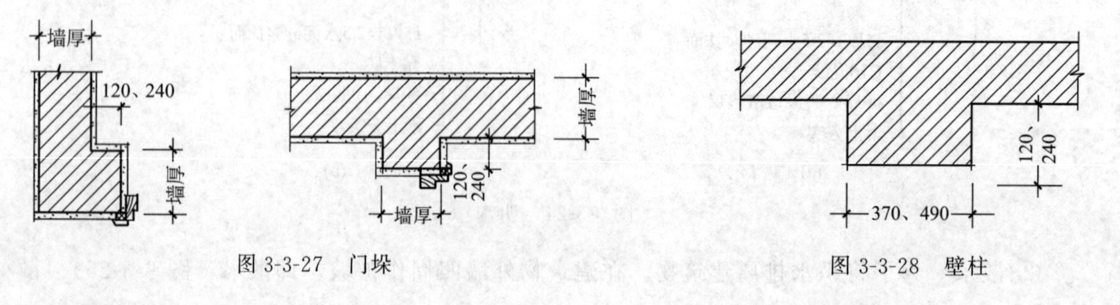


图 3-3-27 门垛　　图 3-3-28 壁柱

当墙体受到集中荷载或墙体过长时（如 240mm 厚，长超过 6m）应增设壁柱（又叫扶壁柱），使之和墙体共同承担荷载和稳定墙身。壁柱的尺寸应符合砖规格，通常壁柱突出墙面 120mm 或 240mm，壁柱宽 370mm 或 490mm（图 3-3-28）。

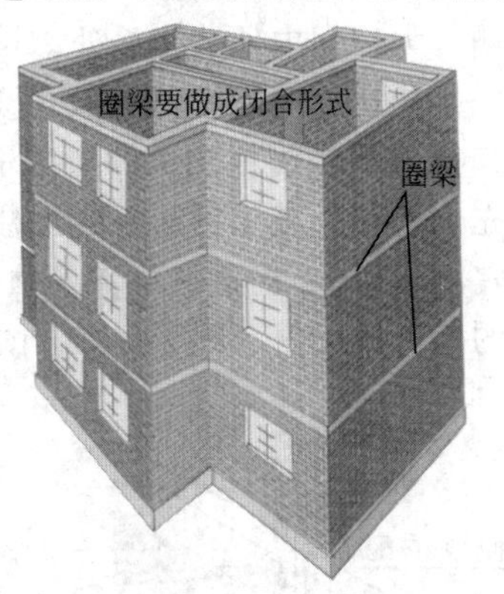

图 3-3-29　圈梁的设置

② 圈梁　圈梁的作用是增加房屋的整体刚度和稳定性，减轻地基不均匀沉降对房屋的破坏，抵抗地震力的影响。圈梁设在房屋四周外墙及部分内墙中，处于同一水平高度，其上表面与楼面平，像箍一样把墙箍住（图 3-3-29）。

多层砖混结构房屋圈梁的位置和数量是：一般 3 层以下设 1 道，4 层以上根据横墙数量及地基情况，隔 1 层或 2 层设 1 道。在抗震设防区内，外墙及内纵墙屋顶处都要设圈梁，6、7 度时，楼板处隔层设 1 道；8、9 度时，每层楼板设 1 道。其中内横墙：6、7 度时，屋顶处间距不大于 7m，楼板处间距不大于 15m，构造柱对应部位都应设置圈梁；8、9 度时，各层所有横墙全部设圈梁。

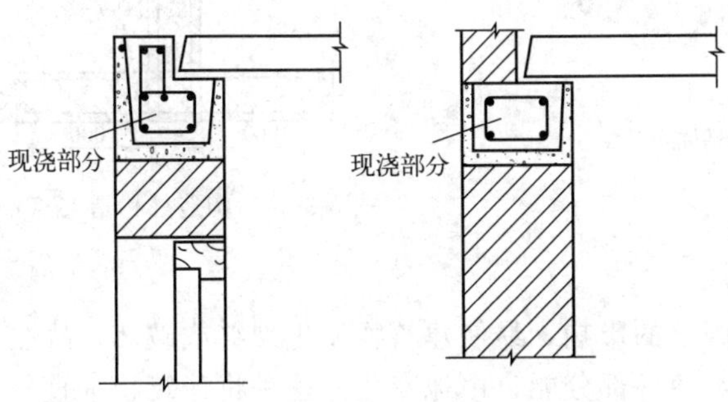

图 3-3-30　圈梁剖面示意图

圈梁与门窗过梁统一考虑，可用圈梁代替门窗过梁（图 3-3-30）。圈梁应闭合，若遇标高不同的洞口，应上下搭接，即设置附加圈梁（图 3-3-31）。

圈梁有钢筋混凝土和钢筋砖圈梁两种，钢筋混凝土圈梁整体刚度强，应用广泛，又分整体式和装配整体式两种施工方法。圈梁宽度同墙厚，高度一般为 180mm、240mm。钢筋砖圈梁用 M5 砂浆砌筑，高度不小于五皮砖，在圈梁中设置 4$\phi$6 的通长钢筋，分上下两层布置，其做法与钢筋砖过梁相同（图 3-3-31）。

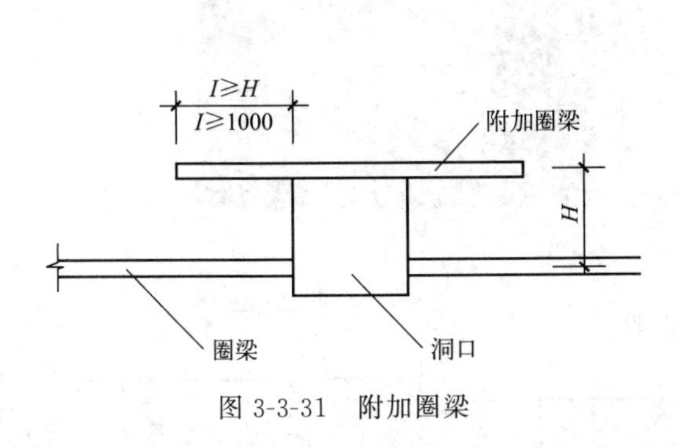

图 3-3-31　附加圈梁

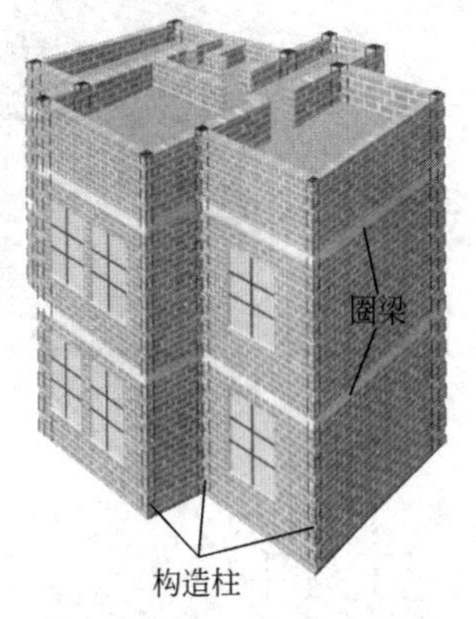

图 3-3-32　圈梁与构造柱的设置

③ 构造柱　抗震设防地区，为了增加建筑物的整体刚度和稳定性，在多层砖混结构房屋的墙体中，还需设置钢筋混凝土构造柱，使之与各层圈梁连接，形成空间骨架，加强墙体抗弯、抗剪能力，使墙体在破坏过程中具有一定的延伸性，减缓墙体的酥碎现象产生。构造柱是防止房屋倒塌的一种有效措施（图 3-3-32）。

多层砖房构造柱的设置部位是：外墙四角、错层部位横墙与外纵墙交接处、较大洞口两侧、大房间内外墙交接处。

构造柱的最小截面尺寸为 240mm×180mm，竖向钢筋一般用 $\phi 12$，钢箍间距不大于 250mm，随烈度加大和层数增加，房屋四角的构造柱可适当加大截面及配筋。施工时必须先砌墙，后浇注钢筋混凝土柱，并应沿墙高每隔 500mm 设 $2\phi 6$ 拉接钢筋，每边伸入墙内不宜小于 1m。构造柱可不单独设置基础，但应伸入室外地面下 500mm，或锚入浅于 500mm 的基础圈梁内（图 3-3-33、图 3-3-34）。

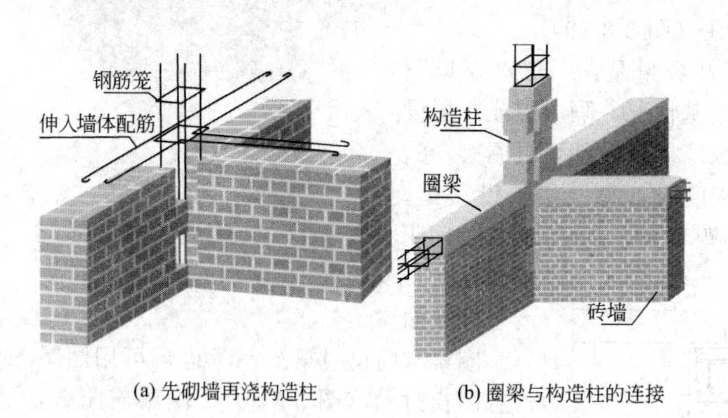


图 3-3-33　构造柱

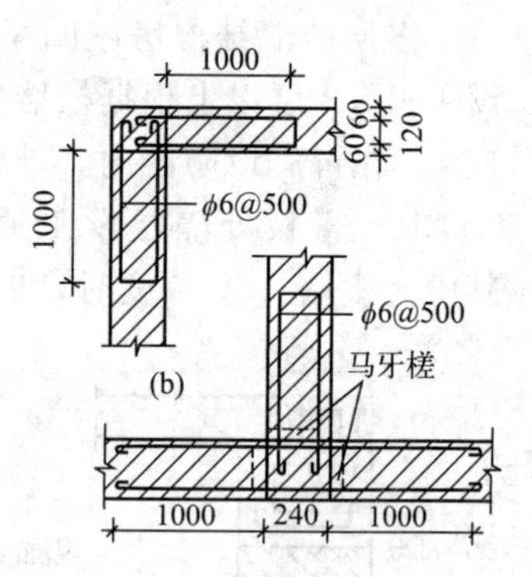


图 3-3-34　构造柱构造要点

### 3.3.2.9　变形缝

由于温度变化、地基不均匀沉降和地震因素的影响，易使建筑物发生裂缝或破坏，故在设计时事先将房屋划分成若干个独立的部分，使各部分能自由地变化。这种将建筑物垂直分开的预留缝称为变形缝（图 3-3-35、图 3-3-36）。

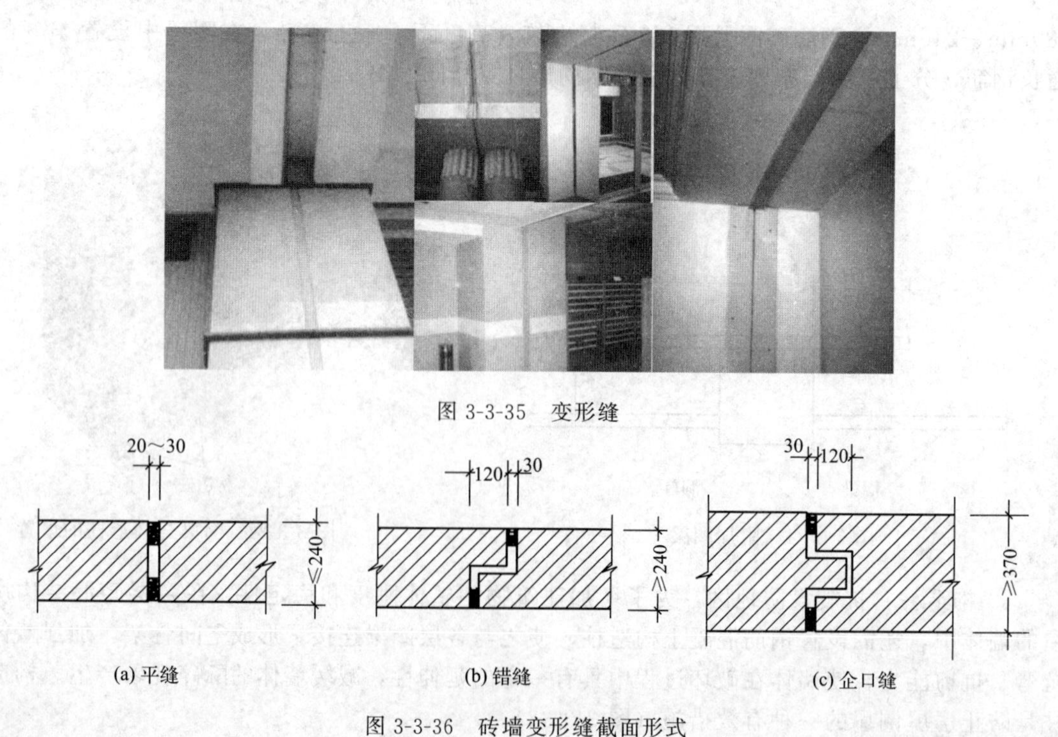


图 3-3-35　变形缝

图 3-3-36　砖墙变形缝截面形式

(1) 变形缝种类

变形缝包括温度伸缩缝、沉降缝和防震缝三种。

① 伸缩缝　为防止建筑构件因温度变化，热胀冷缩使房屋出现裂缝或破坏，在沿建筑物长度方向相隔一定距离预留垂直缝隙。这种因温度变化而设置的缝叫作温度缝或伸缩缝。

伸缩缝是从基础顶面开始，将墙体、楼板、屋顶全部构件断开，因为基础埋于地下，受气温影响较小，不必断开。伸缩缝的宽度一般为 20～30mm（图 3-3-37）。

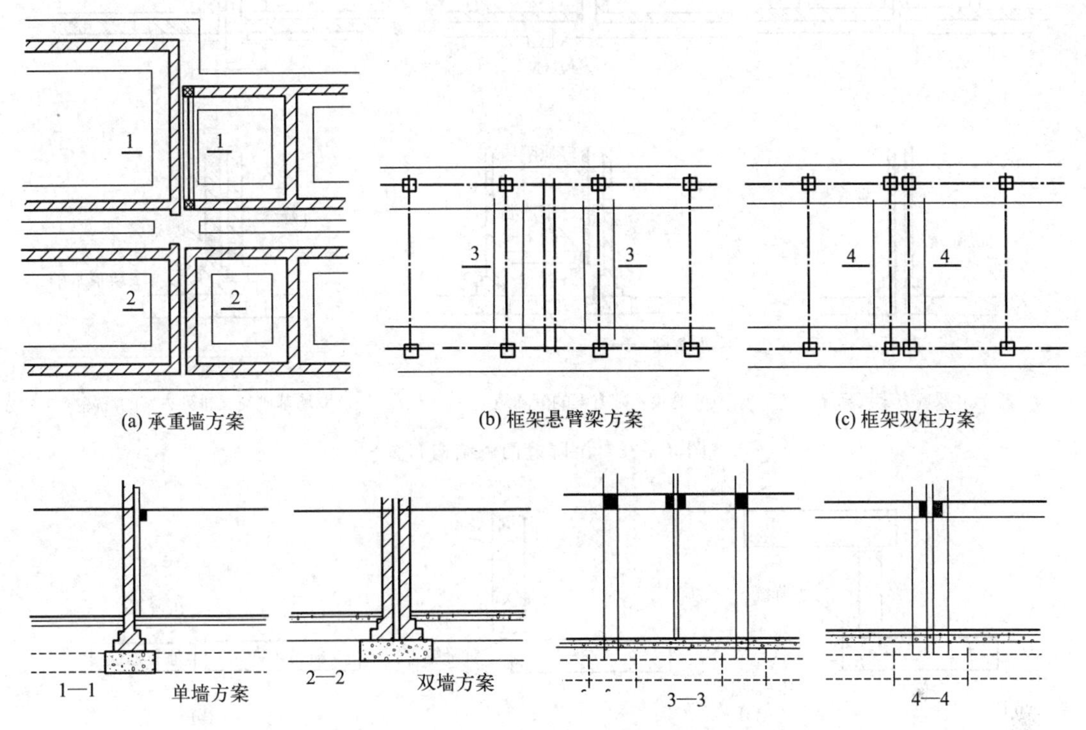


图 3-3-37　伸缩缝两侧结构布置

② 沉降缝　为防止建筑物各部分由于地基不均匀沉降引起房屋破坏所设置的垂直缝称为沉降缝。沉降缝将房屋从基础到屋顶全部构件断开，使两侧各为独立的单元，可以垂直自由沉降（图 3-3-38）。

凡属下列情况应设置沉降缝：

a. 建筑物位于不同种类的地基土壤上，或在不同时间内修建的房屋各连接部位［图 3-3-39(a)］；

b. 建筑物形体比较复杂，在建筑平面转折部位和高度、荷载有很大差异处［图 3-3-39(b)］。

沉降缝的宽度与地基情况及建筑高度有关，地基越弱的建筑物，沉陷的可能性越高，沉陷后所产生的倾斜距离越大。

③ 防震缝　在设防烈度 7～9 度的地区内，应设置防震缝。在此区域内，当建筑物高差在 6m 以上，或建筑物有错层，且楼板错层高差较大，或者构造形式不同，或承重结构的材料不同时，一般在水平方向会有不同的刚度，因此这些建筑物在受地震的影响下，会有不同的振幅和振动周期，假如房屋的部分相互连接在一起则会产生裂缝、断裂等现象，因此应设防震缝，将建筑物分为若干体型简单、结构刚度均匀的独立单元（图 3-3-40）。

一般情况下防震缝仅在基础以上设置，但防震缝应同伸缩缝和沉降缝协调布置，做到一缝多用。当防震缝与沉降缝结合设置时，基础也应断开。

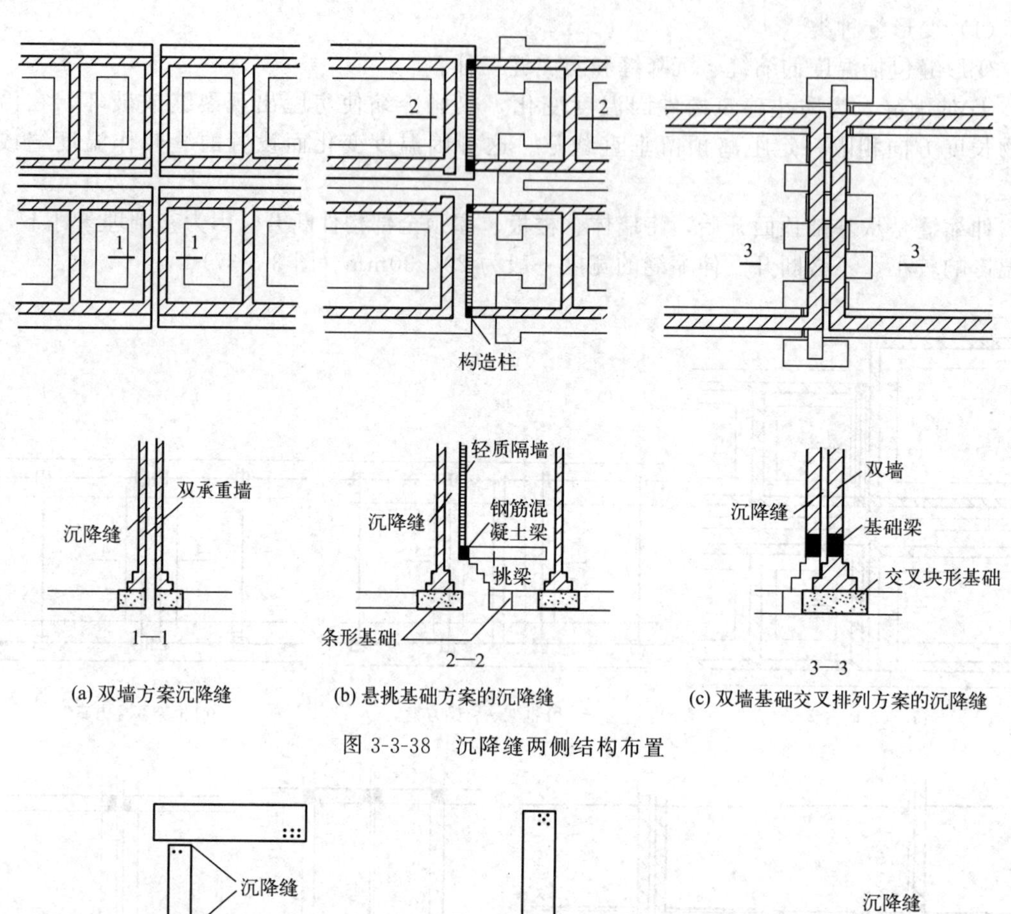

(a) 双墙方案沉降缝　(b) 悬挑基础方案的沉降缝　(c) 双墙基础交叉排列方案的沉降缝

图 3-3-38　沉降缝两侧结构布置

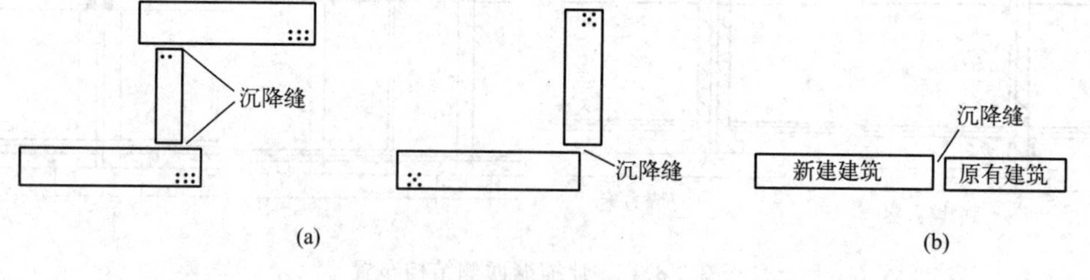

(a)　(b)

图 3-3-39　沉降缝设置部位示意图

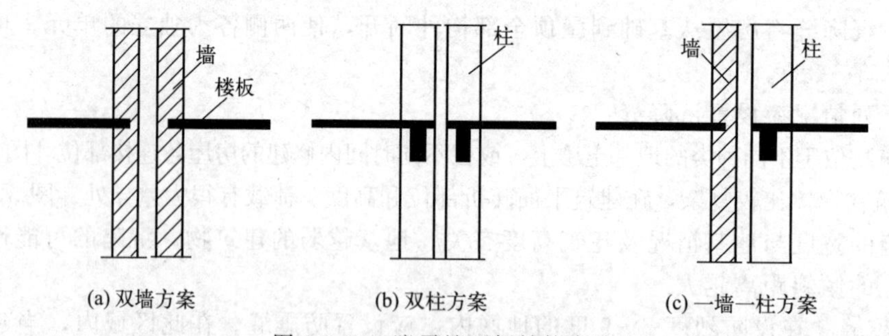

(a) 双墙方案　(b) 双柱方案　(c) 一墙一柱方案

图 3-3-40　防震缝两侧结构布置

（2）墙体变形缝构造（图 3-3-41～图 3-3-43）

伸缩缝应保证建筑构件在水平方向自由变形，沉降缝应满足构件在垂直方向自由沉降变形，防震缝主要是防地震水平波的影响，但三种缝的构造基本相同。变形缝的构造要点是：将建筑构件全部断开，以保证缝两侧自由变形。砖混结构变形缝处，可采用单墙或双墙承重方案，框架结构可采用悬挑方案。变形缝应力求隐蔽，如设置在平面形状

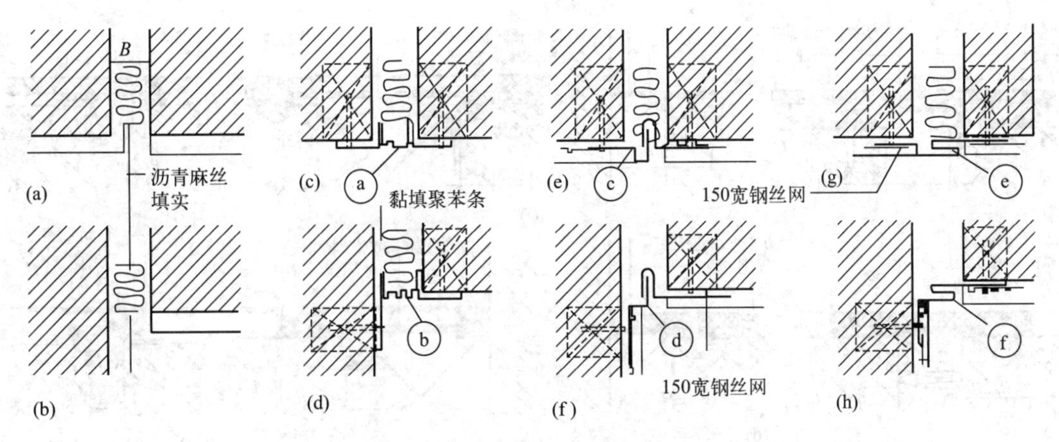


图 3-3-41　外墙变形缝节点构造

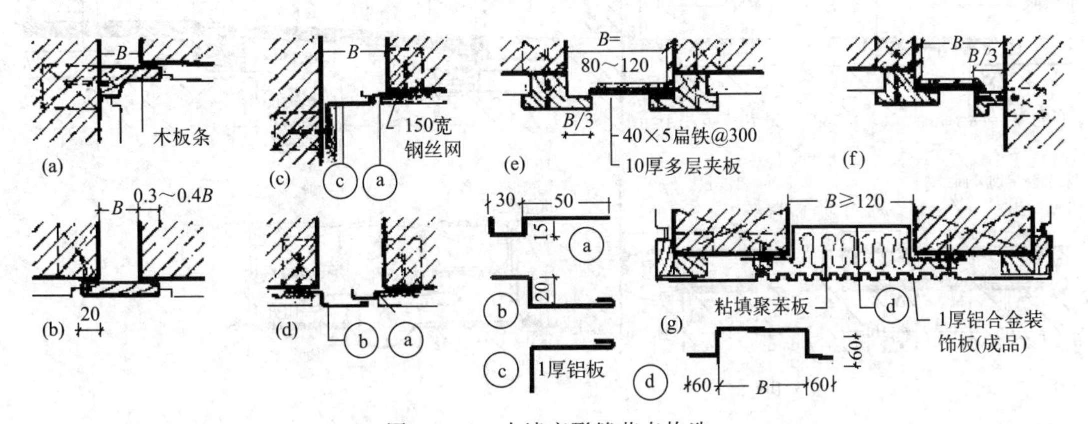


图 3-3-42　内墙变形缝节点构造

有变化处，还应在结构上采取措施，防止风雨对室内的侵袭。

墙体变形缝的构造，在外墙与内墙的处理中，由于位置不同而各有侧重。缝的宽度不同，构造处理不同。

外墙厚度在一砖以上者，应做成错口缝或企口缝的形式，厚度在一砖或小于一砖时可做成平缝。为保证外墙自由变形，并防止风雨影响室内，应用浸沥青的麻丝填嵌缝隙，当变形缝宽度较大时，缝口可采用镀锌薄钢板或铅板盖缝调节。

内墙变形缝着重表面处理，可采用木条或金属盖缝，仅一边固定在墙上，允许自由移动。

#### 3.3.2.10　防火墙

防火墙的作用在于把建筑空间隔成防火区，限制燃烧空间，防止火灾蔓延。根据防火规范规定，防火墙应选用非燃烧体，且耐火极限一般不低于 3.0h；防火墙上不应开门窗洞口，如必须开设时应采用甲级防火门窗，并能自动关闭。防火墙的最大间距应根据建筑物的耐火极限（图 3-3-44）确定。

### 3.3.3　砌块墙构造

砌块是采用素混凝土、工业废料和地方性材料制造的墙体材料。其优点是制作方便、施工简便、因地制宜、就地取材、造价经济，具有较大的灵活性。目前各地广泛采用的材料有混凝土、各种工业废料、粉煤灰、石渣等。

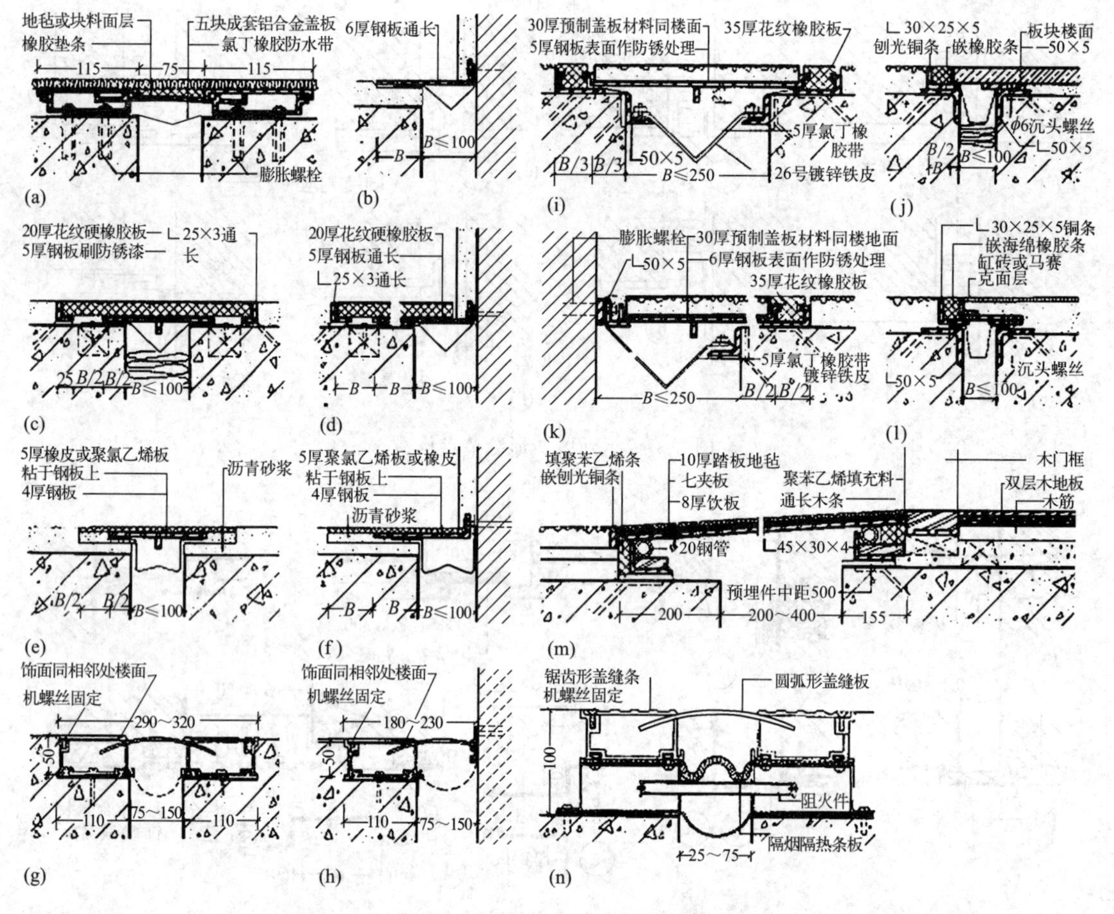


图 3-3-43　楼面变形缝节点构造

注：①预埋于墙、板内之构件均应经防腐处理。②木砖应砌入墙内，金属件采取预埋或用射钉、膨胀螺栓固定。③预埋件铁脚均为 6，长度为 150～200。④盖缝调整片采用 26 号镀锌铁皮或 1.2 厚铝合金板

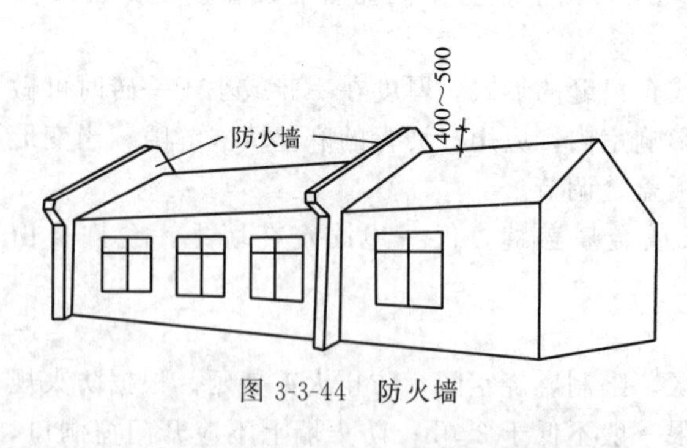


图 3-3-44　防火墙

### 3.3.3.1　砌块的规格及种类

砌块的规格全国各地不统一，但从使用情况看，主要分为大、中、小型砌块，砌块中规格高度在 115～380mm 之间的称为小型砌块，高度在 380～980mm 之间的称为中砌块，高度在 980mm 以上的称为大型砌块。

按构造方式分为实心砌块和空心砌块两种，空心砌块有单排方孔［图 3-3-45(a)］、单排圆孔［图 3-3-45(b)］和多排扁孔三种形式［图 3-3-45(c)］，多排扁孔对保温有利。

按组砌位置与作用分为主砌块和辅砌块。

在考虑砌块规格时，首先必须符合《建筑模数协调标准》(GB/T 50002—2013) 的规定；其次是砌块的类型愈少愈好，其主要砌块排列中，使用次数愈多愈好（占 70%以上）；另外砌块的尺寸应考虑到生产工艺条件、施工和起重、吊装能力以及砌筑时错缝搭接的可能性；最后，在确定砌块时既要考虑到砌块的强度和稳定性，还要考虑砌块的热工性能。

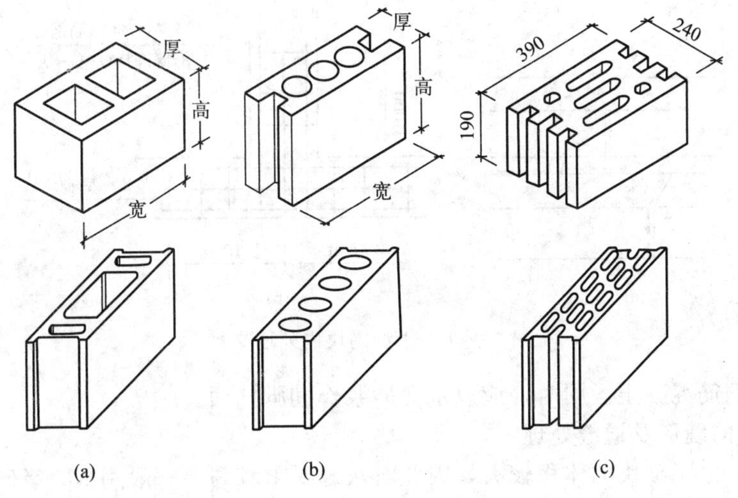

图 3-3-45　空心砌块

#### 3.3.3.2　砌块墙的设计要点

① 墙体宜以 100mm 作模数。

② 用作外墙的砌块墙应符合保温、隔热、防水、防火、隔声、强度及稳定性要求。

③ 砌块的强度等级不宜低于 MU5.0，轻骨料砌块的强度等级不低于 MU2.5，砌块砂浆一般不低于 M5.0。

④ 墙长大于 5m，或大型门窗洞口两边应同梁板或楼板拉结或加构造柱；应在墙高的中部加设圈梁或钢筋混凝土配筋带；窗间墙宽不宜小于 600mm。

⑤ 墙与柱交接处应设拉结筋。拉结筋应沿高度每 500mm 设 2$\phi$6，并伸入墙内 1m。

⑥ 砌体孔洞要预留，不得随意打凿。孔洞周边应做好防渗漏处理。

⑦ 厨房、卫生间隔墙下宜做高度不小于 100mm 的 C15 现浇混凝土条带。

⑧ 女儿墙应设构造柱及现浇钢筋混凝土压顶。

#### 3.3.3.3　砌块墙的组砌

为使砌块墙合理组合并搭接牢固，必须根据建筑物的初步设计，做砌块的试排工作，即按建筑物的平面尺寸、层高，对墙体进行合理的分块和搭接，以便正确选定砌块的规格。在设计时，必须考虑使砌块整齐、划一，有规律性，不仅要考虑到大面积墙面的错缝、搭接，避免通缝，而且还要考虑内外墙的交接、咬砌，使其排列有致。除此之外，应尽量多用主要砌块，并使其占砌块总量的 70%以上。

#### 3.3.3.4　砌块墙的拼接

为了增强砌块墙的整体性与稳定性，必须从构造上予以加强。

砌块在砌筑时，必须使竖缝填灌密实，水平缝砌筑饱满，使上、下、左、右砌块能更好地连接。一般砌块采用 M5 级砂浆砌筑。在中型砌块的两端一般设有封闭式的灌浆槽，水平灰缝、垂直灰缝一般为 15～20mm，当垂直灰缝大于 30mm 时，须用 C20 细石混凝土灌实。上、下皮砌块的搭接长度不得小于 150mm，当搭接长度不足时，应在水平灰缝内增设钢筋网片。

小型砌块墙体应对孔错缝搭砌，水平灰缝厚度和竖向灰缝厚度宜为 8～12mm [图 3-3-46 (a)]。搭接长度不应小于 90mm。墙体个别部位不能满足上述要求时，应在灰缝中设置拉结钢筋或钢筋网片，但竖向通缝不得超过两皮小砌块 [图 3-3-46(b)]。

砌块墙在室内地坪以下，室外明沟或散水以上的砌体内，应设置水平防潮层。一般采用

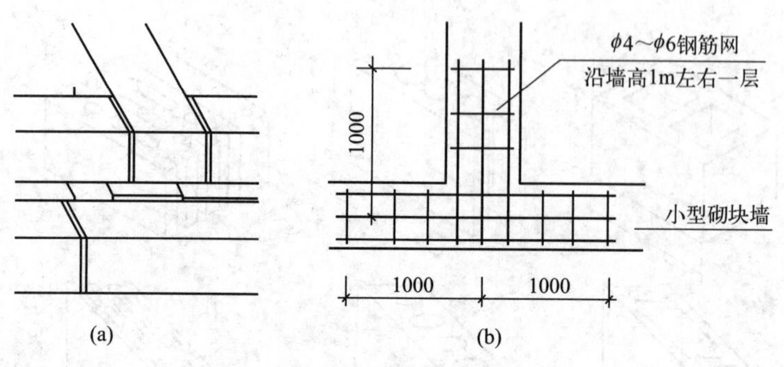

图 3-3-46 小型砌块内外墙交接

防水砂浆或配钢筋混凝土。同时，应以水泥砂浆作勒脚抹面。

### 3.3.3.5 砌块的缝形及通缝处理

在组砌中，由于砌块的体积较大，因此对灰缝要求较高，一般用 M5 级砂浆砌筑。灰缝为 15～20mm。砌块之间竖缝，采用水平缝、凹槽缝或高低缝。用得较多的是平缝，缝宽为 10～20mm。配筋或柔性拉接条的平缝为 20～25mm。个别竖缝超过 30mm 时，应采用细石混凝土填实（图 3-3-47）。

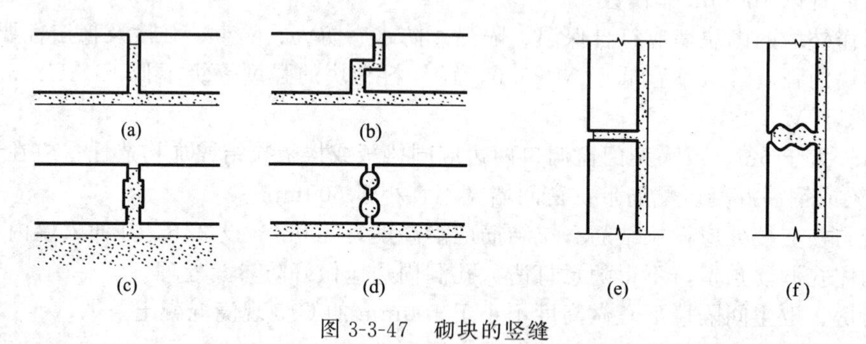

图 3-3-47 砌块的竖缝

### 3.3.3.6 过梁与圈梁

① 过梁是砌块墙的重要构件，它既起联系和承受门窗洞孔上部荷载的作用，同时又是一种调节砌块。当层高与砌块高出现差异时，过梁高度的变化可起调节作用，从而使得砌块的通用性更大。

② 为加强砌块建筑的整体性，多层砌块建筑应设置圈梁。当圈梁与过梁位置接近时，往往将圈梁、过梁一并考虑，一般现浇，也可预制。

### 3.3.3.7 芯柱

芯柱是在砌块内部空腔中插入竖向钢筋并浇灌混凝土后形成的砌体内部的钢筋混凝土小柱。为加强砌块建筑的整体刚度，常在外墙转角、楼梯间四角和一些内外墙交界处设置芯柱。芯柱采用 C15 细石混凝土灌入砌块孔内，并在孔中插入 2$\phi$12 通长钢筋（图 3-3-48）。

## 3.3.4 隔墙与隔断构造

### 3.3.4.1 隔墙的作用及设计要求

非承重的内墙称为隔墙，起着分隔房间的作用。

隔墙根据所处条件不同，应分别具有自重轻、隔声、防潮、防水等不同的要求，设计时要注意以下几方面要求。

① 隔墙要求厚度薄，自重轻；尽量少占用房间使用面积和减少楼面承重结构荷载。

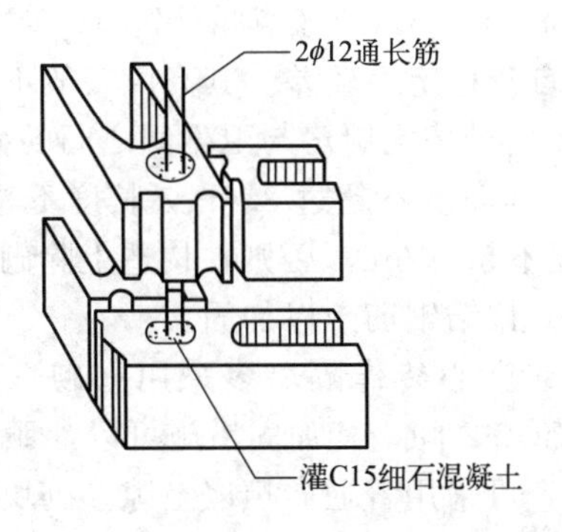

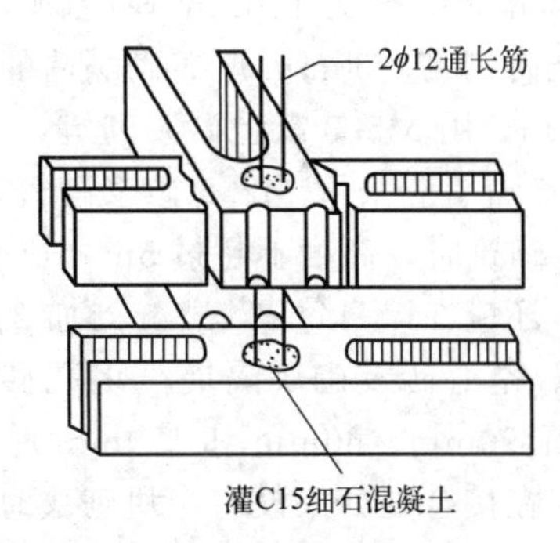


图 3-3-48　砌块墙芯柱构造

② 隔声性能要好，以避免相邻房间的互相干扰，并根据所处条件能达到防水和防火的要求。

③ 为了保证隔墙的稳定性，特别要注意隔墙与墙柱及楼板的拉接。

④ 考虑到室内房间的分隔、布局会随着使用要求的改变而改变，隔墙常设计成易于拆除而又不损坏主体结构的布置方式。

#### 3.3.4.2　隔墙的类型及构造

常用的隔墙，按其材料和构造方式的不同分为：块材隔墙、轻骨架隔墙、板材隔墙、玻璃隔断等。

（1）块材隔墙

块材隔墙（图 3-3-49～图 3-3-51）有砖隔墙和砌块隔墙之分。砖砌隔墙指利用普通砖、空心砖、多孔砖、实心砌块以及各种轻质砌块等砌筑的墙体。

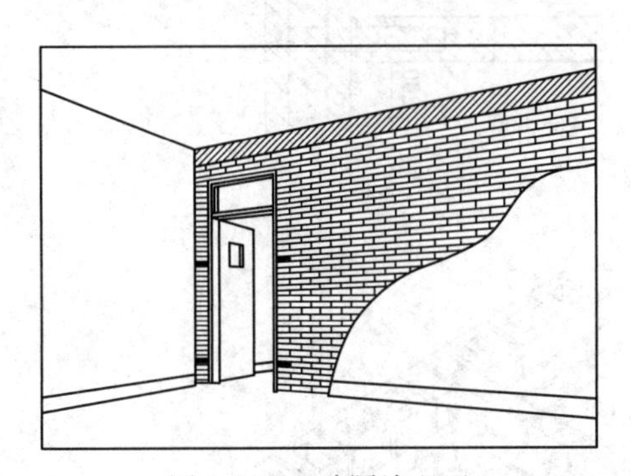

图 3-3-49　砖隔墙立面

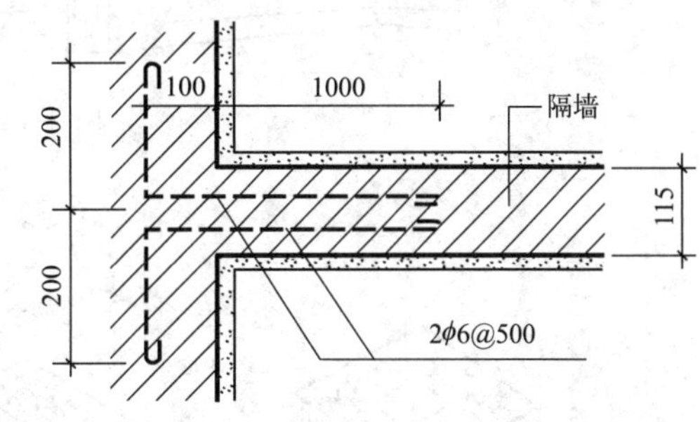


图 3-3-50　半砖隔墙

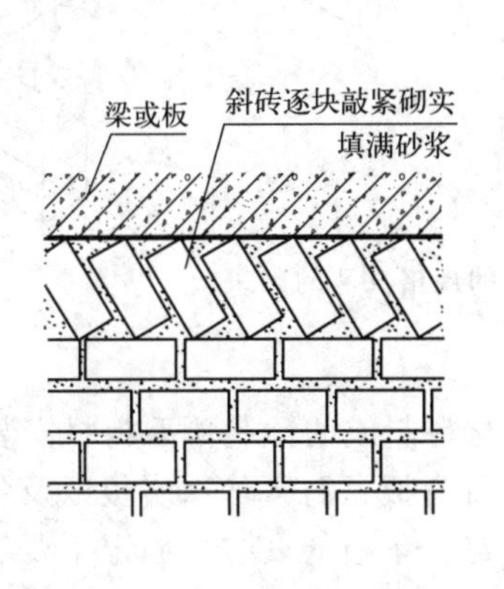

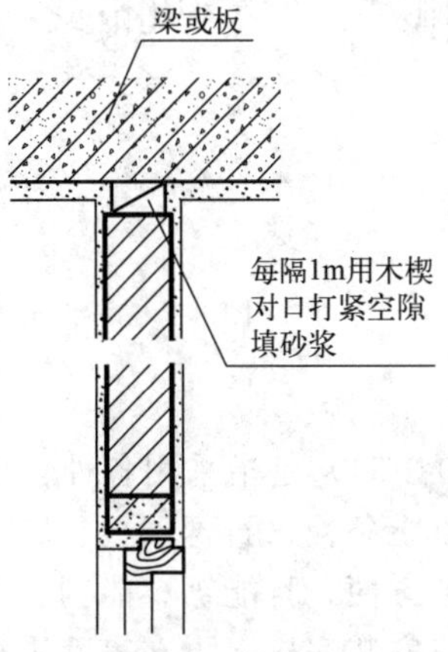


图 3-3-51　砖隔墙与梁板连接

① 普通砖砌隔墙　分为120mm厚砖砌隔墙和60mm厚砖砌隔墙。

由于是标准砖侧砌，60mm厚砖砌隔墙的自身稳定性较差。其高度一般不应超过2.8m，长度不超过3.0m，用M5.0以上砂浆砌筑，多用于住宅厨房与卫生间之间的分隔。

120mm厚砖隔墙应采用M2.5砂浆砌筑，其高度不超过3.6m，长度不超过5m。当采用M5.0级砂浆砌筑时，高度不超过5m，长度不超过6m。否则在构造上除砌筑时应与承重墙或柱固结外，还应在墙身每隔1.2m处加2$\phi$6拉结钢筋予以加固。

② 多孔砖、空心砖及砌块隔墙　多孔砖或空心砖作隔墙多采用立砌（图3-3-52、图3-3-53），厚度在90mm、60mm和120mm厚砖墙之间，其加固措施可以参照普通砖砌隔墙进行构造处理。在接合处如果没有半块砌块时，可采用普通砖填嵌空隙。砌块隔墙多采用粉煤灰硅酸盐、加气混凝土、陶粒混凝土、水泥煤渣制成的实心或空心砌块砌筑而成。墙厚由砌块尺寸定。一般厚度为150～200mm。由于墙体稳定性较差，需要对墙身加固处理，一般沿墙水平方向配筋。

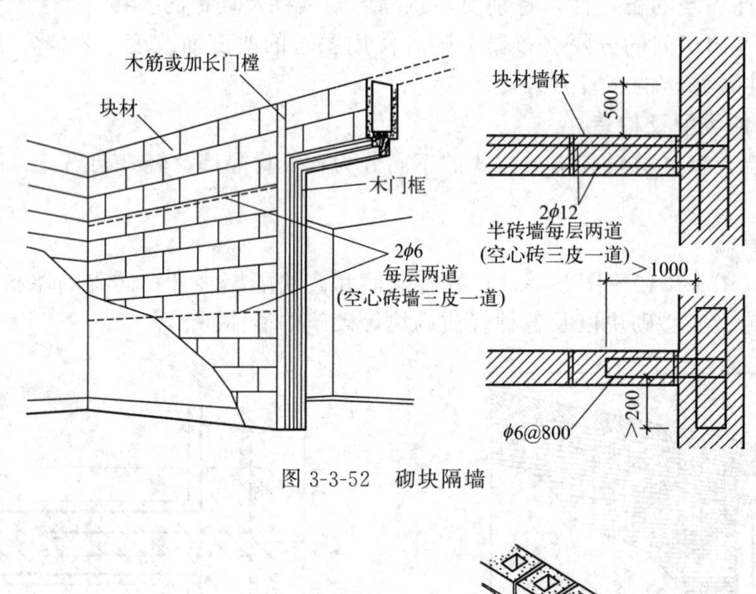


图3-3-52　砌块隔墙

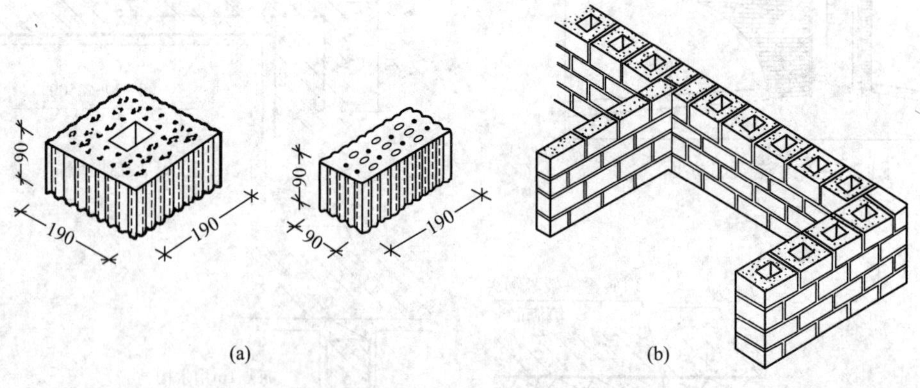


图3-3-53　多孔砖的规格及墙的砌筑

（2）板材隔墙

板材隔墙（图3-3-54）是指采用各种轻质材料制成的预制薄型板材安装而成的隔墙。常用的板材有加气混凝土条板、石膏条板、碳化石膏板、石膏珍珠岩板以及各种复合板等。这些条板自重轻、安装方便，且能锯、能刨、能钉。条板的安装、固定主要靠各种黏结砂浆或黏结剂进行黏结，待安装完毕，再在表面进行装修。

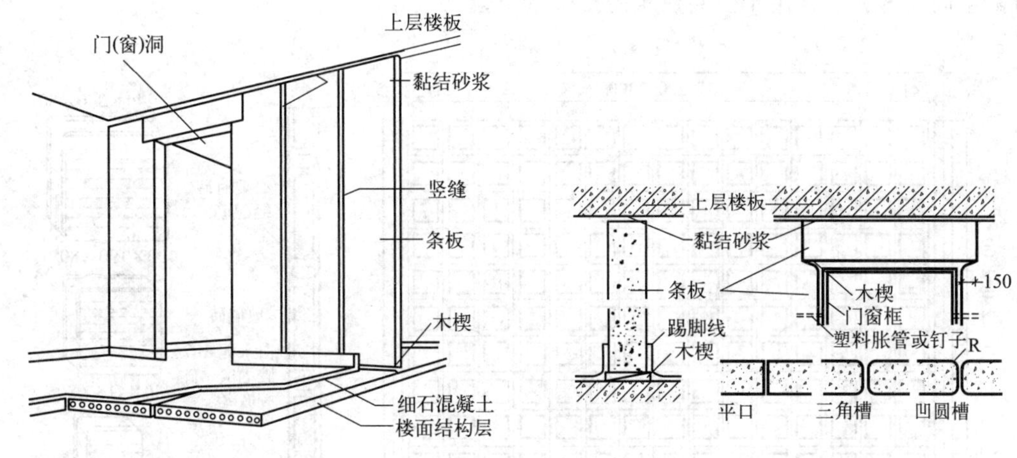


图 3-3-54　板材隔墙

（3）轻骨架隔墙

轻骨架隔墙分木筋骨架隔墙和金属骨架隔墙。

① 木筋骨架隔墙（图 3-3-55）　根据饰面材料的不同，分灰板条隔墙、装饰板隔墙和镶板隔墙等。由于它们自重轻，构造简单，故应用较广。

② 金属骨架隔墙　是在金属骨架外铺钉面板而制成的隔墙，它具有重量轻、强度高、刚度大、结构整体性好等特点。骨架由各种形式的薄壁型钢加工而成（图 3-3-56）。

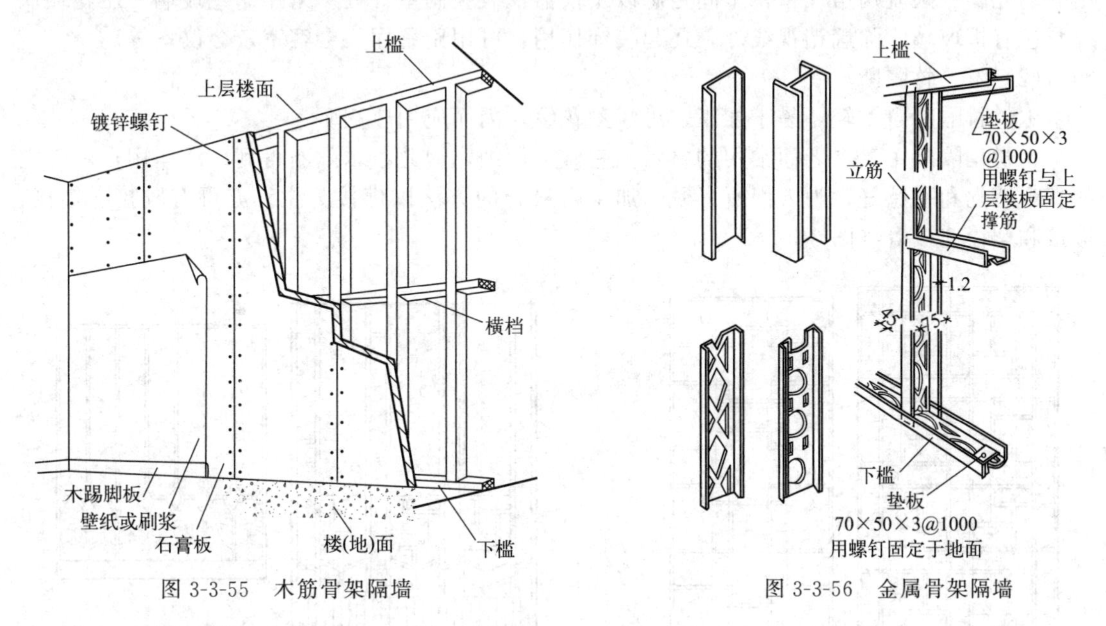


图 3-3-55　木筋骨架隔墙

图 3-3-56　金属骨架隔墙

### 3.3.4.3　隔断的类型及构造

隔断也是一种分隔空间的常用手段，与隔墙设计要求类同。

按材料的不同可以分为：玻璃隔断、木隔断、竹隔断、混凝土花格隔断、金属隔断等。按固定方式可以分为：固定隔断和活动隔断。按限定程度可以分为：透空式隔断和非透空式隔断。

（1）玻璃隔断

玻璃隔断有玻璃砖隔断和空透式隔断两种。玻璃砖隔断是采用玻璃砖砌筑而成（图 3-3-57），既分隔空间又透光，常用于公共建筑的接待室、会议室等。

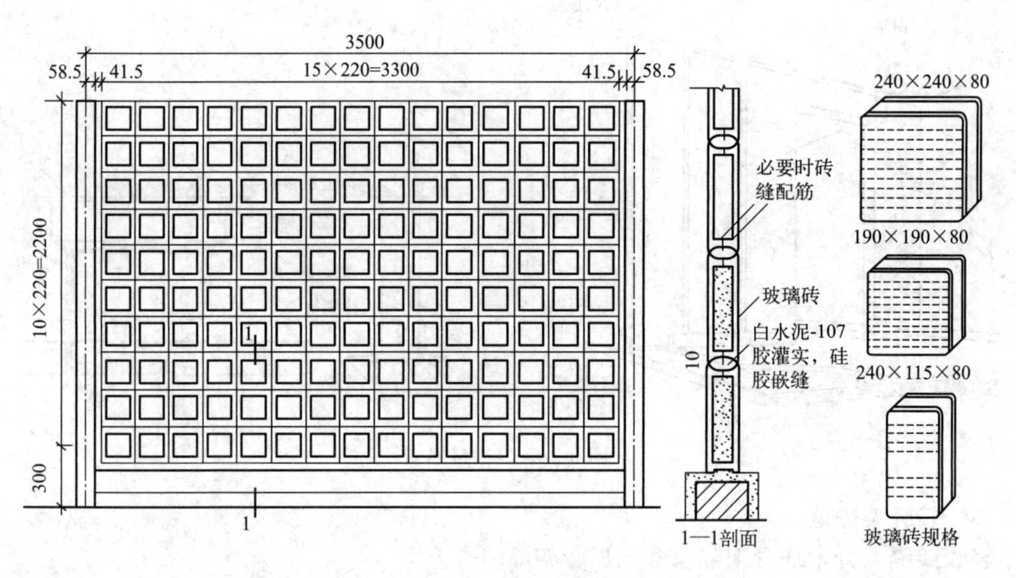


图 3-3-57 玻璃隔断

透空玻璃隔断采用普通平板玻璃、磨砂玻璃、刻花玻璃、压花玻璃以及各种颜色的有机玻璃等嵌入木框或金属框的内架中，透光性好。当采用普通玻璃时，还具有可视性，它主要用于幼儿园、医院病房、精密车间走廊以及仪器仪表控制室等处。采用彩色玻璃、压花玻璃或彩色有机玻璃，除遮挡视线外，还起装饰作用，可用于餐厅、会客室、会议室等。

（2）木、竹隔断

木、竹隔断自重轻，易于加工，可雕刻花纹，因而应用广泛。

木材是隔断中最古老而常用的材料，它做工精细，因此，木隔断得到广泛运用，由于它的直观感觉和手感好，为人们所喜爱。加工时接合的方法以榫接为主，亦可有胶接、销接、钉接和螺栓连接等（图 3-3-58）。

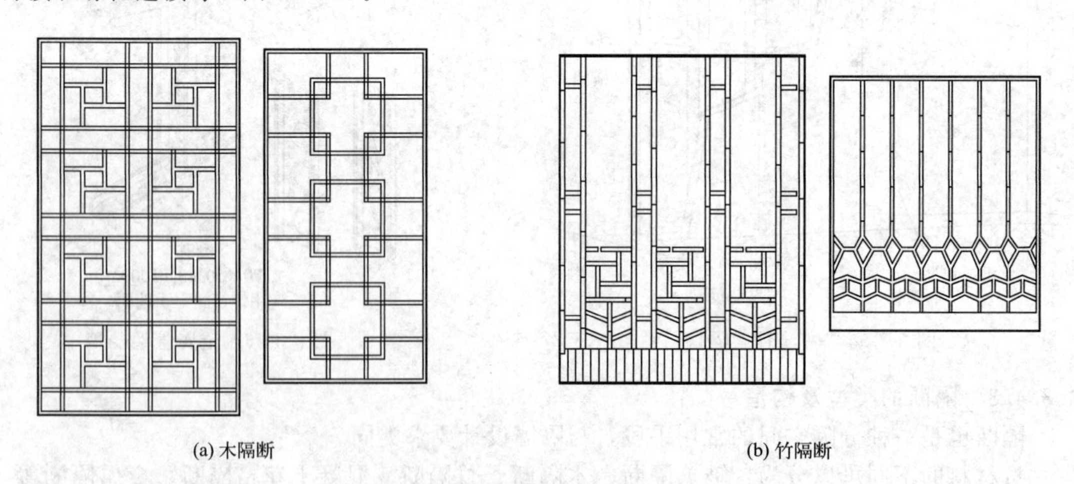


图 3-3-58 木、竹隔断

（3）混凝土花格隔断

混凝土和水磨石花格隔断可采用整体预制或预制块拼砌，混凝土花格多用于室外，水磨石花格多用于室内，经济、适用、应用较为普遍（图 3-3-59）。可用单一构件或多种构件拼装而成，高度不宜大于 3m，否则需加拉结措施。其组装程序是先作埋件留槽，再进行立板连接，连接点可采用焊、拧等方法。混凝土花格构件可用 1∶2 水泥砂浆一次浇成，C20 细石混凝土内配钢筋，均应浇筑密实。

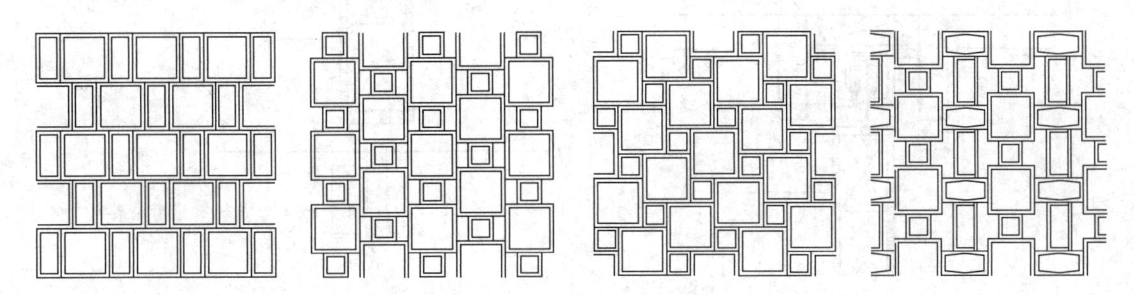

图 3-3-59　混凝土花格隔断

（4）金属花格隔断

一种是用铁、铜以模型浇筑，另一种是用钢管、钢筋、铝合金材料直接弯曲拼装而成，将小块花纹通过焊接而成为大块的隔断。也可用弯曲成型的方法来制作，工艺除焊接外，还有铆接或螺栓连接，成品应涂防锈漆防锈。金属花格隔断效果精致、空透，用于室内更显美观（图 3-3-60）。

图 3-3-60　金属花格隔断

（5）活动轨道隔断系统

活动式隔断在分割空间上相对灵活，具有良好的隔声、隔热效果，能调节、改变隔断大小。隔断总厚度 100mm，上有悬吊滑轮，下有钢质或铝质滑轮，运行轻便灵活，广泛用于会议厅、展览厅、宴会厅及多功能厅中（图 3-3-61）。

## 3.3.5　墙体节能构造

我国目前的建筑能耗形势相当严峻，呈现出总量大、比例高、能效低、污染重的特点。为了能加大建筑节能技术和产品的推广力度，加快实现建筑节能的步伐，建筑行业鼓励采用节能墙体、门窗、新型墙体材料等。

### 3.3.5.1　围护结构传热原理

建筑围护结构时刻受到室内外的热作用，不断有热量通过围护结构传进或传出。在冬季，室内温度高于室外温度，热量由室内传向室外；在夏季则正好相反，热量由室外传向室内。通过围护结构的传热要经过三个过程（图 3-3-62）。

① 表面吸热　内表面从室内吸热（冬季），或外表面从室外空间吸热（夏季）。

② 结构本身传热　热量由结构的高温表面传向低温表面。

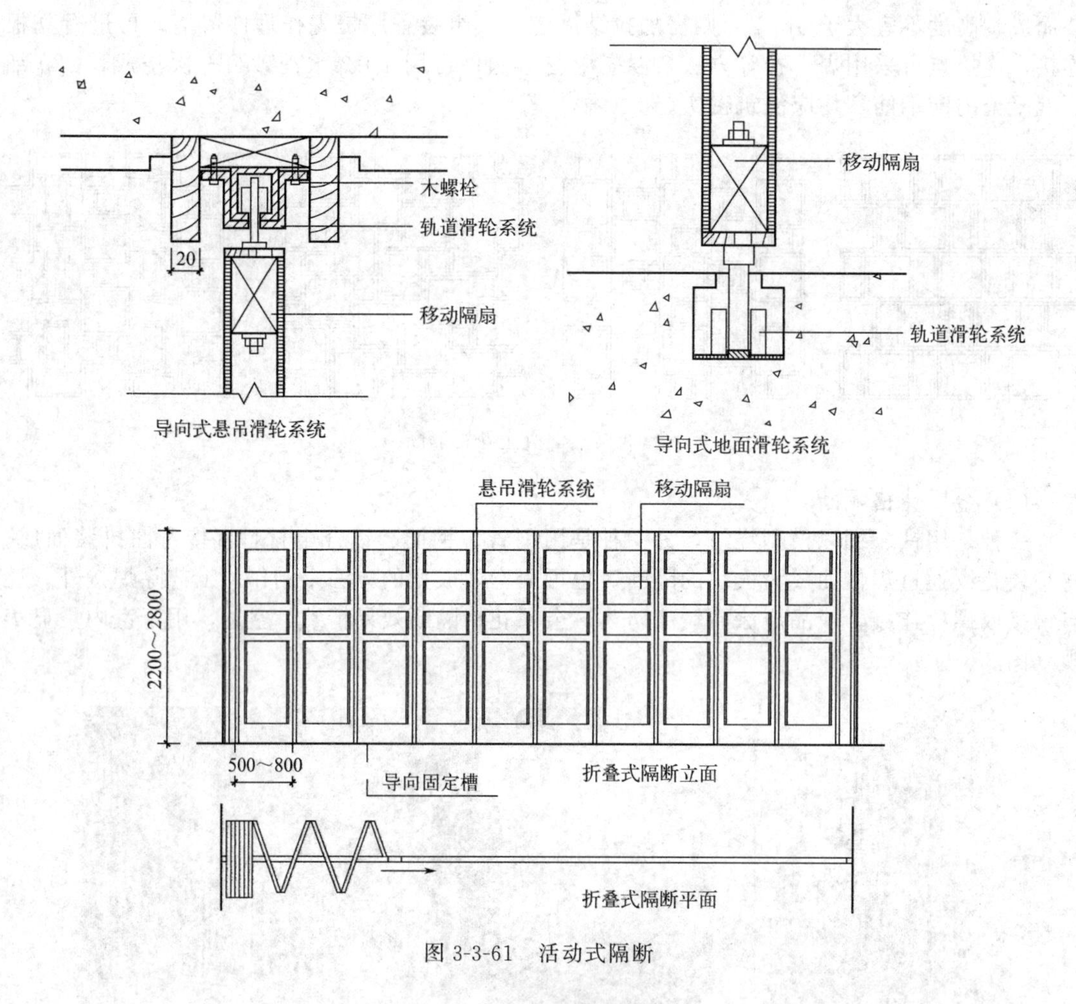


图 3-3-61　活动式隔断

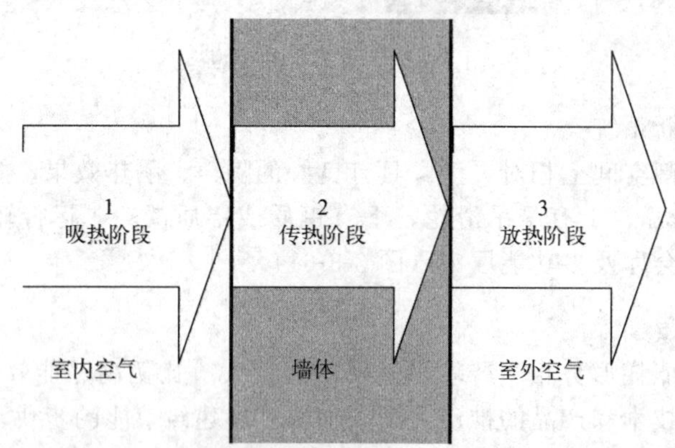


图 3-3-62　围护结构传热过程

③ 表面放热　外表面向室外空间散发热量（冬季），或内表面向室内空间散热（夏季）。严格地说，每一传热过程都是三种基本传热方式的综合过程。

### 3.3.5.2　墙体保温设计要求

（1）采暖建筑的保温设计要求

① 建筑应争取南北向布置，使室内主要房间有较多的日照。

② 控制建筑物体形系数，避免建筑平、立面出现过多的凹凸面，以利节能。

③ 采暖建筑的楼梯间、出入口及外廊部位应避免敞开式，以减少耗热量损失。

④ 外围护结构的墙和屋顶要有保温措施。

⑤ 选择密闭性能好的门、窗构件（如双层或多层玻璃的门窗），并注意开窗数量和尺度，尽量减少窗的缝隙长度。

⑥ 外围护结构中容易形成热桥的部位（如梁、柱），要有保温措施。

（2）非采暖建筑的夏季隔热设计要求

① 建筑物的朝向设计应避免东西向。

② 加强室外环境绿化建设。

③ 平面设计应组织好室内穿堂风。

④ 对某些外墙部位的隔热与门窗的遮阳构造上要有措施，以期改善室内小气候环境。

#### 3.3.5.3 墙体保温构造措施

采暖建筑的外墙应有足够的保温能力，寒冷地区冬季室内温度高于室外，热量从高温传至低温。为了减少热损失，防止凝结水及空气渗透，应采取以下措施。

（1）提高外墙保温能力，减少热损失

① 增加外墙厚度，使传热过程延缓，达到保温目的。但是墙体加厚，会增加结构自重、多用墙体材料、占用建筑面积、使有效空间缩小等。以北方地区砖墙为例，因保温要求，一般可由一砖墙增加到一砖半墙，如果再增加就不经济了。

② 选用孔隙率高、密度轻的材料做外墙，如加气混凝土等。这些材料导热系数小，保温效果好，但是强度不高，不能承受较大的荷载，一般用于框架填充墙等。

③ 采用复合墙，即利用不同性能的材料进行组合，解决保温和承重双重问题。但是施工麻烦，造价较高，多用于大板建筑或高标准建筑中。关于复合墙构造，在下文 3.3.7 节详细介绍。

按保温材料的设置，复合墙分为外保温复合墙、内保温复合墙和夹芯墙。

a. 外保温墙是将保温材料设置在室外低温一侧，将容重大、质地密实的砖砌体设于室内一侧。这种墙体的表面温度波动小，当供热不均匀或室外温度变化大时，可保证墙的内表面温度不会急剧下降。保温材料设于低温一侧，减少了保温材料内部产生凝结水的可能性，也避免了墙体内出现“热桥”。但是目前多数保温材料不能防水，且耐久性差，必须在其外侧增设保护层和防雨措施，增加了构造的复杂性和建筑造价。

b. 保温材料设在室内高温一侧的墙称内保温墙。它施工简单，造价较低，但室内的热稳定性差，保温材料内部容易产生凝结水，墙体中的热桥也不易消除。一般用于室内温度不高的原有建筑外墙保温改造，还须做好隔气层。

c. 夹芯保温复合墙是将保温材料放在两层砖砌体中间。保温材料常用膨胀珍珠岩及其制品、聚苯板、岩棉板等。设计时应注意保证内外两层砖墙之间的可靠拉接，并在勒脚、窗台等处另加处理，以免保温层受水潮湿，降低保温性能和墙的耐久性。

④ 采用带有空气间层的墙体（图 3-3-63）。作为夹层保温外墙形式，其夹心层可以是保温材料，也可以是空气间层。空气间层的厚度一般以 40～50mm 为宜，而且要求空气间层处于密闭状态，不允许在夹层两侧开口或留洞。为了提高夹层外墙的保温能力，应在空气间层靠低温一侧的结构层表面粘贴一层铝箔层，以此将散失出去的部分热量再反射回来，达到保温目的。

（2）防止外墙中出现凝结水

为了避免采暖建筑热损失，冬季通常是门窗紧闭，生活用水及人的呼吸使室内湿度增

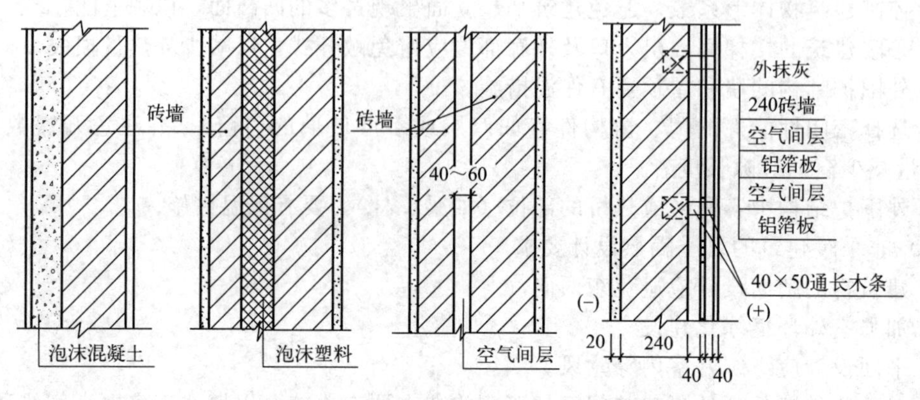


图 3-3-63　带有空气间层的墙体保温构造

高，形成高温高湿的室内环境。温度越高，空气中含的水蒸气越多。当室内热空气传至外墙时，墙体内的温度较低，蒸汽在墙内形成凝结水，水的导热系数较大，因此就使外墙的保温能力明显降低（图 3-3-64）。为了避免这种情况产生，应在靠室内高温一侧，设置隔蒸汽层，阻止水蒸气进入墙体。隔蒸汽层常用卷材、防水涂料或薄膜等材料（图 3-3-65）。

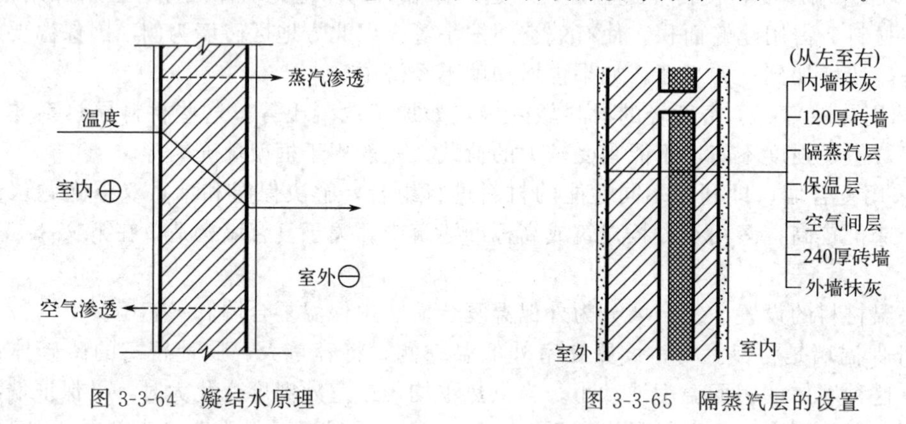


图 3-3-64　凝结水原理

图 3-3-65　隔蒸汽层的设置

（3）防止外墙出现空气渗透

墙体材料一般都不够密实，有很多微小的孔洞。墙体上设置的门窗等构件，因安装不严密或材料收缩等，会产生一些贯通性缝隙。由于这些孔洞和缝隙的存在，冬季室外风的压力使冷空气从迎风墙面渗透到室内，而室内外有温差，室内热空气从内墙渗透到室外，所以风压及热压使外墙出现了空气渗透。这样造成热损失，对保温不利。

为了防止外墙出现空气渗透，一般采取以下措施：选择密实度高的墙体材料，墙体内外加抹灰层，加强构件间的缝隙处理等。

（4）注重特殊部位的保温

砌筑外墙中出现的钢筋混凝土梁、柱构件，是保温的薄弱环节。在寒冷地区，热量很容易从这些部位传出去，而且这些部位的内表面温度比主体部位低，通常称为“冷桥”或“热桥”。在冷桥部位容易产生凝结水，为防止冷桥部位出现结露现象，应在局部加强保温措施(图 3-3-66)。

**3.3.5.4　墙体隔热设计要求及措施**

炎热地区夏季太阳辐射强烈，室外热量通过外墙传入室内，使室内温度升高，产生过热现象，影响人们工作和生活，甚至损害人的健康。外墙应具有足够的隔热能力，一般可采取以下措施。

① 外墙选用热阻大、重量大的材料，例如砖墙、土墙等，使外墙内表面的温度波动藏小，提高其热稳定性。

② 外墙表面选用光滑、平整、浅色的材料，以增加对太阳的反射能力。

③ 总平面及个体建筑设计合理，争取良好朝向，避免西晒，组织流畅的穿堂风，采用必要的遮阳措施，搞好绿化以改善环境小气候。

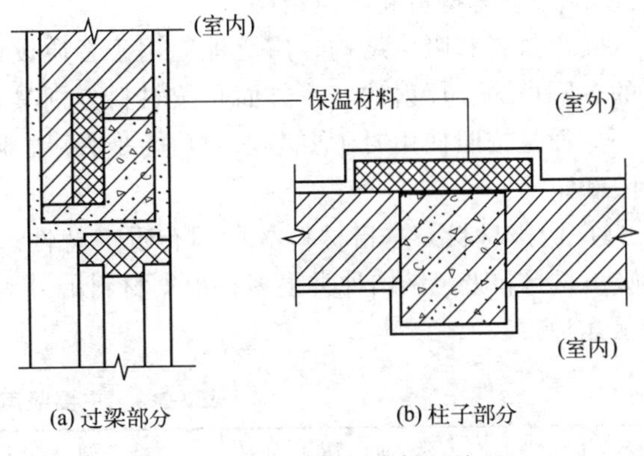


图 3-3-66　热桥部位保温处理

## 3.3.6　墙体隔声构造

### 3.3.6.1　建筑隔声标准

为了使室内有安静的环境，保证人们的工作和生活不受噪声的干扰，根据建筑的使用性质不同进行噪声控制（表 3-3-3）。隔声就是控制噪声的重要措施，效果十分显著。

**表 3-3-3　环境噪声限值**（来源：GB 3096—2008）

| 类别 | | 适用区域 | 昼间/dB(A) | 夜间/dB(A) |
|---|---|---|---|---|
| 0 类 | | 康复疗养区等需要特别安静的区域 | 50 | 40 |
| 1 类 | | 居民住宅、医疗卫生、文化教育、科研设计、行政办公 | 55 | 45 |
| 2 类 | | 商业金融、集市贸易，或居住、商业、工业混杂区 | 60 | 50 |
| 3 类 | | 工业生产、仓储物流等工业区 | 65 | 55 |
| 4 类 | 4a 类 | 高速公路、一级公路、二级公路、城市快速路、城市主干路、城市次干路、城市轨道交通（地面段）、内河航道等两侧 | 70 | 55 |
| | 4b 类 | 铁路干线两侧 | 70 | 60 |

### 3.3.6.2　噪声传播方式

（1）声波传入围护结构的方式

① 经由空气直接传播，即通过围护结构的缝隙和孔洞传播。例如敞开的门窗、通风管道、电缆管道以及门窗的缝隙等。

② 透过围护结构传播。经由空气传播的声音遇到密实的墙壁时，在声波的作用下，墙壁将受到激发而产生振动，使声音透过墙壁而传到邻室去。

③ 由于建筑物中机械的撞击或振动的直接作用，使围护结构产生振动而发声。

前两种情况，声音是在空气中传播的，称为“空气传声”。而第三种情况，是振动直接撞击构件使构件发声，这种声音传播的方式称为“固体传声”，但最终仍是经空气传至接收者。对空气传声与固体传声的控制方法是有区别的。

（2）墙体隔声方式

墙体主要隔离由空气直接传播的噪声。也就是说，空气声在墙体中的传播途径主要是以上所述的前两种。建筑内部的噪声，如说话声、家用电器声等，室外噪声如汽车声、喧闹声等，从各个构件传入室内。

#### 3.3.6.3 吸声材料和吸声结构

吸声材料和吸声结构，广泛地应用于音质设计和噪声控制中。通常把材料和结构分成吸声的、隔声的、反射的，一方面是按材料分别具有较大的吸收、较小的透射或较大的反射；另一方面是按照使用时主要考虑的功能是吸声、隔声或反射。但三种材料和结构没有严格的界限和定义。

① 吸声材料　是指材料本身具有吸声特性。如玻璃棉、岩棉等纤维或多孔材料。常见的吸声材料和吸声结构种类很多，根据材料的外观特征加以分类，大体上可以归纳为表 3-3-4 所示几种。

表 3-3-4　主要吸声材料的种类

| 名　称 | 示 意 图 | 例　　子 | 主要吸声特性 |
| --- | --- | --- | --- |
| 多孔材料 | | 矿棉、玻璃棉、泡沫塑料、毛毡 | 本身具有良好的中高频吸收，背后留有空气层时还能吸收低频 |
| 板状材料 | | 胶合板、石棉水泥板、石膏板、硬质板 | 吸收低频比较有效(吸声系数 0.2～0.5) |
| 穿孔板 | | 穿孔胶合板、穿孔石棉水泥板、穿孔石膏板、穿孔金属板 | 一般吸收中频，与多孔材料结合使用吸收中高频，背后留大空腔还能吸收低频 |
| 成型天花吸声板 | | 矿棉吸声板、玻璃棉吸声板、软质纤维板 | 视板的质地而别，密实不透气的板吸声特性同硬质板状材料，透气的同多孔材料 |
| 膜状材料 | | 塑料薄膜、帆布、人造革 | 视空气层的厚薄而吸收低中频 |
| 柔性材料 | | 海绵、乳胶块 | 内部气泡不连通，与多孔材料不同，主要靠共振有选择地吸收中频 |

② 吸声结构　是指材料本身可以不具有吸声特性，但材料经打孔、开缝等简单的机械加工和表面处理，制成某种结构而产生吸声。如穿孔石膏板、穿孔铝板吊顶等。

#### 3.3.6.4 隔声措施

控制噪声，对墙体一般采取以下措施。

① 加强墙体的密缝处理。如对墙体与门窗、通风管道等的缝隙进行密缝处理。

② 增加墙体密实性及厚度，避免噪声穿透墙体及墙体振动。砖墙的隔声能力是较好的，240mm 厚隔声量约为 49dB。当然依靠增加墙的厚度来提高隔声是不经济也是不合理的。

③ 采用有空气间层或多孔性材料的夹层墙（图 3-3-67）。由于空气或玻璃棉等多孔材料具有减振和吸声作用，从而提高了墙体的隔声能力。

④ 在建筑总平面中考虑隔声问题，将不怕噪声干扰的建筑靠近城市干道布置，这样对后排建筑起隔声作用。也可选用枝叶茂密四季常青的绿化带降低噪声。

### 3.3.7 复合墙构造

复合墙，即墙体复合保温结构，主要由保温层和结构主体层复合而成，保温层主要起保温作用，不起承重作用。它可以是单一保温材料层，也可以是复合保温材料层。选择这种结构时，保温材料的灵活性比较大，不论是板块状、纤维状还是松散颗粒状材料均可应用。有

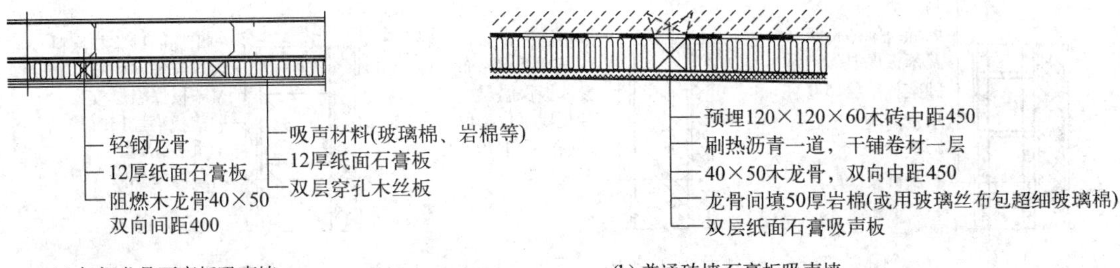


(a) 轻钢龙骨石膏板吸声墙　　(b) 普通砖墙石膏板吸声墙

图 3-3-67　夹层墙隔声构造

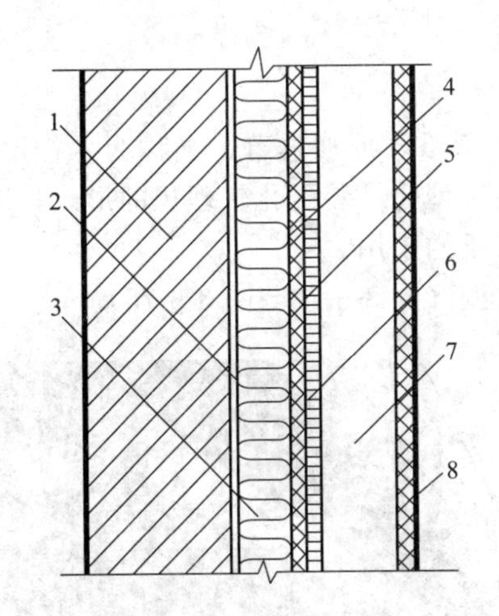


图 3-3-68　墙体复合保温构造

1—混凝土；2—黏结剂；3—聚氨酯泡沫塑料；4—木纤维板；5—塑料薄膜；6—铝箔纸板；7—空气间层；8—胶合板涂油漆

时也可用封闭空气间层作保温层；或者将空气间层和实体保温层及主体结构复合在一起以满足比较高的保温要求（图 3-3-68）。

### 3.3.7.1　复合墙类型

复合墙按保温层所处位置的不同，可以分为外保温复合墙、内保温复合墙和夹芯保温复合墙三种类型。保温层位置的正确与否对结构及房间的使用质量、结构造价、施工和维持费用都有重要影响。

（1）内保温复合墙（图 3-3-69）：保温层在室内一侧。

（2）外保温复合墙（图 3-3-70）：保温层在室外一侧。

（3）夹芯保温复合墙（图 3-3-71）：保温层在中间。

### 3.3.7.2　复合墙设计要求及构造要点

① 内保温复合墙　保温材料设在室内高温一侧的墙称内保温墙。它施工简单，造价较低，但室内的热稳定性差，保温材料内部容易产生凝结水，墙体中的热桥也不易消除。一般适用于间歇使用的房间，或是室内温度不高的原有建筑外墙保温改造，还须做好隔气层。

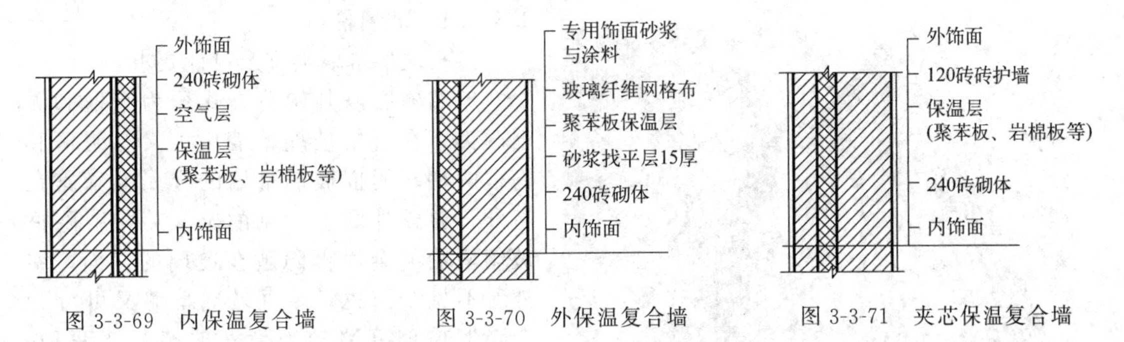


图 3-3-69　内保温复合墙　　图 3-3-70　外保温复合墙　　图 3-3-71　夹芯保温复合墙

② 外保温复合墙　保温材料设置在室外低温一侧，将容重大、质地密实的砖砌体设于室内一侧。这种墙体的表面温度波动小，当供热不均匀或室外温度变化大时，可保证墙的内表面温度不会急剧下降。保温材料设于低温一侧，减少了保温材料内部产生凝结水的可能性，也避免了墙体内出现“热桥”。但是目前多数保温材料不能防水，且耐久性差，必须在其外侧增设保护层和防雨措施，增加了构造的复杂性和建筑造价（图 3-3-72）。

③ 夹芯保温复合墙　保温材料放在两层砖砌体中间。保温材料常用膨胀珍珠岩及其制

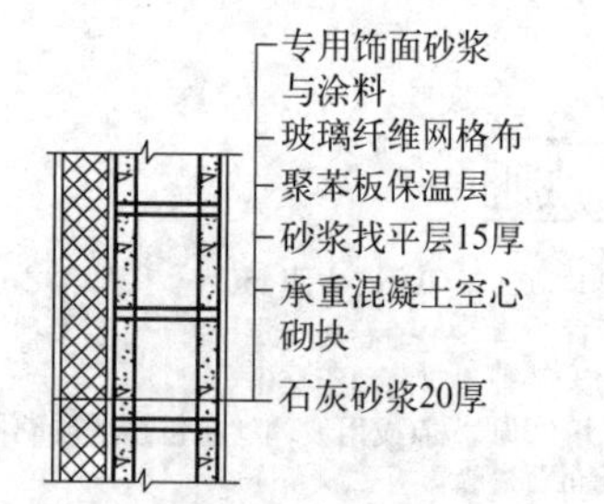

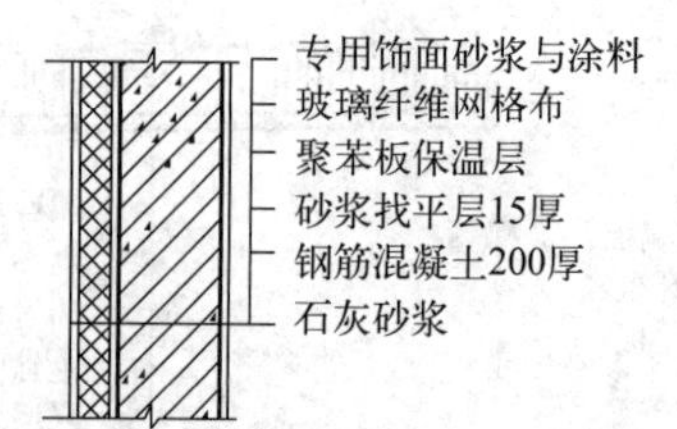

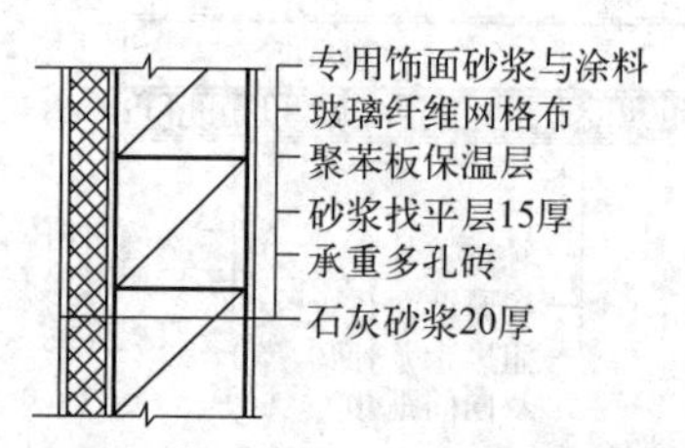


图 3-3-72　钢筋混凝土结构、空心砌块结构外保温复合墙构造

品、聚苯板、岩棉板等。设计时应注意保证内外两层砖墙之间的可靠拉接，并在勒脚、窗台等处另加处理，以免保温层受水潮湿，降低保温性能和墙的耐久性。

### 3.3.8　幕墙构造

幕墙是建筑物外围护墙的一种新的形式。幕墙一般不承重，形似挂幕，又称为悬挂墙。幕墙的特点是装饰效果好、质量轻、安装速度快，是外墙轻型化、装配化较理想的形式，因此在现代大型和高层建筑，尤其是风景园林建筑上得到广泛的采用。

常见的幕墙有玻璃幕墙、金属幕墙、石材幕墙三种类型（图 3-3-73～图 3-3-75）。

图 3-3-73　玻璃幕墙

图 3-3-74　金属幕墙

图 3-3-75　石材幕墙

#### 3.3.8.1　玻璃幕墙

（1）玻璃幕墙类型及设计要求

玻璃幕墙以其构造方式分为有框和无框两类。在有框玻璃幕墙中，又有明框和隐框两种。明框玻璃幕墙的金属框暴露在室外，形成外观上可见的金属格构；隐框玻璃幕墙的金属框隐蔽在玻璃的背面，室外看不见金属框。隐框玻璃幕墙又可分为全隐框玻璃幕墙和半隐框玻璃幕墙两种，半隐框玻璃幕墙可以是横明竖隐，也可以是竖明横隐。在无框玻璃幕墙中，又有全玻璃幕墙、挂架式玻璃幕墙两种玻璃幕墙。全玻璃幕墙不设边框，以高强黏结胶将玻璃连接成整片墙。无框玻璃幕墙的优点是透明、轻盈、空间渗透强，因而为许多建筑师钟爱，有着广泛的应用前景。

幕墙处于建筑物外表面，经常受自然环境如日晒、雨淋、风沙等不利因素的影响。因此，要求幕墙材料要防腐蚀、防雨、防渗、保温、隔热，满足防火、防雷、防止玻璃破碎坠落、防变形等安全性要求。

(2) 玻璃幕墙材料

玻璃幕墙主要由玻璃和固定它的骨架系统两部分组成。所用材料概括起来，基本上有幕墙玻璃、骨架材料和填缝材料三种。

① 幕墙玻璃　玻璃幕墙的饰面玻璃主要有热反射玻璃（镜面玻璃）、吸热玻璃（染色玻璃）、双层中空玻璃及夹层玻璃、夹丝玻璃、钢化玻璃等品种。另外，各种五色或着色的浮法玻璃也常被采用。从玻璃的特性来讲，通常将前三种称为节能玻璃，将夹层玻璃、夹丝玻璃及钢化玻璃等称为安全玻璃。而各种浮法玻璃则具有机械磨光、两面平整、光洁而且板面规格尺寸较大的优点。玻璃原片厚度有3～10mm等不同规格，色彩有五色、茶色、蓝色、灰色、灰绿色等；组合玻璃产品厚度尺寸有6mm、9mm、12mm等规格。

② 骨架材料　玻璃幕墙的骨架，主要由构成骨架的各种型材以及连接与固定用的各种连接件、紧固件组成。型材可采用角钢、方钢管、槽钢等，但最多的还是经特殊挤压成型的各种铝合金幕墙型材。铝合金幕墙型材主要有竖向的立柱（竖框）、水平向的横梁（横档）两种类型。其断面高度有多种规格，可根据使用部位和抗风能力，经过结构计算要求进行选择。

玻璃幕墙常用的紧固件主要有膨胀螺栓、铝拉钉、射钉等。连接件大多用角钢、槽钢或钢板加工而成，其形式与断面因使用部位及幕墙结构的不同而不同。

③ 填缝材料　用于幕墙玻璃装配及块与块之间的缝隙处理，一般是由填充材料、密封材料与防水材料组成。填充材料主要用于间隙内的底部，起到填充作用，目前使用最多的材料是聚乙烯泡沫胶等。密封材料在玻璃装配中起密封、缓冲和黏结作用，常用的有橡胶密封条。防水密封材料使用最多的是硅酮系列。

(3) 玻璃幕墙的构造

① 明框玻璃幕墙　玻璃镶嵌在框内，成为四边有铝框的幕墙构件；幕墙构件镶嵌在横梁及立柱上，形成梁、立柱均外露，铝框分格明显的立面（图3-3-76、图3-3-77）。

图3-3-76　明框（横框）玻璃幕墙

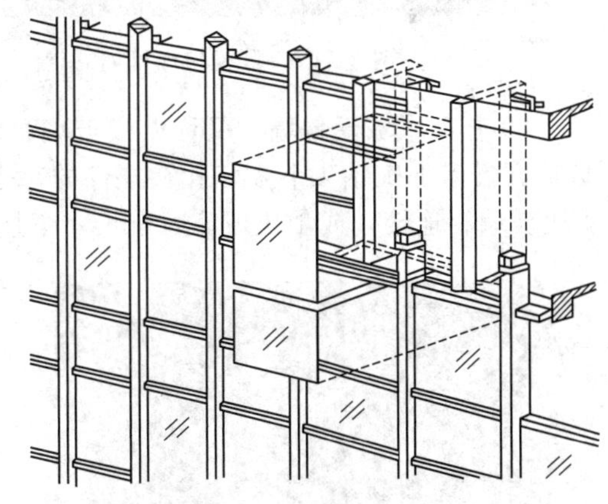

图3-3-77　明框（竖框）玻璃幕墙节点构造

明框玻璃幕墙是最传统的形式，最大特点在于横梁和立柱本身兼龙骨及固定玻璃的双重作用。横梁上有固定玻璃的凹槽，而不用其他配件。这种类型应用最广泛，工作性能可靠，相对于隐框幕墙，施工技术要求较低。

a. 立柱、横梁的安装。立柱为竖向构件，立柱安装的准确性和质量将影响整个玻璃幕墙的安装质量。立柱通过连接件固定在楼板上，立柱与楼板之间应留有一定的间隙，以方便施工安装时的调差工作，一般情况下，间隙为100mm左右。立柱一般根据施工及运输条件，可以是一层楼高为一整根，长度可达到7.5m，接头应有一定空隙，采用套筒连接，可适应和消除建筑挠度变形和温度变形的影响。

横梁一般为水平构件，是分段在立柱中嵌入连接，横梁两端与立柱连接处应加弹性橡胶垫，弹性橡胶垫应有20%～35%的压缩性，以适应和消除横向温度变形的要求为横梁与立柱的安装透视。横梁通过连接件与不锈钢螺栓固定在立柱上，考虑构件间的变形，应留1.5mm缝，用弹性硅酮胶填缝。

b. 玻璃的安装构造。在立柱上固定玻璃，其构造主要包括玻璃、压条、封缝三个方面。安装玻璃时，先在立柱的内侧安装铝合金压条，然后将玻璃放入凹槽内，再用密封材料密封。在横梁上安装玻璃时，其构造与立柱上安装玻璃的构造稍有不同，主要表现在玻璃的下方设了定位垫块；另外在横梁上支承玻璃的部位是倾斜的，以排除渗入凹槽内的雨水。

② 隐框玻璃幕墙　金属框隐蔽在玻璃的背面，外面不露骨架，也不见窗框，使得玻璃幕墙外观更加新颖、简洁。隐框玻璃幕墙的横梁不是分段与立柱连接的，而是作为铝框的一部分与玻璃组成一个整体组件后再与立柱连接的（图3-3-78、图3-3-79）。

图3-3-78　隐框玻璃幕墙

图3-3-79　隐框玻璃幕墙节点构造

③ 挂架式玻璃幕墙　又称点式玻璃幕墙，采用四爪式不锈钢挂件与立柱相焊接，每块玻璃在厂家加工钻4个$\phi 20$孔，挂件的每个爪与1块玻璃1个孔相连接，即1个挂件同时与4块玻璃相连接，或1块玻璃固定于4个挂件上（图3-3-80、图3-3-81）。

图3-3-80　挂架式玻璃幕墙

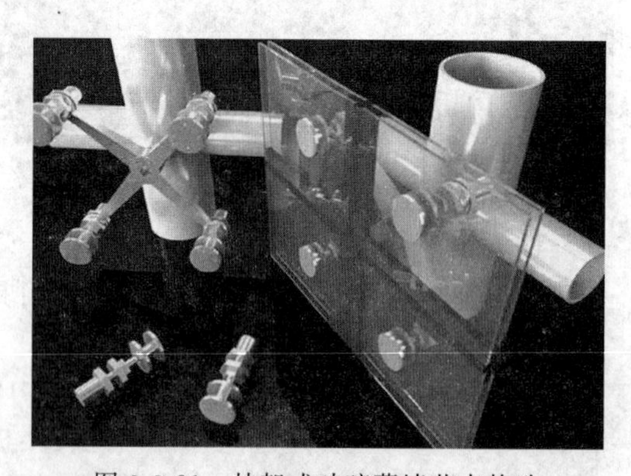

图3-3-81　挂架式玻璃幕墙节点构造

④ 无框玻璃幕墙　是指在视线范围内不出现金属框料，形成在某一层范围内幅面比较大的无遮挡透明墙面。为了增强玻璃墙面的刚度，必须每隔一定的距离用条形玻璃作为加强肋板，称为玻璃肋（图 3-3-82）。面玻璃与肋玻璃相交部位宜留出一定的间隙，用硅酮系列密封胶注满。无框玻璃幕墙一般选用比较厚的钢化玻璃和夹层钢化玻璃，选用的单片玻璃面积和厚度，主要应满足最大风压情况下的使用要求。无框玻璃幕墙的面玻璃和肋玻璃有三种固定方式。

图 3-3-82　连续外置斜向玻璃肋幕墙

其一，用上部结构梁上悬吊下来的吊钩将肋玻璃及面玻璃固定，这种方式多用于高度较大的单块玻璃。

其二，将面玻璃及肋玻璃的上、下两端固定，它的重量支承在其下部。

其三，通过金属立柱将部分荷载传给下部结构。

#### 3.3.8.2　金属幕墙

目前，新型建筑外墙装饰多采用玻璃幕墙、金属幕墙，且常为其中两种组合共同完成装饰及维护功能，形成闪闪发光的金属墙面，具有其独特的现代艺术感。

金属幕墙按构造体系划分为明框金属幕墙、隐框金属幕墙及半隐框（竖隐横明或横隐竖明）金属幕墙；按结构体系划分为型钢骨架体系、铝合金型材骨架体系及无骨架金属板幕墙体系等；按材料体系划分为铝合金板（包括单层铝板、复合铝板、蜂窝铝板数种）、钢板等。

金属幕墙由在工厂定制的折边金属薄板作为外围护墙面。金属幕墙与玻璃幕墙从设计原理到安装方式等方面都很相似。

#### 3.3.8.3　石材幕墙

石材幕墙构造做法与墙面装修构造中的干挂法相同，此处不作详述，请参见本章 3.8 节。

## 3.4　楼板层与地层及阳台雨篷

### 3.4.1　楼板层与地层的基础知识

楼地层包括楼板层和地层，是分隔建筑空间的水平承重构件。

楼板层也称楼盖层，分隔上下楼层空间，并把作用于其上面的各种荷载（人、家具等）传递给承重的墙或梁、柱，同时对墙体起水平支撑和加强结构整体性的作用。

地层也称地坪层，是指建筑物底层室内地面与土壤相接触的构件，分隔大地与底层空间，并把作用于其上面的各种荷载直接传递给地基。

由于楼板层和地层所处的位置、受力状况等不同，因此对其结构、构造有不同的设计要求。

#### 3.4.1.1　楼板层与地层的设计要求

（1）楼板层的设计要求

① 安全方面的要求　楼板层结构应具有足够的强度，以保证在各种荷载下安全可靠

而不被破坏，同时应具有足够的刚度，以保证在允许荷载作用下不发生超过规定的变形。所以，在结构、构造设计及材料选择等方面要满足上述要求，以保证建筑物和使用者的安全。

② 功能方面的要求　包括楼板层的隔声、防水、防潮、保温等要求，即楼板层具有良好的隔声、防潮、防水、保温等效果，保证使用者不受噪声干扰，且能够在温湿度适宜的空间内活动。

③ 建筑工业化的要求　在进行楼层设计时，应尽可能减少预制构件的规格和类型，尽量符合建筑模数的尺寸要求，以满足建筑工业化的要求。

④ 经济方面的要求　楼板层结构的跨度应在结构构件的经济合理范围内确定，以免造成结构层厚（高）度过大，造成浪费。同时，还应注意结合实际正确结构形式和材料。

(2) 地层的设计要求

① 地层是受压构件，应满足在各种荷载作用下地面不破坏、不变形的要求。

② 满足防水、防潮以及热工方面的设计要求，以达到保温、隔潮的效果。

此外，无论楼板层还是地层，其面层设计要求基本相同，主要是满足耐磨、保暖、防滑、易清洗、美观及装饰性等要求。楼地层的面层构造方法详见本章第 8 节饰面装修。

#### 3.4.1.2　楼板层与地层的类型

(1) 楼板层的类型

楼板层的分类一般按主要承重材料来划分的。民用建筑中常见的有以下几种。

① 木楼板层　这种楼板层具有自重轻、构造及施工简单等特点，但其耐久性、防火、防腐等性能较差，且木材耗量过大，不利于环保，故除少量用于新建或维修改建的中国古典式建筑中外，一般极少采用。

② 钢筋混凝土楼板层［图 3-4-1(a)、(b)］　这种楼板层是我国目前使用量最大的一种，也是使用效果好和造价相对较低的一种。它具有强度大、刚度好、耐久、防火、防潮、施工方便、材料易获得等特点。

③ 压型钢板式整浇楼板层［图 3-4-1(c)］　这种楼板层主要用于纯钢结构的建筑中，是采用压型钢板为底衬模，再于其上现浇钢筋混凝土形成楼板层，整体性非常好但造价相对要高些。

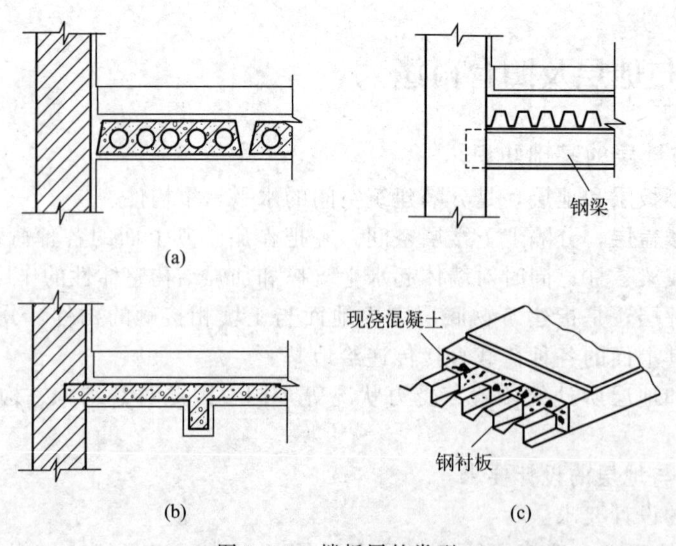


图 3-4-1　楼板层的类型

(2) 地层的类型

① 空铺类地层［图 3-4-2(a)］ 这种类型的地层一般是先在夯实的地基上砌筑地垄墙，再在地垄墙上搭钢筋混凝土薄板或木地板。

② 实铺类地层［图 3-4-2(b)］ 这种类型的地层一般是在夯实的地基上直接做三合土或素混凝土一类的垫层，可做一层或两层，根据需要还可增加一些附加层次。

无论是空铺类还是实铺类地层，其面层做法种类繁多。

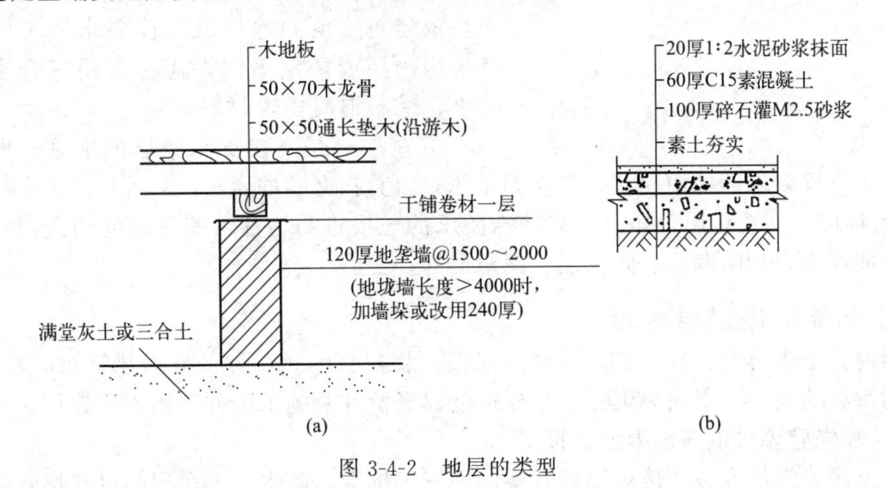


图 3-4-2 地层的类型

### 3.4.1.3 楼板层与地层的组成

(1) 楼板层的组成

楼板层（图 3-4-3）是由若干层次组成的，各层所起的作用如下。

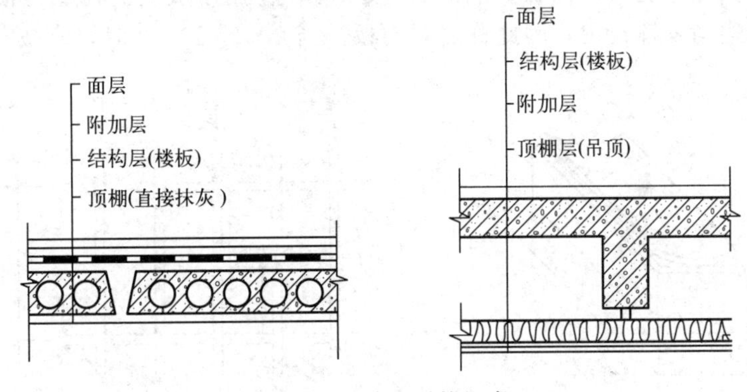


图 3-4-3 楼板层的组成

① 面层 面层主要起满足使用功能要求和装饰的作用，同时对结构层有保护作用。面层还可分为饰面层和垫层。

② 结构层 是楼板层的承重部分，它将作用于其上面的各种荷载传递给承重墙或柱，是楼板层中的核心层次。

③ 顶棚 是楼板层底面的构造部分，它可装饰室内空间，同时对改善功能和技术协调有良好的效果，此外对结构层也起到一定的保护作用。

④ 附加层 对有特殊要求的室内空间，而其他构造层次又不能完全满足使用功能要求时，楼板层应增加一些附加的构造层次，如增设隔声防震层、保温层、防水层、浮筑层等。

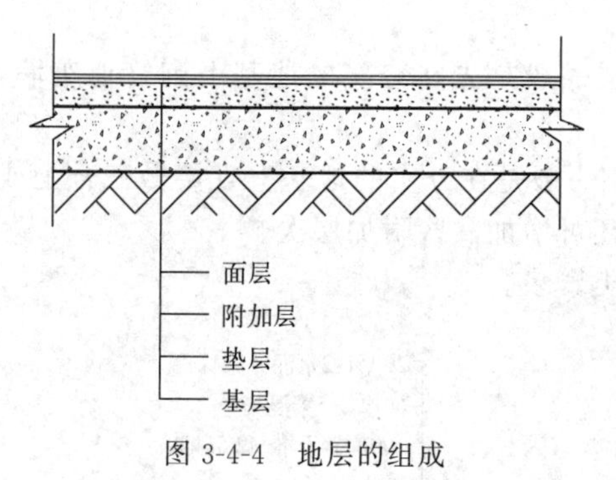

图 3-4-4　地层的组成

（2）地层的组成（图 3-4-4）

地层也是由若干层次组成的，各层所起的作用如下。

① 面层　面层做法与楼板层面层的做法及所起的作用基本相同。

② 垫层　是地层中起承重作用的主要构造层次，依建筑物所处地域及功能要求等不同，垫层可采用一层或两层做法，通常采用三合土、素混凝土、毛石混凝土等材料。

③ 基层　是直接支承垫层的土壤，也可称地基。一般无特殊要求的民用建筑，基层都采用素土直接夯实的做法。

④ 附加层　与楼板层一样，对有特殊要求的地层也需增加一些特殊的构造层次，以满足使用功能要求，如防潮层、防水层、保温层等。

### 3.4.2　钢筋混凝土楼板层构造

钢筋混凝土楼板有：现浇式、预制装配式、装配整体式三种。根据建筑物的使用功能、楼面使用荷载的大小、平面规则性、楼板跨度、经济性及施工条件等因素来选用。

#### 3.4.2.1　现浇整体式钢筋混凝土楼板层

现浇整体式钢筋混凝土楼板层具有整体性好、抗震、防水、不受房间尺寸形状限制等特点。根据楼板的具体组成可以分为板式楼板、梁板式楼板和压型钢板式楼板。

楼板根据受力特点和支承情况，可分为单向板［图 3-4-5(a)］和双向板［图 3-4-5(b)］。当板的边长 $l_2/l_1 \geqslant 3$ 时，由于作用于板上的荷载主要沿板的短向传递，此时板的两个短边起的作用很小，因此称之为单向板；当 $l_2/l_1 \leqslant 2$ 时，作用于板上的荷载是沿板的双向传递的，此时板的四边均发挥作用，因此称之双向板。当 $2 < l_2/l_1 < 3$ 时，宜按双向板计算。可

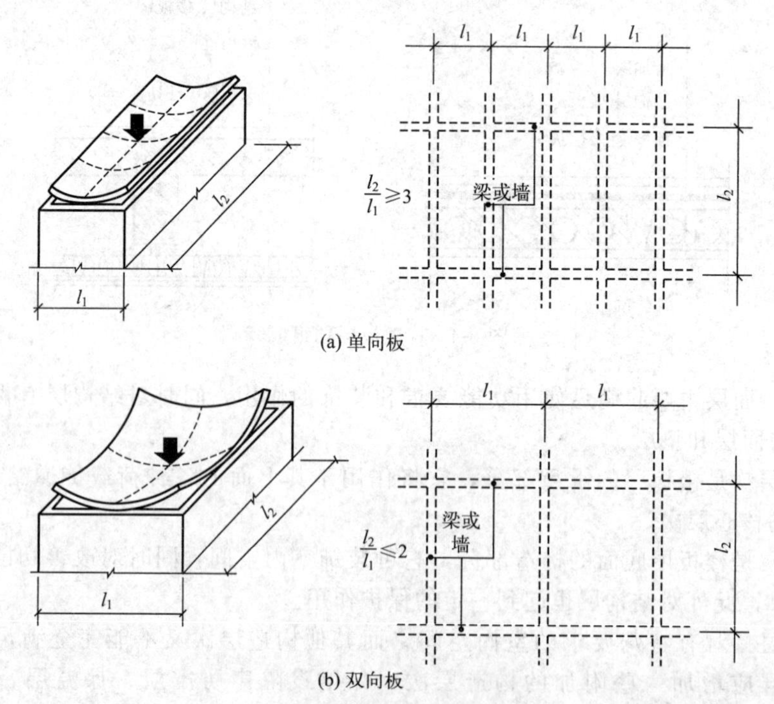

图 3-4-5　墙承式楼板层

以看出双向板的受力状态比单向板要好。

（1）板式楼板层

现浇钢筋混凝土板式楼板层因支承方式不同有两种情况，即墙承式和柱承式楼板层。

① 墙承式楼板层（图 3-4-5） 四边由承重墙支承，其上面的荷载由板直接传递给墙体。这种楼板层具有整体性好、板底面平整、隔水性好等特点，多用于居住建筑中的居室、厨房、卫生间、走廊等小跨度的房间。

板的厚度要由结构计算和构造要求决定，厚度不宜过大，否则自重大，不经济，通常为 60～120mm。单向板的最大跨度一般不宜超过 3.6m，双向板的最大跨度一般不宜超过 8.0m。若施加预应力，则板的跨度可达 12m 左右，但板的厚度要相应增加至 200mm 左右。

② 柱承式楼板层（图 3-4-6） 是楼板结构直接由柱子支承的一种形式，亦称无梁楼板层或无梁楼盖。由于柱子直接支承楼板，为减小板跨度、防止局部破坏，要增大柱子与楼板的接触面积，通常要在柱的顶部设置柱帽和托板（图 3-4-7）。无梁楼板侧面层的柱网的布置应为方形或接近方形，柱距在 7m 左右为好，板厚不宜小于 120mm。这种楼板结构天棚平整、室内净高大、采光通风好，通常用于商场、仓库、展厅等大型空间中。

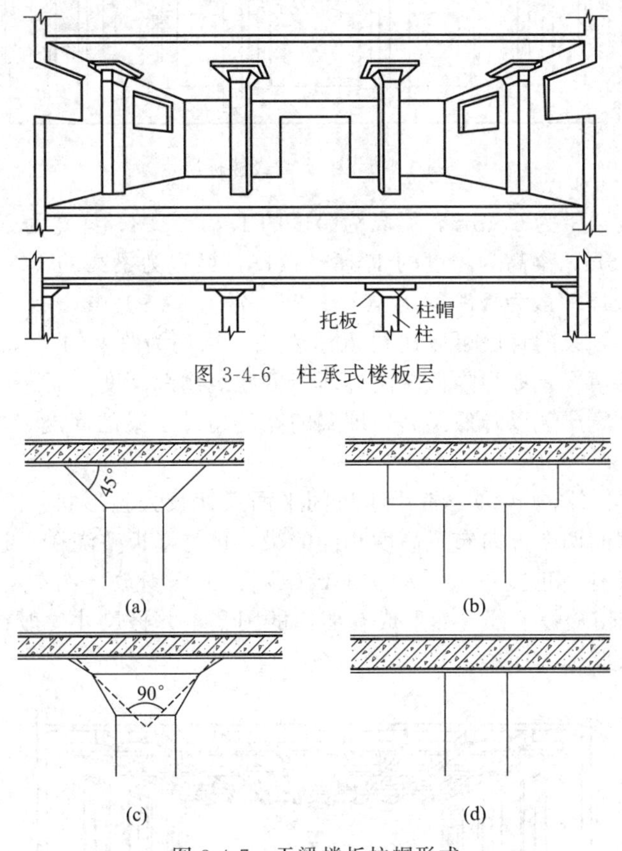


图 3-4-6 柱承式楼板层

图 3-4-7 无梁楼板柱帽形式

（2）梁板式楼板层

当房间或柱距尺寸较大时，要将梁设置为板的中间支点，以减小板的跨度，避免板厚过大。这时作用于楼板上的荷载传递方式是：板传递给梁，再由梁传递给承重墙或柱。这种楼层称为梁板式楼板层。依梁的布置及尺寸等不同，有以下几种形式的梁板式楼板层。

① 主次梁式楼板层（图 3-4-8） 常用于面积较大的有柱空间中，楼板层的具体做法是：主梁沿房间的短跨方向布置，置于承重墙或柱上，次梁置于主梁上，板置于次梁上，梁、板、柱整浇在一起。

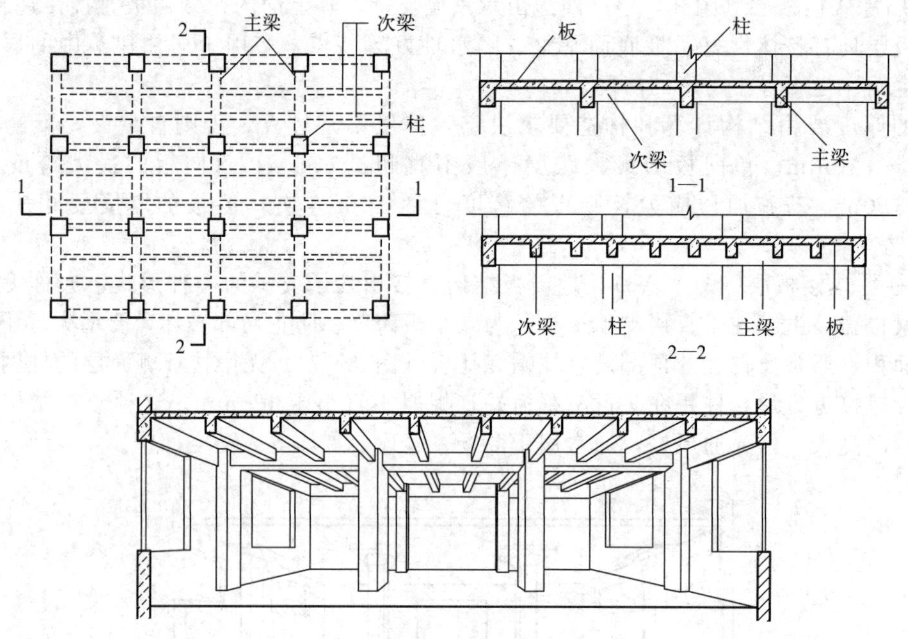


图 3-4-8 主次梁式楼板层

主梁的经济跨度通常为 6～8m，梁高为跨度的 1/14～1/8，梁宽为梁高的 1/3～1/2；次梁的经济跨度为 4～6m，梁高为跨度的 1/18～1/12，梁宽为梁高的 1/3～1/2；板的经济跨度为 2.1～3.6m，板厚一般为板跨的 1/40～1/35，常为 60～100mm。

若施加预应力，则梁的跨度可以达到 20m 左右，梁高为跨度的 1/22～1/18。

也有一些特殊的情况，如为降低层高进而降低建筑物总高度，而又要满足室内净高的最低要求，有时采用“宽梁”以降低梁高，即梁的宽度超过了梁的高度。“宽梁”一般都施加预应力。

② 井格式楼板层（图 3-4-9） 常用于房间平面尺寸较大且形状接近正方形、无柱或少柱空间，做法是沿房间两个方向布置高度相同的梁，再与楼板整浇在一起形成井字格式楼板层。井格的布置形式有：正交正放［图 3-4-10(a)］、正交斜放［图 3-4-10(b)］、斜交斜放［图 3-4-10(c)］等，使楼板下部自然形成有韵律的图案。井格尺寸一般在 2.4m 左右，这种楼板层常用于门厅或其他大厅中。

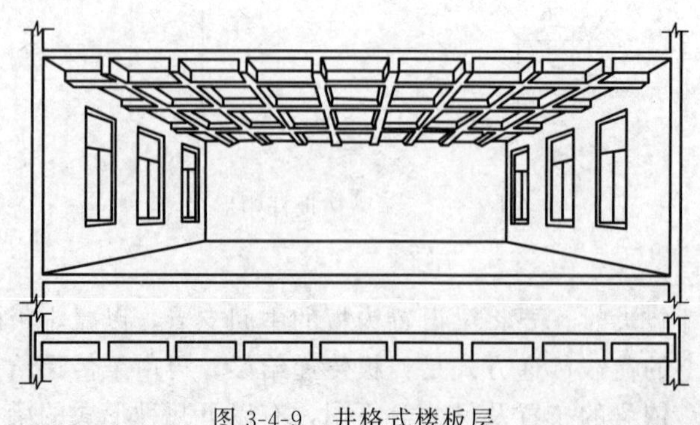

图 3-4-9 井格式楼板层

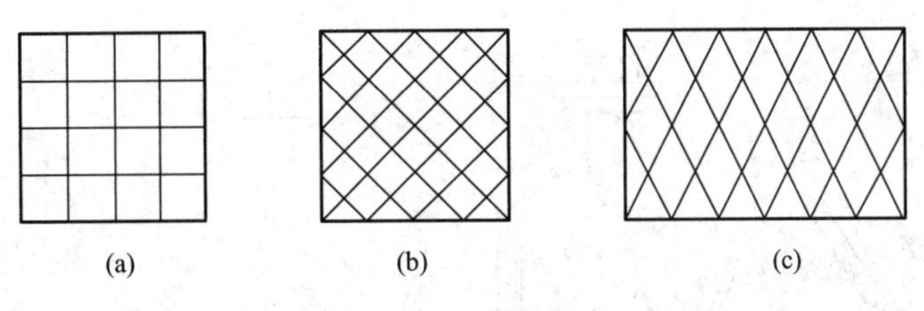


图 3-4-10　井格形式

③ 密肋式楼板层（图 3-4-11）　也称密梁式楼板层，它的做法是将梁的间距适当加密，一般梁的间距不超过 2.5m，板与梁整浇在一起。由于梁的数量增加，每个梁所承担的荷载相应减少，所以梁的跨度可适当加大或梁的高度可适当降低。密肋式楼板层可用于平面尺寸较大的狭长建筑空间中。

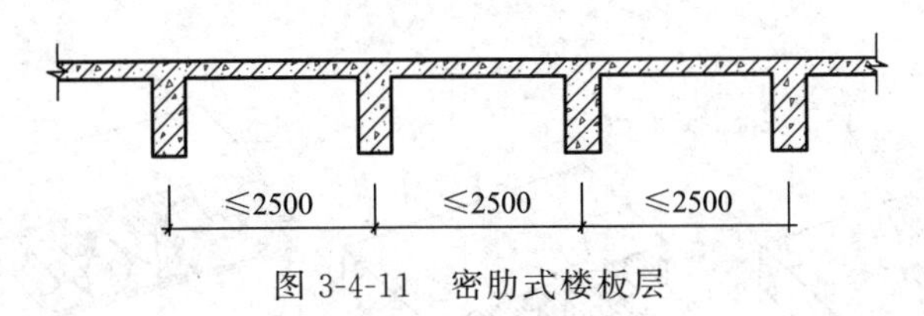


图 3-4-11　密肋式楼板层

（3）压型钢板式楼板层

压型钢板式楼板层（图 3-4-12）多用于多、高层钢结构建筑中，具体做法是用截面为凹凸型钢板为底衬模板（与钢梁用抗剪栓钉连接），上面现浇钢筋混凝土面层组合形成整体性很强的一种楼板结构。

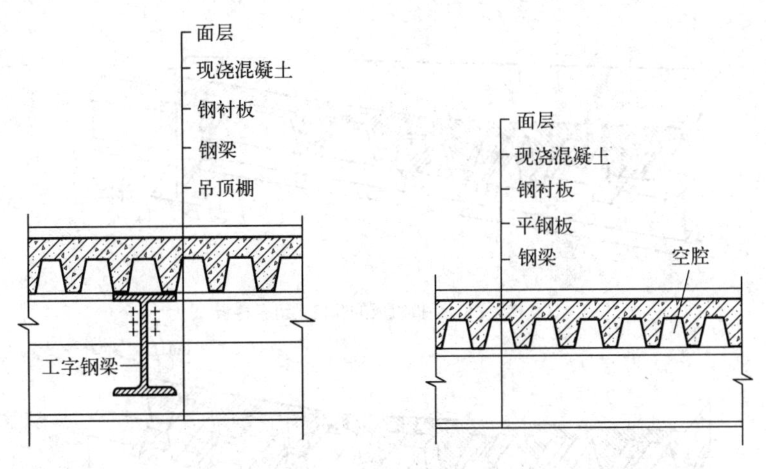


图 3-4-12　压型钢板式楼板层

压型钢板既是面层混凝土的模板，又起结构作用，可增加楼板的侧向和竖向刚度。此种楼板层具有现浇钢筋混凝土楼板层的一切优点，并且还可以利用压型钢板肋间的空腔敷设电力、通信等管线。

压型钢板楼板层是由钢梁、压型钢板、现浇钢筋混凝土、连接件几部分组成（图 3-4-13），构造形式有单层（图 3-4-14）和双层（图 3-4-15）之分。

#### 3.4.2.2　预制装配式钢筋混凝土楼板层

预制装配式钢筋混凝土楼板是指用预制厂生产或现场制作的构件安装合并而成的楼板。

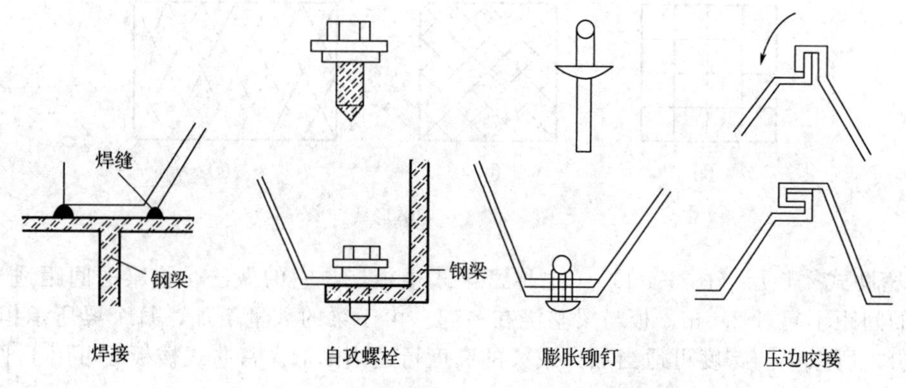


图 3-4-13　钢衬板与钢梁、钢衬板之间的连接

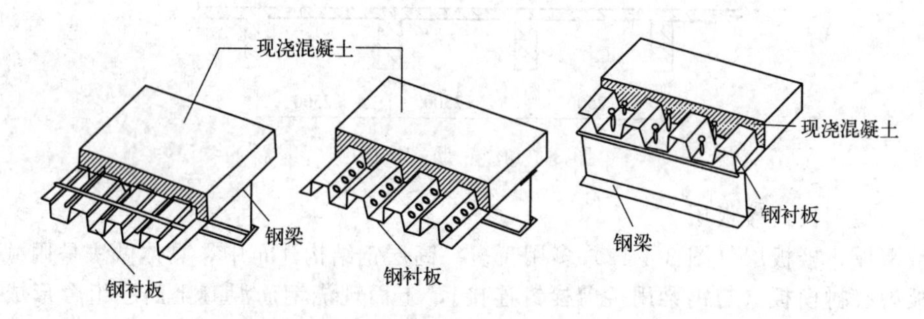


图 3-4-14　单层钢衬板组合楼板结构示意图

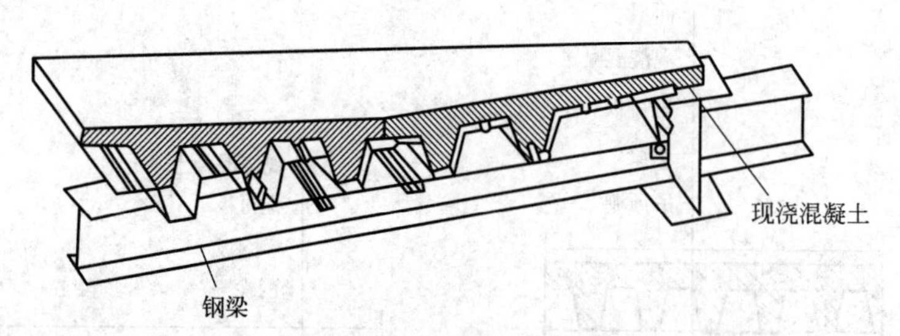


(a) 梯形板与平板组成的孔格式组合楼板

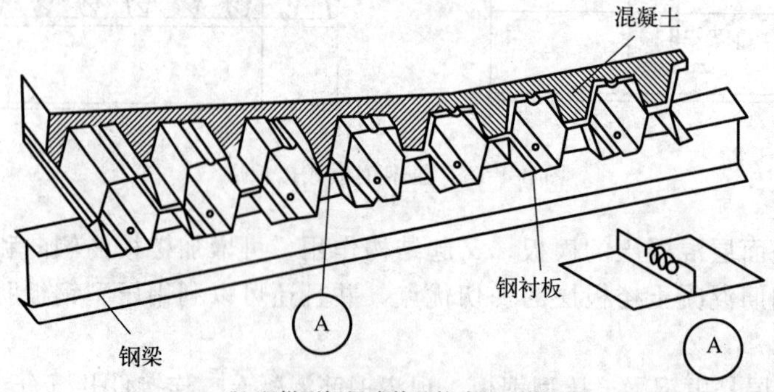


(b) 双梯形板组成的孔格式组合楼板

图 3-4-15　双层钢衬板组合楼板结构示意图

(1) 结构构件种类及构造

① 预制实心平板（图 3-4-16） 制作简单，板面平整，两端搁置于墙或梁上，跨度一般在 3m 以下，板厚为 60～80mm，多用于小跨度的走廊，亦可用作架空搁板、地沟盖板等。预制实心板的跨度不应过大，否则板厚要增加，同时自重亦增加较多，极不经济。

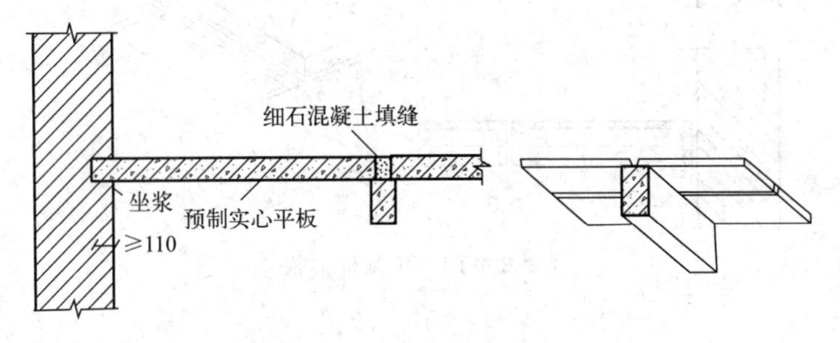


图 3-4-16 预制实心平板

② 预制空心板（图 3-4-17） 板面平整，板腹抽孔，孔洞形状有方形、椭圆形、圆形等，以圆孔板的制作最为简单方便，应用最为广泛。与预制实心板相比，预制空心板具有经济性、隔声、隔热、刚度好等特点。预制空心板的跨度一般为 2.4～6.6m，板厚与板跨度有关，一般而言，跨度在 3.6m 及以下时板厚 120mm，跨度超过 3.6m 时板厚则为 180mm，板宽有 600mm、900mm、1200mm 等。目前所使用的预制空心板多为预应力板，端孔常以砖块或混凝土填塞，这样可保证在安装时嵌缝砂浆或细石混凝土不会流入板孔中，且板端不被压坏。目前世界上较先进的预应力空心板板跨可达 10m 以上。

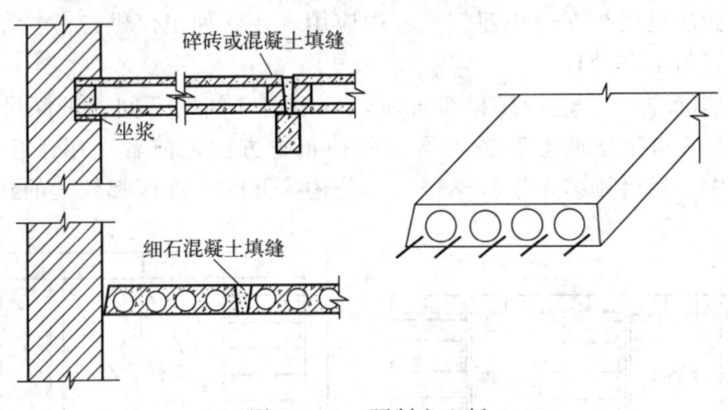


图 3-4-17 预制空心板

③ 预制槽形板（图 3-4-18） 是一种梁板合一的构件，即在实心薄板两侧设有纵筋，构成门形截面。它具有自重轻、省材料，便于在板上开洞等优点。板跨度为 3.0～7.2m；板宽为 600～1500mm；板厚 30～40mm；肋高为 150～400mm。

预制槽形板的搁置有正置和倒置两种：正置板底不平，一般用于仓库、车间等美观要求不高的房间，否则需另做吊顶棚；倒置板底平整，但需另做面板，槽内可填轻质隔声、保温材料。

预制槽形板的两端用端肋封闭，当板长达到 6m 时，则在板的中部每隔 600～1500mm 处增设小肋一道。

④ T 形板（图 3-4-19） 有单 T 板和双 T 板之分，也是一种梁板合一的构件。其体形简洁、受力明确，具有比槽形板更大的跨度，但目前一般民用建筑中应用不多。

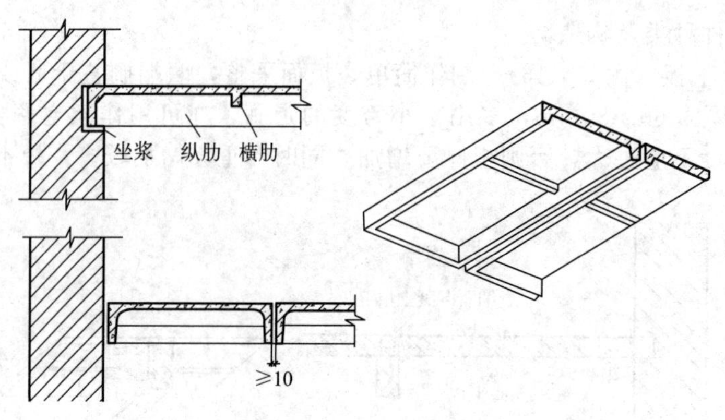


图 3-4-18　预制槽形板

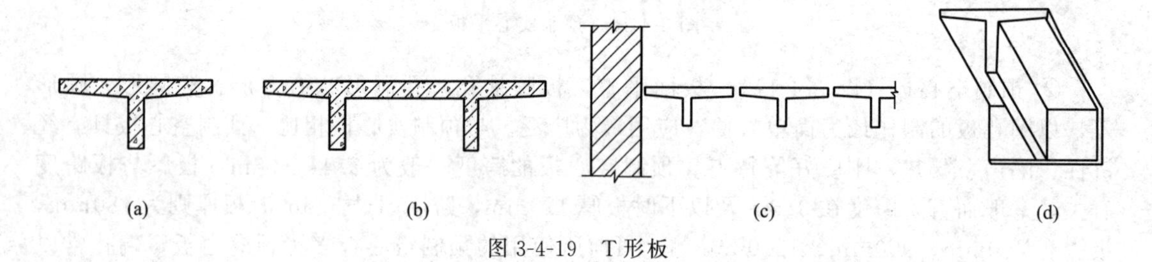


图 3-4-19　T 形板

由于装配式钢筋混凝土楼板层存在接缝多、整体性不好、抗震性能差、施工质量不易保证等问题，目前国家在民用建筑工程中推行现浇钢筋混凝土楼板层的做法。上述各种装配式钢筋混凝土楼板做法已极少在民用建筑工程中应用，在此列出仅供参考。

(2) 结构布置与细部处理

① 楼板的结构布置　在进行楼板布置时，应根据空间的开间、进深尺寸确定布置方案（图 3-4-20）。通常板有搭于墙上和搭于梁上两种布置方法，前者多用于横墙间距较小的宿舍、住宅等建筑中，后者则多用于教学楼、办公楼等开间、进深都较大的建筑中。

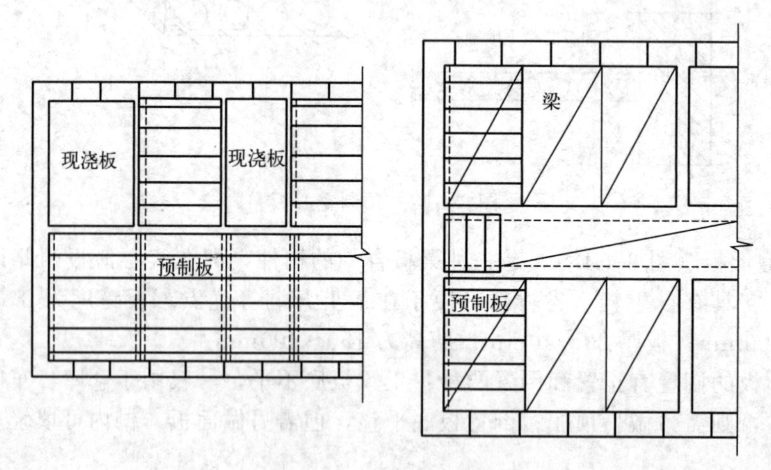


图 3-4-20　预制楼板的结构布置

具体布置楼板时，一般要求板的规格、类型愈少愈好，以简化板的制作与安装。同时应避免出现板的三边支承情况，即板的纵边不得伸入墙内，否则易产生裂缝。在排板时，当不能排满整个房间，与房间平面尺寸出现差额时可采用以下办法解决：当缝差在 60mm 以内时，适当调整板缝宽度；当缝差在60～200mm时，用局部增加现浇板带的办法解决；当缝差超过200mm时，则应重新考虑选择板的规格。

② 楼板的搁置及细部处理　板在墙上的搁置宽度一般不应小于80mm，在梁上的搁置宽度不应小于70mm。同时，必须在墙或梁上铺水泥砂浆以找平（俗称坐浆），坐浆厚20mm左右。

为了加强建筑物的整体刚度，板与墙、梁之间及板与板之间常用钢筋拉结，各地区根据防震和稳定性要求，有各种构造做法（图3-4-21）。

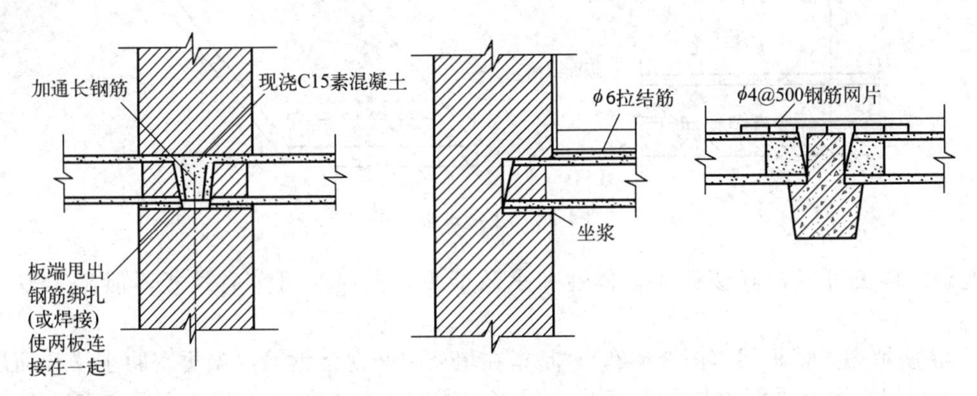


图3-4-21　预制板与墙、梁的拉结

板与板之间的缝隙有端缝和侧缝两种情况。端缝的处理一般是将板两端甩出的钢筋头尾掜弯连接在一起（焊接或绑扎），再以通长钢筋相连，之后在板缝内灌细石混凝土。

侧缝一般有V形、U形缝和凹槽缝三种形式。缝内灌水泥砂或细石混凝土，其中凹槽缝板的受力状态较好，但灌缝较困难，常见的为V形缝（图3-4-22）。

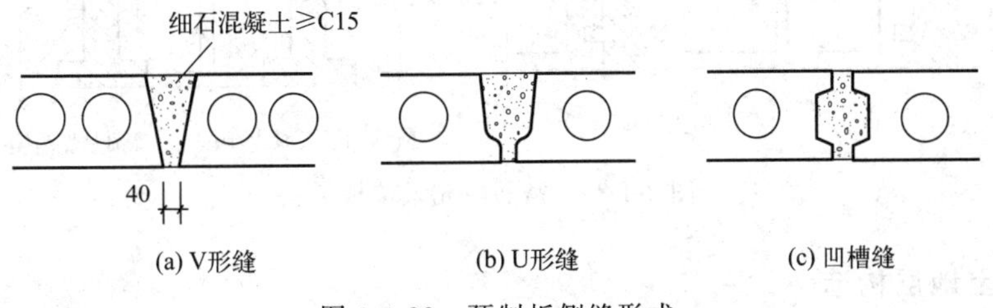


图3-4-22　预制板侧缝形式

在中小型预制板铺设的楼板层上，由于预制构件的尺寸误差及施工误差，会造成板面不平整，所以须做面层处理，常用的做法是现浇40mm厚C18细石混凝土找平层，其上再另做面层，对于标准较低的建筑也可直接将细石混凝土表面压光即可（图3-4-23）。

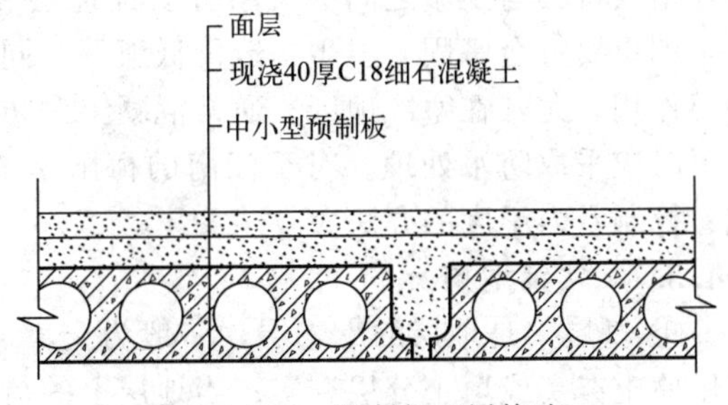


图3-4-23　预制板面层构造

### 3.4.2.3　装配整体式钢筋混凝土楼板层

装配整体式钢筋混凝土楼板层是部分构件采用预制，其余部分采用现浇混凝土（或钢筋混凝土）的办法使其连成一体的楼板层结构。它兼有现浇和预制的双重特点。但由于施工较麻烦，所以目前工程实践中应用不多。常见做法有叠合式楼板层和密肋填充式楼板层。

① 叠合式楼板（图 3-4-24） 是指预制楼板吊装就位后再现浇一层钢筋混凝土叠合层与预制板连成整体的楼板。预制板一般为预应力钢筋混凝土薄板。其板顶面加工成粗糙面，其凹凸差均为 3～6mm，板内配以刻痕高强钢绞线为预应力筋。楼板层内的管线可埋在叠合层内。

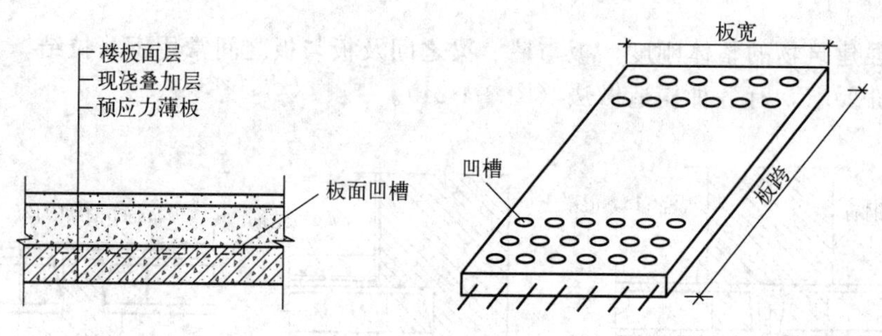


图 3-4-24 叠合式楼板层

叠合式楼板可以提高楼板的整体性和承载能力，同时又可节省模板，但施工多一道工序。

② 密肋填充式楼板层（图 3-4-25） 是指在填充块间现浇钢筋混凝土密肋小梁和面层而形成的楼板层。也有采用预制倒置 T 形小梁（小梁间为填充块）上现浇钢筋混凝土楼板的做法。填充块有空心砖、轻质混凝土块、玻璃钢模壳等。这种楼板能够充分利用不同材料的性能，能适应不同跨度，并有利于节约模板；缺点是结构厚度（或称高度）偏大。

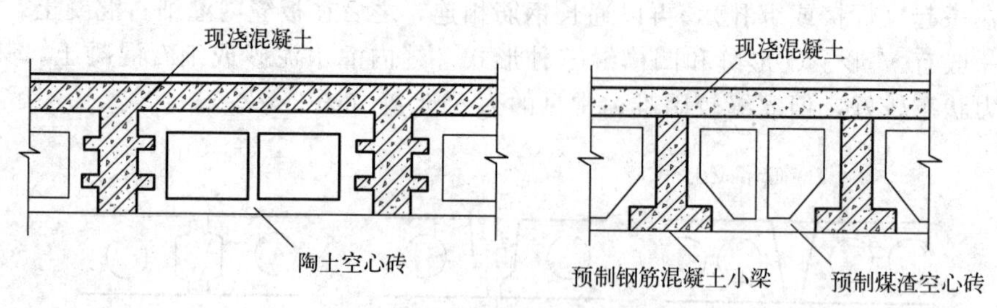


图 3-4-25 密肋填充式楼板层

### 3.4.3 混凝土地层构造

地层是指建筑物底层与土壤直接相接或接近土壤的那部分水平构件，它承受作用其上的荷载，并将荷载均匀地传给土壤或通过地垄墙传给土壤。

地层按其与土壤之间的关系分实铺地层和空铺地层两类。对地层的要求基本与楼层相仿，即也要符合坚固、卫生、造价低廉等。同时，由于地层的特殊位置，它还应具有防潮及保温作用，尤其在寒冷地区。通常混凝土对防潮、防水有一定作用，除非地层浸在地下水位以下时应采取防水处理。对于江南的梅雨季节地层表面产生凝结水的问题，应采取改善通风、控制室内湿度的办法。

#### 3.4.3.1 实铺地层

① 基层 是地层的承重层，一般为土壤。当地层上荷载较小时，且土壤条件较好，则采用原土夯实或填土分层夯实；当地层上的荷载较大时，则需对土壤进行换土或夯入碎砖、砾石等。

② 垫层 是承重层和面层之间的填充层，一般起找平和传递荷载的作用。地层的垫层一般为 80～100mm 厚的 C10 混凝土，垫层应具有足够的强度和刚度，以保证能够承受其上

荷载并能均匀地传给地基。

③ 面层　是地层中人与家具、设备等直接接触的表面层，对室内起装饰作用。由于室内使用和装饰要求不同，面层所用材料和做法也各不相同。

对特殊要求的地层，还要在垫层和面层之间加设一些附加层，如防水层、保温层及为埋置管线而设的层次等。

#### 3.4.3.2　空铺地层

为避免建筑物底层受潮，影响地层的耐久性和房间的使用质量，或为满足某种特定的使用要求（如舞台、体育馆比赛场等要求地层有较好的弹性），有时将地层架空，形成空铺地层。地层与土壤之间的空间具有组织通风、带走地潮的功能。空铺地层的基本做法是在夯实土或混凝土垫层上布置地垄墙或墩跺架梁，在墙上或梁上铺设钢筋混凝土预制板或在墙、梁上设木龙骨，然后做木地板（图 3-4-26）。

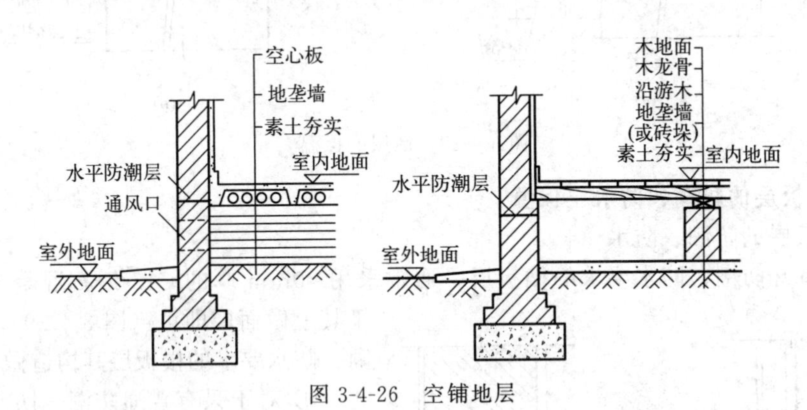


图 3-4-26　空铺地层

### 3.4.4　楼地层的保温、隔声与防潮、防水

#### 3.4.4.1　地层的防潮、保温

① 地层的防潮　地层与土壤直接接触，土壤中的潮气易浸湿地层，所以必须对地层进行防潮处理（图 3-4-27），通常对无特殊防潮要求的地层构造，在垫层中采用一层 60mm 厚的 C15 素混凝土即可；而对有较高防潮要求的地层，则采用二道热沥青或卷材防水层等做法。

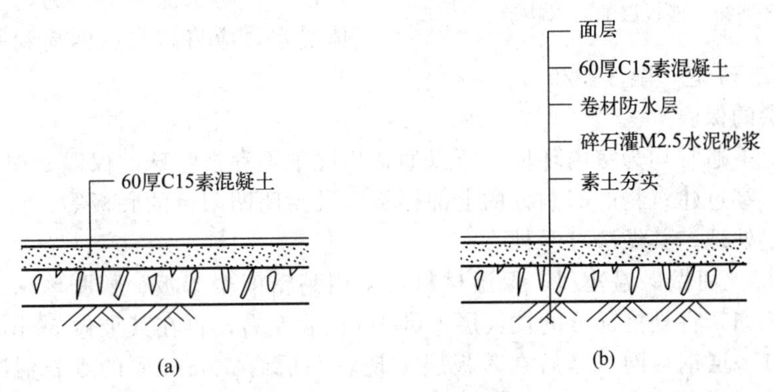


图 3-4-27　地层的防潮

② 地层的保温（图 3-4-28）　对无特殊要求的地层，通常不做保温处理，但随着我国建筑节能政策的深入贯彻执行，以及人们对室内热环境的要求不断提高，地层的保温设计也开始引起人们的重视。建议采用以下两种做法：其一是在建筑物靠室内一侧四周垫层以下采用

宽、深500mm炉渣保温；其二是在第一个垫层上满铺（或在距外墙内侧2m范围内）一层保温材料（如30～50mm厚的高密度聚苯板，再于其上铺钉一层钢板网），然后现浇第二个素混凝土垫层，最后做面层饰面。

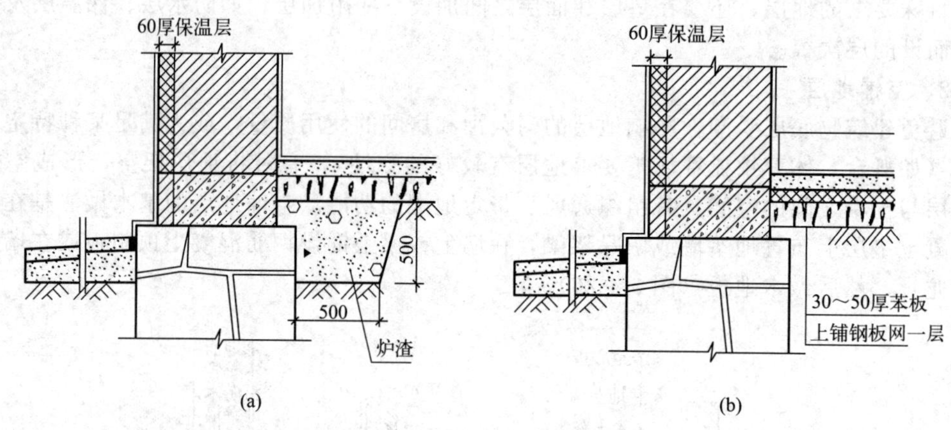


图3-4-28　地层的保温

### 3.4.4.2　楼板层的防潮、防水、保温

（1）楼板层的防潮、防水

对于无特殊防潮、防水要求的楼板层，通常采用40mm厚的C15细石混凝土垫层，再于其上做面层即可（图3-4-29）。对于有防潮、防水要求的楼板层其构造做法有两种。

① 对于只有普通防潮、防水要求的楼板层，采用C15细石混凝土，从四周向地漏处找坡0.5%（最薄处不少于30mm）即可。

② 对于防潮、防水要求高的楼板层（如卫生间），应在垫层或结构层与面层之间设防水层，常见的防水材料有卷材、防水砂浆、防水涂料等。为防止房间四周墙体受水，应将防水层四周卷起150mm高，门口处铺出300mm宽（图3-4-29）。

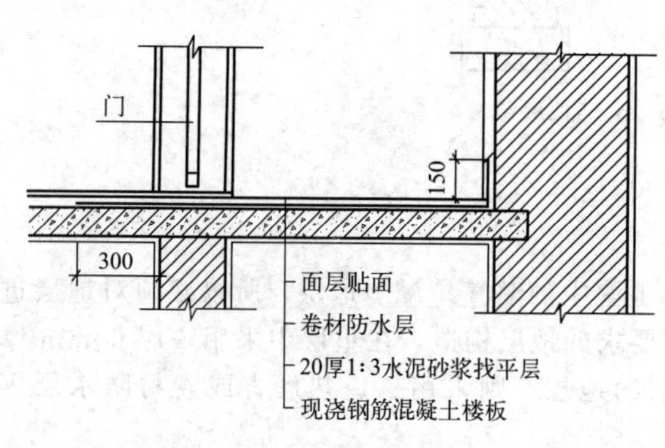


图3-4-29　楼板层的防水构造

（2）楼板层的保温

楼板层的上下通常均为室内环境，所以通常情况下不存在特殊的保温处理。但对于悬挑出去的楼板层、穿过建筑物的门洞处的上部楼板以及封闭凹阳台的底板等，在北方寒冷地区则必须做好保温处理。其做法有两种。

① 在楼板层上面做保温处理，保温材料可采用高密度聚苯板、膨胀珍珠岩制品、轻骨料混凝土等，例如，将悬挑部分的楼板层下卧100mm左右，再在其上做50mm厚高密度聚苯板，上面铺钉一层钢板网，然后在苯板层上现浇一层约50mm厚的细石混凝土，使之与未挑出部分的楼板层做成齐平，最后再一起施工饰面层。此种做法因要局部降低楼板层，所以结构设计较复杂（图3-4-30）。

② 在楼板层下面做保温处理，这时可将保温层与楼板层浇筑在一起，然后再抹灰，或将聚苯板粘贴于挑出部分的楼板层下面，再做吊顶处理等（图3-4-31）。

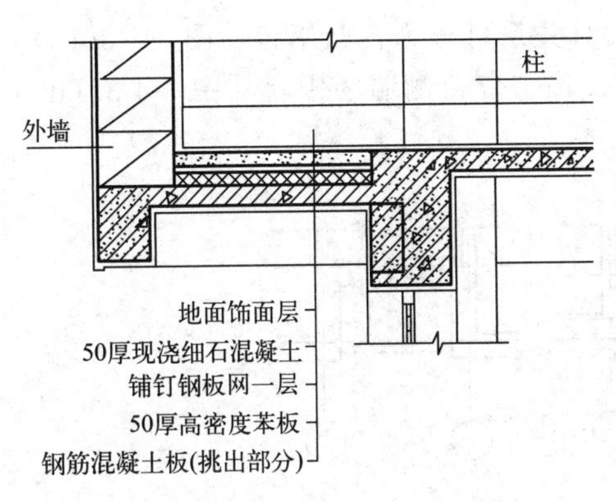


图 3-4-30　悬挑楼板上保温构造

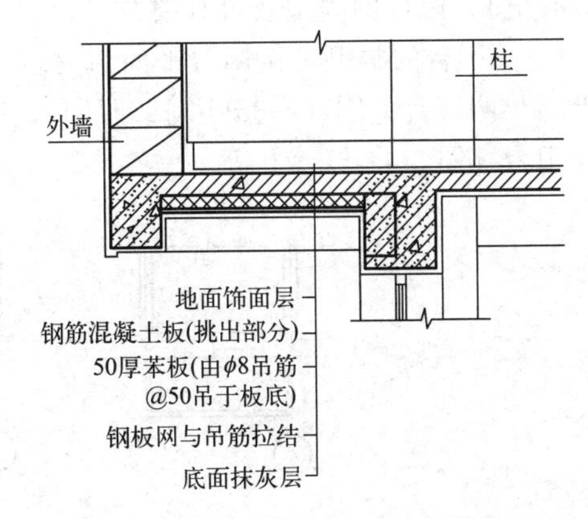


图 3-4-31　悬挑楼板下保温构造

#### 3.4.4.3　楼板层的隔声

对楼板层的隔声处理通常有两条途径：一是面层处理，采用弹性面层或浮筑层；二是吊顶棚增加隔声效果。下面仅就面层隔声处理举两例：其一是在楼板层结构上做 50mm 厚 C7.5 炉渣混凝土垫层，再做面层于其上［图 3-4-32(a)］；其二是在楼板结构层上加橡胶垫一类的弹性垫层，再于其上设置龙骨，龙骨上另做木地板［图 3-4-32(b)］。

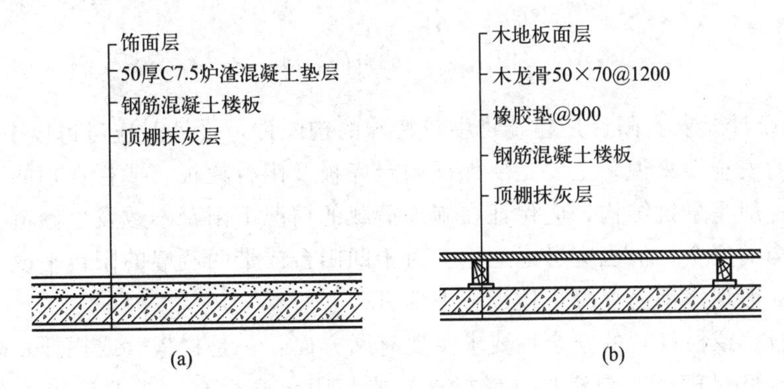


图 3-4-32　楼板层的隔声构造

### 3.4.5　阳台构造

阳台是室内和室外接触的平台，人们可以在阳台上休息、眺望、晾晒衣物或从事其他家务活动，是多、高层住宅建筑中不可缺少的部分（图 3-4-33、图 3-4-34）。

图 3-4-33　开敞阳台

图 3-4-34　封闭阳台

#### 3.4.5.1 阳台的类型及设计要求

① 阳台的类型　按阳台平面与建筑物外墙的相对关系可分为：凸阳台［图 3-4-35(a)］、半凸半凹阳台［图 3-4-35(b)］、凹阳台［图 3-4-35(c)］、带两侧墙的阳台［图 3-4-35(d)］、假阳台［图 3-4-35(e)］等。

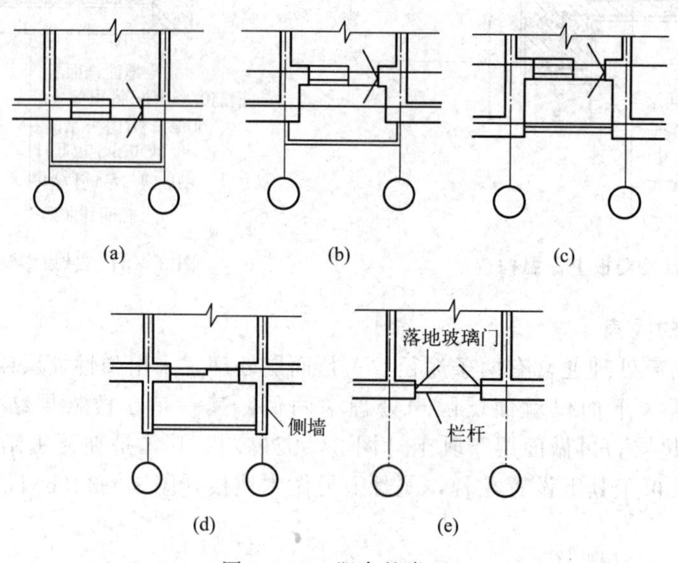


图 3-4-35　阳台的类型

② 阳台的设计要求　阳台是建筑物中较特殊的构配件，设计时应考虑以下要求：

对于阳台的安全性来说，主要是要保证阳台底板及阳台栏板（或栏杆）的安全可靠。如果是凸阳台，一般是悬挑结构，应保证在施加荷载的情况下阳台不致发生倾覆。阳台的挑出深度应考虑结构的安全，但也应考虑适用。对于凹阳台或带两侧墙的阳台来说，阳台底板为简支结构，按一般现浇钢筋混凝土楼板考虑即可。

对阳台栏板（或栏杆）的安全性要求主要有两方面：一是栏板（或栏杆）高度要保证满足规范要求的最低尺度；二是栏板（或栏杆）要与阳台底板有可靠的连接构造。阳台栏板（或栏杆）的高度不宜过低，对低、多层房屋来说，一般不宜低于 1.05m，对高层房屋来说一般不宜低于 1.10m，以保证阳台上人员的安全及心理不产生恐惧感。如果阳台栏板（或栏杆）上设有花盆架应有防坠落设施。关于栏板（或栏杆）与阳台底板的连接构造将在后面章节阐述。

阳台的功能要求主要是保证阳台的使用方便及环境良好，所以阳台的尺度是设计中优先考虑的问题。一般阳台的宽度多与房屋开间一致，深度以 1.2～1.5m 较适宜。另外，北方寒冷地区为保证冬季时阳台的环境较好，常采用保温的阳台栏板，并且对阳台进行封闭（图 3-4-36）。

#### 3.4.5.2 阳台的结构布置

阳台的结构布置按其受力及结构形式的不同主要有搁板式和悬挑式，而悬挑式中又有挑板式和挑梁式之分。

① 搁板式（图 3-4-37）　一般适合于凹阳台或带两侧墙的凸阳台。它是将阳台底板（现浇或预制）支承于两侧凸出的承重墙上，阳台底板形式和尺寸与楼板一致，施工方便。这种阳台的进深尺寸可以做得较大些，使用较方便。

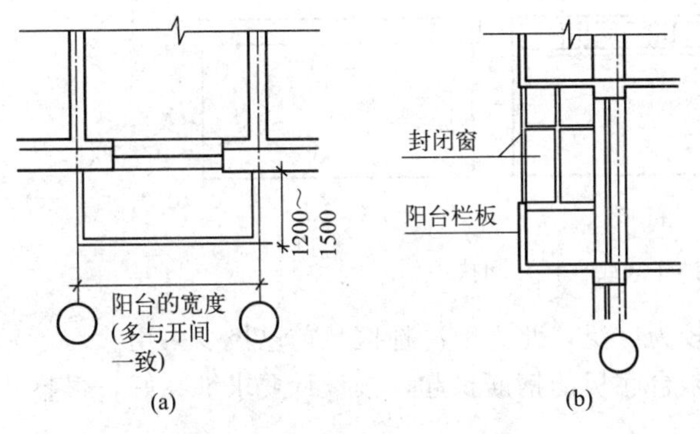

图 3-4-36　阳台的尺度及封闭

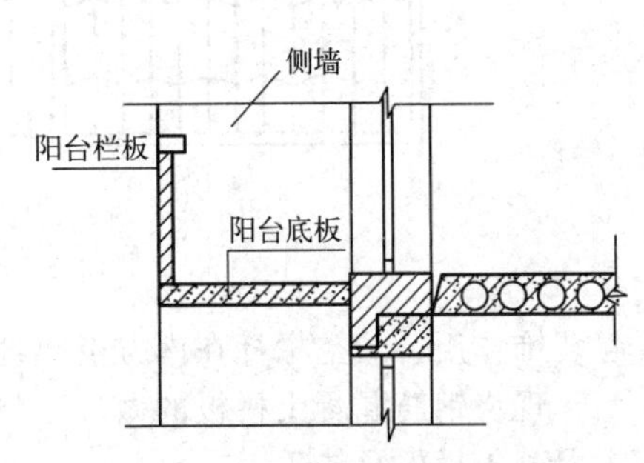


图 3-4-37　搁板式阳台构造

② 挑板式　结构布置方式有两种做法：一种是利用现浇或预制的楼板延伸外挑［图 3-4-38(a)］，形成挑出的阳台底板，此时挑出的阳台底板的重量是靠与之成为一体的室内这部分楼板及压在两板端的横墙的重量来平衡；另一种是将阳台底板与过梁、圈梁整浇在一起［图 3-4-38(b)］，借助梁的重量来平衡挑出的阳台底板的重量，也可以将过梁室内一侧做成凹槽，用第一块预制板压住过梁，这样抗倾覆效果会更好。这种挑板式阳台的挑出长度一般宜在 1.0m 以内。

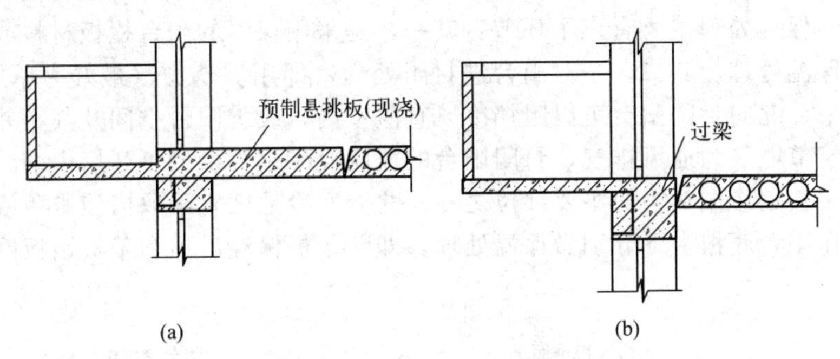


图 3-4-38　挑板式阳台构造

③ 挑梁式（图 3-4-39）　做法是从横墙上外挑梁，梁上置板而成。挑梁与板通常整浇在一起，平衡挑梁靠两侧置于梁上的横墙的重量。由于是梁挑出，所以阳台的挑出长度可稍大些，但挑梁式在阳台立面上可以看到两梁端头，不够美观，也对阳台封闭不利，因此可增设边梁解决这一问题，但边梁对室内采光又有影响。

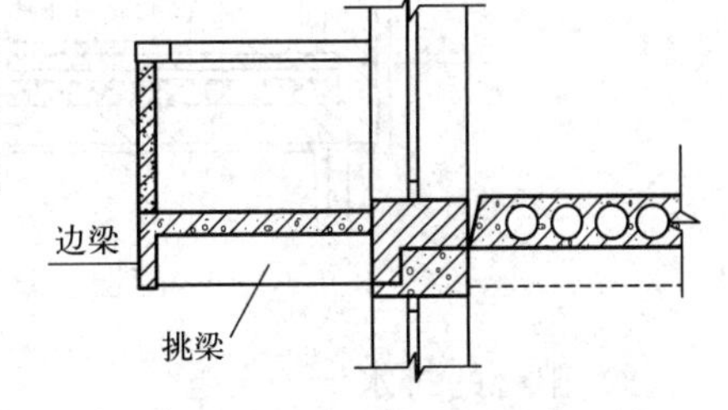


图 3-4-39　挑梁式阳台构造

### 3.4.5.3　阳台的构造

(1) 阳台的栏杆（或栏板）和扶手

阳台栏杆（或栏板）（图 3-4-40）是阳台的围护构件，它起着保障阳台上人的安全及装饰作用。从外观上看，有漏空的栏杆和实心的栏板。从材料上看，有金属及钢筋混凝土栏杆、砖砌及钢筋混凝土栏板、其他材料的栏板。

漏空栏杆一般由金属或预制钢筋混凝土构件构成，金属栏杆多为竖向的圆钢或方钢，它们与阳台板周边预埋的通长扁钢焊牢或直接埋入阳台周边的预留洞内；预制钢筋混凝土栏杆则采用插入面梁和扶手内向再现浇钢筋混凝土的办法解决。还可在竖向栏杆上增加一些花饰

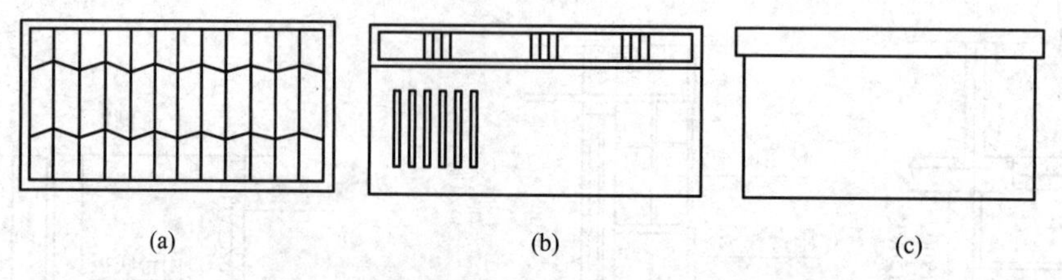


图 3-4-40　阳台的栏杆（或栏板）和扶手

起装饰作用，漏空栏杆在南方炎热地区应用较为广泛，北方寒冷地区目前已极少采用。

现浇钢筋混凝土栏板的做法是将预埋于阳台底板的钢筋扶起，按设计要求绑扎好，再整浇混凝土栏板及扶手。

砖砌栏板通常有立砌（60mm 厚）和顺砌（120mm 厚）两种，由于顺砌砖栏板厚度大、荷载重，所以一般较少采用。为确保立砌砖栏板的安全，常在砖栏板外罩一层钢筋网，再加一圈钢筋混凝土扶手。

其他材料的阳台栏板还有泰柏板栏板、预制钢丝网水泥薄板、玻璃和其他复合材料的栏板。

（2）阳台的保温

近年来，为改善阳台空间的环境和提高其空间利用率，北方寒冷地区居住建筑常对阳台进行保温处理。保温处理主要有三个环节：其一，是采用保温的阳台栏板材料或对不保温的阳台栏板进行保温处理。其二，是对阳台进封闭处理，即用玻璃窗（最好为单框双玻璃窗）将阳台包围起来。北向封闭阳台可以阻挡冷风直灌室内，改善阳台空间及其相邻房间的热环境，有利于建筑节能。为通风排气，封闭阳台的窗应设一定数量的可开启窗扇。其三，阳台的钢筋混凝土底板是形成热桥的主要部位之一，北方寒冷地区宜采取措施避免或减少热桥作用，可以采取在阳台底板上下分别做保温处理，即贴苯板保温吊顶和苯板钢板网抹灰的做法（图 3-4-41）。

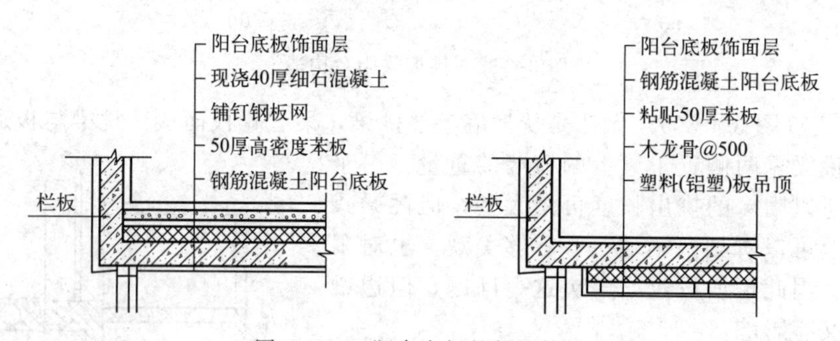


图 3-4-41　阳台底板的保温构造

（3）阳台的排水

对于外露的阳台，阳台板面排水应顺畅，所以阳台地面一般要低于室内地面 20～50mm，并向排水口处找 0.5%～1%的排水坡，以利于雨水的迅速排除，并防止雨水倒灌室内。

阳台的排水有两种做法（图 3-4-42）：其一是通过落水管排除阳台的雨水；其二是利用“水舌”直接排除。前一种做法是将雨水引向外墙边的雨水管内排至地面，此种做法多用在雨水较多地区的高层建筑或临街的建筑中；后一种做法是采用镀锌钢管或工程塑料管预埋于阳台的角部，管径通常为 $\phi40$～$\phi60$，水舌管口向外出挑至少 80mm，以防排水时（特别是平时冲洗阳台时）水溅到下层阳台扶手上。

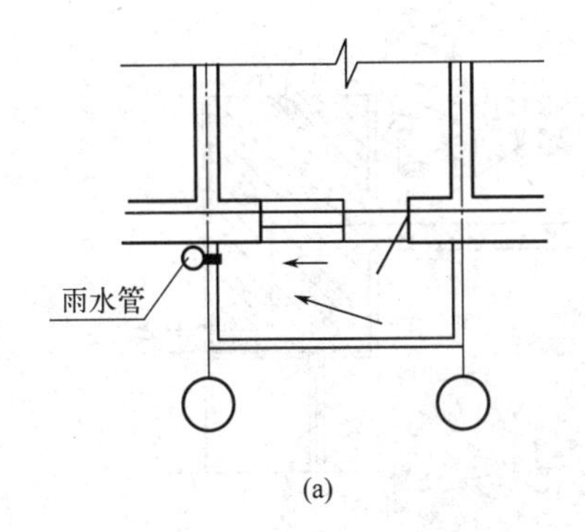


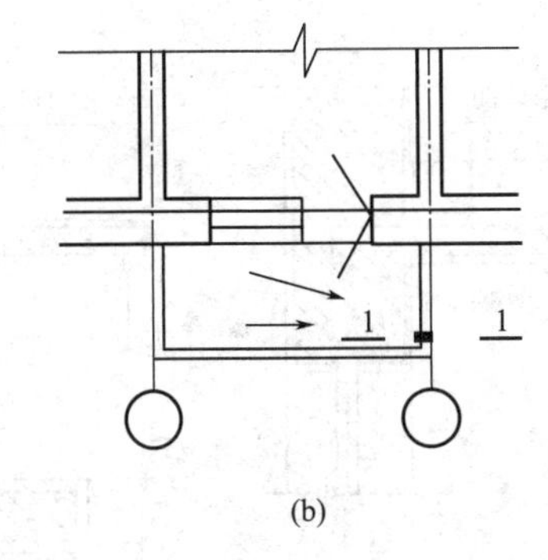


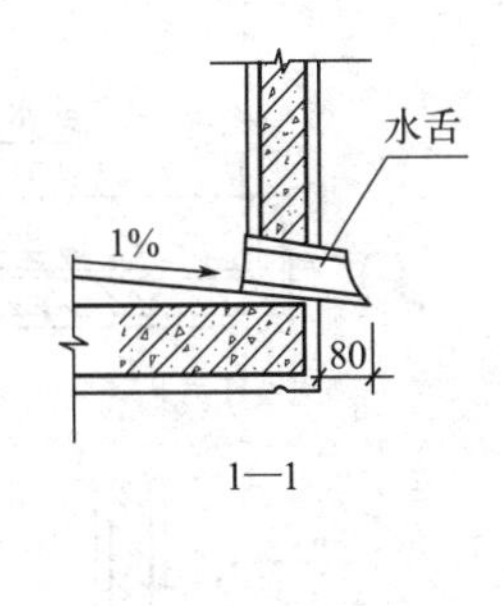


图 3-4-42 阳台的排水构造

### 3.4.6 雨篷

雨篷是建筑物入口处和顶层阳台上部用以遮挡雨水、保护外门免受雨水侵蚀和人们进出时不被滴水淋湿及空中落物砸伤的水平构件。雨篷多采用钢筋混凝土悬挑，大型雨篷常设立柱支承而形成门廊（图 3-4-43、图 3-4-44）。

图 3-4-43 雨篷示意图一

图 3-4-44 雨篷示意图二

#### 3.4.6.1 小型雨篷

这里所说的小型雨篷特指无柱支承的悬挑式雨篷。常见的悬挑式钢筋混凝土雨篷有板式和梁板式两种。雨篷挑出较小时常采用挑板式，挑出长度通常为 1～1.5m；挑出较大时，一般做成梁板式，梁从雨篷两侧的横墙或室内进深梁直接挑出。为使雨篷板底平整，可将梁上返或在板下做吊顶处理，为防止雨篷倾覆，常将雨篷与入口处过梁整浇在一起。

由于雨篷承受的荷载较小，因此雨篷板的厚度较薄，常做成变截面形式，板上沿厚度为 50～70mm。雨篷顶面应做防水砂浆抹面处理，并做出排水坡度。为防止雨水沿墙边渗透，应将防水砂浆沿墙身抹至墙面上至少 200mm 处，形成泛水（图 3-4-45）。

有些小型雨篷采用玻璃-钢结构组合式的做法。这种雨篷常采用钢斜拉杆以防止雨篷的倾覆，还有在钢结构骨架外包铝塑板的雨篷做法（图 3-4-46）。

#### 3.4.6.2 大型雨篷

这里所说的大型雨篷是指有立柱支承的雨篷。采用这种雨篷多是大型或高层建筑的主要入口，为与主体建筑相协调做出外伸较大的雨篷，此时应有立柱支承，立柱除起结构支承作

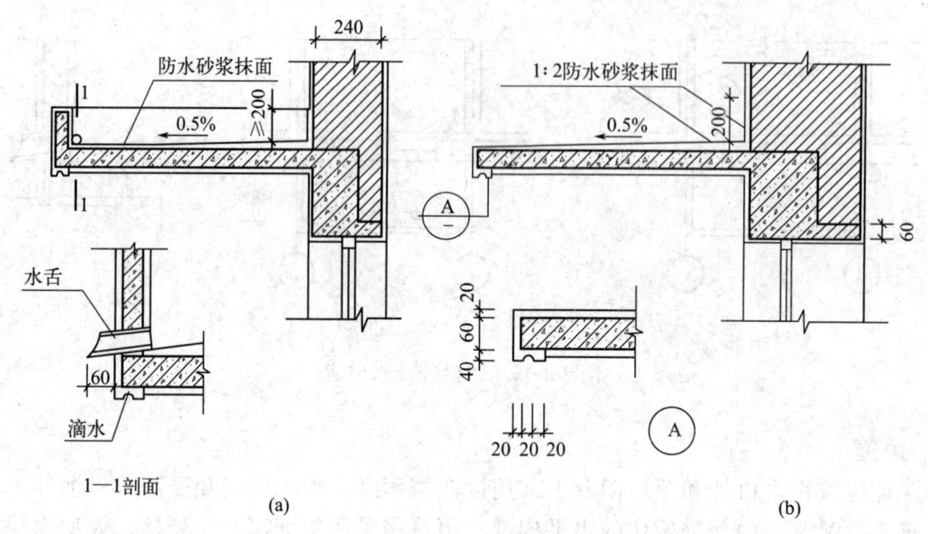


图 3-4-45　小型雨篷构造

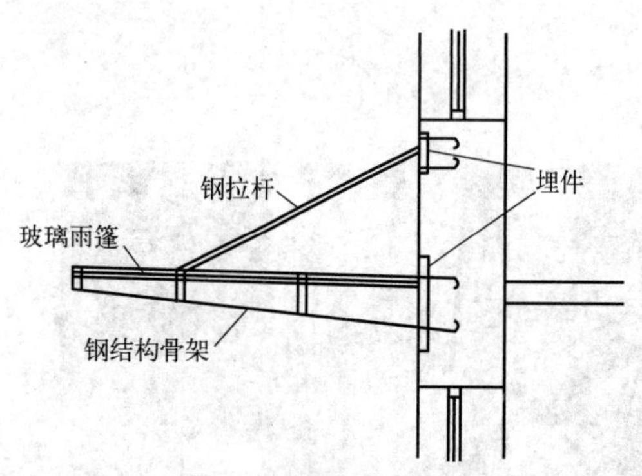


图 3-4-46　玻璃-钢雨篷构造

用外，尚有强调入口的装饰作用。

立柱支承式的大型雨篷结构处理比小型雨篷复杂。一般有三种情况：一是立柱及支承的雨篷与主体建筑脱开，柱子有单独的基础，可以自由沉降；二是立柱与主体建筑连成一体，二者均采用桩基础，这样可控制两者的沉降量，不至于因沉降不均将二者拉裂；三是立柱的基础与主体建筑的基础连成一体，这样可使二者同步沉降（图 3-4-47）。

由于立柱式雨篷面积较大，所以雨篷顶面通常均需做防水处理，并根据雨篷面积的大小设置雨水斗或水舌。

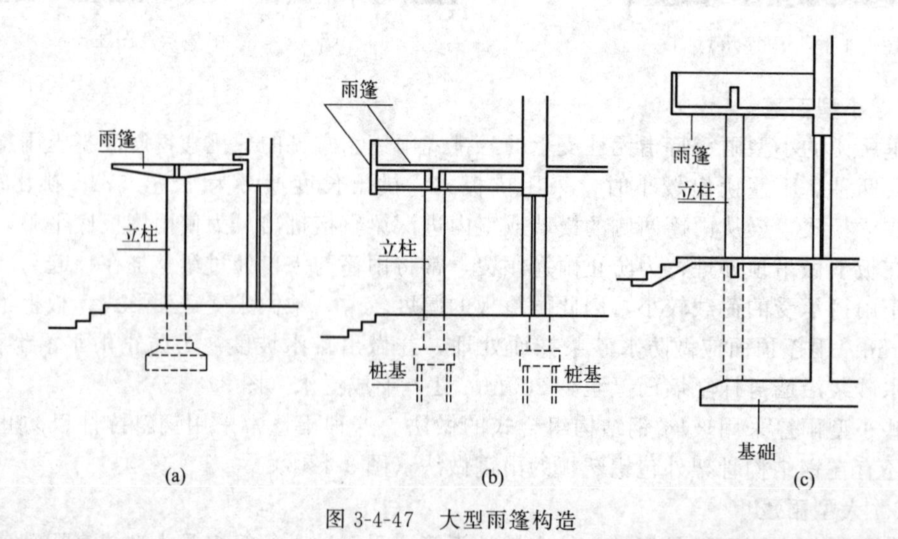


图 3-4-47　大型雨篷构造

雨篷结构一般采用钢筋混凝土梁板式，也有采用钢网架结构上置玻璃或阳光板的做法。

## 3.5 楼梯、台阶、坡道及电梯、自动扶梯

### 3.5.1 楼梯的基础知识

楼梯是两层以上的建筑的垂直交通设施，起着疏散人流和装点环境的作用。因而楼梯应具有使用方便、结构可靠、安全防火、造型美观等特点（图 3-5-1）。

图 3-5-1 楼梯实例

#### 3.5.1.1 楼梯的组成

楼梯主要由梯段、平台和栏杆扶手三部分组成（图 3-5-2）。梯段是两个平台之间由若干连续踏步组成的倾斜构件，每个梯段的踏步数量一般不应超过 18 级，也不应少于 3 级。

平台包括楼层平台和中间平台两部分。连接楼板层与梯段端部的水平构件称为楼层平台，位于两层楼（地）面之间连接梯段的水平构件称为中间平台。

栏杆是布置在楼梯梯段和平台边缘处有一定刚度和安全度的围护构件。扶手附设于栏杆顶部供依扶用。

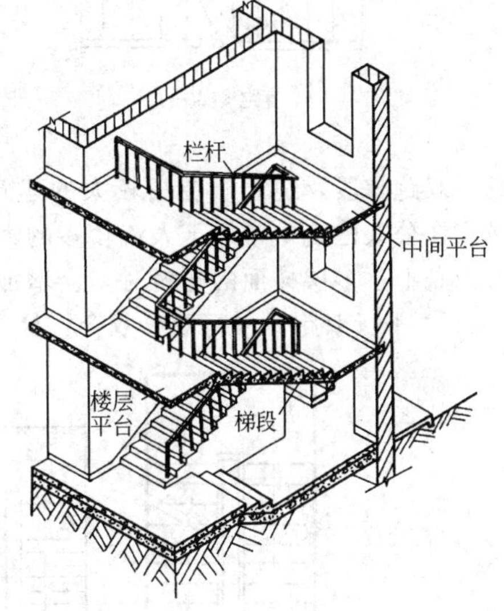


图 3-5-2 楼梯的组成

#### 3.5.1.2 楼梯的类型

按位置可分为：室内楼梯和室外楼梯。

按使用性质可分为：交通楼梯、辅助楼梯、疏散楼梯等。

按防烟、防火作用可分为：敞开式楼梯、封闭楼梯、防烟楼梯、室外防火楼梯等。

按结构材料可分为：木楼梯、钢筋混凝土楼梯、金属楼梯及混合式楼梯等。

按结构形式可分为：梁式楼梯、板式楼梯、墙承式楼梯、悬臂式楼梯和悬挂式楼梯等。

按平面形式可分为：直行单跑楼梯、直行双跑楼梯、平行双跑楼梯、平行双分楼梯、平行双合楼梯、转角双跑楼梯、折形三跑楼梯、交叉跑（剪刀）楼梯、螺旋形楼梯、弧形楼梯等（图 3-5-3）。

楼梯平面形式的选择取决于所处位置、楼梯间的平面形状与大小、楼层高低与层数、人流多少与缓急等因素，设计时需综合权衡这些因素。

① 直跑楼梯（图 3-5-4）

直行单跑楼梯，一般用于层高较小的建筑，中间不设休息平台，只有一个楼梯段，踏步数一般不超过 18 级，占楼间宽度较小，长度较大。

直行多跑楼梯，是直行单跑楼梯的延伸，仅增设了中间平台，将单梯段变为多梯段。一

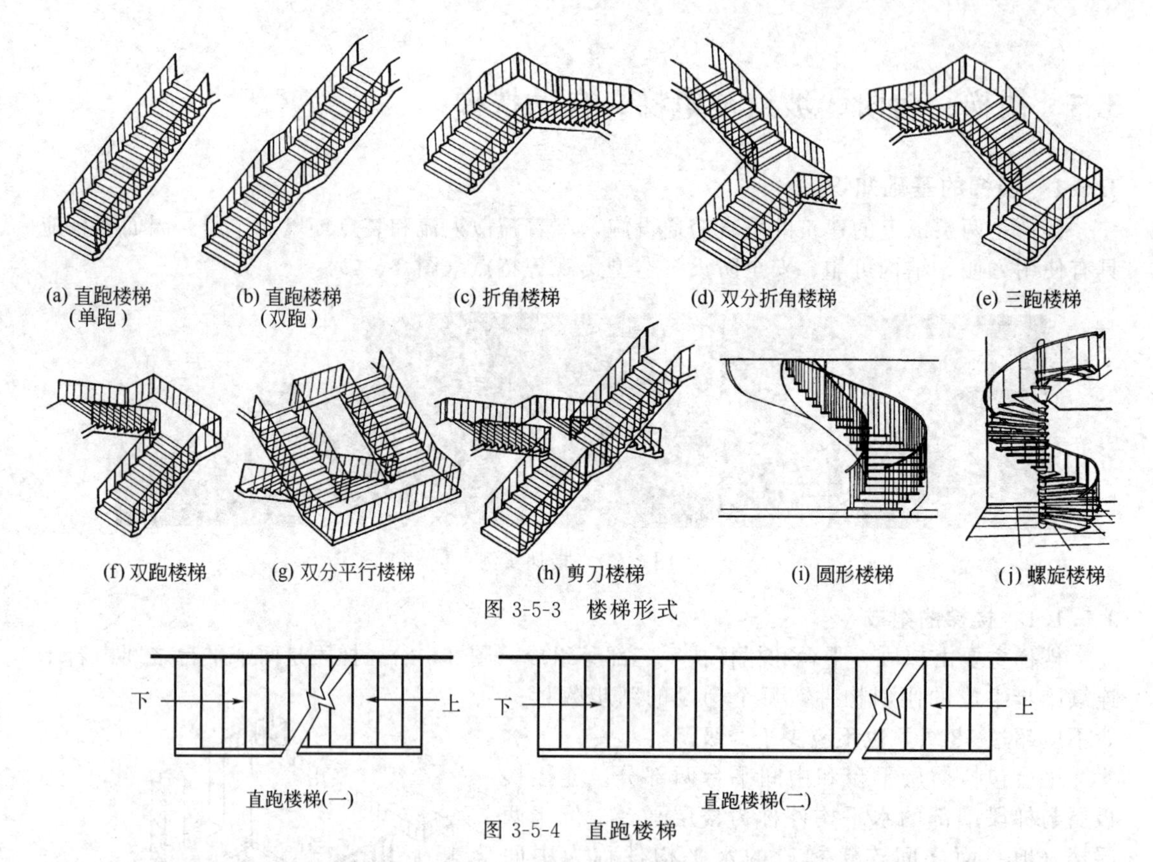


图 3-5-3 楼梯形式

图 3-5-4 直跑楼梯

般为双跑梯段，适用于层高较大的建筑。直行多跑楼梯给人以直接、顺畅的感觉，导向性强，在公共建筑中常用于人流较多的大厅。但是，由于其缺乏方位上回转上升的连续性，当用于需上下多层楼面的建筑时，会增加交通面积并加长人流行走的距离。

② 平行双跑、平行双分双合楼梯（图 3-5-5）

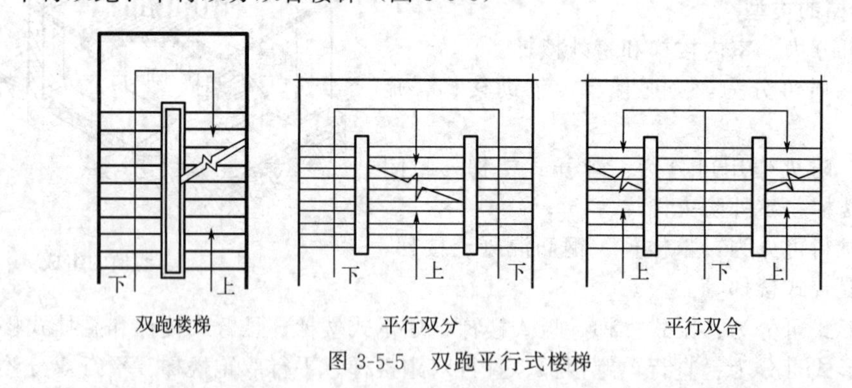


图 3-5-5 双跑平行式楼梯

平行双跑楼梯，是一般建筑物中采用最为广泛的一种楼梯形式。由于双跑楼梯第二跑梯段折回，所以占用房间长度较小，楼梯间与普通房间平面尺寸大致相近，便于平面设计时进行楼梯布置。

平行双分式、双合式楼梯，是在平行双跑楼梯基础上演变产生的，相当于两个双跑楼梯并在一起，常用作公共建筑的主要楼梯。

③ 折行多跑楼梯（图 3-5-6）

常用于楼梯间平面接近方形的公共建筑，由于梯井较大，不宜用于住宅、小学校等儿童经常上下楼梯的建筑，否则应有可靠的安全措施。

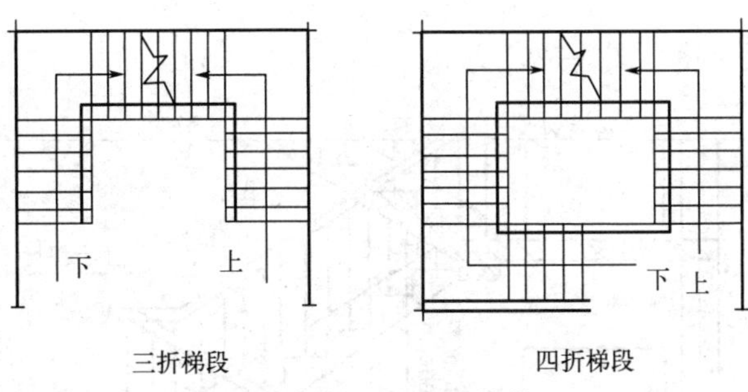


图 3-5-6　三、四跑楼梯

④ 螺旋楼梯、弧形楼梯（图 3-5-7）

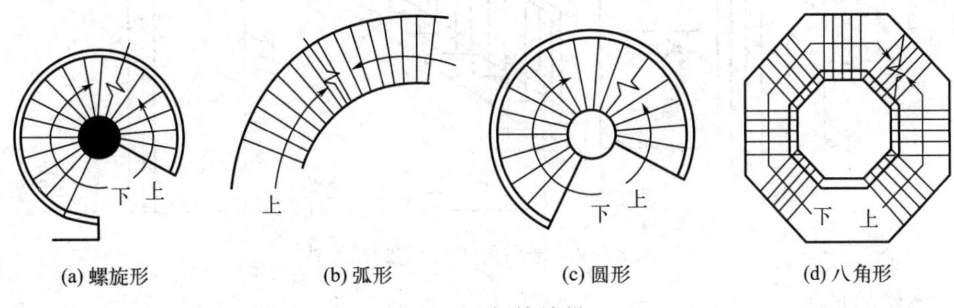


图 3-5-7　螺旋楼梯

螺旋楼梯，踏步通常是围绕一根中央立柱布置，平面呈圆形。其平台和踏步均为扇形，踏步内侧宽度很小，并形成较陡的坡度，行走时不安全，构造较复杂。

弧形楼梯，踏步围绕一处较大的轴心空间旋转，未构成水平投影圆形，仅为一段弧环。扇形踏步内侧宽度较大，使坡度不至于过陡，结构和施工难度较大。

此外如圆形、多边形等曲线形楼梯形式，也具有明显的导向性和轻盈的造型，均可作为建筑小品布置在庭院或室内，但不能作为主要人流交通和疏散楼梯。

⑤ 交叉跑（剪刀）楼梯

其一，相当于四个梯段共用一个中间平台相连，占用面积较大，行走方便，适用于层高较大且有楼层人流多向性选择要求的建筑［图 3-5-8(a)］。

其二，可认为是由两个直行单跑楼梯交叉并列布置而成，通行的人流量较大，且为上下楼层的人流提供了两个方向，对于空间开敞、楼层人流多方向进人有利。但仅适合层高小的建筑［图 3-5-8(b)］。

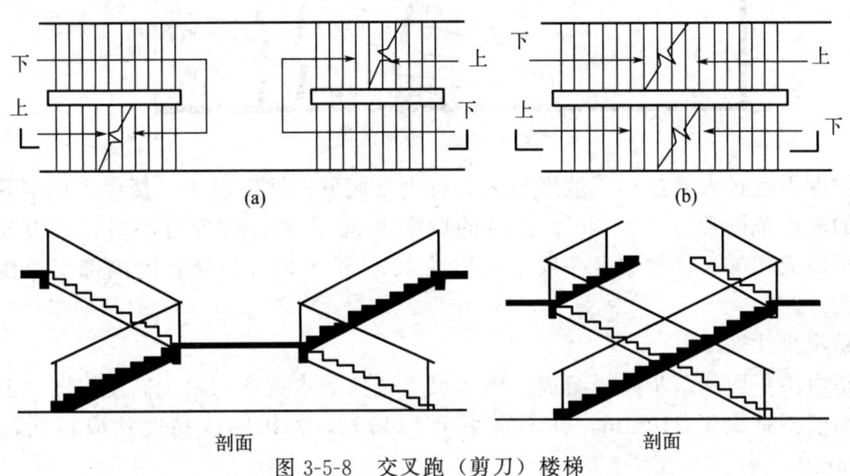


图 3-5-8　交叉跑（剪刀）楼梯

3.5.1.3 **楼梯的主要尺度**（图 3-5-9）

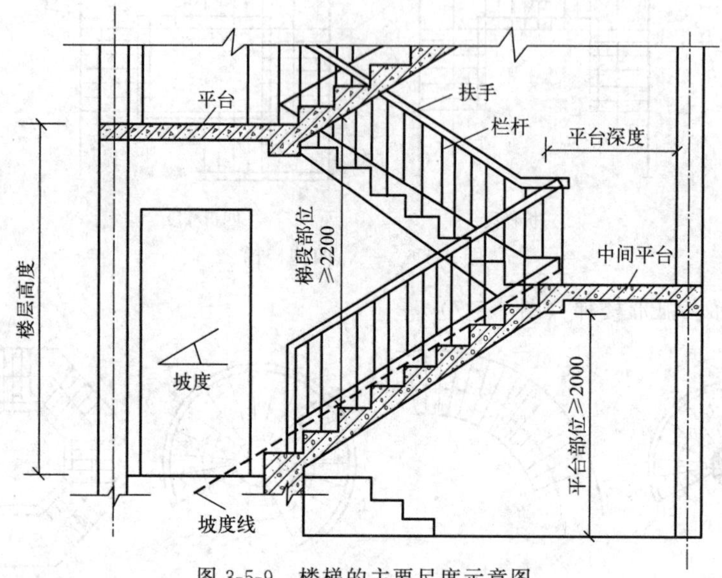


图 3-5-9 楼梯的主要尺度示意图

（1）楼梯的坡度

楼梯的坡度（图 3-5-10）是指梯段中各级踏步前缘的假定连线与水平面形成的夹角，或以夹角的正切表示踏步的高宽比。

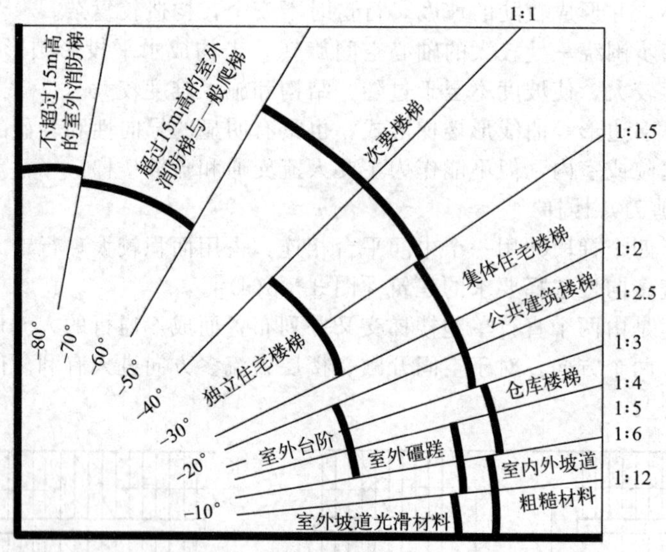


图 3-5-10 楼梯的坡度

楼梯坡度不宜过大或过小，坡度过大，行走易疲劳；坡度过小，楼梯占用空间大。

楼梯的坡度范围常为 23°～45°，适宜的坡度为 30°左右。坡度过小时，可做成坡道，坡度过大时可做成爬梯。楼梯坡度一般不宜超过 38°，供少量人流通行的内部交通楼梯，坡度可适当加大。

（2）踏步尺寸

踏步是由踏步面和踏步踢板组成。踏步尺寸包括踏步宽度和踏步高度（图 3-5-11）。

踏步高度不宜大于 210mm，并不宜小于 140mm，各级踏步高度均应相同，一般常用 140～180mm。

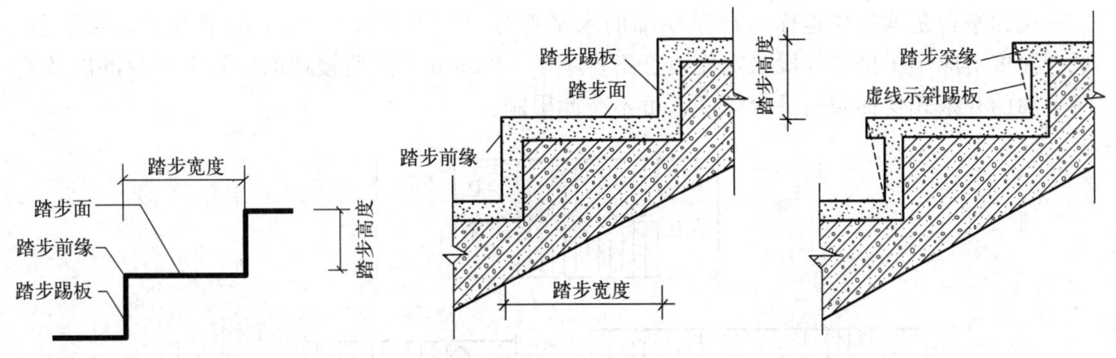


图 3-5-11　踏步尺寸　　　　图 3-5-12　有、无突缘的楼梯踏步构造对比示意图

踏步宽度应与成人的脚长相适应，一般不宜小于 250mm，常用 250～320mm。计算踏步尺寸常用的经验公式为：$2h+b=600$mm（$h$ 为踏步高度；$b$ 为踏步宽度；600mm 为人行走时的平均步距）。

当受条件限制，供少量人流通行的内部交通楼梯，踏步宽度可适当减少，但也不宜小于 220mm，或者也可采用突缘（出沿或尖角）加宽 20mm（图 3-5-12）。踏步宽度一般以 1/5M 为模数，如 220mm、240mm、260mm、280mm、300mm、320mm 等（表 3-5-1）。

**表 3-5-1　楼梯踏步最小宽度与最大高度**

| 楼梯类别 | 最小宽度/mm | 最大高度/mm |
| --- | --- | --- |
| 住宅共用楼梯 | 260 | 175 |
| 幼儿园、小学等楼梯 | 260 | 150 |
| 电影院、剧场、体育馆、医院、疗养院等 | 280 | 160 |
| 其他建筑物楼梯 | 260 | 170 |
| 专用服务楼梯、住宅户内楼梯 | 220 | 200 |

（3）楼梯段宽度

楼梯段宽度指的是梯段边缘或墙面之间垂直于行走方向的水平距离（图 3-5-13）。

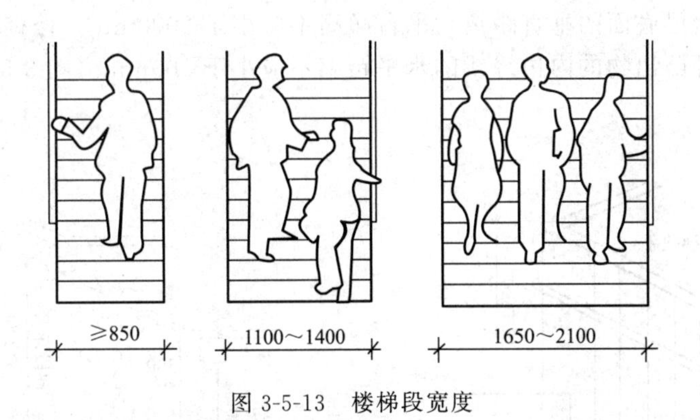


图 3-5-13　楼梯段宽度

梯段宽度是根据通行的人流量大小和安全疏散的要求决定的，供日常主要交通用的楼梯的梯段净宽应根据建筑物使用特征，一般按每股人流宽为 0.55+(0～0.15)m 的人流股数确定，并不应少于两股人流。

(4) 楼梯平台深度

楼梯平台是连接楼地面与梯段端部的水平部分（图 3-5-14），有中间平台和楼层平台，平台深度不应小于楼梯梯段的宽度，且不得小于 1200mm。直跑楼梯的中间平台深度以及通向走廊的开敞式楼梯楼层平台深度，可不受此限制。

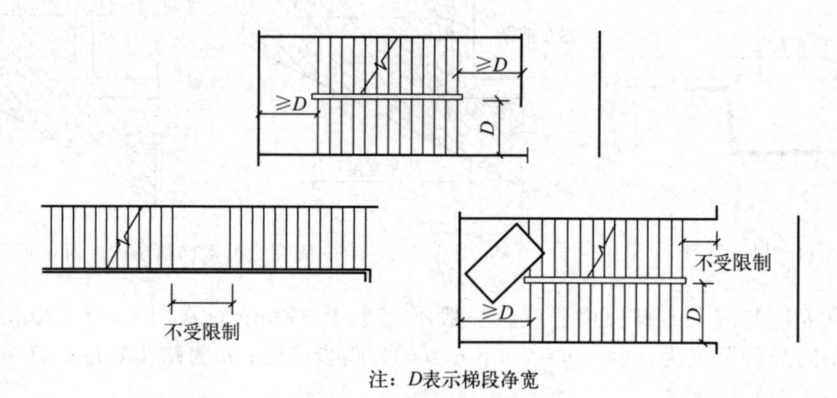


图 3-5-14 楼梯平台深度

(5) 梯井宽度

两个梯段之间的空隙叫梯井，一般是为了方便而设置的，自顶层贯通到底层。为了安全，其宽度不宜过大，以 60～110mm 为宜。

(6) 栏杆扶手高度

楼梯栏杆扶手的高度（图 3-5-15）是指从踏步前缘至扶手上表面的垂直距离。室内楼梯栏杆扶手的高度不宜小于 900mm，通常取 1000mm。凡阳台、外廊、室内回廊、内天井、上人屋面及室外楼梯等临空处设置的防护栏杆，栏杆扶手的高度不宜小于 1050mm。高层建筑的栏杆高度应再适当提高，但不宜超过 1200mm。对幼儿栏杆扶手的高度不宜大于 600mm。

(7) 楼梯的净空高度

楼梯的净空高度包括梯段部位的净高和平台部位的净高。梯段净高是指踏步前缘到顶棚（即顶部梯段底面）的垂直距离，梯段净高不应小于 2200mm。平台净高是指平台面（或楼地面）到顶部平台梁底面的垂直距离，平台净高不应小于 2000mm。楼梯梯段最低、最高踏步的前缘线与顶部凸出物的内边缘线的水平距离不应小于 300mm（图 3-5-16）。

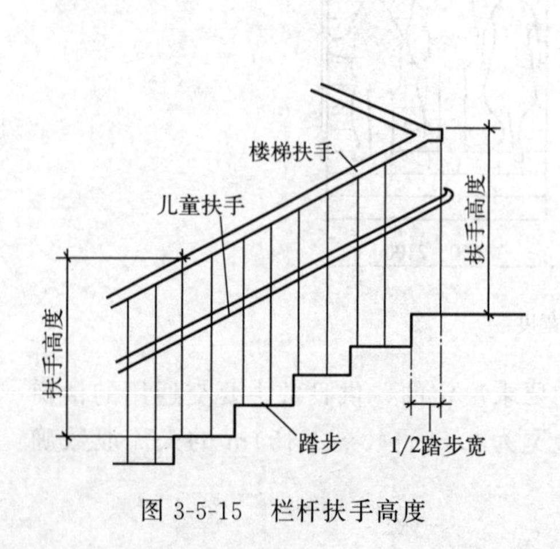


图 3-5-15 栏杆扶手高度

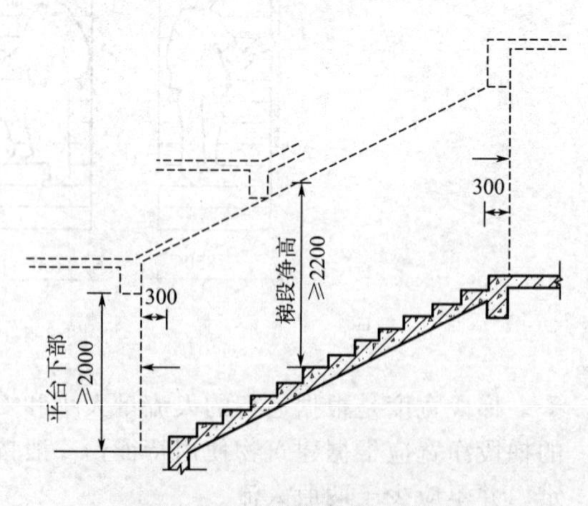


图 3-5-16 楼梯净高示意图

当楼梯底层中间平台下做通道时，为使平台净高满足要求，常采用以下几种处理方法：

① 增加楼梯底层第一个梯段踏步数量，即抬高底层中间平台［图 3-5-17(a)］。

② 降低楼梯中间平台下的地面标高，即将部分室外台阶移至室内。但应注意两点：其一，降低后的室内地面标高至少应比室外地面高出一级台阶的高度，即 100～150mm；其二，移至室内的台阶前缘线与顶部平台梁的内边缘之间的水平距离不应小于 300mm［图 3-5-17(b)］。

③ 将上述两种方法结合，即降低楼梯中间平台下的地面标高的同时，增加楼梯底层第一个梯段的踏步数量［图 3-5-17(c)］。

④ 底层用直行梯段直接从室外上到二楼［图 3-5-17(d)］。

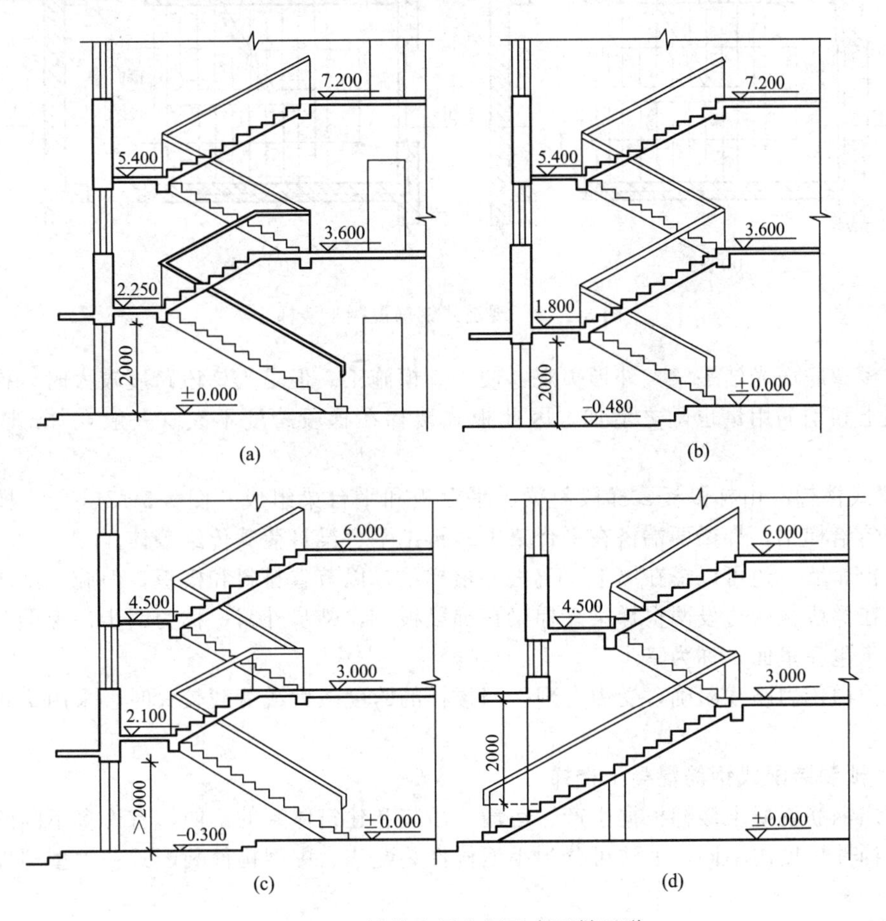


图 3-5-17　楼梯底层中间平台下做通道

### 3.5.2　钢筋混凝土楼梯构造

钢筋混凝土楼梯按施工方法不同有现浇整体式和预制装配式两种类型。现浇钢筋混凝土楼梯由于整体性好、刚度大、抗震性能好等特点，目前应用最为广泛。

#### 3.5.2.1　现浇式钢筋混凝土楼梯

现浇式钢筋混凝土楼梯按梯段的结构形式不同，有板式楼梯和梁式楼梯两种。

① 板式楼梯　通常由梯段板、平台梁和平台板组成［图 3-5-18(a)］，梯段板承受梯段的全部荷载，并且传给两端的平台梁，再由平台梁将荷载传到墙上。平台梁之间的距离即为板的跨度。另外也可不设平台梁，将平台板和梯段板连在一起，荷载直接传给墙体。

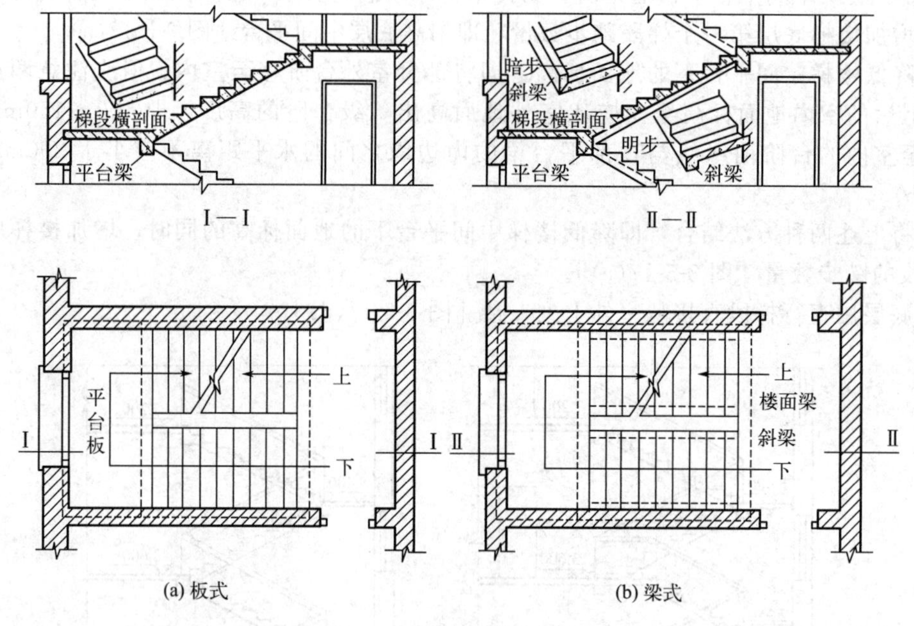


图 3-5-18 现浇式钢筋混凝土楼梯

板式楼梯底面光洁平整，外形美观，便于支模施工。但是当梯段跨度较大时，梯段板较厚，混凝土和钢筋用量也随之增加，因此板式楼梯在梯段跨度不大（一般在 3m 以下）时采用。

② 梁式楼梯　由梯段板、梯段斜梁、平台板和平台梁组成［图 3-5-18(b)］。梯段荷载由梯段板传给梯梁，梯梁两端搭在平台梁上，再由平台梁将荷载传给墙体。

梯段板靠墙一边可以搭在墙上，省去一根梯梁，以节省材料和模板，但施工不便。另一种做法是在梯段板两边设两根梯梁。梯梁在梯段板下，踏步外露，称为明步；梯梁在梯段板之上，踏步包在里面，称为暗步。

梁式楼梯传力路线明确，受力合理。当楼梯的跨度较大或荷载较大时，采用梁式楼梯较经济。

### 3.5.2.2 预制装配式钢筋混凝土楼梯

装配式钢筋混凝土楼梯根据生产、运输、吊装和建筑体系的不同，有许多不同的构造形式，由于构件尺度的不同，大致可分为小型构件装配式、中型构件装配式和大型构件装配式三大类。

(1) 小型构件装配式楼梯

小型构件装配式楼梯的主要预制构件是踏步和平台板。

① 预制踏步　断面形式有三角形、L 形和一字形等。三角形踏步有实心和空心两种。L 形踏步可将踢板朝上搁置，称为正置；也可将踢板朝下搁置，称为倒置。一字形踢步只有踏板没有踢板，拼装后漏空、轻巧，也可用砖补砌踢板（图 3-5-19）。

② 预制踏步的支承方式　主要有梁承式、墙承式和悬挑式三种。

a. 梁承式：指预制踏步支承在梯梁上，而梯梁支承在平台梁上（图 3-5-20）。预制踏步梁承式楼梯，在构造设计中应注意两个方面：一方面是踏步在梯梁上的搁置构造；另一方面是梯梁在平台梁上的搁置构造。踏步在梯梁上的搁置构造，主要涉及踏步和梯梁的形式。三角形踏步应搁置在矩形梯梁上，楼梯为暗步时，可采用 L 形梯梁。L 形和一字形踢步应搁置

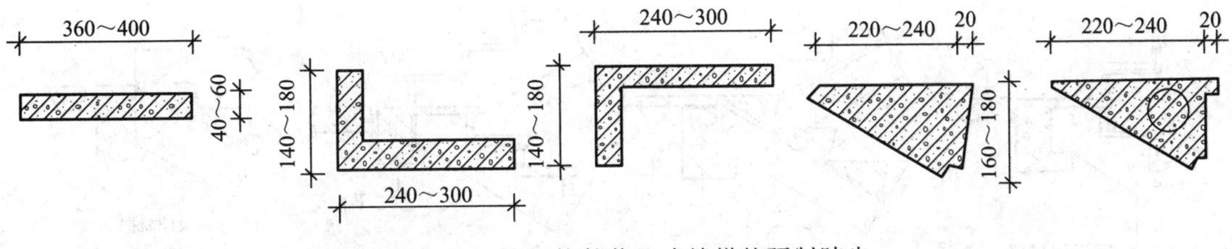


图 3-5-19　小型构件装配式楼梯的预制踏步

在锯齿形梯梁上。梯梁在平台梁上的搁置构造与平台处上下行梯段的踏步相对位置有关。平台处上下行梯段的踏步相对位置一般有三种：一是上下行梯段同步［图 3-5-21(a)］；二是上下行梯段错开一步［图 3-5-21(b)］；三是上下行梯段错开多步［图 3-5-21(c)］。平台梁可采用等截面的 L 形梁，也可采用两端带缺口的矩形梁。

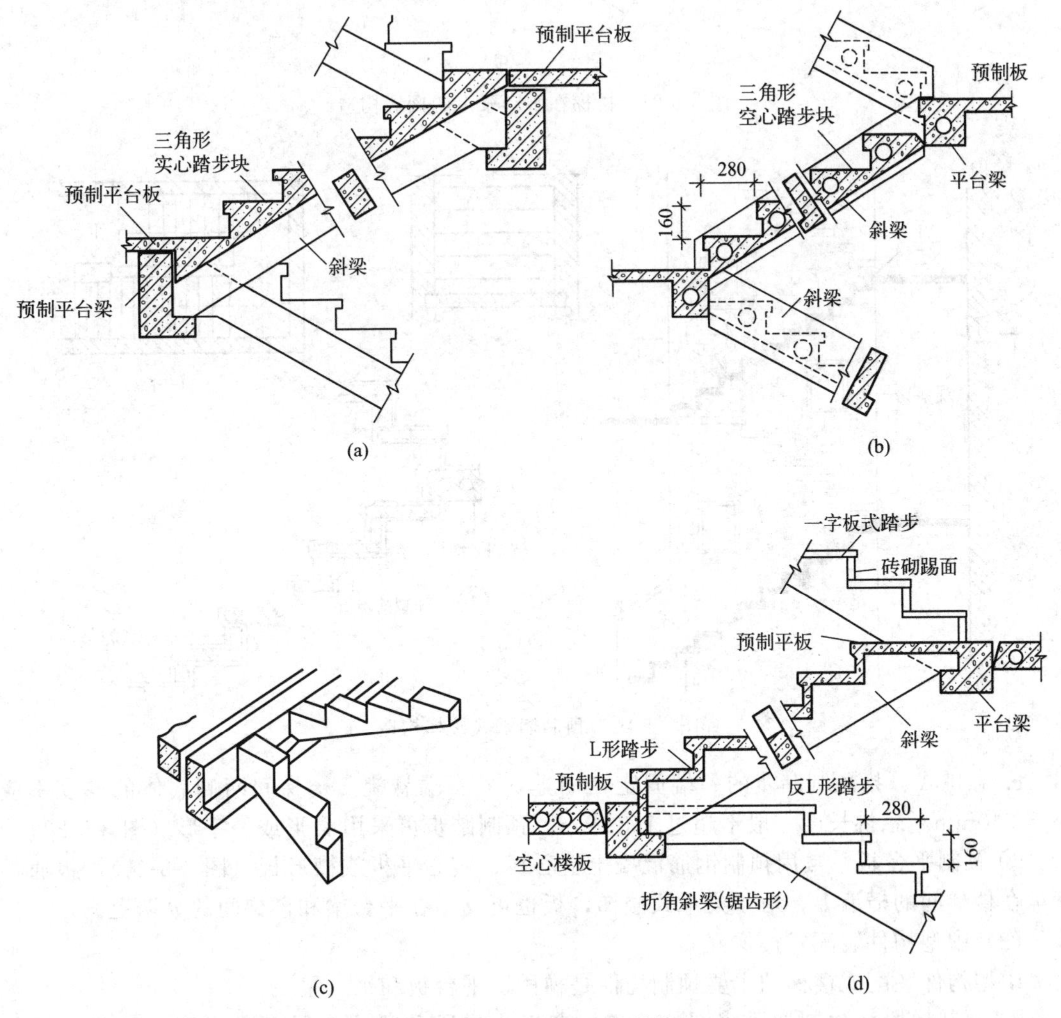


图 3-5-20　预制梁承式楼梯构造

b. 墙承式：指预制踏步的两端支承在墙上。预制踏步墙承式楼梯不需要设梯梁和平台梁，预制构件只有踏步和平台板，踏步可采用 L 形或一字形。对于双跑平行楼梯，应在楼梯间中部设墙（图 3-5-22)。

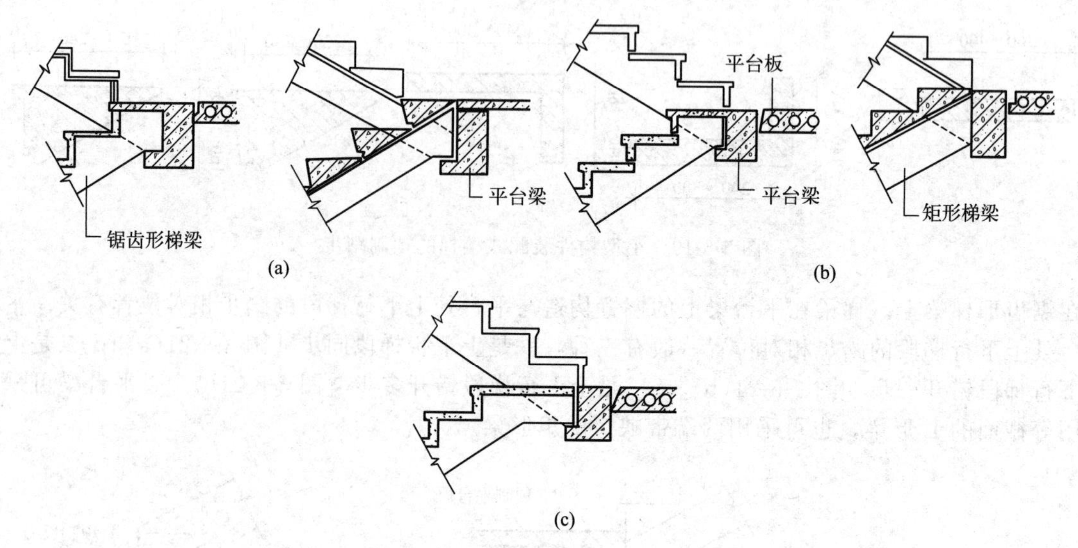


图 3-5-21　楼梯在平台梁上的搁置构造

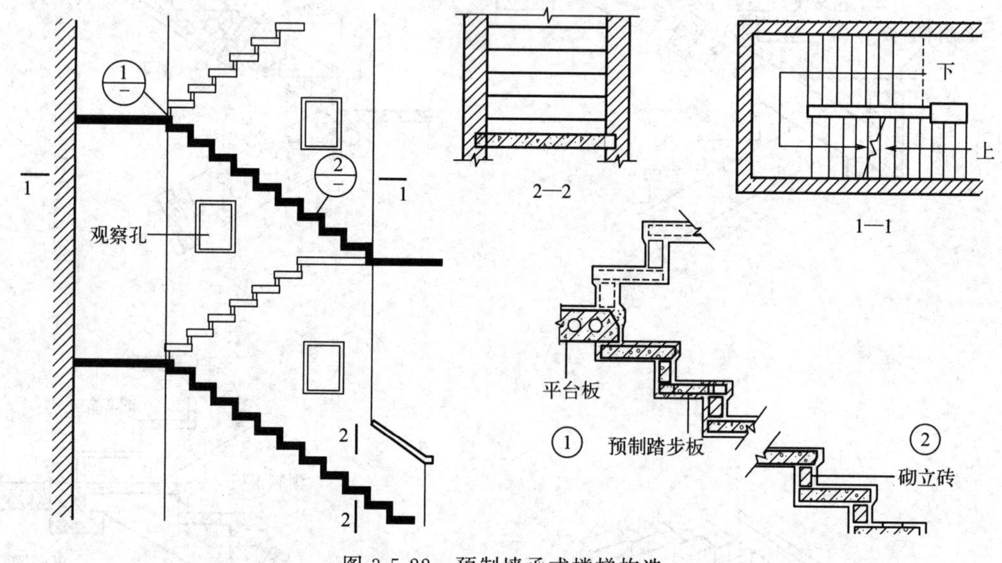


图 3-5-22　预制墙承式楼梯构造

c. 悬挑式：指预制踏步的一端固定在墙上，另一端悬挑。楼梯间两侧墙体的厚度不应小于 240mm，悬挑长度一般不超过 1500mm，预制踏步可采用 L 形或一字形（图 3-5-23）。

③ 预制平台板　常用预制钢筋混凝土空心板、实心平板或槽形板（图 3-5-24），板通常支承在楼梯间的横墙上，对于梁承式楼梯，板也可支承在平台梁和楼梯间的纵墙上。

（2）中型构件装配式楼梯

中型构件装配式楼梯的主要预制构件是梯段、平台板和平台梁。

① 预制梯段　预制梯段（图 3-5-25）有板式梯段和梁式梯段两种类型。板式梯段分实心和空心两种；梁式梯段一般采用暗步，称为槽板式梯段，有实心、空心和折板形三种。

② 预制平台板和平台梁　通常将平台板和平台梁组合在一起预制成一个构件，形成带梁的平台板（图 3-5-26），也可将平台梁和平台板分开预制。

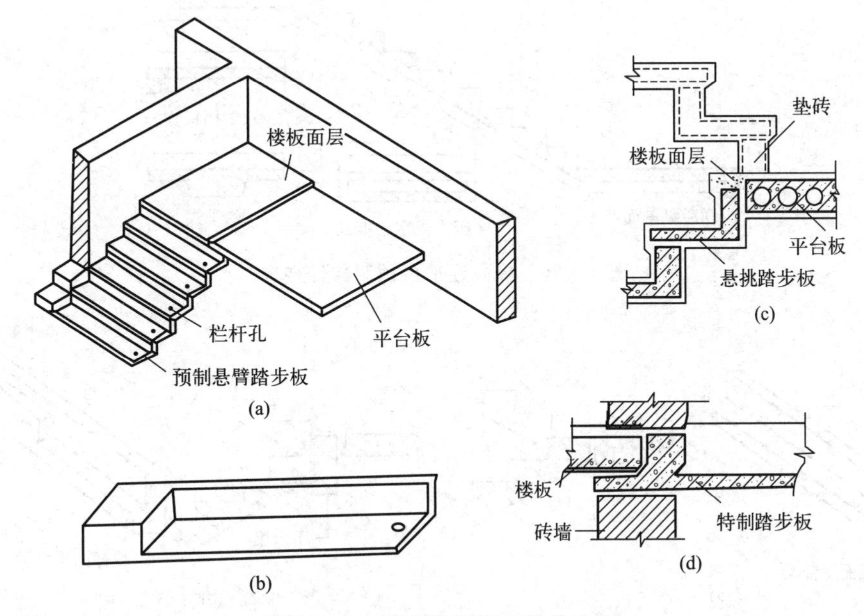


图 3-5-23　预制悬臂踏步楼梯构造

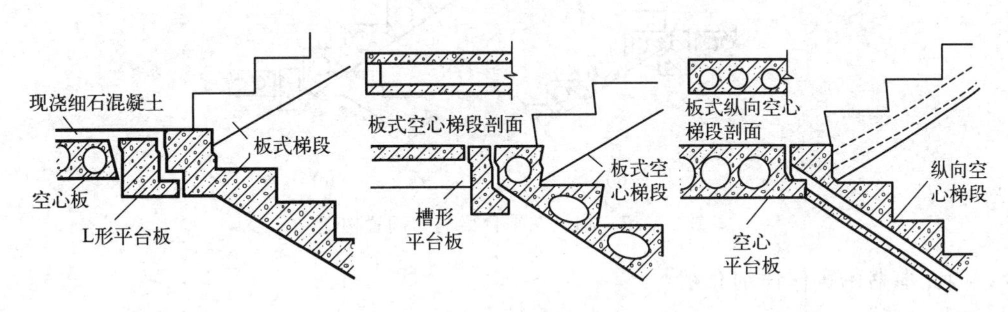


图 3-5-24　预制楼梯平台与梯段连接构造

③ 梯段的搁置　梯段在平台梁上的搁置构造做法一般有以下几种：

其一，上下行梯段同步时，采用埋步做法。平台梁可采用等截面的 L 形梁，为便于安装，L 形平台梁的翼缘顶面宜做成斜面。梯段上下两端各有一步与平台标高一致，即埋入平台内［图3-5-27(a)］。

其二，上下行梯段同步时，也可采用不埋步做法。这种做法的平台梁应设计成变截面梁［图 3-5-27(b)］。

其三，上下行梯段错开一步的做法［图3-5-27(c)］。

其四，上下行梯段错多步的做法。楼梯底层中间平台下做通道时，常将两个梯段做成不等跑的，这样，二层楼层平台处上下行梯段的踏步就有可能形成较多的错步。此时，踏步较少的梯段应做成曲折形。楼梯第一跑梯段的下端应设基础或基础梁，以支承梯段［图 3-5-27(d)］。

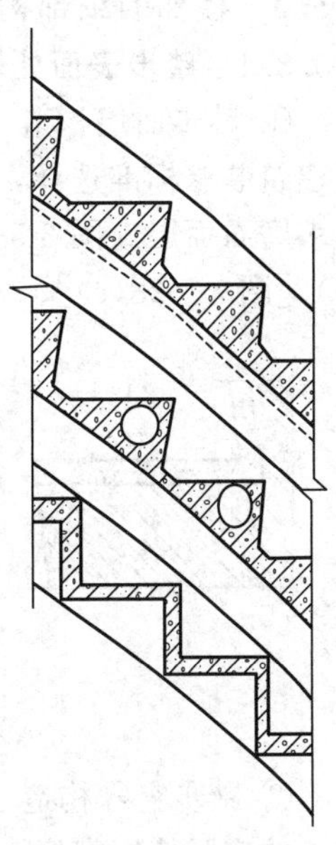

图 3-5-25　中型构件装配式楼梯的预制梯段

(3) 大型构件装配式楼梯

大型构件装配式楼梯是将整个梯段和平台组合在一起预制成一个构件，有板式和梁式两种类型。此种楼梯在风景园林建筑中应用

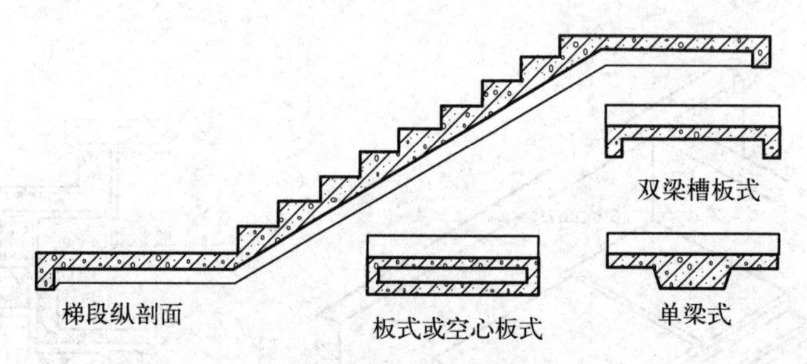

图 3-5-26 梯段连平台预制构件楼梯

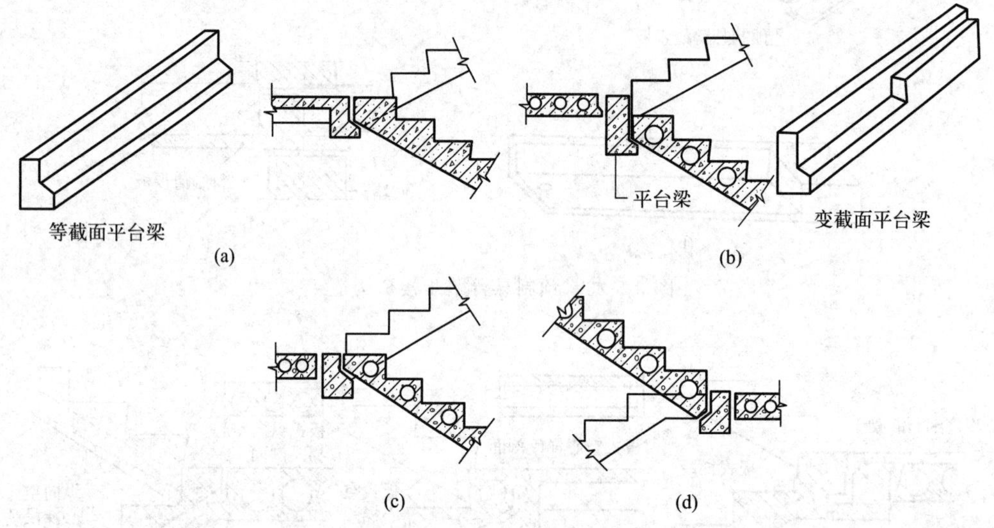

图 3-5-27 梯段在平台梁上的搁置构造

甚少，因此本书不再作详细介绍。

### 3.5.3 楼梯的细部构造

#### 3.5.3.1 踏步表面处理

① 踏步面层构造 做法与楼地面相同，可整体现抹，也可用块材铺贴。面层材料应根据建筑装修标准选择，标准较低时，可用水泥砂浆面层［图 3-5-28(a)］；一般标准时可做普通水磨石面层［图 3-5-28(b)］；标准较高时，可用缸砖面层（适用于较高标准的室外楼梯面层）［图 3-5-28(c)］、大理石板或预制彩色水磨石板铺贴［图 3-5-28(d)］。

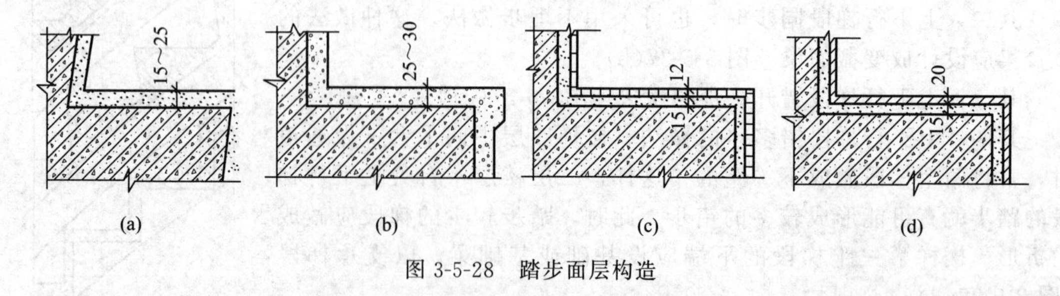

图 3-5-28 踏步面层构造

② 踏步突缘构造 当踏步宽度取值较小时，前缘可挑出形成突缘（图 3-5-29），以增加踏步的实际使用宽度，踏步突缘的构造做法与踏步面层做法有关。整体现抹的地面，可直接抹成突缘，突缘宽度一般为 20～40mm。

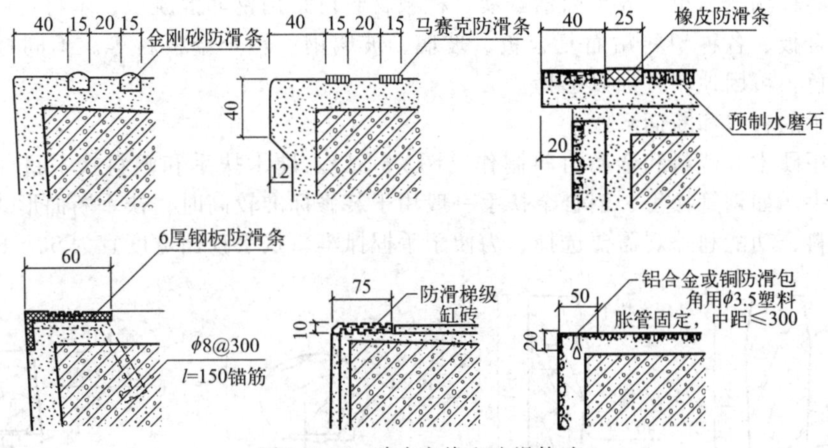


图 3-5-29　踏步突缘和防滑构造

③ 踏面防滑处理　通常有两种（图 3-5-29）：一种是设防滑条，可采用金刚砂、橡胶、塑料、马赛克和金属等材料，其位置应设在距踏步前缘 40～50mm 处，踏步两端接近栏杆或墙处可不设防滑条，防滑条长度一般按踏步长度每边减去 150mm，另一种是设防滑包口，即用带槽的金属等材料将踏步前缘包住，既防滑又起保护作用。

### 3.5.3.2　栏杆和扶手构造

（1）栏杆的形式和材料

栏杆形式通常有空花栏杆［图 3-5-30(a)］、栏板式栏杆［图3-5-30(b)］和组合式栏杆三种［图 3-5-30(c)］。栏杆一般采用金属材料制成，如圆钢、方钢、扁钢和钢管等。

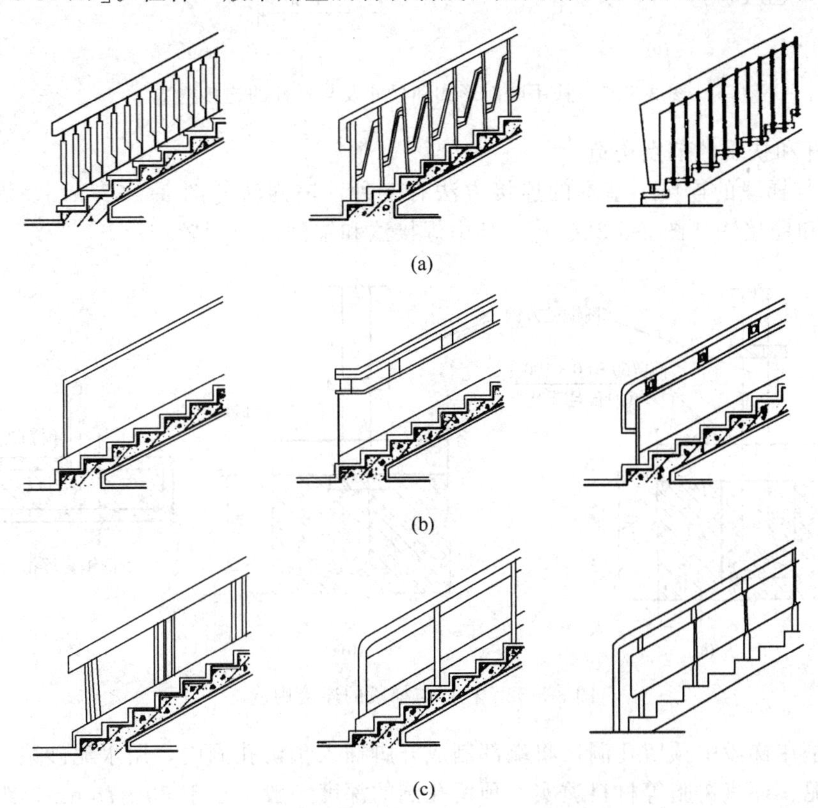


图 3-5-30　楼梯栏杆形式

栏板式栏杆构造简单，效果简洁舒展。栏板材料可采用钢筋混凝土、木材、砖、钢丝网水泥板、胶合板、各种塑料贴面复合板、玻璃、玻璃钢、轻合金板材等。不同材料质感不同，各有特色，可因地制宜加以选择。

（2）扶手的材料和断面形式

扶手常用硬木、塑料和金属材料制作（图3-5-31）。硬木扶手和塑料扶手目前应用较广泛；金属扶手，如钢管扶手、铝合金扶手一般用于装修标准较高时。扶手断面形式很多，可根据扶手材料、功能和外观需要选择。为便于手握抓牢，扶手顶面宽度宜为 60～80mm。

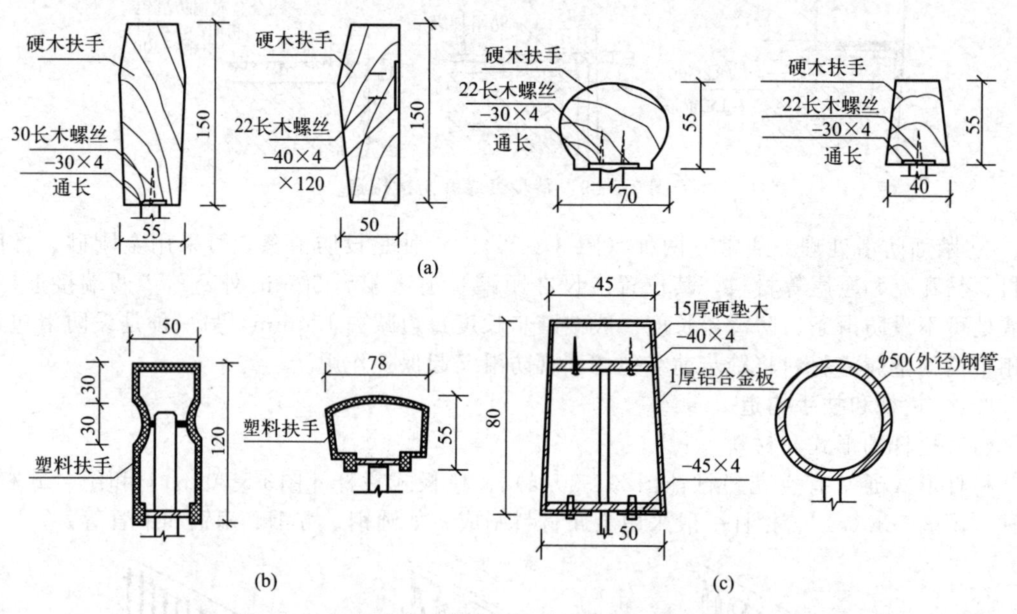


图 3-5-31　扶手断面形式和尺寸及与栏杆的连接构造

（3）栏杆和扶手的节点构造

① 栏杆与梯段的连接　基本的连接方法有三种：锚固法［图 3-5-32(a)］、焊接法［图 3-5-32(b)］和栓接法［图 3-5-32(c)］，其中焊接法和锚固法应用较广泛。

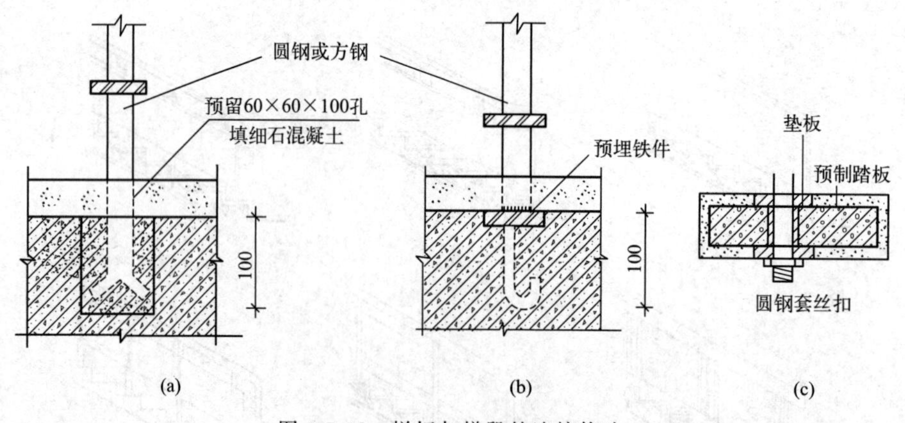


图 3-5-32　栏杆与梯段的连接构造

锚固法是在梯段中预留孔洞，将端部制成开脚插入预留孔洞内，用水泥砂浆、细石混凝土或快凝水泥、环氧树脂等材料灌实。预留孔洞的深度一般不小于 60～75mm，距离梯段边缘不小于 50～70mm。

焊接法是在梯段中预埋钢板或套管，将栏杆的立杆与预埋铁件焊接在一起。

栓接法是用螺栓将栏杆固定在梯段上，固定方式有若干种。

② 栏杆与扶手的连接（图 3-5-33） 硬木扶手通常是用木螺丝将焊接在金属栏杆顶端的通长扁钢拧在一起；塑料扶手带有一定的弹性，通过预留的卡口直接卡在栏杆顶端焊接的通长扁钢上；金属扶手一般直接焊接在金属栏杆的顶面上。

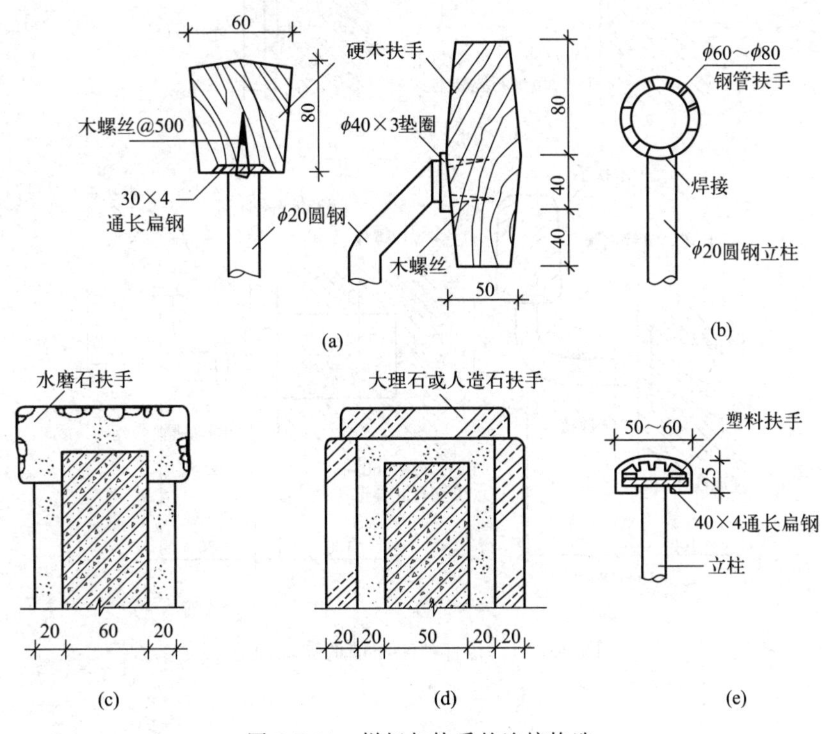


图 3-5-33 栏杆与扶手的连接构造

③ 栏杆扶手与墙的连接 楼梯顶层的楼层平台临空一侧应设置水平栏杆扶手，扶手端部与墙应有可靠的连接。一般将连接扶手和栏杆的扁钢插入墙上的预留孔内，并用水泥砂浆或细石混凝土填实。若为钢筋混凝土墙或柱，可将扁钢与墙或柱上的预埋铁件焊接（图 3-5-34）。

### 3.5.4 疏散楼梯

疏散楼梯是指在发生紧急情况的时候供人群疏散逃生之用，当然它也可以在正常情况下使用，因此，疏散楼梯的意义和作用十分重要。疏散楼梯间应能天然采光和自然通风，并宜在最外墙设置。疏散楼梯根据建筑的性质、高度和楼梯间位置的不同，可以分为敞开楼梯间、封闭楼梯间、防烟楼梯间（图 3-5-35）和室外疏散楼梯间（图 3-5-36），它们各自的功能作用不同，使用范围和设计要求也随之不同。疏散楼梯的构造如前所述，同楼梯构造。

#### 3.5.4.1 敞开楼梯间

敞开楼梯间是指建筑物内由墙体等围护构件构成的无封闭防烟功能，且与其他使用空间相通的楼梯间。

敞开楼梯间在低层建筑中广泛采用。由于楼梯间与走道之间无任何防火分隔措施，所以一旦发生火灾就会成为烟火蔓延的通道，因此，高层建筑和地下建筑中不应采用。

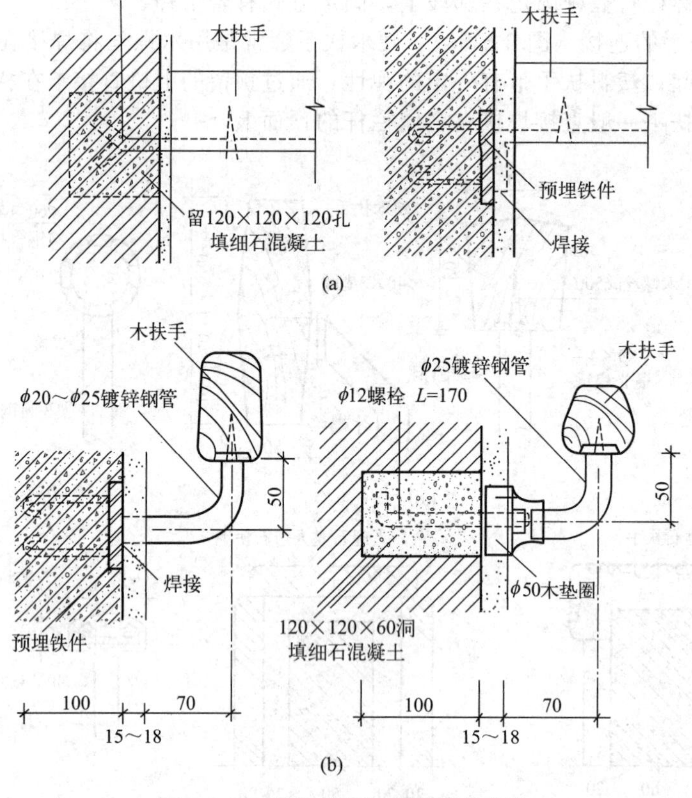


图 3-5-34　栏杆扶手与墙的连接构造

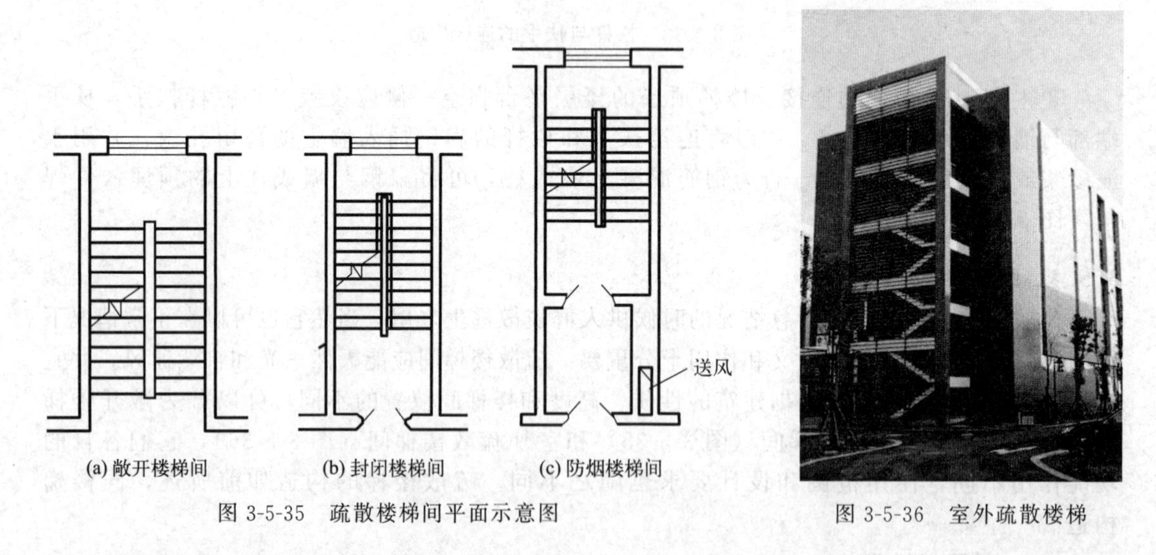


图 3-5-35　疏散楼梯间平面示意图

图 3-5-36　室外疏散楼梯

敞开楼梯间应符合下列要求：

① 房间门至最近的楼梯间的距离应满足安全疏散距离的要求。

② 楼梯间在底层处应设直接对外的出口。一般当建筑中层数不超过四层时，通过一定技术措施，可将对外出口设置在离楼梯间不超过15m处。

③ 公共建筑的疏散楼梯两段之间的水平净距不宜小于150mm。

#### 3.5.4.2 封闭楼梯间

封闭楼梯间是指用耐火建筑构配件分隔，能防止烟和热气进入的楼梯间。

封闭楼梯间设计要求：

① 楼梯间应靠外墙，并应直接天然采光和自然通风，当不能天然采光和自然通风时，应按防烟楼梯间的要求设置。

② 楼梯间的首层可将走道和门厅等包括在楼梯间内，形成扩大的封闭楼梯间，但应采用乙级防火门等措施与其他走道和房间隔开。

③ 除楼梯间的门之外，楼梯间的内墙上不应开设其它门窗洞口。

④ 民用建筑的疏散门，应采用向疏散方向开启的平开门，不应采用推拉门、卷帘门、吊门、转门和折叠门。

#### 3.5.4.3 防烟楼梯间

为了更有效地阻挡烟火入侵楼梯间，可在封闭楼梯间的基础上增设装有防火门的前室和防排烟设施，并与建筑物内使用空间分隔，此楼梯间称为防烟楼梯间。

防烟楼梯间的前室可按要求设计为封闭型和开敞型两种。

① 带封闭前室的疏散楼梯间　前室应采用具有一定防火性能的墙和乙级防火门进行封闭。优点是可靠外墙设置，也可设在建筑物内部，平面布置十分灵活且形式多样；缺点是排烟比较困难，须设排烟装置，设备复杂、经济性差，且效果不理想。

② 带开敞前室的疏散楼梯间　以阳台或凹廊作为前室，疏散人员必须通过开敞的前室和两道防火门，才能进入封闭的楼梯间内。优点是自然风力能将随人流进入阳台的烟气迅速排走，同时转折的路线也使烟火很难窜入楼梯中间，无须再设其他的排烟装置；缺点是只有当楼梯间靠外墙时才有可能采用，有一定的局限性。

#### 3.5.4.4 室外疏散楼梯间

室外疏散楼梯是指用耐火结构与建筑物分隔，设在墙外的楼梯。它主要用于应急疏散，可作为辅助防烟楼梯使用，其宽度可计入疏散楼梯总宽度中。栏杆扶手高度不应小于1.10m，楼梯净宽度不应小于0.9m，倾斜角度不应大于45°一般情况下，室外疏散楼梯不宜采用镂空形护栏。室外疏散楼梯和每层出口处平台，应采用非燃烧材料制作，平台的耐火极限不低于1.0h。在楼梯周围2m的墙面上，除疏散门外，不应开设其他门窗洞口，疏散门应采用乙级防火门，且不应正对楼梯段。

上述几种疏散楼梯的具体使用范围较为复杂，其适应的建筑类型详细参照《建筑设计防火规范》(GB 50016—2014) 中的相关条文规定，本书中不做赘述。

### 3.5.5 台阶与坡道

台阶与坡道多是设置在建筑物出入口处的辅助构件，根据使用要求的不同在形式上有所区别。一般民用建筑中，在车辆通行及专为残疾人使用的特殊情况下才设置坡道；有时在走廊内为解决小尺寸高差时也用坡道。台阶和坡道在入口处对建筑的立面还具有一定的装饰作用，因此设计时既要考虑实用，又要考虑美观（图 3-5-37)。

#### 3.5.5.1 室外台阶

台阶有室内台阶和室外台阶之分，室内台阶主要用于室内局部的高差联系，室外台阶主要用于联系室内外地面。由于室外台阶使用较多，本节仅介绍室外台阶。

为防潮、防水，一般要求首层室内地面至少要高于室外地坪150mm。这部分高差要用台阶连接。

① 台阶的形式　台阶由踏步和平台组成，其平面形式有单面踏步式、两面踏步式和三

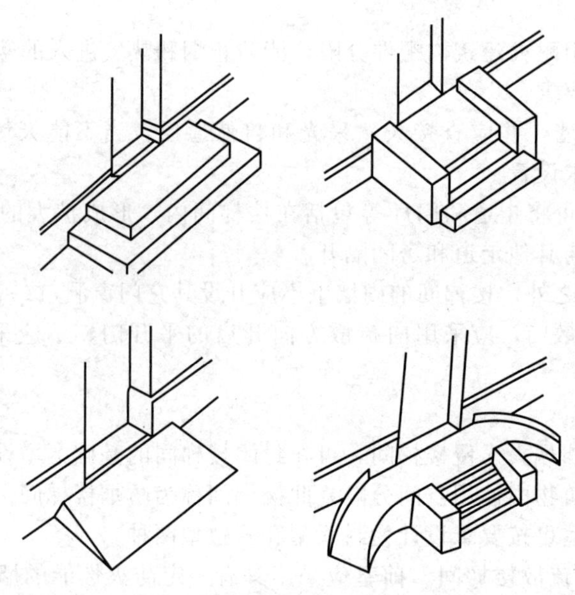

图 3-5-37 台阶与坡道的形式

面踏步式等。台阶坡度较楼梯平缓，每级踏步高为 100～150mm，踏面宽为 300～400mm，当台阶高度超过 1m 时，宜设有护栏。在出入口和台阶之间设平台，平台应与室内地坪有一定高差，一般为 40～50mm，且表面应向外倾斜 1%～3%坡度，避免雨水流向室内。

② 台阶的构造 台阶构造由面层、结构层和基层构成（图 3-5-38）。

面层应耐磨、光洁、易于清扫，一般采用耐磨、抗冻材料做成，常用的有水泥砂浆、水磨石、缸砖以及天然石板等。水磨石在冰冻地区容易造成滑跌，应慎用，如使用必须采取防滑措施。缸砖、天然石板等多用于大型公共建筑大门出入口处，但也应慎用表面光滑的材料。

结构层承受作用在台阶上的荷载，应采用抗冻、抗水性能好且质地坚实的材料，常用的有黏土砖、混凝土、天然石材等。普通黏土砖抗冻、抗水性能差，砌筑台阶整体性也不好，容易损坏，即使做了面层也会剥落，故除次要建筑或临时性建筑中使用外，一般很少用。大量的民用建筑多采用混凝土台阶。

基层是为结构层提供良好均匀的持力基础，一般较为简单，只要挖去腐殖土，做一垫层即可。在严寒地区如台阶下为冻胀土（黏土或亚黏土）可采用换土法（砂土）来保证台阶基层的稳定。

为预防建筑物主体结构下沉时拉裂台阶，应将建筑主体结构与台阶分开，待主体结构有一定沉降后，再做台阶；或者把台阶基础和建筑主体基础做成一体，使二者一起沉降，这种情况多用于室内台阶或位于门洞内的台阶；也有将台阶与外墙连成整体，做成由外墙的挑出式结构。

### 3.5.5.2 坡道

当室外门前有车辆通行及特殊的情况下，要求设置坡道，如医院、宾馆、幼儿园、行政办公楼以及工业建筑的车间大门等处。坡道多为单面坡形式。有些大型公共建筑，为考虑车辆能在出入口处通行，常采用台阶与坡道相结合的形式。在有残疾人轮椅车通行的建筑门前，应在有台阶的地方增设坡道，以便出入。坡道的坡度一般在（1∶8）～（1∶12）之间。室内坡道不宜大于 1∶8，室外坡道不宜大于 1∶10；供轮椅使用的坡道不应大于 1∶12。当坡度大于 1∶8 时须做防滑处理，一般做锯齿状或做防滑条。

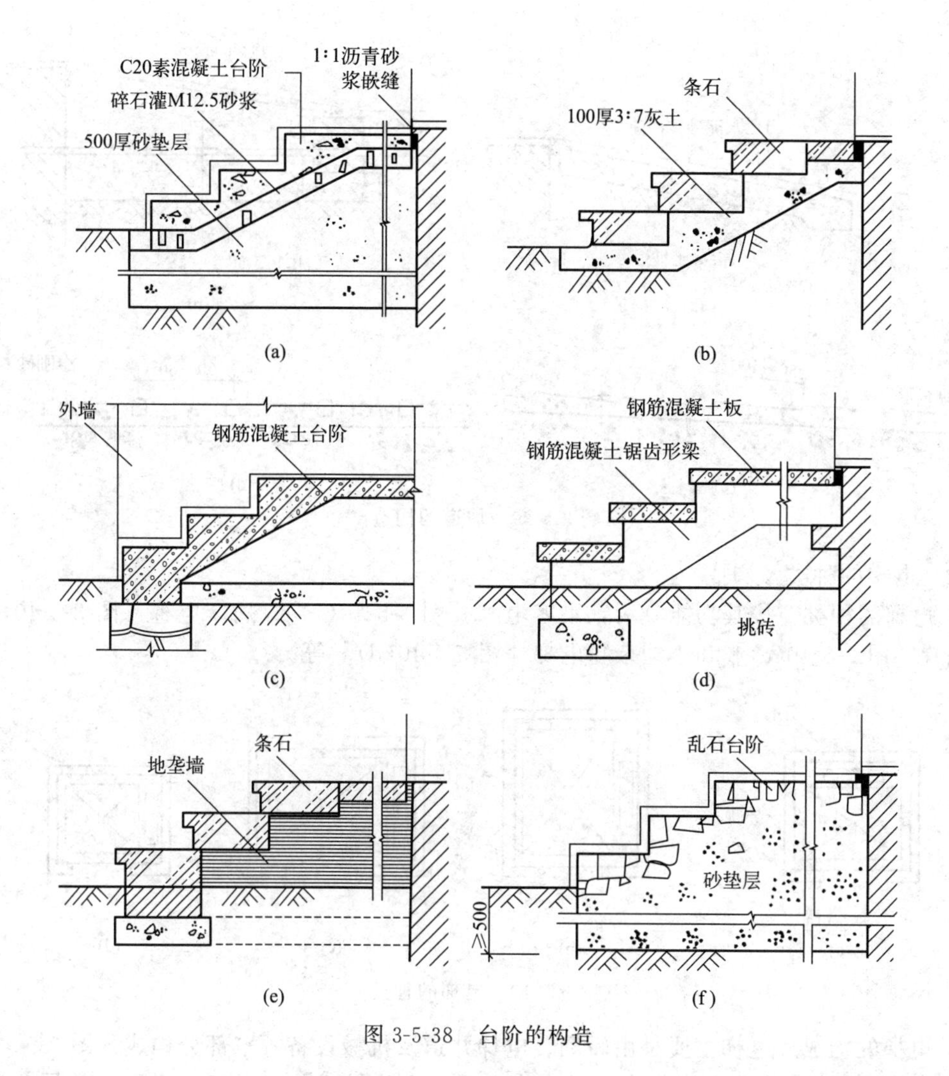


图 3-5-38　台阶的构造

坡道也是由面层、结构层和基层组成，要求材料耐久性、抗冻性好，表面耐磨。常用的结构层材料有混凝土或石块等，面层以水泥砂浆居多，基层也应注意防止不均匀沉降和冻胀土的影响（图 3-5-39）。

### 3.5.6　电梯与自动扶梯

#### 3.5.6.1　电梯

当建筑的层数较多，使用楼梯上下楼需要消耗较大的体力，并且需要花费很多时间，因此要设置电梯作为垂直交通工具。

有些建筑虽然层数不多，但建筑级别较高或有特殊需要（如宾馆、医院等），或经常有较重的货物要运送（如商店、多层仓库、工厂等），常设电梯。

（1）电梯的设计要求

① 电梯不能作为建筑垂直交通的安全出口，设置电梯的建筑物仍应按防火规范规定的安全疏散距离设置疏散楼梯，电梯最好不被楼梯围绕布置。

② 在以电梯为主要垂直交通的建筑中，每栋建筑物内或建筑物内的每个服务区，乘客电梯的台数不应少于两台；单侧排列的电梯不应超过 4 台；双侧排列的电梯不应超过 8 台，且不应在转角处紧邻布置。

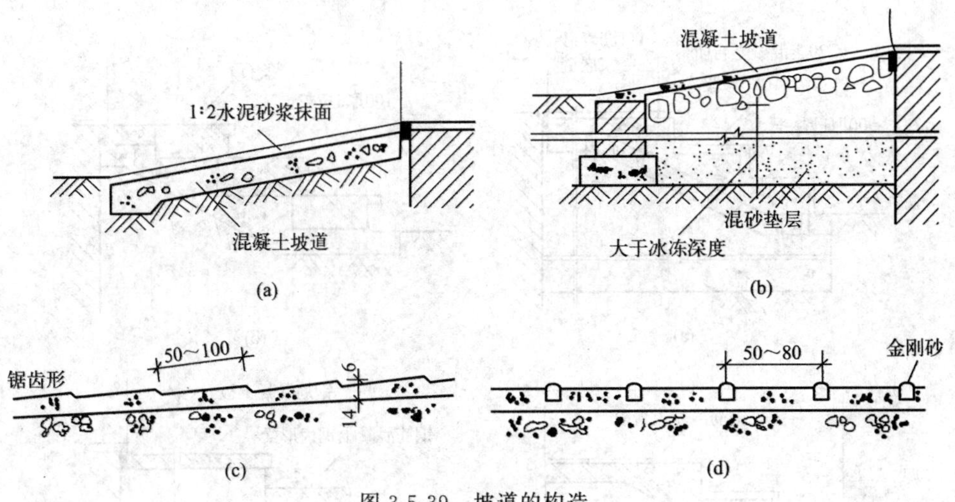

图 3-5-39 坡道的构造

（2）电梯的种类及构成

① 电梯的种类 按其功能分为：乘客电梯［图 3-5-40(a)］、病床电梯［图 3-5-40(b)］、载货电梯［图 3-5-40(c)］和小型杂物电梯［图 3-5-40(d)］等。

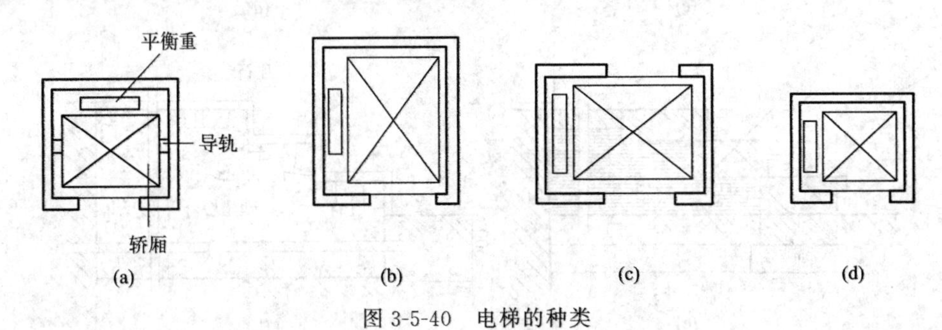

图 3-5-40 电梯的种类

② 电梯的构成 电梯主要是由轿厢、电梯井道及机械设备等三部分构成（图 3-5-41）。

电梯轿厢是直接作载人或载货之用，其内部造型用材应美观，经久耐用，并易于清洗。目前轿厢常用金属框架结构，内部用光洁有色钢板壁面或有色有孔钢板壁面、花格钢板地面、荧光灯局部照明以及不锈钢操纵板等。入口处采用钢板铝材制成的电梯门槛。

电梯井道是电梯运行的垂直通道，应按其种类的不同而设计平面形式、尺寸，并具有足够的刚度和强度。

（3）电梯的细部构造

为使电梯正常安全地使用，应设置电梯井道、电梯门套和电梯机房等。

① 电梯井道

a. 井道的尺寸：应根据电梯的型号、机器设备的大小和检修需要而确定井道的平面尺寸。一般井道净尺寸为 1800mm×2100mm、1900mm×2300mm、2600mm×2300mm、2600mm×2600mm 等。

b. 井道的防火：井道是在高层建筑中穿通各层的垂直通道，火灾中火焰及烟气容易从中蔓延，因此井道和机房四周的围护结构必须具备足够的防火性能，其耐火极限应满足《建筑设计防火规范》（GB 500016—2014）的规定。一般采用钢筋混凝土墙或砖墙。当井道内设置超过两部电梯时，需用防火围护结构隔开。

c. 井道的通风：为有利于通风，以及一旦发生火灾时，能迅速将烟和热气排出室外，

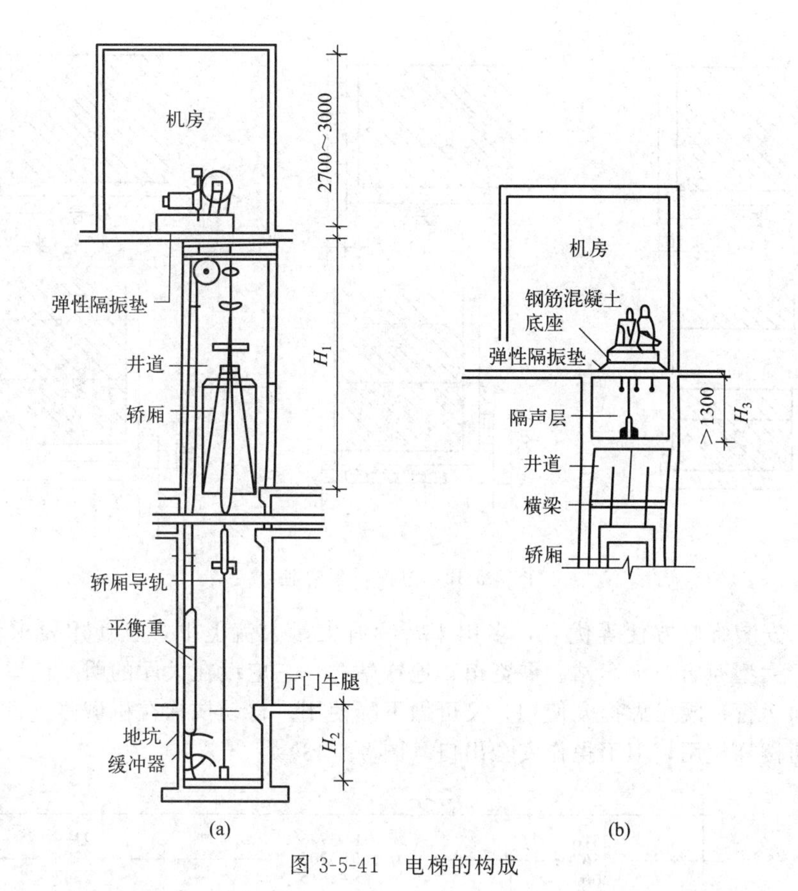

图 3-5-41 电梯的构成

井道的顶层、中部适当位置（高层建筑）及坑底处设置不小于 300mm×600mm 或其面积不小于井道面积的 3.5%的通风口，并且通风口总面积的 1/3 应经常开启。通风管道可在井道顶板上或井道壁上直接通往室外。

d. 井道的隔声：为了减轻机器运行时对建筑物产生振动噪声，井道应采取适当的隔声措施。一般在机房机座下设置弹性垫层隔振。当电梯运行速度超过 1.5m/s 时，除设弹性垫层外，还应在机房与井道间设隔声层，高度不小于 1300mm，常用 1500～1800mm。电梯井道外侧应避免作为居室，否则应注意采取隔声措施，最好楼板与井道壁脱离开，另作隔声层，也可只在井道外加砌混凝土块衬墙。

e. 井道的检修：井道内为了安装检修和缓冲，井道的上下均应留有必要的空间。井道底、坑壁及坑底须做防水处理，坑底设排水设施。为便于检修，坑壁须设置爬梯和检修灯槽。坑底位于地下室时，宜从侧面开检修小门。坑内预埋件按电梯要求确定。

② 电梯门套　电梯间的厅门是井道各层的出入口。由于电梯间门是人流或货流频繁经过之处，要坚固、适用、美观，因此在厅门洞口上部和两侧需装门套（图 3-5-42）。门套构造做法应与电梯厅的装修统一，可采用水泥砂浆抹面、水磨石、大理石及硬木板或金属板贴面。除金属板为电梯厂定型产品外，其余材料均可现场制作或预制。

③ 电梯机房　一般设在电梯间的顶部。机房的平面尺寸须根据机械设备尺寸的安排和管理维修等需要来确定，常用平面尺寸有 1800mm×3600mm、1900mm×3900mm、3800mm×3600mm、4000mm×3900mm、2400mm×3900mm、5000mm×3900mm、2600mm×4000mm、5400mm×4000mm 等。

#### 3.5.6.2　自动扶梯

自动扶梯是一种在一定方向上能大量、连续输送客流的装置。它具有结构紧凑、重量

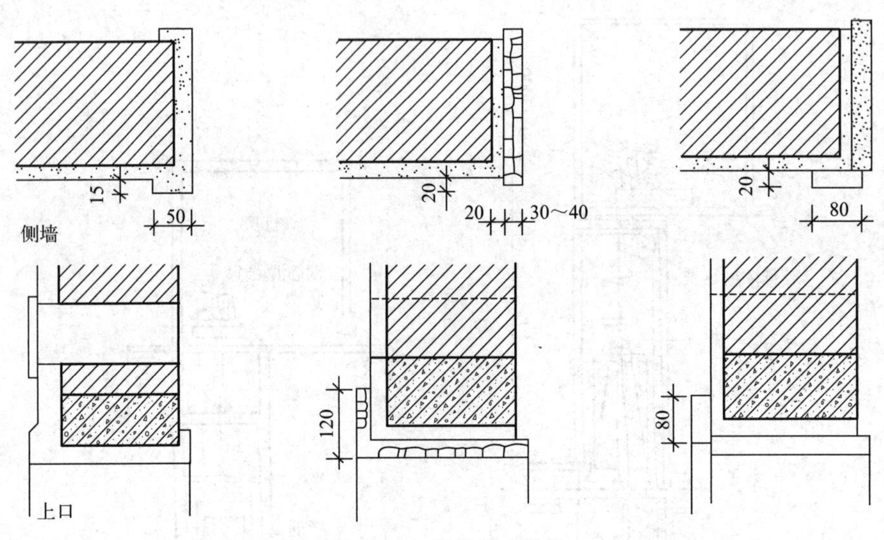


图 3-5-42　电梯门套构造

轻、耗电省、安装维修方便等优点，多用于持续有大量人流上下，且使用要求较高的建筑物，如机场、大型商店、火车站、展览馆、地铁站等，它应设在大厅的明显位置。自动扶梯可以正逆方向运行，既可做提升使用，又可做下降使用。自动扶梯在机械停止运转时，可作临时性的普通楼梯使用，但不得作安全出口（图 3-5-43）。

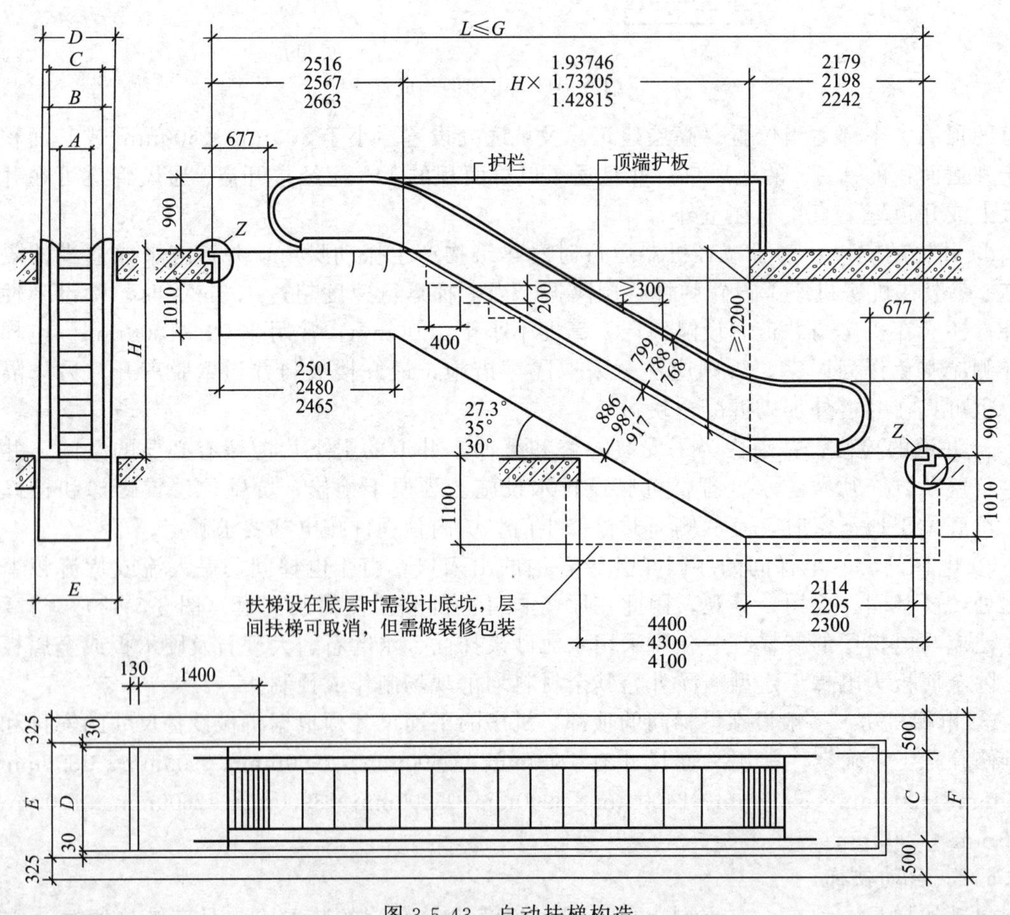


图 3-5-43　自动扶梯构造

自动扶梯的布置形式有平行排列、交叉排列、连贯排列、集中交叉式排列。

自动扶梯的坡度一般采用30°，按运输能力分单人和双人两种型号。

在大型交通建筑中，可采用自动人行道，这是一种可连续输送乘客的装置，安全可靠，运输效率高。自动人行道一般是水平式，特殊需要时最大倾斜角可为12°，通常设置在室内，可单台、双台、多台并联或交叉布置。

由于电梯、自动扶梯的型号不同、生产厂家不同、规格和数据也各不相同，设计时必须依据具体的资料进行。

## 3.6 门窗

### 3.6.1 门窗的基础知识

#### 3.6.1.1 门窗的作用

门和窗是装设在墙洞中可启闭的建筑构件，也是建筑中重要的维护构件。

① 门的主要作用是分隔建筑空间、交通联系以及安全疏散。

② 窗的主要作用是采光、通风、日照、眺望。

③ 门和窗除满足基本使用要求外，还应该具有保温、隔热、隔声、防火、防水、防盗等功能。

④ 门和窗的设计对建筑立面起了装饰与美化作用。

#### 3.6.1.2 门窗的要求

设计门窗时，应注意如下要求：

① 防风雨、保温、隔声；

② 开启灵活、关闭紧密；

③ 便于擦洗和维修方便；

④ 坚固耐用，耐腐蚀；

⑤ 符合《建筑模数协调标准》(GB/T 50002—2013) 的要求。

#### 3.6.1.3 门窗的尺寸

门窗的尺寸，通常指门窗洞口的高、宽尺寸。

(1) 门的尺寸

门作为交通疏散通道，其尺寸取决于人体的尺度、通行要求、需要搬运的家具设备大小、建筑模数规定以及防火规范要求（表3-6-1)。

**表3-6-1 民用建筑门尺寸参考表** 单位：mm

| 高 | 宽 | | | | | | | | |
|---|---|---|---|---|---|---|---|---|---|
| | 700 | 800 | 900 | 1000 | 1500 | 1800 | 2400 | 3000 | 3300 |
| 2100 | [门] | [门] | [门] | | | | | | |
| 2400 | [门] | [门] | [门] | [门] | [门] | | | | |
| 2700 | | [门] | [门] | [门] | [门] | [门] | | | |

续表

| 高 | 宽 | | | | | | | | |
|---|---|---|---|---|---|---|---|---|---|
| | 700 | 800 | 900 | 1000 | 1500 | 1800 | 2400 | 3000 | 3300 |
| 3000 | | | | 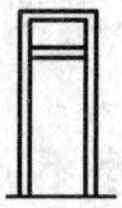 | 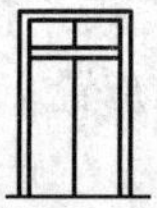 | 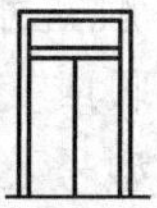 |  | 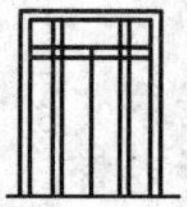 |  |

① 居住建筑中门的尺寸

门的宽度：单扇门 700～1000mm；双扇门 1200～1500mm。

门的高度：一般 2000～2200mm。

② 公共建筑中门的尺寸

门的宽度：一般比居住建筑稍大。单扇门 900～1000mm；双扇门 1500～1800mm。

门的高度：一般 2100～2400mm；带亮窗的应增加 500～700mm。

四扇玻璃外门宽 2400～3300mm；高（连亮窗）可达 3300mm；可视立面造型与房高而定。

（2）窗的尺寸

窗的尺寸主要取决于房间的采光、通风、构造做法、建筑造型以及建筑模数等要求（表 3-6-2）。

**表 3-6-2　民用建筑窗尺寸参考表**　　单位：mm

| 高 | 宽 | | | | | |
|---|---|---|---|---|---|---|
| | 600 | 900 | 1200 | 1500<br>1800 | 2100<br>2400 | 3000<br>3300 |
| 900<br>1200 | 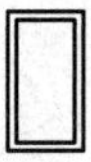 |  |  | 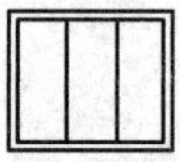 | 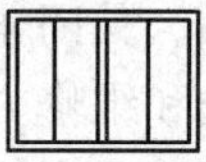 | |
| 1200<br>1500<br>1800 | 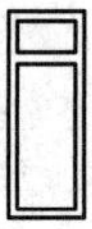 | 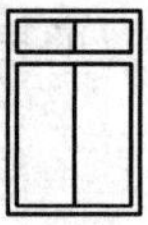 | 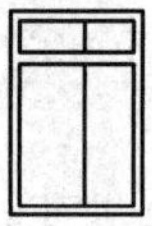 |  |  | |
| 2100 | — | — | 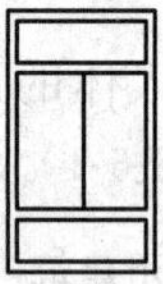 | 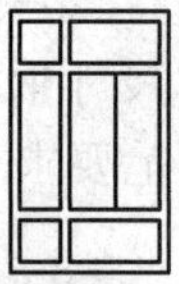 |  | 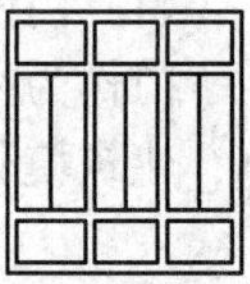 |
| 2400 | — | — | — | 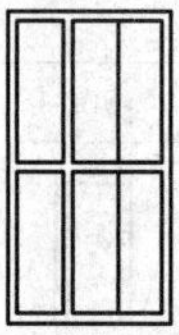 | 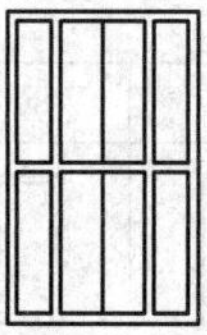 | 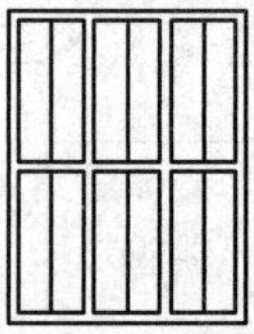 |

通常平开窗单扇宽度不大于 600mm；双扇宽度 900～1200mm；三扇窗宽度 1500～1800mm；高度一般为 1500～2100mm；窗台距地面高度为 900～1000mm。

#### 3.6.1.4　门窗的分类

（1）按开启方式不同分类

① 门的开启方式主要是由使用要求决定的，通常有以下几种方式：

a. 平开门：即水平开启的门，有单扇、双扇及内开和外开之分，平开门的特点是构造简单，开启灵活，制作、安装和维修方便（图 3-6-1）。

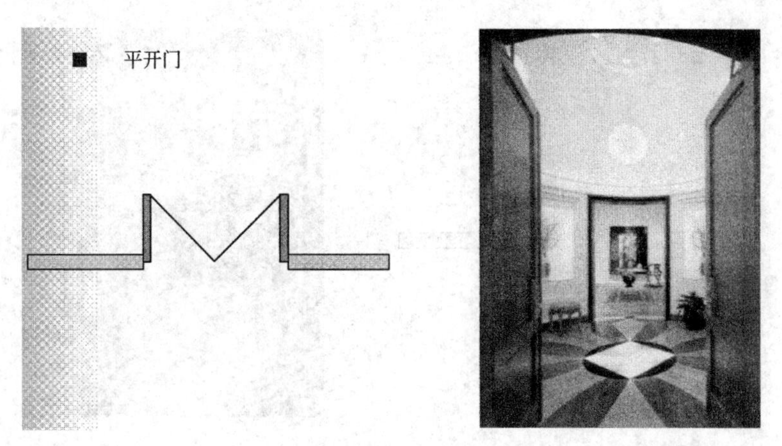


图 3-6-1　平开门

b. 弹簧门：这种门制作简单、开启灵活，采用弹簧铰链或地弹簧构造，开启后能自动关闭，适用于人流出入较频繁或有自动关闭要求的场所（图 3-6-2）。

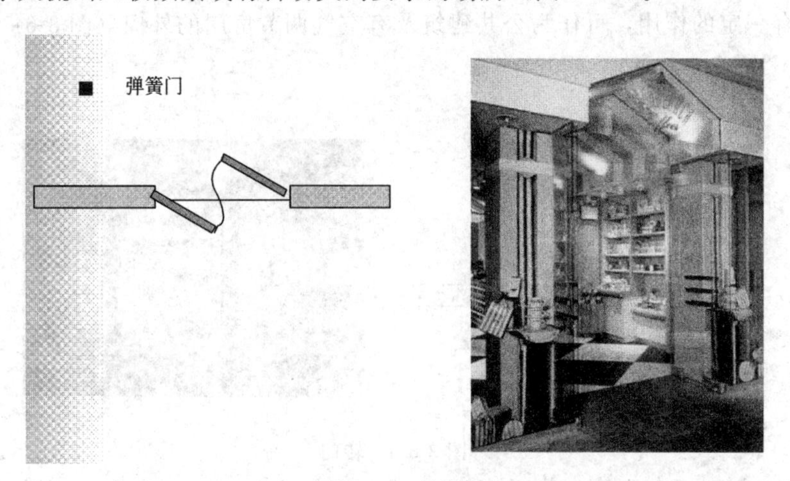


图 3-6-2　弹簧门

c. 推拉门：优点是制作简单，开启时所占空间较少，但五金零件较复杂，开关灵活性取决于五金的质量和安装的好坏，适用于各种大小洞口的民用及工业建筑（图 3-6-3）。

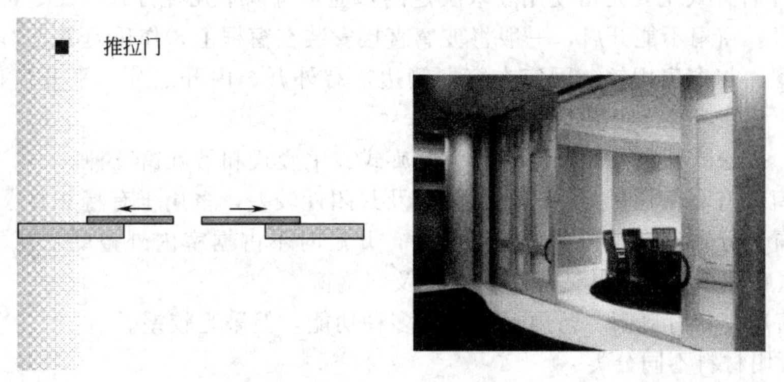


图 3-6-3　推拉门

d. 折叠门：优点是开启时占用空间少，但五金较复杂，安装要求高，适用于各种大小洞口（图 3-6-4）。

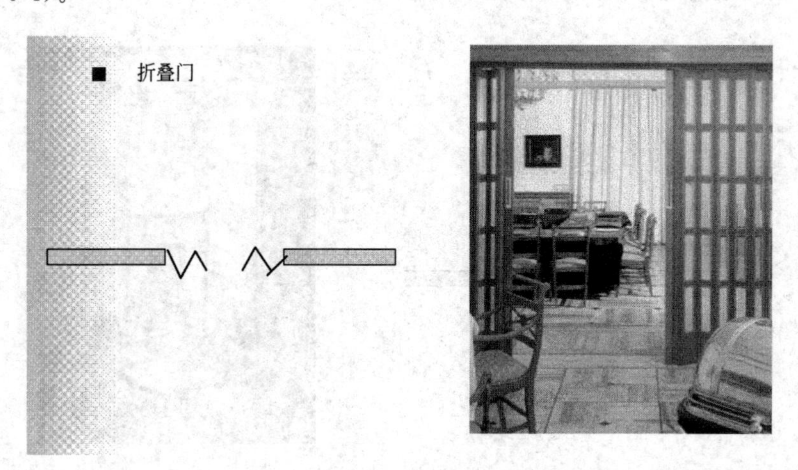


图 3-6-4　折叠门

e. 转门：为三扇或四扇门连成风车形，在两个固定弧形门套内旋转的门。对防止内外空气的对流有一定的作用，可作为公共建筑及有空气调节房屋的外门（图 3-6-5）。

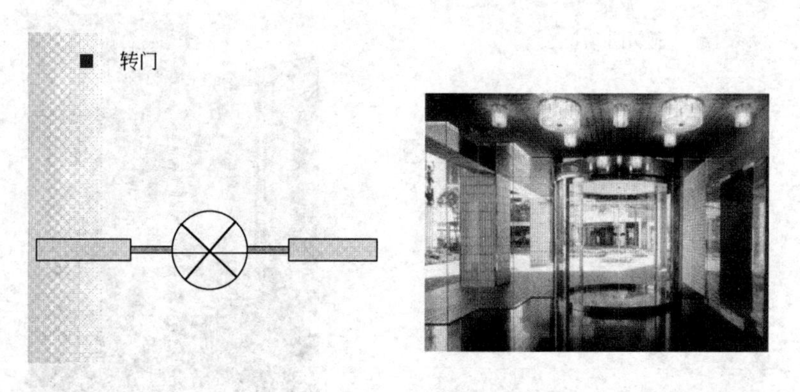


图 3-6-5　转门

其他还有上翻门、升降门、卷帘门等，一般适用于需要较大活动空间（如车间、车库及某些公共建筑）的外门。

② 窗的开启方式主要是由使用要求决定的，通常有以下几种方式（图 3-6-6）。

a. 固定窗：窗扇不能开启，一般将玻璃直接安装在窗框上，作用是采光、眺望。

b. 平开窗：将窗扇用铰链固定在窗框侧边，有外开、内开之分，平开窗构造简单、制作方便，开启灵活，广泛应用于各类建筑中。

c. 旋窗：按窗的开启方式不同，分为上旋式、中旋式和下旋窗三种。

d. 立转窗：有利于通风与采光，但防雨及封闭性较差，多用于有特殊要求的房间。

e. 推拉窗：分垂直推拉和水平推拉两种，开启时不占据室内外空间，窗扇比平开窗扇大，有利于照明和采光，尤其适用于铝合金及塑钢窗。

f. 百叶窗扇：具有遮阳、防雨、通风等多种功能，但采光较差。

（2）按所用材料不同分类

按材料不同，常见的门窗有木质门窗、钢门窗、铝合金门窗、塑钢门窗等。

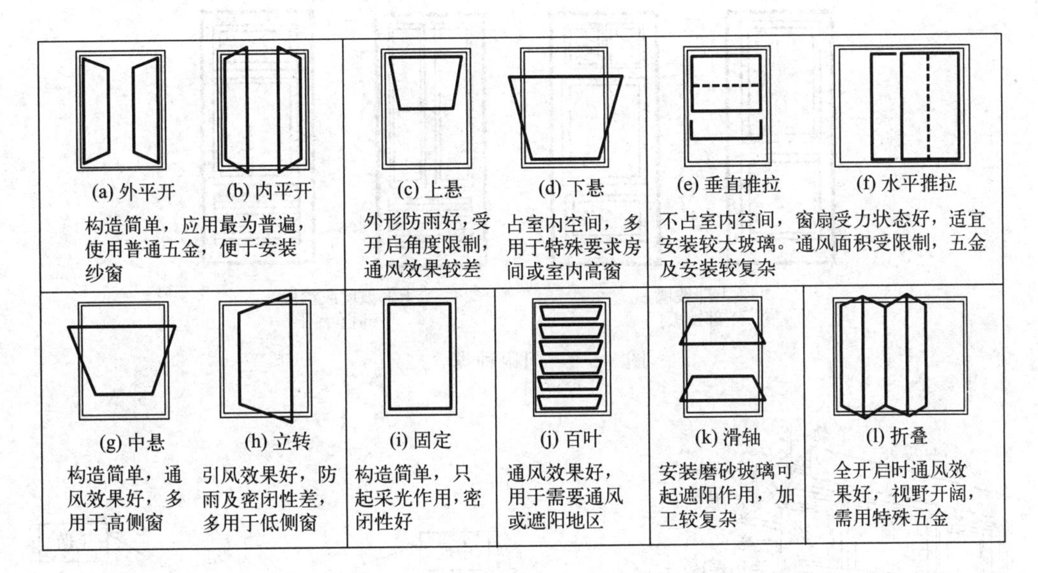


图 3-6-6　窗的各种开启方式

(3) 按功能分类

在现代建筑中，对门窗的功能要求越来越高，从而产生不同功能的门窗。如防盗门窗、防火门窗、隔声门窗、密闭门窗等。

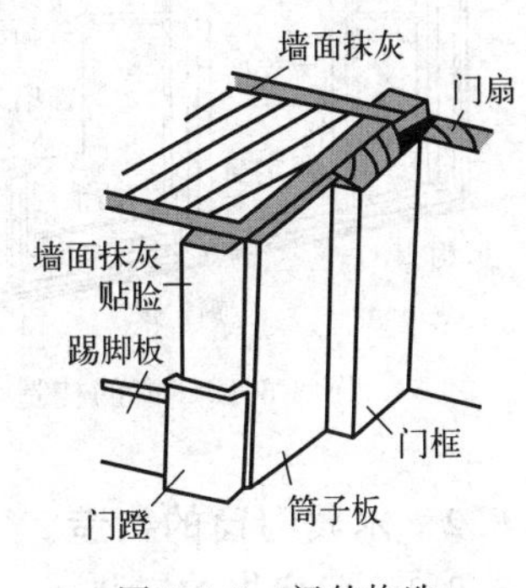


图 3-6-7　门的构造

### 3.6.1.5　门窗的构成

① 门　主要由门框、门扇、亮窗和五金配件等部分组成(图 3-6-7)。门扇通常有玻璃门、镶板门、夹板门、拼板门等(图 3-6-8、图 3-6-9)。亮窗又称亮子，在门的上方，可供通风、采光用，形式上可固定也可开启。亮窗是为走道、暗厅提供采光的一种主要方式。五金配件常用的有合页、门锁、插销、拉手等。

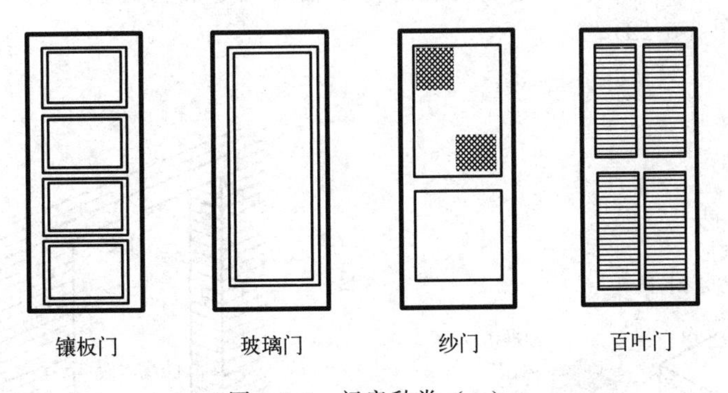


图 3-6-8　门扇种类（一）

② 窗　主要由窗框和窗扇组成，窗扇有玻璃窗扇、纱窗扇、百叶窗扇等（图 3-6-10、图 3-6-11）。在窗扇和窗框之间装有各种铰链、风钩、插销、拉手以及导轨、滑轮等五金零件，窗框由上框、下框、中横档、边框、中竖梃组成，窗扇由上冒头、下冒头、窗芯、玻璃组成。

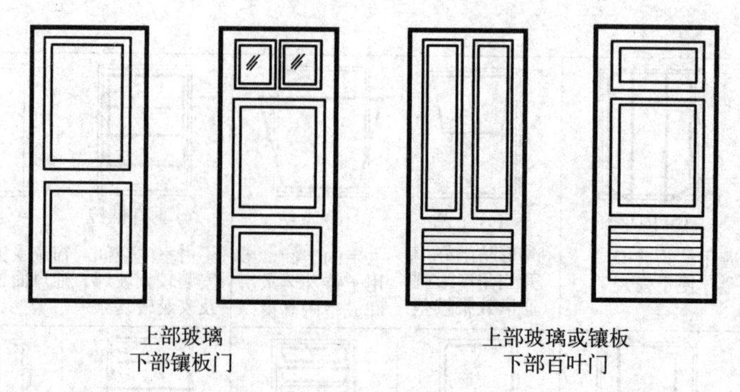


图 3-6-9　门扇种类（二）

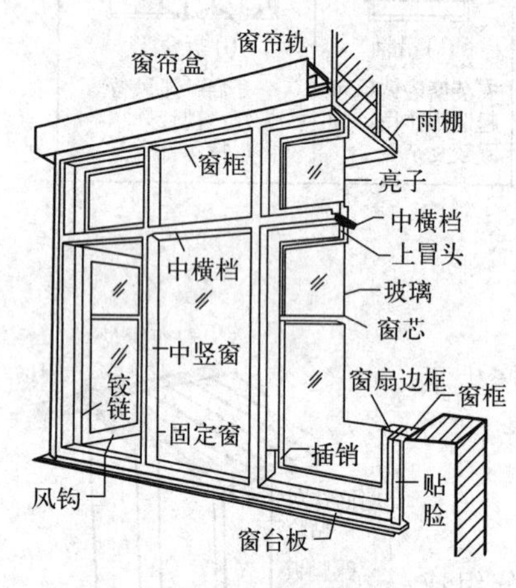


图 3-6-10　窗的构造

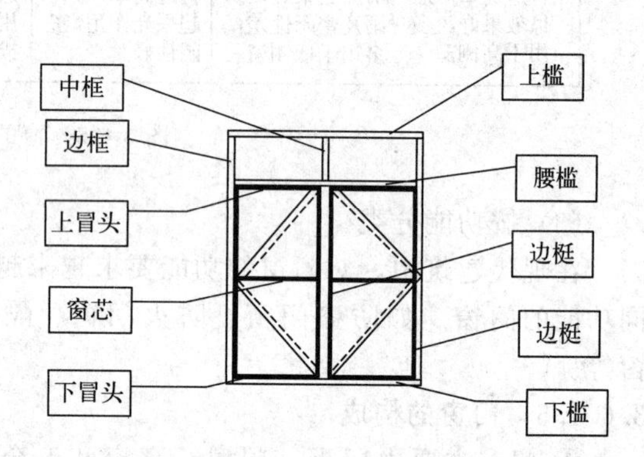


图 3-6-11　窗的构造图解

## 3.6.2　木质门窗的构造

### 3.6.2.1　门窗框的安装

门窗框是墙与扇之间的联系构件，施工时安装方式一般有立框法和塞框法。

① 立框法（又称立樘子）　是在砌墙前将框临时固定后再砌墙。这样框、墙结合紧密，但施工不方便（图 3-6-12）。

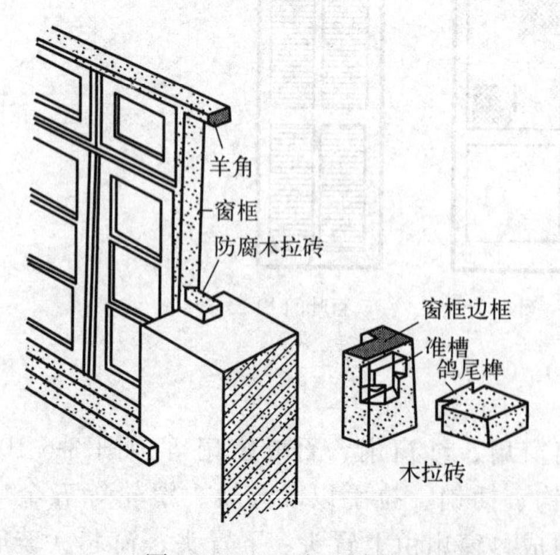


图 3-6-12　立框法安装

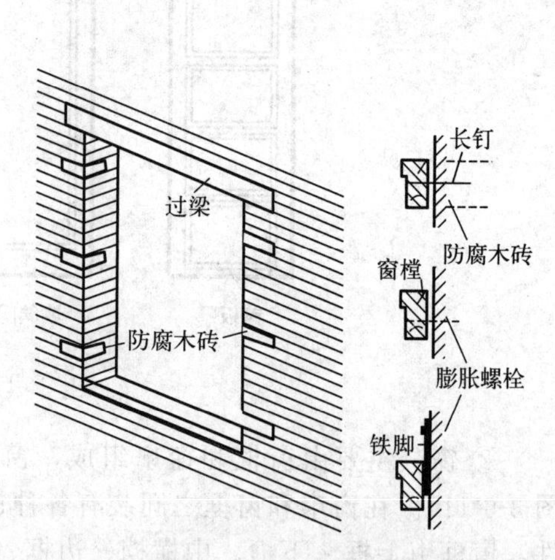


图 3-6-13　塞框法安装

② 塞框法（又称塞樘子） 是在墙体施工时，预先留出门洞，待墙体完工后，再安装门窗框。这样，洞口较框大20～30mm，除木质门窗有立框安装外，其他材料门窗框均用塞框法安装。

塞框法的门窗框每边应比洞口稍小，框与墙之间的缝需进行处理。为了抗风雨，外侧需用砂浆嵌缝，寒冷地区为了保温和防止灌风，框与墙之间的缝需用毛毡、矿棉等填塞。木窗框靠墙一侧易受潮变形，常在窗框外侧开槽，并做防腐处理，以减少木材伸缩变形造成的裂缝（图3-6-13）。

**3.6.2.2 门的构造**

（1）门框

门框一般由上框和边框组成，如果门上设有亮窗则应设中横档；当门扇较多时，需设中竖梃；外门及特种需要的门有些还设有下槛，可作防风、防尘、防水以及保温、隔声之用（图3-6-14）。

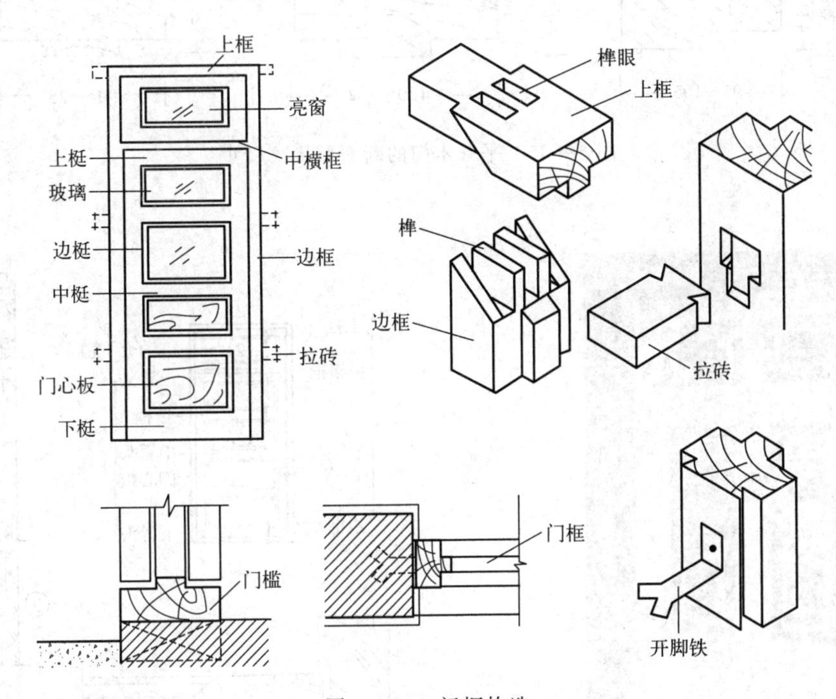


图3-6-14 门框构造

门框的断面形状与窗框基本相同，断面尺寸为（50～70）mm×（100～150）mm（毛料尺寸）。门框与墙或混凝土接触的部分应满涂防腐油，为使抹灰与门框嵌牢，门框需铲灰口（图3-6-15）。

（2）门扇

① 镶板门 也叫框樘门（图3-6-16、图3-6-17），主要骨架由上中下梃和两边边梃组成框子，中间镶嵌门心板。由于门心板的尺寸限制和造型的需要，还需设几根中横档或中竖梃。

门心板厚15～25mm，过去用木板拼接，常见的断面形式为中凸出，四边较薄，而且铲线角进行装饰。古典式门样中，对门心板及压缝条线脚做了多种装饰性处理，比较常用。现在多使用人造板，但人造板容易变形，油漆也容易开裂，所以很少用作外门。

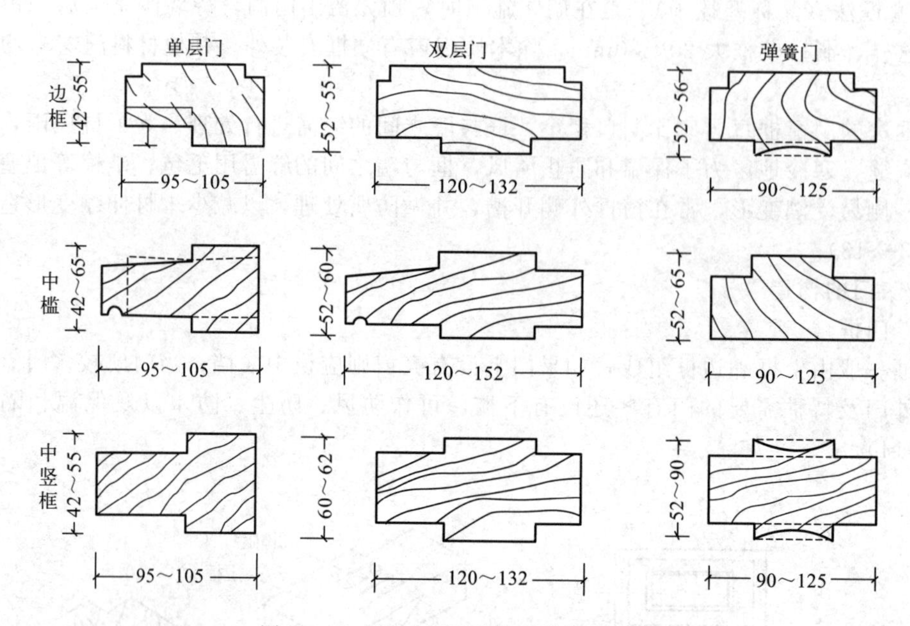


图 3-6-15　平开木门的断面形状及尺寸

图 3-6-16　镶板门实例

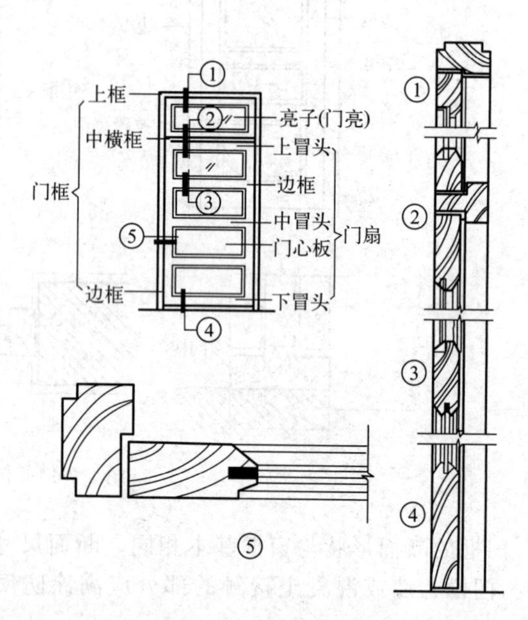


图 3-6-17　镶板门构造

② 夹板门　中间为轻型骨架，表面钉或粘贴薄板（图 3-6-18、图 3-6-19）。

夹板门的骨架用料较少，外框用料一般为 35mm×（50～70）mm，可根据门扇大小、五金配件需要决定；内框用料的宽度与外框料的厚度通常一致，或减少 50%面板厚度，而厚度可以更薄一些。可以使用短料拼接，在钉面板之后，整扇门即可获得足够的刚度。为了不使门内因温度变化产生内应力，保持内部干燥，应做透气孔贯穿上下框格。

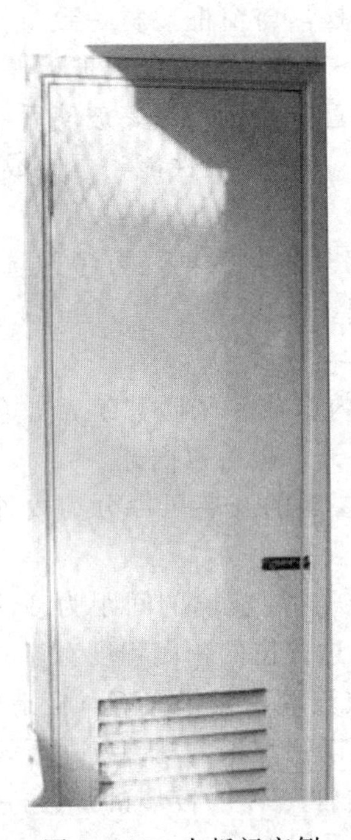
图 3-6-18　夹板门实例

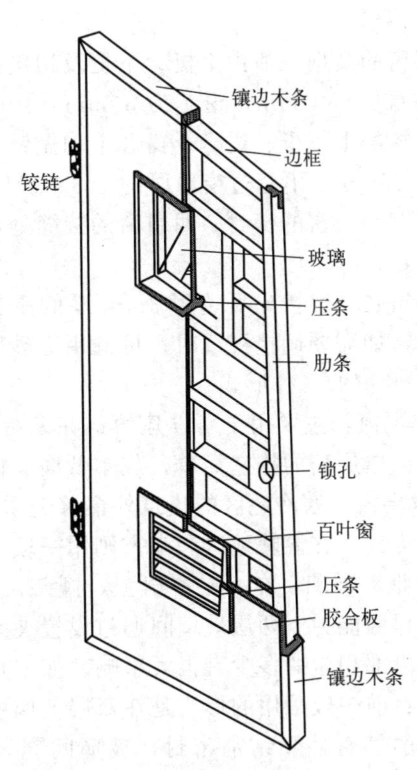

图 3-6-19　夹板门构造

夹板门的面板一般采用胶合板、硬质纤维板或塑料板，这些面板不宜暴露于室外，因而夹板门不宜用于外门。面板与外框平齐，因为开关门、碰撞等容易碰坏面板，也可以采用硬木条嵌边或木线镶边等措施保护面板。

夹板门的特点是用料省，重量轻，表面整洁美观、经济，框格内如果嵌填一些保温、隔声材料，能起到较好的保温、隔声效果。在实际工程中，常将夹板门表面刷防火漆料、外包镀锌铁皮，可以达到乙级防火门的标准，常用于住宅建筑中的分户门。因功能需要，夹板门上可镶嵌玻璃或百叶等，须将镶嵌处四边做成木框并铲口，镶玻璃时，一侧或两侧用压条固定玻璃。

### 3.6.2.3　窗的构造

(1) 窗框

窗框的断面尺寸指净尺寸，当一面刨光时，应将毛料的厚度减去 3mm；两面刨光时，将毛料厚度减去 5mm。断面尺寸为经验尺寸，除考虑刚度和强度外，还要考虑窗框接榫牢固，一般尺度的单层窗四周窗框的厚度为 40～50mm，宽度为 70～95mm，中竖框双面窗扇需加厚一个铲口的深度 10mm。中横档除加厚 10mm 外，若要加做披水，一般还要加宽 20mm。二者可加钉 10mm 厚的铲口条子而不用加厚窗框木料（图 3-6-20）。

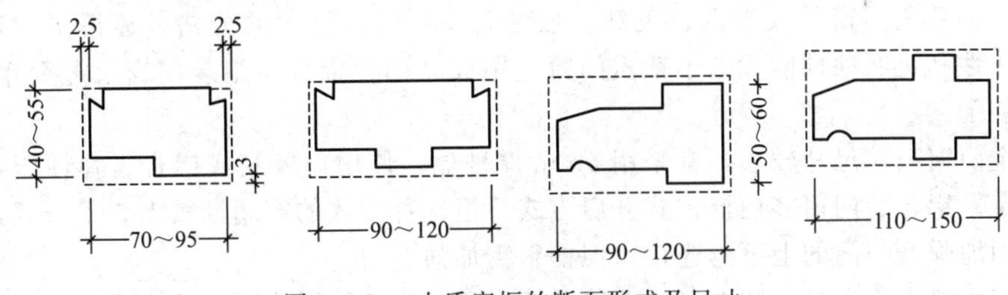

图 3-6-20　木质窗框的断面形式及尺寸

(2) 窗扇

玻璃窗的窗扇一般由上梃、下梃及边梃榫接而成，中间有窗芯。边料尺寸一般为(30～40)mm×(50～60)mm，窗芯为30mm×40mm，多采用红松，与窗框选材一致。为了镶嵌玻璃，在窗的上下梃、边梃及窗芯上均做铲口，铲口宽10～12mm，深度视玻璃厚度而定，一般12～15mm，不超过窗扇厚的1/3。铲口的位置一般在窗的外侧，镶好玻璃后用油灰嵌固，这样有利于窗的密封。两扇窗的接缝处为防止透风雨，加强保温性能，可做成高低缝，并加盖缝条。

玻璃窗在一般情况下选用3mm厚的平板玻璃，当窗格尺寸较大时，可考虑选用5mm平板玻璃，如需要遮挡视线时，可选用磨砂玻璃或压花玻璃。

① 平开窗的几种形式

a. 单层窗：主要用于南方建筑；在寒冷地区，只用于内窗或不采暖建筑，如仓库、部分厂房等。单层窗的构造简单，成本低廉。窗的开启可以外开，也可以内开。

b. 双层窗：寒冷地区的建筑外窗普遍采用双层窗，双层窗的开启可以分为内外开和双内开两种方式。在温暖地区和南方则用一玻一纱的双层窗。

c. 单框双玻璃：在一层窗扇上，镶装两层或多层玻璃，各层玻璃的间距为6～15mm，有一定的保温能力。两层玻璃间通过设置夹条以保持间距，这种窗的密闭程度对窗的保温效果、夹层内部积尘的多少有很大影响。如采用成品密封中空玻璃，效果更好，但造价较高。中空玻璃目前一般采用的形式是在双层玻璃中间的边缘处夹以铝型条，内装专用干燥剂，并采用专用的气密性黏结剂密封，玻璃间充以干燥空气或惰性气体。玻璃的厚度一般采用3mm，面积较大的采用5mm，其间距视气候条件而定，多采用6mm、9mm。

② 旋窗

a. 上下旋窗：上旋窗与下旋窗在构造上基本相同，因其五金配件的位置不同，开启方式也不同。上旋窗大多向外开，防雨效果好，可依重力自动关闭；下旋窗适用于内开窗，通风好、挡雨较差。

b. 中旋窗：中旋窗通过窗扇边梃上的中轴，装在边框的中央，窗框上半部分在外侧设铲口，而下半部分的铲口在内侧。中旋木窗开启对通风、挡雨都有利，但经常用于内窗。外窗多用金属材料制成。

c. 立转窗：立转窗将窗轴安装在上下窗梃的中央，开启时一侧向内，另一侧向外，窗框的铲口也是一半在内，另一半在外。立转窗对防水较为不利，但适合于一些特殊形状，如圆形、菱形等窗。

### 3.6.3 其他材料门窗

#### 3.6.3.1 铝合金门窗

铝合金门窗轻质高强，具有良好的气密性，对有隔声、保温、隔热防尘等特殊要求的建筑以及受风沙、受暴雨、受腐蚀性气体侵蚀环境地区的建筑尤为适用。由于优点较多，因此发展迅速。铝合金门窗外表光洁、美观，强度高，可以有较大的分格，显得更加通透、明亮，其耐久性和抗腐蚀性能优越于钢木门窗，用成品铝合金型材组装门窗工艺简单、方便，可以现场装配。

铝合金门窗玻璃尺寸较大，常采用5mm厚玻璃。使用玻璃胶或铝合金弹性压条或橡胶密封条固定。铝合金门窗多用推拉式开启方式，但这种方式的密闭性较差，平开式铝合金玻璃门多采用地弹簧与门的上下梃连接，但框料需加强。

铝合金型材由于导热系数大，因此普通铝合金门窗的热桥问题十分突出，新式的热隔断铝型材可以切断热桥（图 3-6-21）。

#### 3.6.3.2 塑料门窗

塑料门窗的料型断面为空腹、多空腔式。其开启方式有平开、推拉等，当门窗面积较大时，常做成推拉开启的方式。门可以做成折叠门，五金配件多采用配套的专用配件。

为了改善刚度、强度，在塑料型材空腹内加设薄壁型钢，采用这种型材的门窗称为塑钢门窗。塑钢门窗的所有缝隙都嵌有橡胶或橡胶密封条及毛条，具有良好的气密性和水密性。

塑钢门窗的发展十分迅速，同铝合金门窗相比，它保温效果好，造价经济，单框双玻璃窗的传热系数小于双层铝合金窗的传热系数，而造价为其一半左右，但是运输、储存、加工要求严格，现在塑钢门窗已成为主要的门窗类型之一（图 3-6-22）。

图 3-6-21　铝合金门窗

图 3-6-22　塑钢门窗

### 3.6.4 天窗构造

天窗是设在屋顶上用以通风和透光的窗子。进深或跨度大的建筑物，室内光线差，空气不畅通，设置天窗以增强采光和通风，改善室内环境。所以在宽大的单层厂房中，天窗的运用比较普遍。近年来，在大型公共建筑（如展览馆、商场、高层旅馆等）中设置中庭，并配备中庭天窗逐渐流行。

#### 3.6.4.1 天窗的类型

（1）按进光途径分类

天窗按进光的途径不同，可以分为顶部进光的天窗（图 3-6-23）和侧面进光的天窗（图 3-6-24）。

图 3-6-23　顶部进光天窗

图 3-6-24　侧面进光天窗

① 顶部进光天窗　通常称为“玻璃顶”。它的透光率高，比侧向进光的天窗透光率高出

5倍以上，所以在地处温带气候或常年阴天较多的地区常采用这种天窗，既可获得足够的自然光，又不致造成室内过热现象，光环境和热环境都能满足要求。

② 侧面进光天窗　多用于炎热地区，可以避免大量直射阳光进入中庭内，以免造成过热和眩光现象。

（2）按形式分类

天窗的具体形式应根据中庭的规模大小、中庭的屋顶结构型式、建筑造型要求等因素确定。常见的有以下各种天窗形式（图3-6-25）。

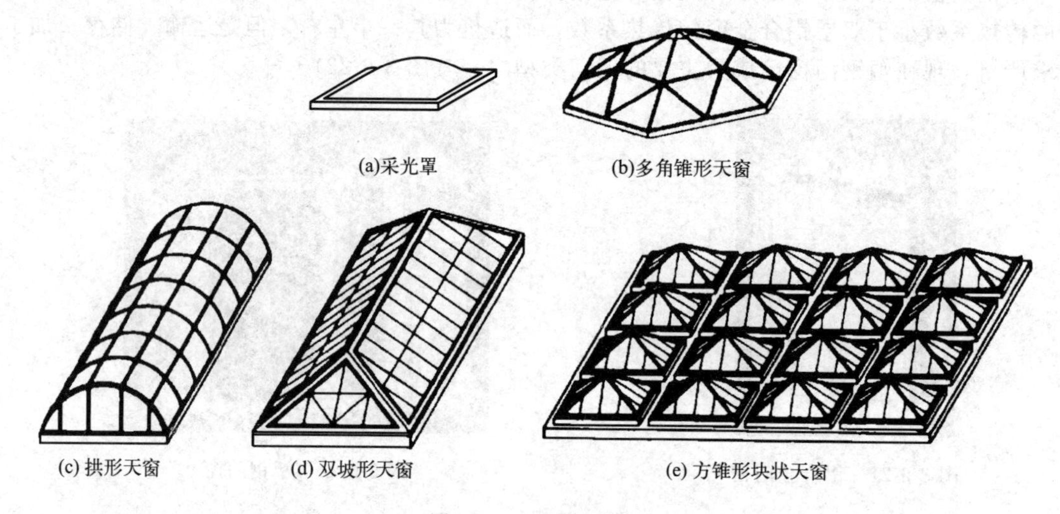


图3-6-25　天窗形式

① 棱锥形天窗　有方锥形、六角锥形、八角锥形等多种形式。

a. 当棱锥形天窗的尺寸不大（2m以内）时，可用有机玻璃热压采光罩，具有很好的刚度和强度，不需要金属骨架，外形光洁美观，透光率高，可以单个使用，也可以将若干个采光罩安装在井式梁上组成大片玻璃顶，构造简单，施工安装方便。

b. 当棱锥形天窗的尺寸较大时，需要用金属型材做成棱锥形的天窗骨架，然后将玻璃镶嵌在骨架上。

c. 当中庭采用角锥体系平板网架作屋顶承重结构时，可利用网架的倾斜腹杆作支架，构成棱锥式玻璃顶。

② 斜坡式天窗　分为单坡、双坡、多坡等形式。玻璃面的坡度一般为15°～30°，每一坡面的长度不宜过大，一般控制在15m以内，用钢或铝合金作天窗骨架。

③ 拱形天窗　外轮廓一般为半圆形，用金属型材作拱骨架，根据中庭空间的尺度大小和屋顶结构形式，可布置成单拱，或几个拱并列布置成连续拱。透光部分一般采用有机玻璃或玻璃钢，也可以用拱形有机玻璃采光罩组成大片玻璃顶。

④ 圆穹形天窗　具有独特的艺术效果。天窗直径根据中庭的使用功能和空间大小确定，天窗曲面可为球形面或抛物形曲面，天窗矢高视空间造型效果和结构要求而定。直径较大的穹形天窗应用金属做成穹形骨架，在骨架上镶嵌玻璃。必要时可在天窗顶部留一圆孔作为通气口。如果中庭平面为方形或矩形等较规整的形状，也可以采用穹形采光罩构成成片的玻璃顶。采光罩用有机玻璃热压成型。穹形采光罩也可以单个使用，有方底穹形采光罩和圆底穹形采光罩。

⑤ 锯齿形天窗　炎热地区的中庭可以采用锯齿形天窗，每一锯齿形由一倾斜的不透光

的屋面和一竖直的或倾斜的玻璃组成。当屋面朝阳布置玻璃背阳布置时，可以避免阳光射进中庭。由于屋面是倾斜的，射向屋面的阳光将穿过玻璃反射到室内斜天棚表面，再由天棚反射到中庭底部，可见采用锯齿形天窗既可避免阳光直射，又能提高中庭的照度。倾斜玻璃比竖直玻璃面的采光效率高，所以在高纬度地区宜采用斜玻璃；而在低纬度地区有可能从斜玻璃面射进阳光时，宜改成竖直的玻璃面。

⑥ 其他形式的天窗　以上五种天窗是中庭天窗的基本形式。在工程设计中，还可结合具体的平面空间和不同的结构形式，在基本形式的基础上演变和创造出其他天窗形式。

#### 3.6.4.2　天窗的设计要求

(1) 应有良好的光环境和热环境

① 应选择好天窗形式。

② 要控制好中庭长度、高之间的比例关系。

③ 要妥善安排中庭各个墙面的反光性质。

(2) 天窗玻璃要安全可靠、热工性能好

① 天窗处于中庭上空，当重物撞击或冰雹袭击天窗时，应防止玻璃破碎后落下砸伤人，所以天窗玻璃要有足够的抗冲击性能。常用以下几种：如夹层安全玻璃、丙烯酸酯有机玻璃、聚碳酸酯有机玻璃、玻璃钢、钢化玻璃等。

② 天窗玻璃除要求抗冲击性好外，还应有较理想的保暖隔热性。上述玻璃的热工性能都较差，为了改善中庭的热环境，可以选用以下各种：如镜面反射隔热玻璃、镜面中空隔热玻璃、双层有机玻璃、双层玻璃钢复合板等。

(3) 天窗应有良好的防水性能

中庭天窗常常是成片布置，玻璃顶要有足够的排水坡度，排水路线要短捷畅通。细部构造应注意接缝严密，防止渗水。玻璃表面遇冷会产生凝结水，要妥善设置排除凝结水的沟槽，防止冷凝水滴落到中庭地面，造成不良影响。

#### 3.6.4.3　天窗的构造要点

侧向进光的天窗构造与普通窗的构造类似，因此本节着重介绍顶部进光的天窗构造。顶部进光天窗主要由屋顶承重结构和玻璃采光面两部分构成，除此之外，还涉及连接件（包括结构与骨架、骨架与骨架、骨架与玻璃的连接）和胶结材料。

(1) 承重结构

玻璃顶的承重结构都是暴露在大厅上空的，结构断面应尽可能设计得小些，以免遮挡天窗光线。一般选用金属结构，用铝合金型材或钢型材制成，常用的结构形式有梁结构、拱结构、桁架结构、网架结构等。结构断面应尽量设计得小一些，以免遮挡天窗光线（图 3-6-26、图 3-6-27）。

图 3-6-26　网架承重结构

图 3-6-27　拱形承重结构

(2) 玻璃采光面

① 用采光罩作玻璃光面时，采光罩本身具有足够的强度和刚度，不需要用骨架加强，只要直接将采光罩安装在玻璃屋顶的承重结构上即可（图3-6-28）。

② 其他形式的玻璃顶则是由若干玻璃拼成，所以必须设置骨架。大多数的玻璃顶，安装玻璃的骨架与屋顶承重结构是分开来设计的，即玻璃装在骨架上构成天窗标准单元，再将各单元装在承重结构上。跨度小的玻璃顶可将玻璃面的骨架与承重结构合并起来，即玻璃装在承重结构上，结构杆件就是骨架（图3-6-29）。骨架一般采用铝合金或钢制作。骨架的断面形式应适合玻璃的安装固定，要便于进行密缝防水处理，要考虑积存和排除玻璃表面的凝结水，断面要细小不挡光。可以用专门轧制的型钢来作骨架，但钢骨架易锈蚀，不便于维修，现在多采用铝合金骨架，它可以挤压成任意断面形状，轻巧美观、挡光少、安装方便、防水密封性好、不易被腐蚀。

图3-6-28　天窗采光罩

图3-6-29　天窗标准单元骨架

### 3.6.5　门窗节能构造

#### 3.6.5.1　门窗的保温

建筑外门窗是建筑保温的薄弱环节，我国寒冷地区外窗的传热系数较比发达国家的大2～4倍。在一个采暖周期内，我国寒冷地区住宅通过窗与阳台门的传热和冷风渗透引起的热损失，占房屋能耗的45%～48%，因此门窗节能是建筑节能的重点。

造成门窗热损失有两个途径：一是门窗面由于热传导、辐射以及对流造成，二是冷风通过门窗各种缝隙渗透所造成的，所以门窗节能应从以上两个方面采取构造措施。

① 增强门窗的保温　寒冷地区外窗可以通过增加窗扇层数和玻璃层数来提高保温性能，还可以采用特种玻璃，如中空玻璃、吸热玻璃、反射玻璃等达到节能要求。

② 减少缝的长度　门窗缝隙是冷风渗透的根源，因此为减少冷风渗透，可采用大窗扇，扩大单块玻璃面积以减少门窗缝隙；合理减少可开窗扇的面积，在满足夏季通风的条件下，扩大固定窗扇的面积。

③ 采用密封和密闭措施　框和墙间的缝隙密封可用弹性软性材料（如毛毡）、聚乙烯泡沫、密封膏以及边框设灰口等。框与扇间的密闭可用橡胶条、橡塑条、泡沫密闭条，以及高低缝、回风槽等。扇与扇之间的密闭可用密闭条、高低缝及缝外压条等。窗扇与玻璃之间的密封可用密封膏、各种弹性压条等。

④ 缩小窗口面积　在满足室内采光和通风的前提下，我国寒冷地区的外窗尽量缩小窗口面积，以达到节能要求。

#### 3.6.5.2　门窗的遮阳

遮阳是为了防止直射阳光照入室内，以减少太阳辐射热，避免夏季室内过热，保护室内物品不受阳光照射而采取的一种措施。用于遮阳的方法很多，如在窗口悬挂窗帘，利用门窗构件自身遮光以及窗扇开启方式的调节变化，利用窗前绿化，雨篷、挑檐、阳台、外廊及墙面花格也都可以达到一定的遮阳效果。在窗前设置遮阳板进行遮阳，对采光、通风都会带来不利影响。因此在设置遮阳设施时应慎重考虑采光、通风、日照、经济、美观，以达到功能、艺术的统一。

① 水平遮阳　在窗两侧方设置一定宽度的水平方向遮阳板，能够遮挡高度角较大的、从窗口上方照射下来的阳光，适用于南向及其附近朝向的窗口。水平遮阳板可做成实心板式百叶板，较高大的窗口可在不同高度设置双层或多层水平遮阳板，以减少板的出挑宽度［图 3-6-30(a)］。

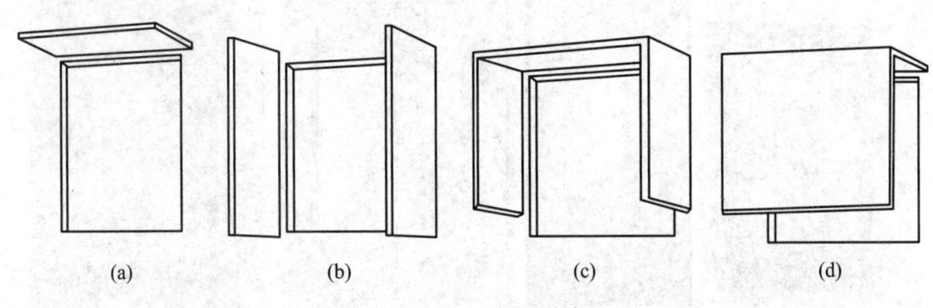


图 3-6-30　遮阳形式

② 垂直遮阳　在窗西侧方设置垂直方向的遮阳板，能够遮挡高度角较小的、从窗口两侧斜射过来的阳光。根据光线的来向和具体处理的不同，垂直遮阳板可以垂直于墙面，也可以与墙面形成一定的夹角，主要适用于偏南或偏西的窗口［图 3-6-30(b)］。

③ 综合遮阳　是水平遮阳和垂直遮阳的综合，能够遮挡从窗口左右两侧及前上方斜射来的阳光，遮阳效果比较均匀，主要适用于南向、东南、西向的窗口［图 3-6-30(c)］。

④ 挡板遮阳　在窗口前方离开窗口一定距离设置与窗户平行方向的垂直挡板，可以有效地遮挡高度较小的正射窗口的阳光，主要适用于东、西向及其附近的窗口。有利于通风，但遮挡了视线和光，可以做成槅栅式挡板［图 3-6-30(d)］。

以上四种基本形式可以组合成各种各样的形式（图 3-6-31）。这些遮阳板可以做成固定

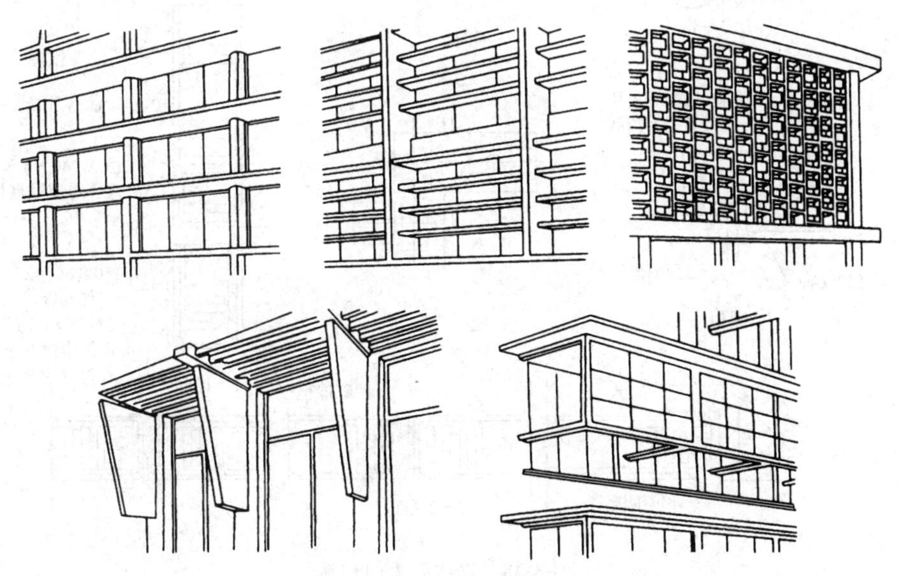

图 3-6-31　其他遮阳形式

的，也可以做成活动的，后者调节灵活，遮阳、通风、采光效果较好，但构造复杂，需经常维护。固定式则坚固、耐用、经济。设计时应根据不同的使用要求，采用不同的形式，满足不同的要求。

### 3.6.6 特殊门窗构造

#### 3.6.6.1 防火门

防火门按材质可分为：钢质防火门、木质防火门、玻璃防火门以及防火卷帘门等（图 3-6-32～图 3-6-35）。

图 3-6-32 防火门

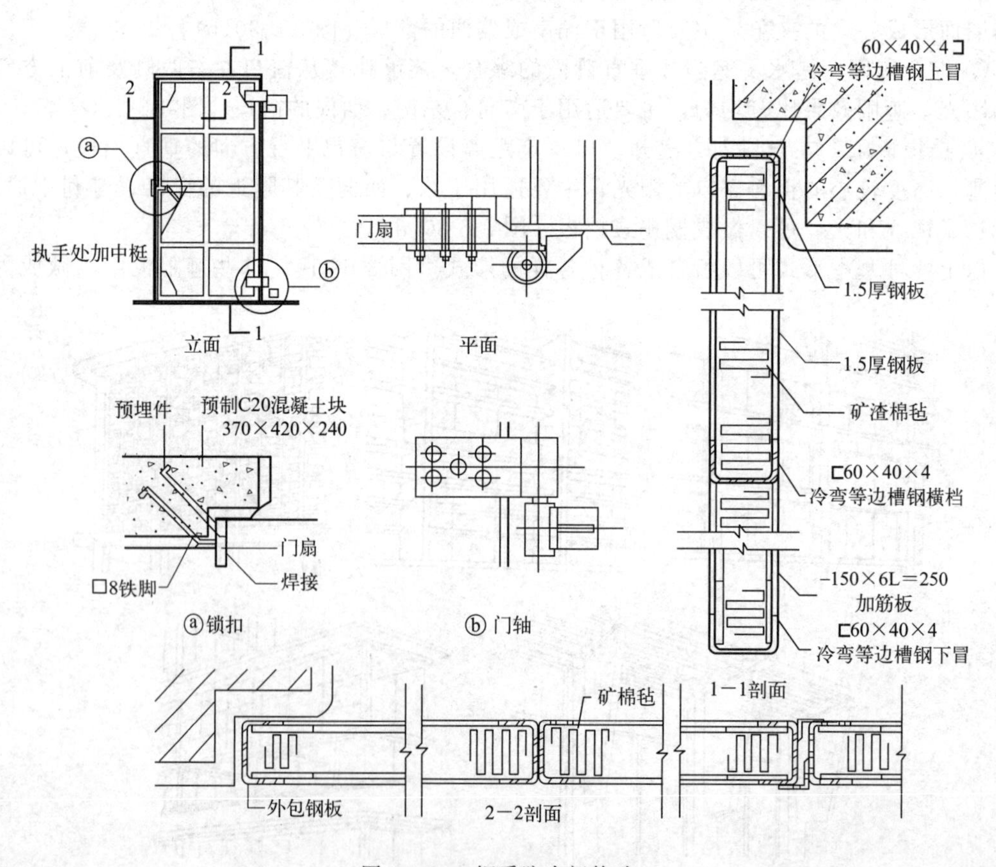


图 3-6-33 钢质防火门构造

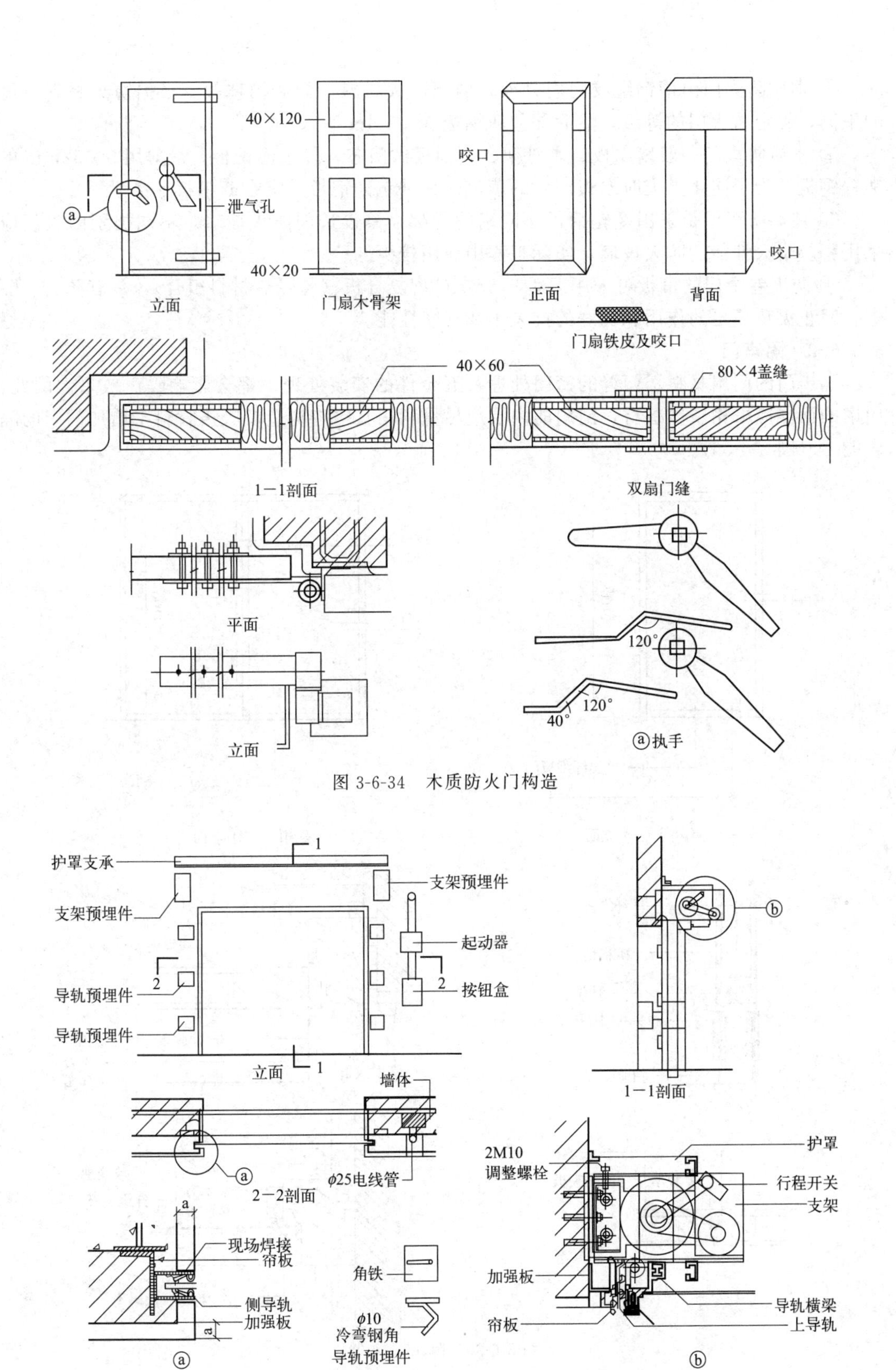

图 3-6-34　木质防火门构造

图 3-6-35　防火卷帘门构造

① 钢质防火门由槽钢组成门扇骨架，内填防火材料，如矿棉毡等，根据防火材料厚度的不同，确定防火门的等级，然后外包薄钢板（1.5mm 厚）。

② 木质防火门一般以木板、木骨架、石棉板做门芯，外包薄钢板，最薄用 0.552mm 的镀锌钢板。为了防止火灾时木板产生的蒸汽破坏外包薄钢板，常在薄钢板上穿泄气孔。

③ 玻璃防火门是采用冷轧钢板作门扇的骨架，镶设透明防火玻璃，不同类别防火门应采用相应耐火性能的防火玻璃，实际工程中使用较少。

④ 防火卷帘门的帘板可采用C型单板或C型复合板（与隔热材料组合），具有防火、隔烟、阻止火势蔓延的作用和良好的抗风压和气密性能。

### 3.6.6.2 隔声门

隔声门的门扇材料、门缝的密闭处理及五金件的安装处理，都会影响隔声效果。因此，门扇的面层应采用整体板材，门扇的内层应尽量利用其空腔构造及吸声材料来增加门扇的隔声能力（图 3-6-36）。

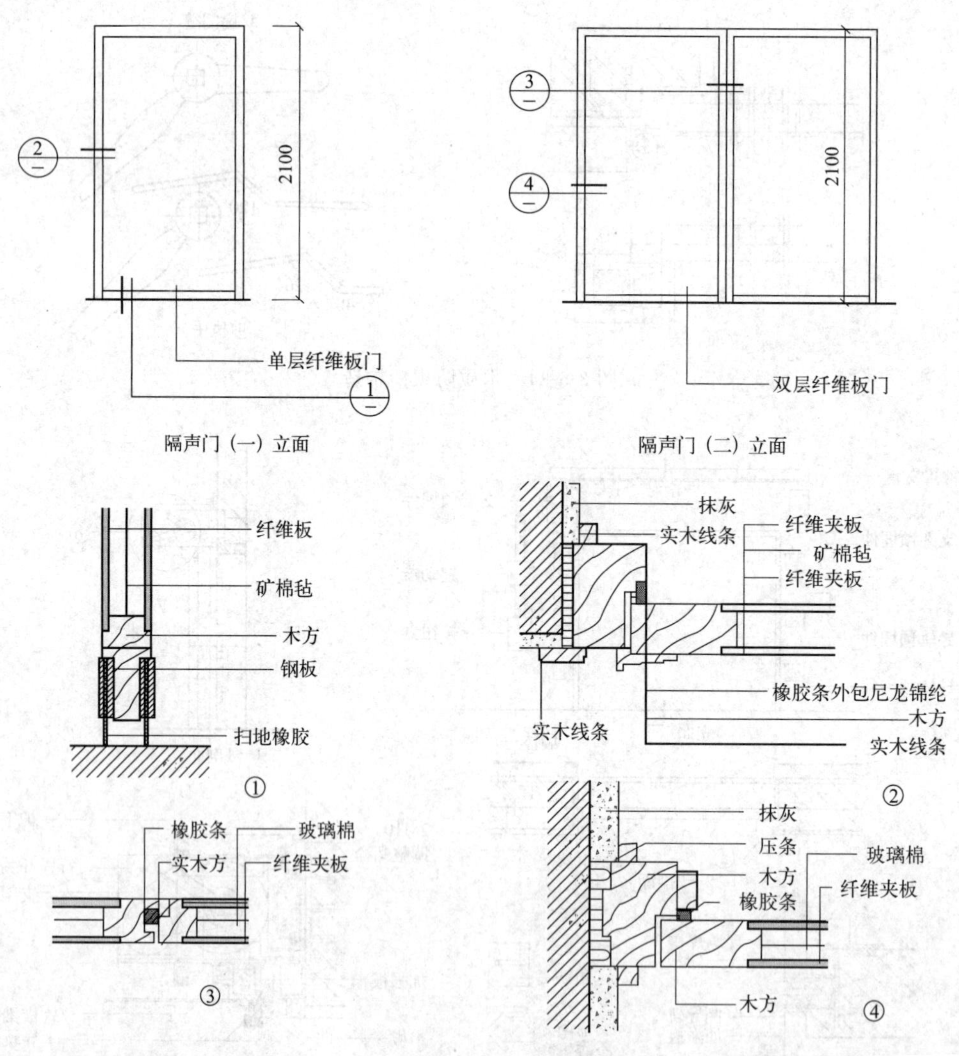


图 3-6-36 隔声门构造

提高窗的隔声性能，可采用双层窗扇或单层窗扇中空玻璃，玻璃层之间距离以 80～100mm 为宜，窗间四周应设置吸声材料，这样可以防止各层玻璃间空气层发生共振现象，以确保隔声效果。

#### 3.6.6.3 保温门

保温门主要适用于有恒温、恒湿要求的空调房间以及室温控制在0℃以上、并有保温要求的房间（图3-6-37）。根据开启方式不同，可分为平移式、铰链平开式、上推式等。木质保温门采用木门框及木骨架，面板采用胶合板。钢质保温门采用轻钢骨架或型钢骨架，面板采用彩色钢板、不锈钢钢板、铝合金板等。保温门门扇常用的保温材料有聚氨酯和聚苯乙烯泡沫塑料等，密封条采用三元乙丙橡胶制成。

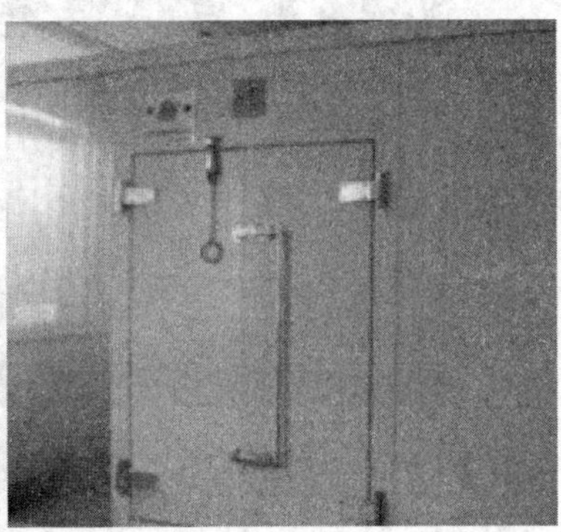

图3-6-37 保温门

## 3.7 屋顶

屋顶是建筑最上部的构件，即建筑的顶盖，也被称为“建筑的第五立面”。它不仅关系着建筑的功能和视觉造型，也是地域文脉与现代化程度的重要体现。

### 3.7.1 屋顶的基础知识

#### 3.7.1.1 屋顶的功能及设计要求

屋顶是房屋最上层覆盖的外围护构件。屋顶的主要功能及设计要求如下。

① 围护作用 防御自然界的风、雨、雪、太阳辐射热和冬季低温等的影响，使屋顶覆盖下的空间有一个良好的使用环境，因此，屋顶在构造设计时应满足防水、保温、隔热、隔声、防火等要求。

② 承受荷载 承受作用于屋顶上的风荷载、雪荷载和屋顶自重等，同时还起着对房屋上部的水平支撑作用，因此，要求屋顶在构造设计时，还应保证屋顶构件的强度、刚度和整体空间的稳定性。

③ 造型作用 作为建筑“点睛之笔”的屋顶是完成建筑整体造型最核心的要素，是建筑造型设计中最重要的内容，因此，屋顶形态必须符合美学原则，对建筑的整体造型具有积极意义。

#### 3.7.1.2 屋顶的形式与组成

（1）屋顶的形式

屋顶的形式与建筑的使用功能、屋顶盖料、结构类型以及建筑造型要求等有关。由于这些因素不同，便形成了平屋顶、坡屋顶以及曲面屋顶、折板屋顶等多种形式。其中平屋顶和坡屋顶是目前应用最为广泛的形式（图3-7-1、图3-7-2）。

图 3-7-1　屋顶形式（一）

图 3-7-2　屋顶形式（二）

① 平屋顶（图 3-7-3、图 3-7-4）　通常是指屋面坡度小于 5%的屋顶，常用坡度为2%～3%。其主要优点是节约材料、构造简单、扩大建筑空间，屋顶上面可作为固定的活动场所，如做成露台、屋顶花园、屋顶养鱼池等。

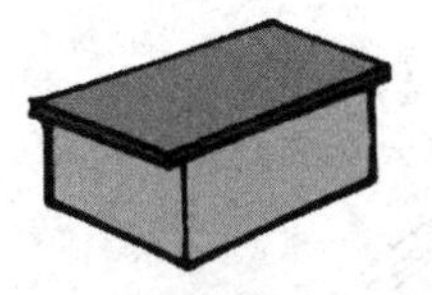
挑檐平屋顶

女儿墙平屋顶

图 3-7-3　平屋顶示意（一）

挑檐女儿墙平屋顶

盝顶平屋顶

图 3-7-4　平屋顶示意（二）

② 坡屋顶（图 3-7-5、图 3-7-6）　一般由斜屋面组成，屋面坡度一般大于 10%，在我国广大地区有着悠久的历史和传统，它造型丰富多彩，并能就地取材，被广泛应用。城市建筑中某些建筑为满足景观或建筑风格的要求也常采用坡屋顶。

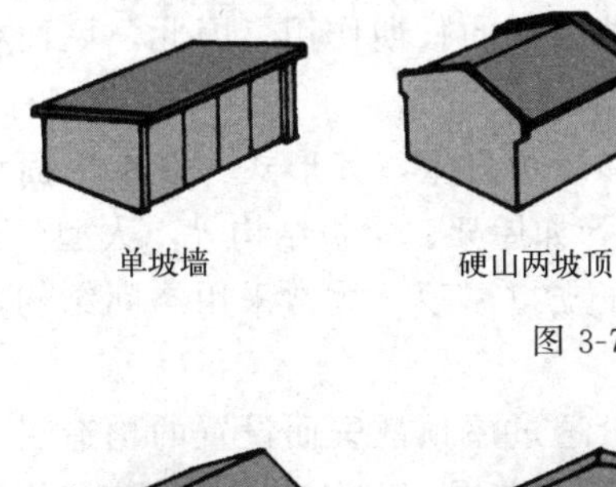
单坡墙　硬山两坡顶

卷棚顶

庑殿顶

图 3-7-5　坡屋顶示意（一）

悬山两坡顶

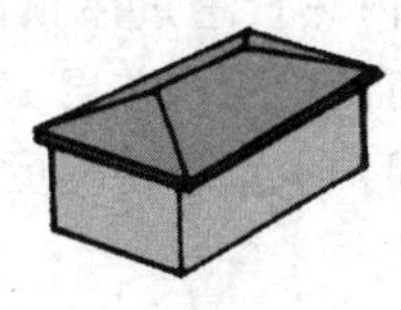
四坡顶

歇山顶

圆攒尖顶

图 3-7-6　坡屋顶示意（二）

③ 曲面屋顶（图 3-7-7～图 3-7-9）　是由各种薄壳结构、悬索结构以及网架结构等作为屋顶承重结构的屋顶，如双曲拱屋顶、扁壳屋顶、鞍形悬索屋顶等。这类结构受力合理，能充分发挥材料的力学性能，因而节约材料。但是，这类屋顶施工复杂、造价高，故常用于大跨度的大型公共建筑中。

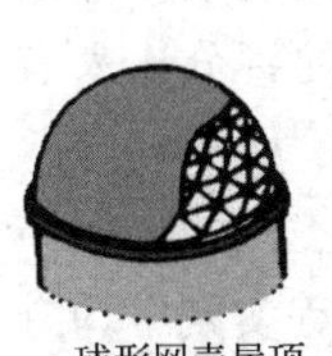
球形网壳屋顶

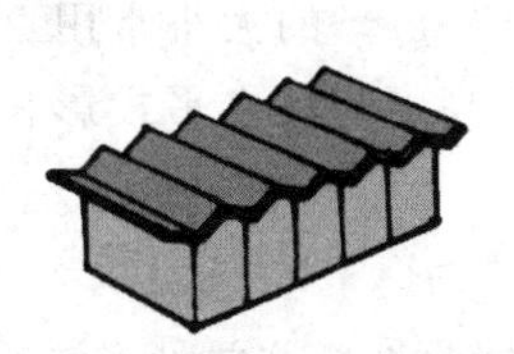
V形折板屋顶

图 3-7-7　曲面屋顶示意（一）

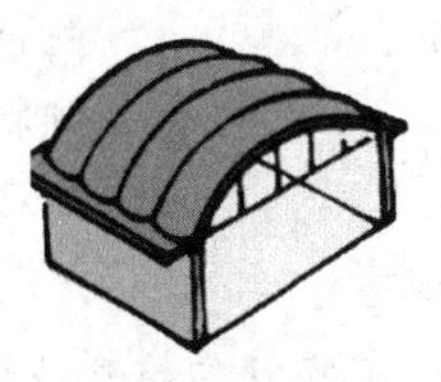
双曲拱屋顶

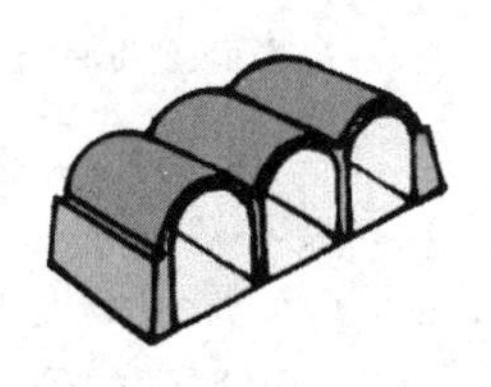
砖石拱屋顶

图 3-7-8　曲面屋顶示意（二）

筒壳屋顶

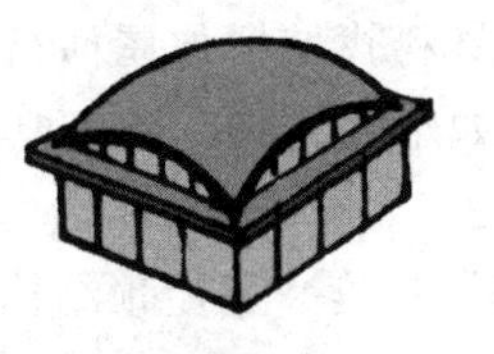
扁壳屋顶

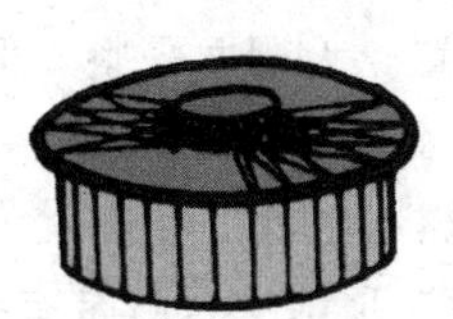
车轮形悬索屋顶

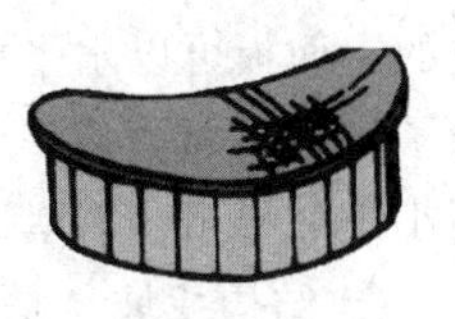
鞍形悬索屋顶

图 3-7-9　曲面屋顶示意（三）

（2）屋顶的组成

屋顶主要是由屋面、承重结构、保温隔热层和顶棚等部分组成（图 3-7-10）。

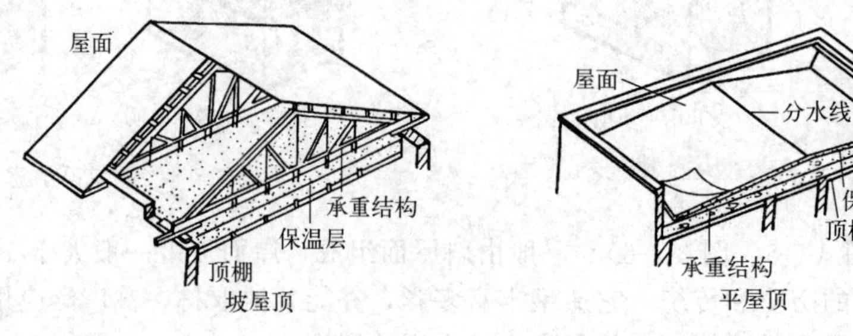


图 3-7-10　屋顶的组成

① 屋顶面层暴露在大气中，直接承受自然界各种因素的长期作用。因此，屋面材料应具有良好的防水性能，同时也必须满足一定的强度要求。

② 屋顶的承重结构，承受屋面传来的各种荷载和屋顶自重，其形式一般有平面结构和空间结构。当建筑内部空间较小时，多采用平面结构，如屋架、梁板结构等。大型公共建筑（如体育馆、礼堂等）内部空间大，中间不允许设柱子支撑屋顶，故常采用空间结构，如薄壳、网架、悬索、折板结构等。

③ 保温层是严寒和寒冷地区为防止冬季室内热量透过屋顶散失而设置的构造层。隔热层是炎热地区夏季为隔绝太阳辐射热进入室内而设置的构造层。保温和隔热层应采用导热系数小的材料，其位置可设在顶棚与承重结构之间、承重结构与屋面防水层之间或屋面防水层上等。

④ 顶棚是屋顶的底面。当承重结构采用梁板结构时，一般在梁、板的底面进行抹灰，形成直接抹灰顶棚。当承重结构采用屋架或室内顶棚要求较高（如不允许梁外露）时，可以从屋顶承重结构向下吊挂顶棚，形成吊顶棚。除此之外，也可以用搁栅搁置在墙或柱上形成顶棚，与屋顶承重结构脱离。

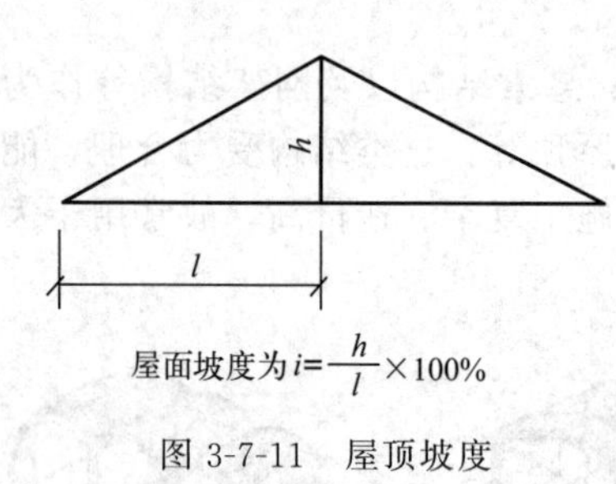


屋面坡度为 $i=\frac{h}{l}\times 100\%$

图 3-7-11　屋顶坡度

### 3.7.1.3　屋顶的坡度

（1）屋顶坡度的表示方法

屋顶坡度（图 3-7-11）的大小常用百分比表示，即以屋顶倾斜的垂直投影高度与其水平投影长度的百分比来表示，如 2%、5%等。

（2）屋顶坡度的形成方法

屋顶坡度的形成方法主要分为材料找坡和结构找坡两种，这两种方法在工程实践中均有广泛的运用（图 3-7-12）。

① 材料找坡　是指屋顶坡度由垫坡材料形成，一般用于坡向长度较小的屋面。材料找坡的屋面板可以水平放置，天棚面平整，但材料找坡增加屋面荷载，材料和人工消耗较多。为了减轻屋面荷载，应选用轻质材料找坡，如水泥炉渣、石灰炉渣等。找坡层的厚度最薄处不小于 20mm。平屋顶材料找坡的坡度宜为 2%。

② 结构找坡　是指屋顶结构自身带有排水坡度，平屋顶结构找坡的坡度宜为 3%。结构找坡无须在屋面上另加找坡材料，构造简单，不增加荷载，但天棚顶倾斜，室内空间不够规整。

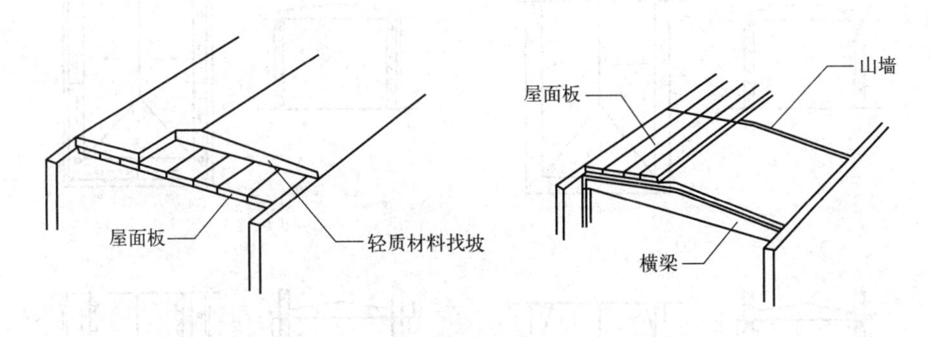


图 3-7-12　屋顶坡度的形成

（3）影响屋顶坡度的因素

屋顶坡度大小是由多方面因素决定的，它与屋面选用的材料、当地降雨量大小、屋顶结构形式、建筑造型要求以及经济条件等有关。

① 防水材料与坡度的关系　一般情况下，屋面覆盖材料面积越小，厚度越大，如瓦材，其拼接缝比较多，漏水的可能性就大，其坡度应大一些，以便迅速排除雨水，减少漏水的机会。反之，如果屋面覆盖材料的面积越大，如卷材，基本上是整体的防水层，拼缝少，故坡度可以小一些。不同的屋面防水材料应有各自的排水坡度范围。

② 降雨量大小与坡度的关系　降雨量分为年降雨量和小时最大降雨量。降雨量大小对屋面防水有直接的影响，降雨量大，漏水的可能性大，屋面坡度应适当增加。我国气候多样，各地降雨量差异较大，南方地区年降雨量和每小时最大降雨量都高于北方地区，因此，即使采用同样的屋面防水材料，一般南方地区的屋面坡度都大于北方地区。

### 3.7.2　平屋顶构造

#### 3.7.2.1　平屋顶的屋面排水

（1）排水方式的选择

平屋顶的排水坡度较小，要把屋面上的雨雪水尽快地排除，就要组织好屋顶的排水系统，选择合理的排水方式（图 3-7-13）。

屋面的排水方式分为无组织排水和有组织排水两大类。确定屋顶排水方式应根据气候条件、建筑物高度、质量等级、使用性质、屋顶面积大小等因素加以综合考虑。

① 无组织排水　又称自由落水，屋面伸出外墙，形成挑出的外檐，使屋面的雨水经外檐自由落下至地面。

无组织排水构造简单，造价较低，不易漏雨和堵塞，但屋檐高度大的建筑或雨量大的地区采用无组织排水，落水时将沿檐口形成水帘，雨水四溅，危害墙身和环境，所以，无组织排水一般只适用于年降水量较小、房屋较矮以及次要的建筑中。

② 有组织排水　当建筑物较高、年降水量较大或较为重要的建筑，应采用有组织排水方式。有组织排水是将屋面划分成若干排水区，按一定的排水坡度把屋面雨水有组织地排到檐沟或雨水口，通过雨水管排泄到散水或明沟中。此种排水方式在建筑工程中应用广泛。

有组织排水又可分为外排水和内排水。

a. 外排水　是指雨水管装设在室外的一种排水方案，其优点是雨水管不妨碍室内空间

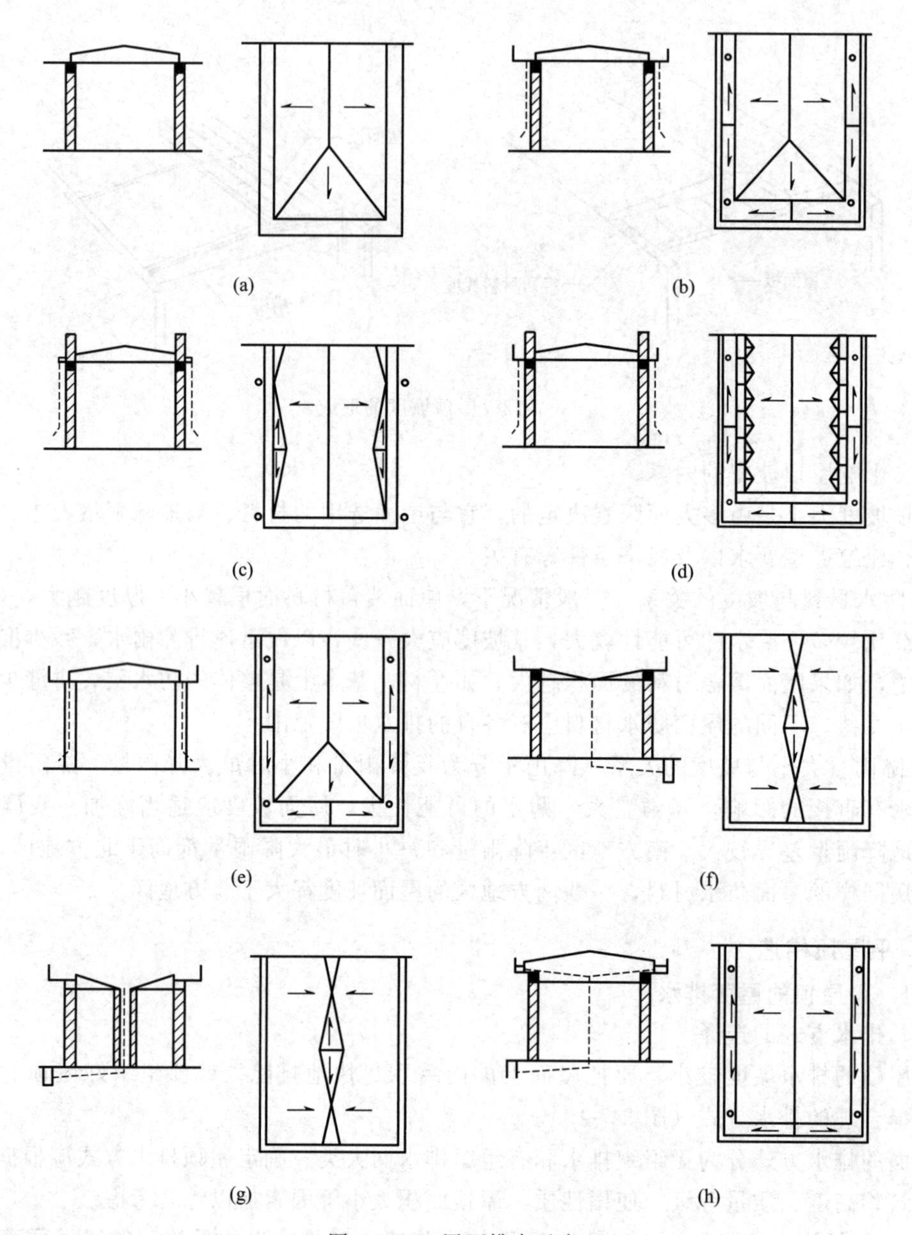


图 3-7-13　屋面排水示意

使用和美观，构造简单，因而被广泛采用。外排水方案有檐沟外排水、女儿墙外排水、女儿墙檐沟外排水、长天沟外排水、暗管外排水等几种。明装的水落管有损建筑立面，故一些重要的建筑物，水落管常采用暗装的方式，即把雨水管隐藏在假柱或空心墙中，假柱可以处理成建筑立面上的竖线条。

b. 内排水　对于多跨房屋的中间跨、高层建筑、寒冷地区宜采用内排水。主要有中间天沟内排水和高低跨内排水两种形式。当房屋宽度较大时，可在房屋中间设一纵向天沟形成内排水，即中间天沟内排水，这种方案特别适用于内廊式多层或高层建筑。雨水管可布置在走廊内，不影响走廊两旁的房间。高低跨双坡屋顶在两跨交界处也常常需要设置内天沟来汇集低跨屋面的雨水，高低跨可共用一根雨水管，即高低跨内排水。

（2）屋面排水组织设计

屋面排水组织设计（图 3-7-14）的主要任务是将屋面划分成若干排水区，分别将雨水引向雨水管，做到排水路线简捷、雨水口负荷均匀、排水顺畅、避免屋顶积水而引起渗漏。

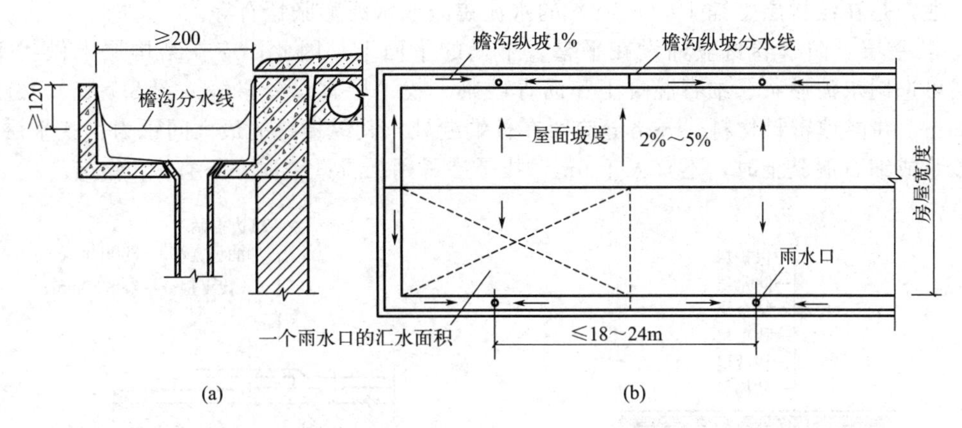


图 3-7-14　屋面排水组织

① 确定排水坡面的数目　一般情况下，平屋顶屋面宽度小于 12m 时，可采用单坡排水；宽度大于 12m 时，宜采用双坡排水，但临街建筑的临街面不宜设水落管时也可采用单坡排水。

② 划分排水区　目的是便于均匀布置落水管，一般在年降水量大于 900mm 的地区，每一直径为 100mm 的雨水管，可排集水面积 150m$^2$ 的雨水；年降水量小于 900mm 的地区，每一直径为 100mm 的雨水管可排集水面积 150～200m$^2$ 的雨水。

③ 天沟构造　天沟即屋面上的排水沟，位于檐口部位时又称檐沟。天沟的功能是汇集屋面雨水，使之迅速排离，故天沟应有适当的尺寸和合适的坡度，天沟的宽度不应小于 200mm，天沟上口距分水线的距离不应小于 120mm。天沟纵向坡度应不小于 1%，沟底水落差不超过 200mm。

④ 水落管的设置　水落管的材料有铸铁、PVC 塑料、陶管、镀锌铁皮等，目前常用铸铁和 PVC 塑料管。水落管的直径不应小于 75mm，一般应大于 100mm，水落管距墙面不应小于 20mm，其排水口距散水坡的高度不应大于 200mm，水落管应用管箍与墙面固定，接头的承插长度不应小于 40mm。水落管的位置应在实墙处，其间距一般在 18m 以内，最大间距不宜超过 24m。

### 3.7.2.2　柔性防水屋面构造

柔性防水屋面是将柔性防水卷材以胶结材料贴在屋面上，形成一个大面积封闭的防水覆盖层，这种防水层具有一定延伸性，能较好地适应结构、温度等引起的变形。因此得名，也叫卷材防水屋面。

目前防水卷材的品种有合成高分子防水卷材、高分子聚合物改性沥青防水卷材、沥青卷材和金属卷材四大类。

（1）柔性防水屋面的构造层次和做法

柔性防水屋面的基本构造层次根据建筑的功能要求分为保温的和不保温的、上人的和不上人的（即屋顶上有无使用要求）。不保温的柔性防水屋面的构造层次有结构层、找坡层、找平层、结合层、防水层和保护层（图 3-7-15）。

① 结构层　柔性防水屋面的结构层主要作用是承担屋顶全部荷载，通常为预制的或现浇的钢筋混凝土屋面板。当为预制式钢筋混凝土板时，应采用强度等级不小于C20的细石混凝土灌缝，当板缝宽度大于40mm时，缝内应设置构造钢筋。

② 找坡层　找坡层只有材料找坡时才有，结构找坡时不设此层，找坡材料应选用轻质材料，通常是在结构层上铺1∶(6～8）的水泥焦渣或水泥膨胀蛭石等。

③ 找平层　防水卷材应铺设在平整、干燥的平面上，因此，应在结构层上做找平层。找平层可选用水泥砂浆、细石混凝土和沥青砂浆。找平层宜设分格缝（图3-7-16），缝宽宜为20mm，并嵌填密封材料。分格缝应留在板端缝处，其纵横缝的最大间距为：找平层采用水泥砂浆或细石混凝土时，不宜大于6m，找平层采用沥青砂浆时，不宜大于4m。

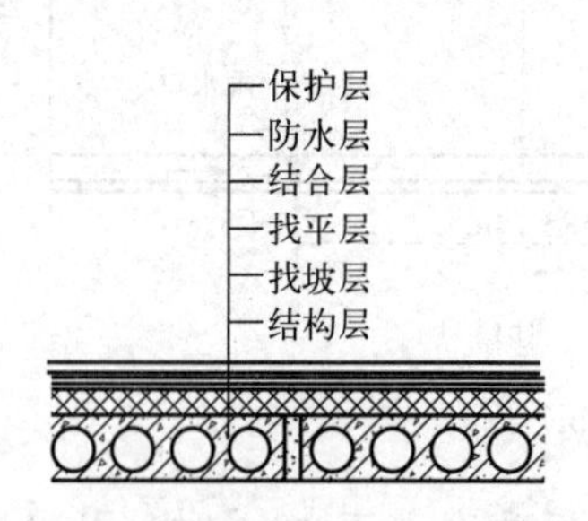

图3-7-15　柔性防水屋面构造层次

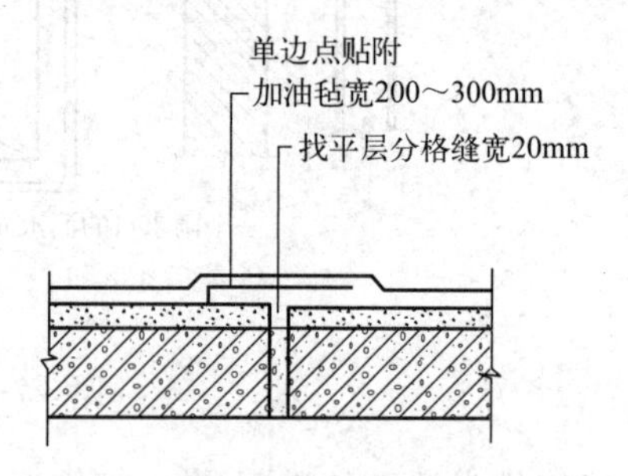

图3-7-16　找平层分格缝做法

④ 结合层　作用是使防水层与基层易于黏结。结合层所用材料应根据卷材防水层材料的不同来选择。如今卷材品种繁多，材性各异，应选用与铺贴的卷材相匹配的基层处理剂，使之黏结良好，不发生腐蚀等侵害。

⑤ 防水层

a. 防水卷材的类型　沥青防水卷材是以原纸、纤维织物、纤维毡等胎体材料浸涂沥青，表面撒布粉状、粒状或片状材料制成可卷曲的片状防水材料，如玻纤布胎沥青防水卷材、铝箔面沥青防水材料、麻布胎沥青防水卷材等。

高聚物改性沥青防水卷材是以合成高分子聚合物改性沥青为涂盖层，纤维织物或纤维毡为胎体，粉状、粒状、片状或薄膜材料为覆面材料制成的可卷曲的片状防水材料，如SBS弹性卷材、APP塑性卷材等。

合成高分子防水卷材是以合成橡胶、合成树脂或它们两者的共混体为基料，加入适量的化学助剂和填充料等，经不同工序加工成可卷曲的片状防水材料，或把上述材料与合同纤维等复合形成两层或两层以上可卷曲的片状防水材料，如三元乙丙丁基橡胶防水卷材、氯化物乙烯防水卷材、聚氯乙烯防水卷材等。

b. 防水卷材的铺贴　由防水卷材和相应的卷材黏结剂分层黏结而成，层数或厚度由防水等级确定，具有单独防水能力的一个防水层次称为一道防水设防。

卷材铺设前基层必须干净、干燥，并涂刷与卷材配套使用的基层处理剂（结合层），以保护防水层与基层黏结牢固。

卷材的铺贴方法有：冷粘法、热熔法、热风焊接法、自粘法等。卷材一般分层铺设，一般有垂直屋脊和平行屋脊两种做法。当屋面坡度小于3%时，卷材平行于屋脊，由檐口向屋脊方向一层层地铺设；坡度大于15%或受振动时，卷材宜垂直于屋脊，由屋脊向檐口方向铺贴；坡度在3%～15%时，卷材可平行于屋脊方向也可垂直于屋脊方向铺贴。铺贴卷材应采用搭接方法，其搭接宽度依据卷材种类和铺贴方法确定，卷材搭接缝用与卷材配套的专用黏结剂粘接，接缝处用密封材料封严。

⑥ 保护层　作用是保护卷材防水层，因为防水层不但要起到防水的作用，而且还要抵御大自然的雨水冲刷及紫外线、臭氧、酸雨的损害。温差变化的影响以及使用时外力的损坏，这些都会对防水层造成损害，缩短防水层的使用寿命，使防水层提前老化或失去防水能力，保护层的构造做法应根据屋面的利用情况而定。

上人屋面的保护层起着双重作用，既是卷材的保护层，又是地面面层，要求平整耐磨。其构造做法有两种：一种是在防水层上浇筑30～40mm厚的细石混凝土面层，每2m左右留一分格缝，缝内用沥青胶嵌满；另一种是用20mm厚的水泥砂浆或干砂层铺设预制混凝土板或大阶砖、水泥花砖、缸砖等。

不上人屋面的保护层也有两种构造做法：一是绿豆砂保护层，其做法是在最上面的沥青类卷材上涂沥青胶后，满粘一层3～6mm粒径的粗砂，俗称绿豆砂，砂子色浅，能够反射太阳辐射热，降低屋顶表面的温度，价格较低，并能防止对油毡碰撞引起的破坏，但其自重大，增加了屋顶的荷载；二是铝银粉涂料保护层，它是由铝银粉、清漆、熟桐油和汽油调配而成，将它直接涂刷在油毡表面，形成一层银白色类似金属面的光滑薄膜，不仅可降低屋顶表面温度15℃以上，还有利于排水，且厚度较薄，自重较小，综合造价也不高，目前正逐步推广应用。

另外，还有架空保护层，用砖或砌块砌筑砖墩，上面用砂浆铺设预制混凝土板，板上勾缝或抹面。这种保护层效果好，但自重大，造价高，目前很少采用（图3-7-17）。

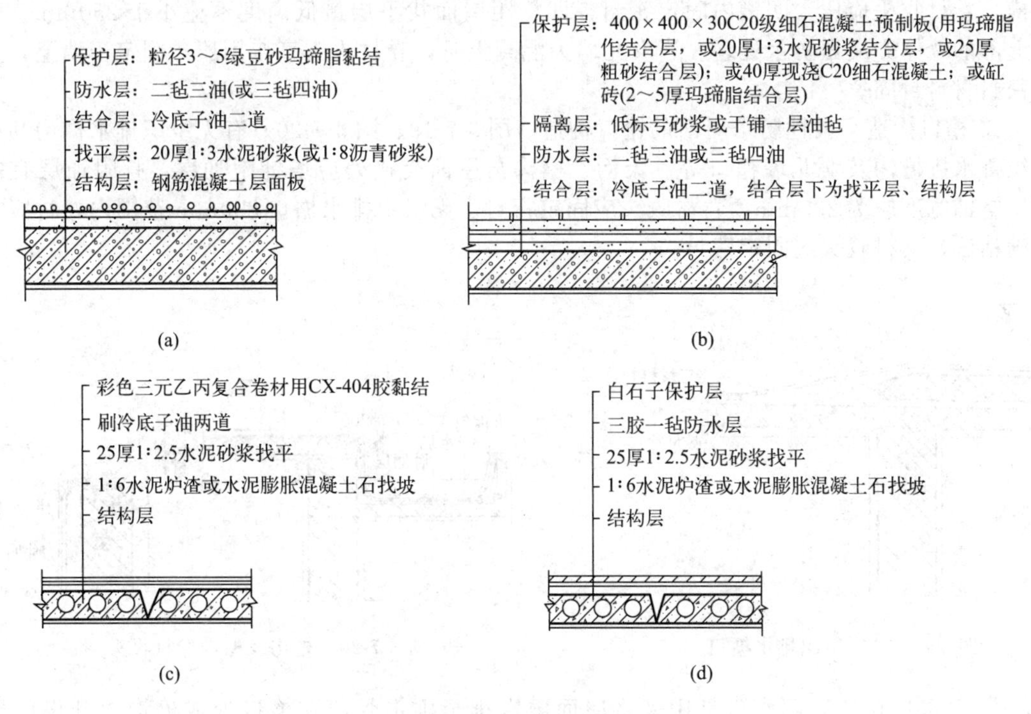


图3-7-17　柔性防水屋面构造

（2）柔性防水屋面的细部构造

① 泛水构造　凡屋面防水层与垂直于屋面的凸出物交接处的防水处理称为泛水，如女儿墙、山墙、烟囱、变形缝等部位，均需做泛水处理（图3-7-18），以免出现接缝处漏水。具体做法：

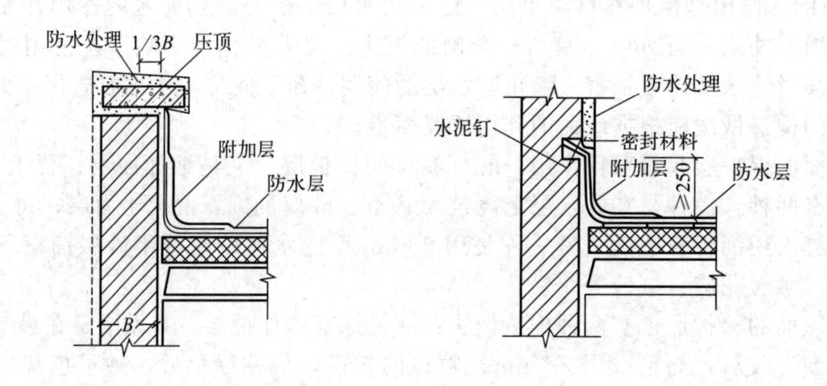


图 3-7-18 柔性泛水构造

第一，屋面的卷材防水层继续铺至垂直面上，形成卷材泛水，其上再加铺一层附加卷材，泛水高度不得小于 250mm。

第二，屋面与垂直面交接处应将卷材下的砂浆找平层抹成直径不小于 150mm 的圆弧形或 45°斜面，上刷卷材黏结剂使卷材铺贴牢实，以免卷材架空或折断。

第三，做好泛水上口的卷材收头固定，防止卷材在垂直墙面上下滑。当女儿墙较低时，卷材收头可直接铺压在女儿墙压顶下，压顶做防水处理。当女儿墙是砖墙时，可在砖墙上留凹槽，卷材收头应压入凹槽内固定密封，凹槽距屋面找平层最低高度不应小于 250mm，凹槽上部的墙体亦应做防水处理。当女儿墙为混凝土时，卷材收头直接用压条固定于墙上，并用密封材料封固。

② 檐口构造 柔性防水屋面的檐口构造（图 3-7-19、图 3-7-20）有无组织排水檐沟和有组织排水挑檐沟及女儿墙檐口等。天沟、檐沟与屋面交接处应增铺附加层，且附加层宜空铺，空铺宽度应为 200mm，卷材收头应固定密封。无组织排水檐口 800mm 范围内卷材应采取满粘法，卷材收头应固定密封。

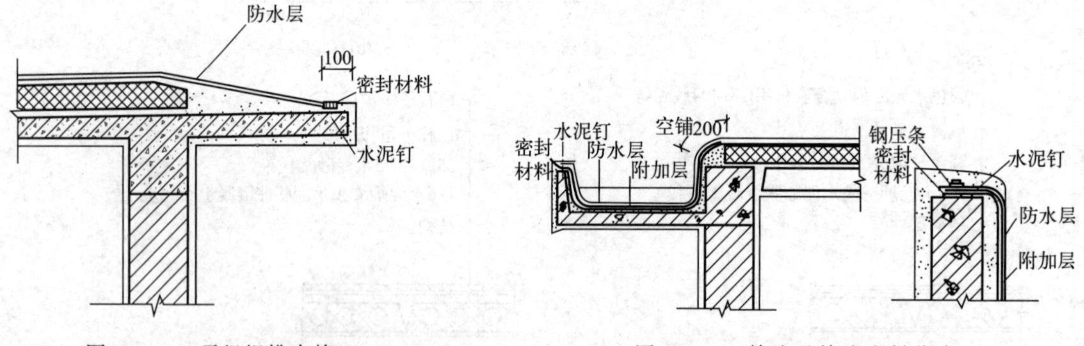


图 3-7-19 无组织排水檐口

图 3-7-20 檐沟及檐沟卷材收头

③ 雨水口构造 雨水口是用来将屋面雨水排至雨水管而在檐口处或檐沟内开设的洞口。构造上要求排水通畅，不易堵塞和渗漏。雨水口通常为定型产品，分为弯管式［图 3-7-21(a)］和直管式［图 3-7-21(b)］两类，弯管式适用于女儿墙外排水天沟，直管式适用于中间天沟、挑檐沟和女儿墙内排水天沟。在雨水口的构造做法中，为防止雨水口周边漏水，应在其周围加铺一层卷材，并应贴入雨水口内壁。直管式雨水口上面用定型铸铁罩或铅丝球盖住，用油膏嵌缝。弯管式雨水口内侧安装铸铁箅子以防杂物流入造成堵塞。

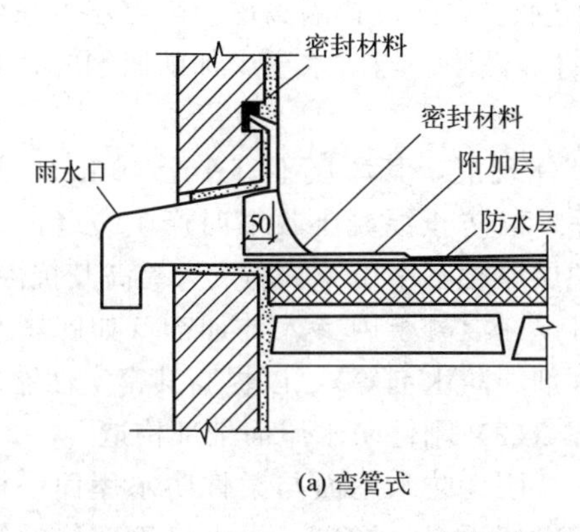


(a) 弯管式

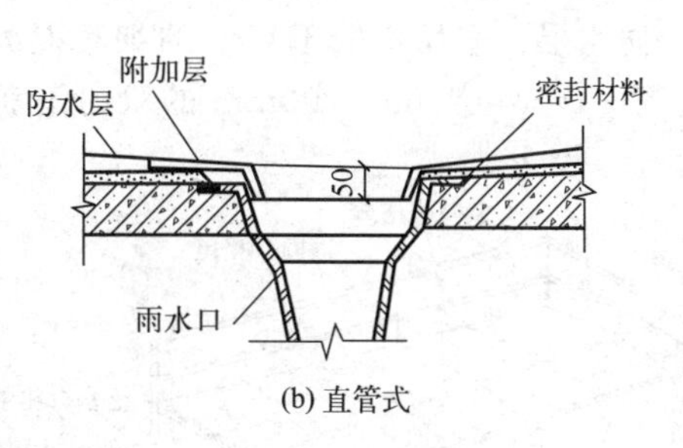


(b) 直管式

图 3-7-21　雨水口构造

### 3.7.2.3　刚性防水屋面构造

刚性防水屋面是以刚性材料作防水面层，如防水砂浆或防水混凝土等，由于防水砂浆和防水混凝土的抗拉强度低，属于脆性材料，故称为刚性防水屋面。这种屋面的主要优点是构造简单，施工方便，造价低，但容易开裂，尤其在气候变化剧烈、屋面基层变形大的情况下更是如此，因此，刚性防水屋面多用于南方地区，因南方地区日温差相对比北方小，混凝土开裂的程度也比较小。这种屋面一般只用于无保温层的屋面中，因为目前保温层多为轻质多孔材料，上面不便进行湿作业，而且混凝土铺设在这种比较松软的材料上也很容易产生裂缝。另外，混凝土刚性防水屋面也不宜用于有高温、振动和基础有较大不均匀沉降的建筑中。

(1) 刚性防水屋面的构造层次和做法

刚性防水屋面的坡度宜为 2%～3%，一般由结构层、找平层、隔离层和防水层组成(图 3-7-22)。

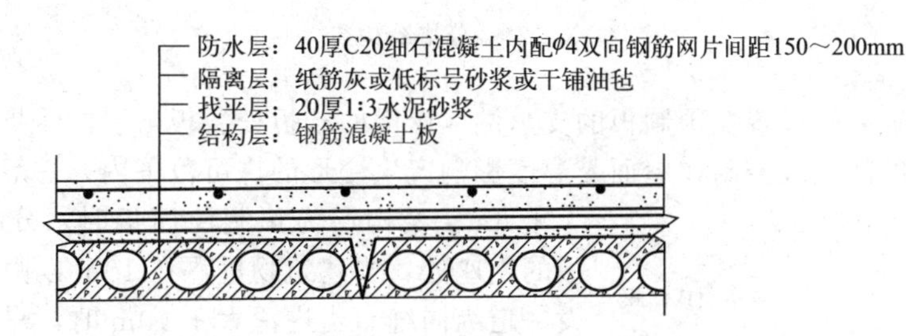


图 3-7-22　刚性防水屋面的层次及构造

① 结构层　一般为预制钢筋混凝土板或现浇钢筋混凝土板。

为了适应刚性防水屋面的变形，在装配式结构中，屋面板的支承处最好做成滑动支座。其构造做法为：在准备搁置屋面板的墙或梁上，先用水泥砂浆找平，然后干铺两层卷材，中间夹滑石粉，再搁置屋面板。屋面板顶端之间或女儿墙之间的端缝都应用弹性物嵌填，如为现浇屋面板，亦可在支承处做滑动支座。

② 找平层　结构层为预制的钢筋混凝土板时，应做找平层，常规做法为 15～20mm 厚的1∶3水泥砂浆。当采用现浇钢筋混凝土整体结构时，可不做找平层。

③ 隔离层　也称浮筑层。由于结构层在荷载作用下产生挠曲变形，在温度变化时产生胀缩变形，结构层较防水层厚，刚度也大，当结构产生变形时，就会将防水层拉裂。为了减

少结构变形对防水层的不利影响，应在结构层与防水层之间设置隔离层。隔离层可采用纸筋灰、强度等级较小的砂浆或薄砂层上干铺一层卷材等做法。当防水层中加膨胀剂时，其抗裂性能有所改善，也可不做隔离层。

④ 防水层　采用不低于C20的细石混凝土整体现浇，其厚度不宜小于40mm，并应在其中配置$\phi$4～$\phi$6@100～200mm的双向钢筋网片，以防止混凝土收缩时产生裂缝，钢筋保护层厚度不小于10mm。为提高其抗渗性能，可以在混凝土内掺入外加剂（如膨胀剂、减水剂、防水剂等），以提高其密实性能。

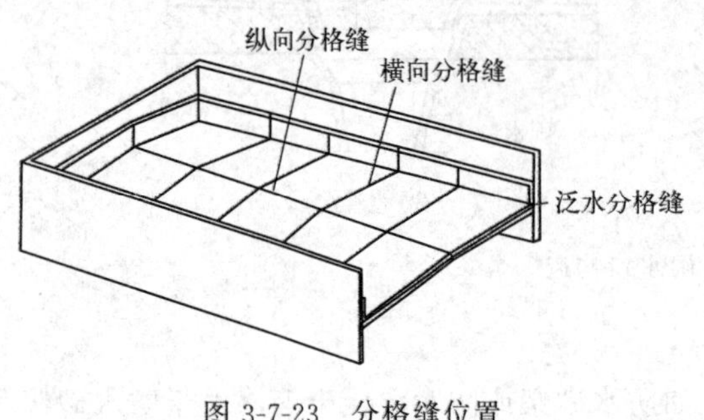


图 3-7-23　分格缝位置

（2）刚性防水屋面细部构造

刚性防水屋面与柔性防水屋面一样，都应做好泛水、檐口、雨水口等部位的细部构造，同时还应做好防水层的分格缝。

① 分格缝　也称分仓缝，是设置在刚性防水层中的变形缝（图 3-7-23、图 3-7-24）。其作用是：第一，当大面积整体现浇混凝土防水层受外界温度影响时会出现热胀冷缩，导致混凝土开裂，如设置一定数量的分格缝，会有效地防止裂缝的产生；第二，在荷载作用下，屋面板产生挠曲变形，板的支承翘起，可能引起混凝土防水层破裂，如果在这些部位预留好分格缝，便可避免防水层的开裂。

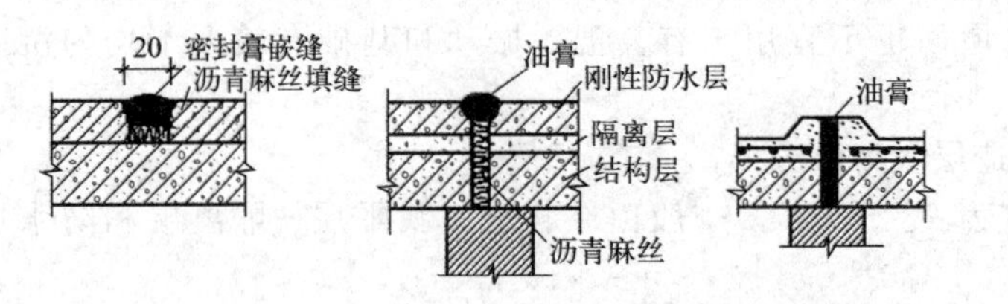


图 3-7-24　分格缝构造

分格缝的位置一般设置在预制板的支承端、屋面的转折处、板与墙的转折处、板与墙的交接处。分格缝的间距应控制在屋面受温度影响产生变形的许可范围内，一般纵横间距不宜大于6m。结构层为预制屋面板时，分格缝应设置在板的支座处，当建筑物进深在10m以内时，可在屋脊设一道纵向缝，当进深大于10m时，需在坡面某一板缝处再设一道纵向分格缝。分格缝与板缝上下对齐。分格缝的宽度宜为20～40mm，分格缝中应嵌密封材料，上部铺贴防水卷材。

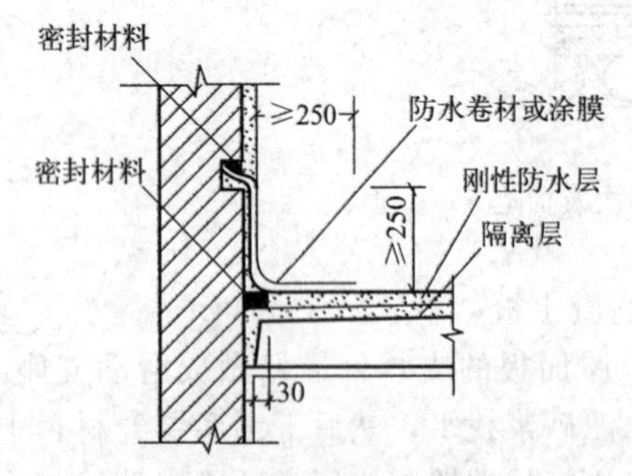


图 3-7-25　刚性防水屋面泛水构造

② 泛水构造　刚性防水屋面的泛水构造（图 3-7-25）与柔性防水屋面大体相同，即泛水应有足够的高度，一般为250mm；泛水与屋面防水层之间应一次浇成，不留施工缝；转角处浇成圆弧形。刚性屋面的泛水也有特殊性，即泛水与凸出屋面的结构物（女儿墙、烟囱等）之间必须留分格缝，以免两者变形不一致而使泛水开裂。

③ 檐口　刚性防水屋面常用的檐口形式有自由落水挑檐口［图 3-7-26(a)］、挑檐沟檐口［图 3-7-26(b)、(c)］等。

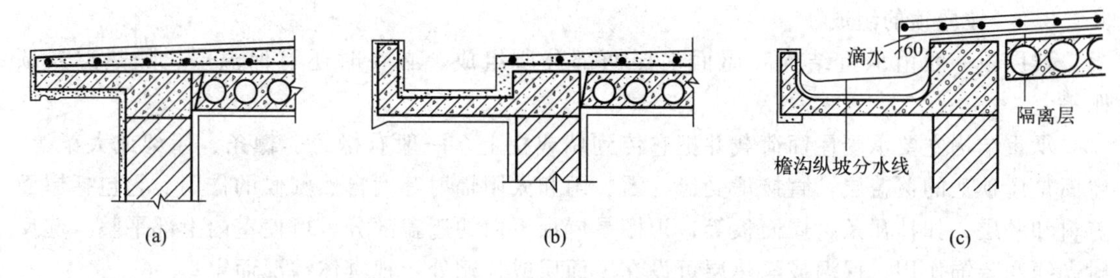

图 3-7-26　刚性防水屋面檐口构造

④ 雨水口　刚性防水屋面雨水口的类型与柔性防水屋面相似，常见的有两种：一种是用于天沟（或檐沟）的雨水管口，即直管式［图 3-7-27(a)］；另一种是用于女儿墙外排水的雨水口，即弯管式［图 3-7-27(b)］。

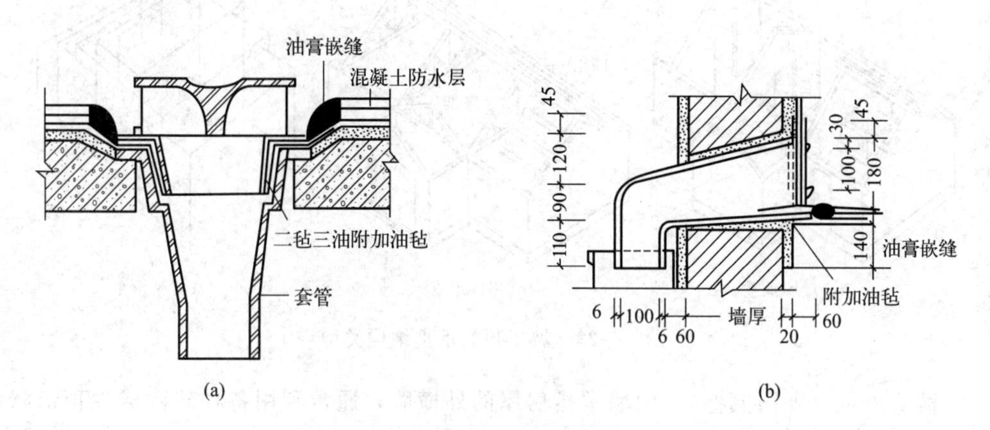

图 3-7-27　刚性防水屋面雨水口构造

### 3.7.3　坡屋顶构造

#### 3.7.3.1　坡屋顶的特点及形式

坡屋顶多采用瓦材防水，而瓦材块小，接缝多，易渗漏，故坡屋顶的坡度一般大于 10°，通常取 30°左右。由于坡度大，故排水快，防水功能好，但屋顶构造高度大，不仅消耗材料较多，其所受风荷载、地震作用也相应增加，尤其当建筑体形复杂时，其交叉错落处屋顶结构更难处理。

坡屋顶根据坡面组织的不同，主要有单坡顶、双坡顶及四坡顶等。

(1) 单坡顶

当房屋进深不大时，可选用单坡顶。

(2) 双坡顶

当房屋进深较大时，可选用双坡顶，由于双坡顶中檐口和山墙处理的不同又可分为：

① 悬山屋顶　即山墙挑檐的双坡屋顶，挑檐可保护墙身，有利于排水，并有一定的遮阳作用，常用于南方多雨地区。

② 硬山屋顶　即山墙不出檐的双坡屋顶，北方少雨地区采用较广。

(3) 四坡顶

四坡顶亦叫四落水屋顶，古代宫殿庙宇中的四坡顶称为庑殿顶，四面挑檐利于保护墙身。四坡顶两面形成两个小山尖，古代称歇山，山尖处可设百叶窗，有利于屋顶通风。

#### 3.7.3.2 坡屋顶的组成

坡屋顶一般由承重结构和屋面面层两部分所组成，必要时还有保温层、隔热层及顶棚等。

承重结构主要承受屋面荷载并把它传到墙或柱上，一般有椽子、檩条、屋架或大梁等；屋面是屋顶上的覆盖层，直接承受风、雪、雨和太阳辐射等大自然气候的作用。它包括屋面盖料和基层，如挂瓦条、屋面板等；顶棚是屋顶下面的遮盖部分，可使室内上部平整，起反射光线和装饰作用；保温或隔热层可设在屋面层或顶棚处，视具体情况而定。

#### 3.7.3.3 坡屋顶的承重结构系统

坡屋顶与平屋顶相比坡度较大，故它的承重结构的顶面是斜面。承重结构系统可分为横墙承重、屋架承重和梁架承重等（图 3-7-28）。

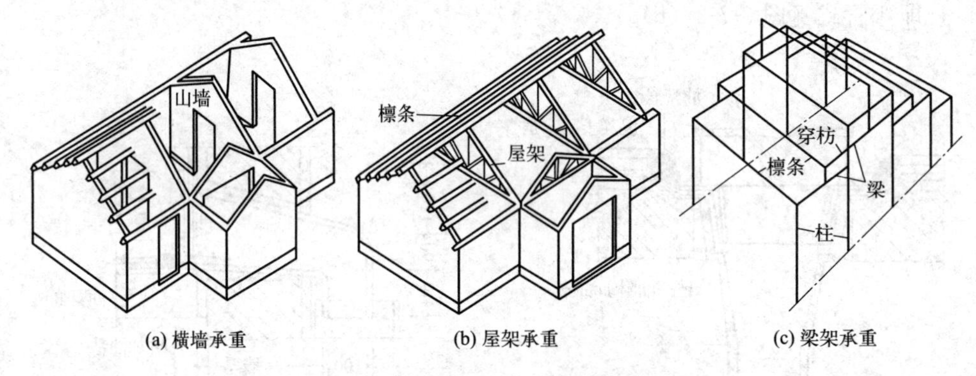


图 3-7-28 坡屋顶的承重结构类型

① 横墙承重（硬山搁檩） 山墙常指房屋的外横墙，通常利用各种砖砌成尖顶形状的墙体直接搁置檩条以承担屋顶重量，这种承重方式称山墙承重，又称硬山搁檩。一般适合于多数相同开间并列的房屋，如宿舍、办公楼等。

② 屋架承重 是指利用建筑物的外纵墙或柱来支承屋架，在屋架上搁置檩条来承受屋面重量的一种结构方式。

屋架可根据排水坡度和空间要求，组成三角形、梯形、矩形、多边形屋架。屋架中各杆件受力较合理，因而杆件截面较小，且能获得较大跨度和空间。木制屋架跨度可达 18m，钢筋混凝土屋架跨度可达 24m，钢屋架跨度可达 36m 以上，如利用内纵墙承重，还可将屋架制成三支点或四支点，以减小跨度节约用材。这种承重方式多用于要求有较大空间的建筑，如食堂、教学楼等。

当房屋屋顶为平台转角、纵横交接、四面坡和歇山屋顶时，可制成异形屋架。

③ 梁架承重 梁架承重是我国传统的结构形式，它由柱和梁组成排架，檩条置于梁间承受屋面荷载并将各排架联系成为一完整骨架。内外墙体均填充在骨架之间，仅起分隔和围护作用，不承受荷载。目前，这种承重方式在工业建筑中的钢排架结构厂房中采用较多。

#### 3.7.3.4 坡屋顶的屋面构造

屋面分为基层和屋面盖料。

坡屋顶的屋面盖料种类较多，我国目前采用的有弧形瓦（或称小青瓦）、平瓦、油毡瓦、西式陶瓦、英红瓦、波形瓦、金属瓦、彩色压型钢板等。

(1) 平瓦屋面的构造（图 3-7-29）

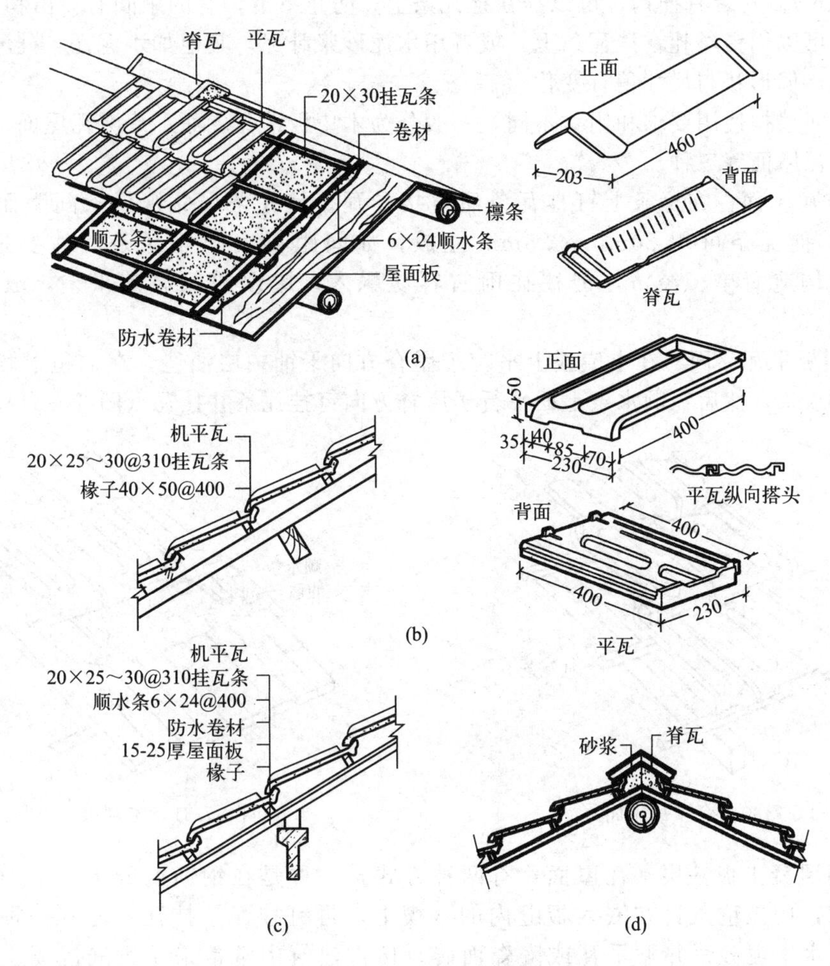


图 3-7-29　平瓦屋面构造

① 屋面基层　屋面基层按组成方式可分为有檩和无檩体系两种。

无檩体系是将屋面基层即各类钢筋混凝土板直接搁在山墙、屋架或屋面梁上；有檩体系的基层由檩条、椽条、屋面板、顺水条、挂瓦条等组成。

为铺设面层材料，应首先在其下面做好基层。

a. 檩条：檩条支承于横墙或屋架上，其断面及间距根据构造需要由结构计算确定。木檩条可用圆木或方木制成，以圆木较为经济，长度不宜超过 4m。用于木屋架时可利用三角木支托；用于硬山搁檩时，支承处应用混凝土垫块或经防腐处理（涂焦油）的木块，以防潮、防腐和分布压力。为了节约木材，也可采用预制钢筋混凝土檩条或轻钢檩条。采用预制钢筋混凝土檩条时，各地都有产品规格可查，常见的有矩形、L 形和 T 形等截面。为了在檩条上钉屋面板，常在顶面设置木条，木条断面呈梯形，尺寸 40～50mm 对开。

b. 椽条：当檩条间距较大，不宜在上面直接铺设屋面板时，可垂直于檩条方向架立椽条，椽条一般用木制，间距一般为 360～400mm，截面为 50mm×50mm 左右。

c. 屋面板：当檩距小于 800mm 时，可在檩条上直接铺钉屋面板，檩距大于 800mm 时，应先在檩条上架椽条，然后在椽条上铺钉屋面板。

② 屋面铺设　平瓦，即黏土瓦，又称机平瓦，是根据防水和排水需要用黏土模压制成

凹凸楞纹后焙烧而成的瓦片，一般尺寸为 380～420mm 长、240mm 左右宽、50mm 厚（净厚约为 20mm）。瓦装有挂钩，可以挂在挂瓦条上，防止下滑，有的中间有突出物穿有小孔，风大的地区可以用铅丝扎在挂瓦条上，或者用水泥砂浆卧瓦。其他如水泥瓦、硅酸盐瓦，均属此类平瓦，但形状与尺寸稍有变化。

平瓦屋面根据使用要求和用材不同，一般分为木望板平瓦屋面、冷滩瓦屋面、钢筋混凝土板基层平瓦屋面等三种。

a. 冷滩瓦屋面：在椽条上钉挂瓦条后直接挂瓦。挂瓦条尺寸视椽条间距而定，间距 400mm 时，挂瓦条可用 20mm×25mm 立放，如间距再大则挂瓦条尺寸要适当加大。冷滩瓦屋面构造简单、经济，但往往雨雪容易飘入，屋顶的保温效果差，故应用较少（图 3-7-30）。

b. 木望板平瓦屋面：在木望板上平行于屋脊方向干铺一层油毡，在油毡上顺着屋面水流方向钉顺水条，然后在顺水条上面平行于屋脊方向钉挂瓦条并挂瓦（图 3-7-31）。

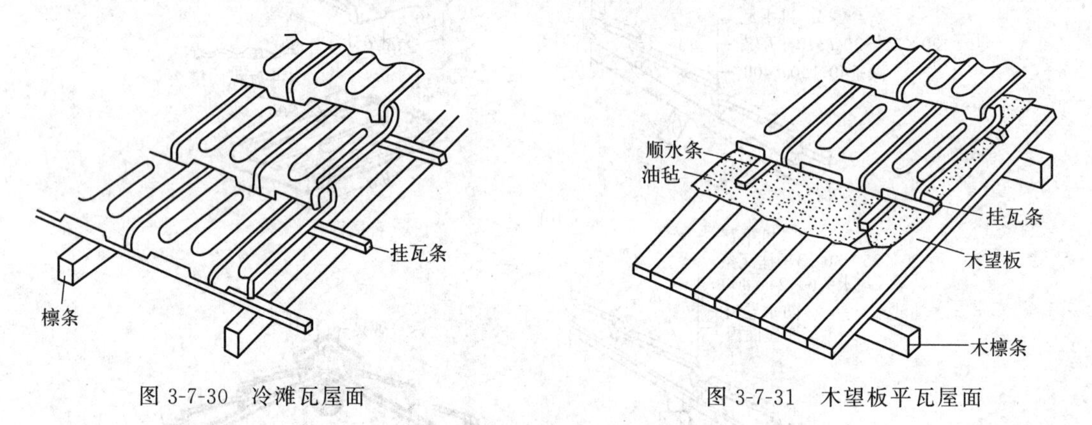


图 3-7-30　冷滩瓦屋面　　　　图 3-7-31　木望板平瓦屋面

c. 钢筋混凝土板基层平瓦屋面：有两种方式，一种是在钢筋混凝土板上的找平层上铺油毡一层，用压毡条钉在嵌入板缝内的木楔上，再钉挂瓦条挂瓦；还有一种是在屋面板上粉刷防水水泥砂浆并贴平瓦或陶瓷面砖。仿古建筑中常常采用钢筋混凝土板平瓦屋面（图 3-7-32）。

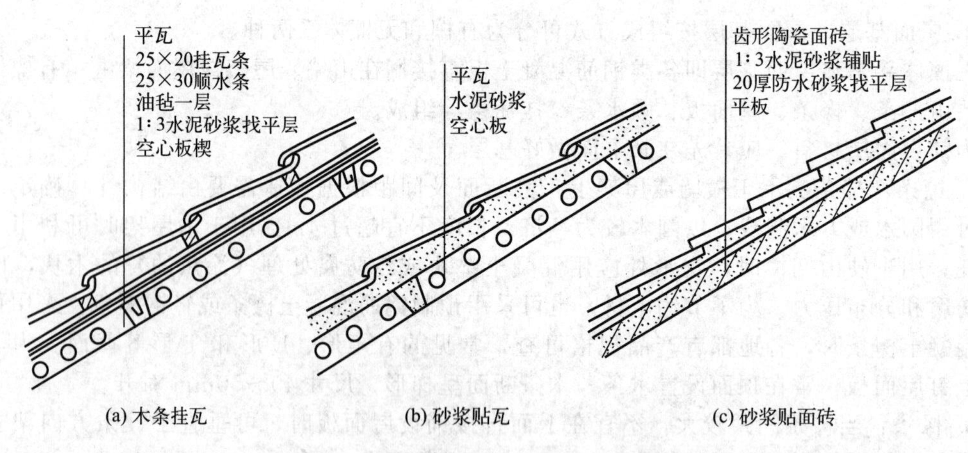


图 3-7-32　钢筋混凝土板基层平瓦屋面

③ 平瓦屋面细部构造　檐口构造与屋面排水方式、屋顶承重结构、屋面基层、屋面出挑长度大小有关。现以钢筋混凝土板瓦平瓦屋面为例，介绍檐口构造。

檐口按位置分为纵墙檐口和山墙檐口。

a. 纵墙檐口：在纵墙檐口中，根据排水的要求可做成有组织排水［图 3-7-33(a)］和自由落水两种［图 3-7-33(b)］。

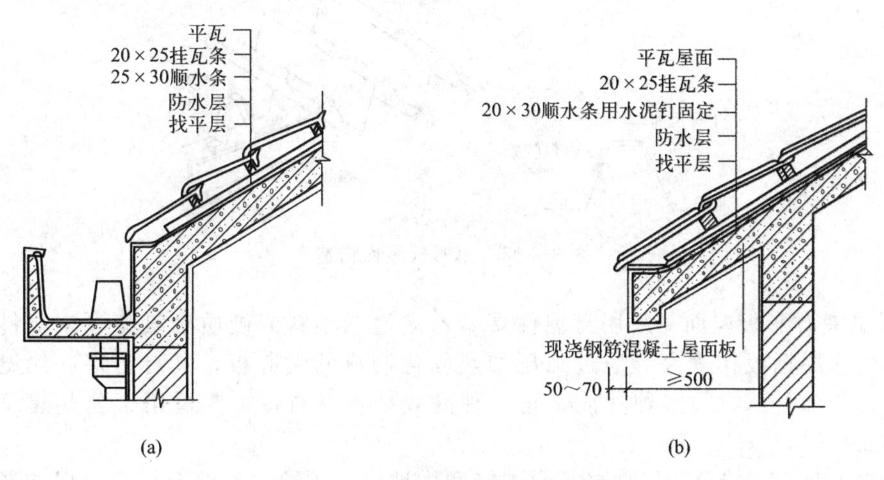


图 3-7-33　平瓦屋顶纵墙檐口构造

b. 山墙檐口：在山墙檐口中分为山墙挑檐［图 3-7-34(a)］和山墙封檐［图 3-7-34(b)］。

山墙挑檐也称悬山，可用钢筋混凝土板出挑。平瓦在山墙檐边隔块锯成半块瓦，用 1∶2.5水泥砂浆抹成高 80～100mm、宽 100～120mm 的封边，称“封山压边”或瓦出线。

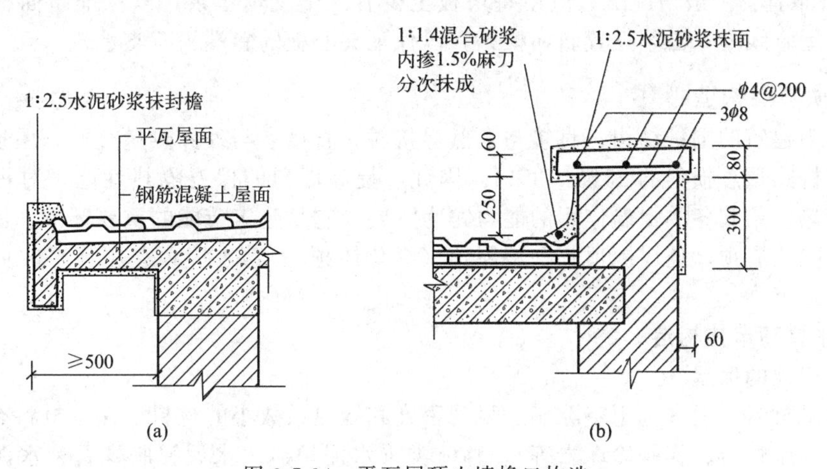


图 3-7-34　平瓦屋顶山墙檐口构造

山墙封檐做法：一种是屋面和山墙平齐，用水泥砂浆抹封檐；另一种是山墙高出屋面，在山墙与屋面交接处用细石混凝土或混合砂浆掺麻刀做泛水。

(2) 彩色压型钢板屋面

彩色压型钢板屋面简称彩板屋面，由于其自重轻强度高且施工安装方便，色彩绚丽，质感好，艺术效果佳，被广泛用于大跨度建筑中。

按彩板的功能构造分为单层彩板和保温夹心彩板。

① 单层彩板屋面　单彩板可分为波形板、梯形板、带肋梯形板（图 3-7-35）。纵横向带肋梯形板强度和刚度好，目前使用较广泛。由于单彩板很薄，作屋面时必须在室内一侧另设保温层。单彩板直接支承于檩条上，采用各种螺钉、螺栓等紧固件固定。檩条一般为槽钢、工

字钢或轻钢檩条，檩条间距视屋面板型号而定，一般为1.5～3.0m。为避免连接螺钉腐蚀，必须用不锈钢制造，钉帽均要用带橡胶垫的不锈钢垫圈，防止钉孔处渗水。

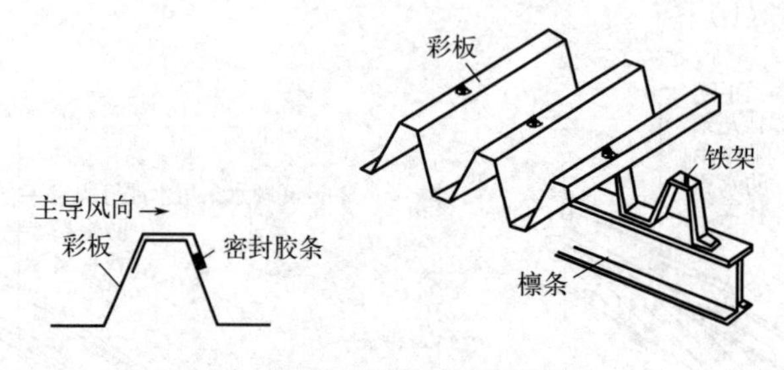


图 3-7-35　单彩板屋面构造

② 保温夹心彩板屋面　采用自熄性聚苯乙烯泡沫塑料或硬质聚氨酯泡沫塑料作保温芯材，彩色涂层钢板作表层，通过加压加热固化制成的夹心板，具有防寒、保温、自重轻、防水、装饰、承力等多种功能，是一种高效结构材料，主要适用于公共建筑、工业厂房的屋面。

a. 板缝处理：板缝分为屋脊缝、顺坡缝和横坡缝。顺坡连接缝及屋脊缝以构造防水为主，材料防水为辅；横坡连接缝采用顺水搭接，防水材料密封，上下两块板均应搭在檩条支座上，屋面坡度小于1/10时，上下板的搭接长度为300mm；屋面坡度大于等于1/10时，上下板的搭接长度为200mm。夹心板与配件及夹心板之间，全部采用铝拉铆钉连接，铆钉在插入铆孔之前应预涂密封胶，拉铆后的钉头用密封胶封死。

b. 檩条布置：一般情况下，应使每块板至少有三个支承檩条，以保证屋面板不发生翘曲。在斜交屋脊线处，必须设置斜向檩条，以保证夹心板的斜端头有支承。

### 3.7.4　屋顶节能构造

屋顶作为建筑的围护结构，直接与自然界接触，直接参与外界热量交换，屋顶的热量损失占围护结构热量总损失的25%～35%。因此，提高屋顶的保温隔热性能，对提高建筑抵抗夏季室外热作用和冬季保温作用的能力尤为重要，它是建筑节能的重要环节。屋顶节能主要包括保温隔热屋顶、通风屋顶、种植屋顶（绿化屋顶）、蓄水屋顶、屋顶平改坡以及其他各种新型屋顶等。

#### 3.7.4.1　平屋顶节能构造

（1）平屋顶的保温

屋面保温材料一般多选用空隙多、表观密度和导热系数小的材料。保温材料有散料（炉渣、矿渣、膨胀蛭石、膨胀珍珠岩等）、整体类（水泥炉渣、水泥膨胀蛭石、水泥膨胀珍珠岩及沥青膨胀蛭石和沥青膨胀珍珠岩等）和板块类（加气混凝土、泡沫混凝土、膨胀蛭石、水泥膨胀珍珠岩、泡沫塑料等块材或板材）。保温材料的选择应根据建筑物的使用性质、构造方案、材料来源经济指标等因素综合考虑来确定。

根据保温层在屋顶中的具体位置有正铺法和倒铺法两种。

① 正铺法是将保温层设在结构层之上、防水层之下而形成封闭式保温层的一种屋面做法，当采用正铺法做屋面保温层时，宜做找平层［图 3-7-36(a)］。

② 倒铺法是将保温层设置在防水层之上，形成敞露式保温层的一种屋面做法，当采用倒铺屋面保温时，保温材料应采用吸水性差的材料，并宜做保护层，保护层可采用混凝土等板材、水泥砂浆或卵石。卵石保护层与保温层之间应铺设纤维织物，板状保护层可干铺，也可用水泥砂浆铺砌［图 3-7-36(b)］。

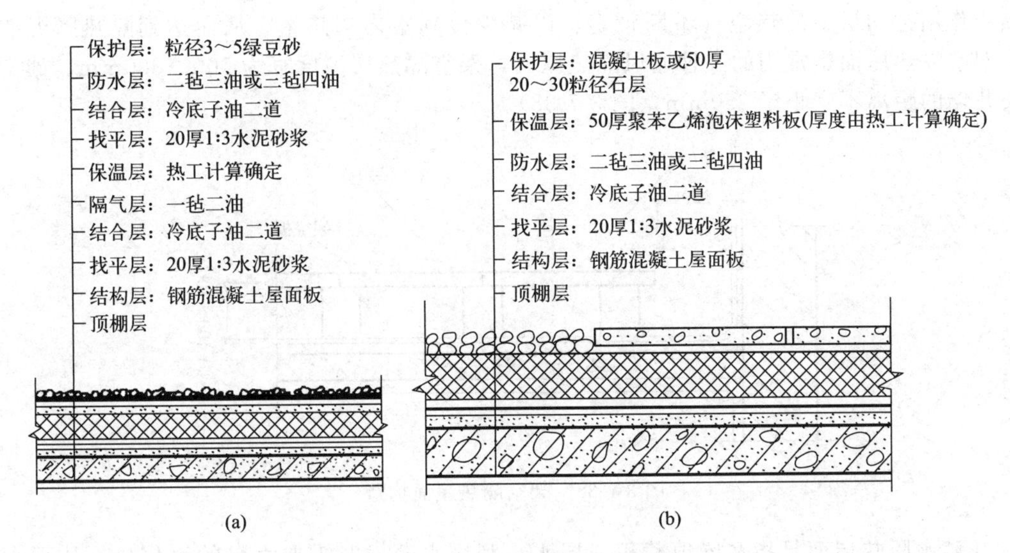


图 3-7-36 平屋顶的保温构造

在冬季由于室内外温差较大，室内水蒸气将随热气流上升向屋顶内部渗透，聚集在吸湿能力较强的保温材料内，容易产生冷凝水，使保温材料受潮，从而降低保温效果。同时，冷凝水遇热膨胀，使卷材起鼓损坏，为了避免上述现象，必须在保温层下设置一道防止室内水蒸气渗透的隔蒸气层。隔气层可选用防水卷材或防水涂料。隔气层一方面阻止了外界水蒸气渗入保温层，另一方面也使施工时残存在保温材料和找平层内水汽无法散发出去，解决这个问题的办法是在保温层中设排气出口，排气出口应埋设排气管，排气管应设置在结构层上，穿过保温层的管壁应打排气孔（图 3-7-37）。

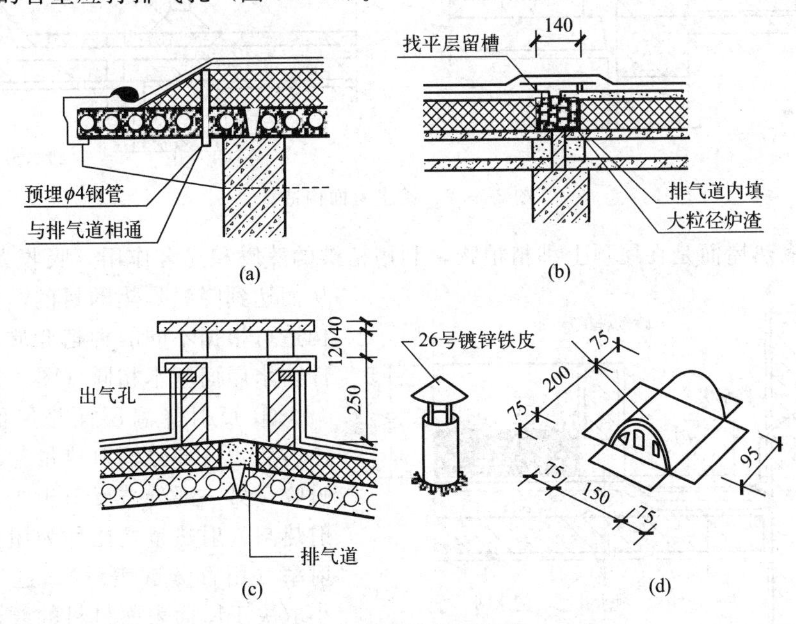


图 3-7-37 排气孔构造

（2）平屋顶的隔热

平屋顶的隔热可采用通风隔热屋面、蓄水隔热屋面、种植隔热屋面和反射降温屋面。

① 通风隔热屋面是指在屋顶中设置通风间层，使上层起着遮挡阳光的作用，利用风压

和热压作用把间层中的热空气不断带走，以减少传到室内的热量，从而达到隔热降温的目的。架空隔热屋面是常用的一种通风隔热屋面，架空隔热层高度宜为100～300mm，架空板与女儿墙的距离不宜小于250mm（图3-7-38）。

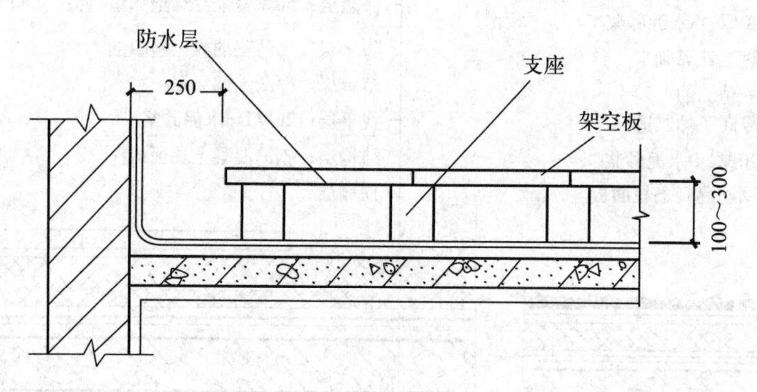


图3-7-38　架空隔热屋面构造

② 蓄水隔热屋面是指在屋顶蓄积一层水，利用水蒸发时需要大量的汽化热，从而大量消耗晒到屋面的太阳辐射热，以减少屋顶吸收的热能，达到降温隔热的目的。蓄水屋面宜采用整体现浇混凝土，其溢水口的上部高度应距分仓墙顶面100mm，过水孔应设在分仓墙底部，排水管应与水落管连通（图3-7-39）。

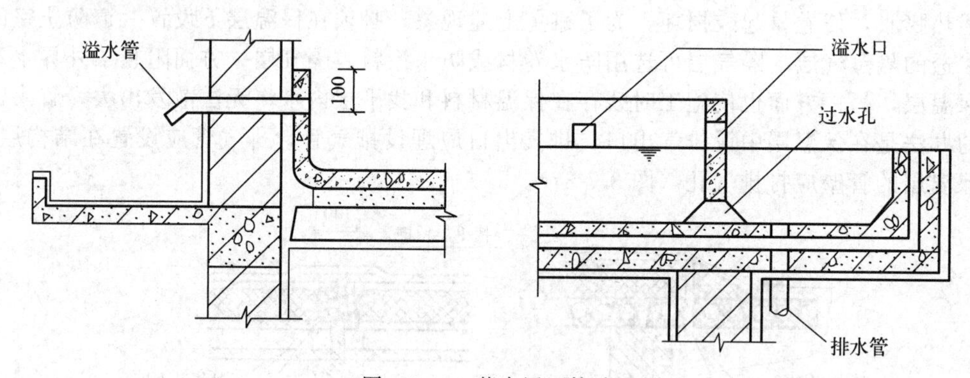


图3-7-39　蓄水屋面构造

③ 种植隔热屋面是在屋顶上种植植物，利用植被的蒸腾和光合作用，吸收太阳辐射热，从而达到降温隔热的目的，种植屋面的构造可根据不同的种植介质确定，与刚性防水屋面基本相同（图3-7-40）。

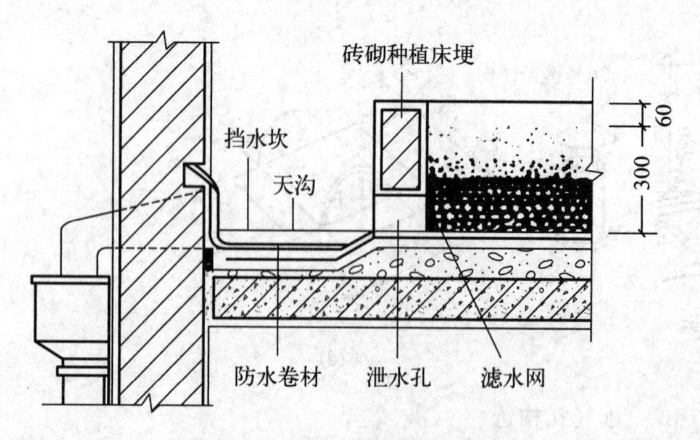


图3-7-40　种植隔热屋面构造

④ 反射降温层面是屋面受到太阳辐射后，一部分辐射热量为屋面材料所吸收，另一部分被反射出去，反射的辐射热与入射热量之比称为屋面材料的反射率（用百分数表示）。这一比值的大小取决于屋面表面材料的颜色和粗糙程度，色浅而光滑的表面比色深而粗糙的表面具有更大的反射率。在设计中，应恰当地利用材料的这一特性，例如采用浅颜色的砾石铺面，或在屋面上涂刷一层白色涂料，对隔热降温均可起到显著作用。

### 3.7.4.2 坡屋顶节能构造

（1）坡屋顶的保温

坡屋顶的保温层一般布置在瓦材与檩条之间或吊顶棚上面。保温材料可根据工程具体要求选用松散材料、块体材料或板状材料。在一般的小青瓦屋面中，采用基层上满铺一层黏土稻草泥作为保温层，小青瓦片黏结在该层上。在平瓦屋面中，可将保温层填充在檩条之间；在设有吊顶的坡屋顶中，常常将保温层铺设在顶棚上面，可起到保温和隔热双重作用（图 3-7-41）。

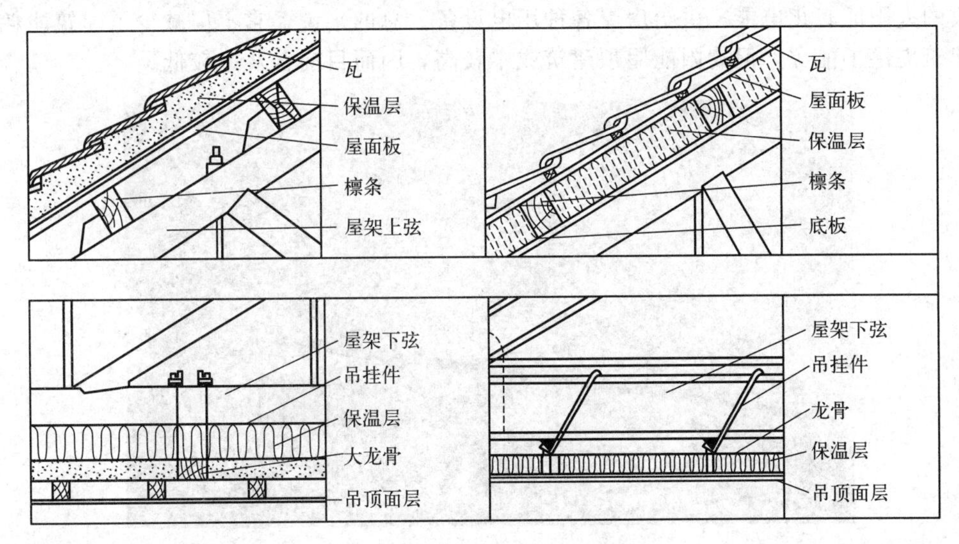


图 3-7-41 坡屋顶的保温构造

（2）坡屋顶的隔热

炎热地区将坡屋顶做成双层，由檐口处进风，屋脊处排风，利用空气流动带走一部分热量，以降低瓦底面的温度。到保温和隔热双重作用。另外，可在山墙上、屋顶的坡面、檐口以及屋脊等处设通风口（图 3-7-42）。

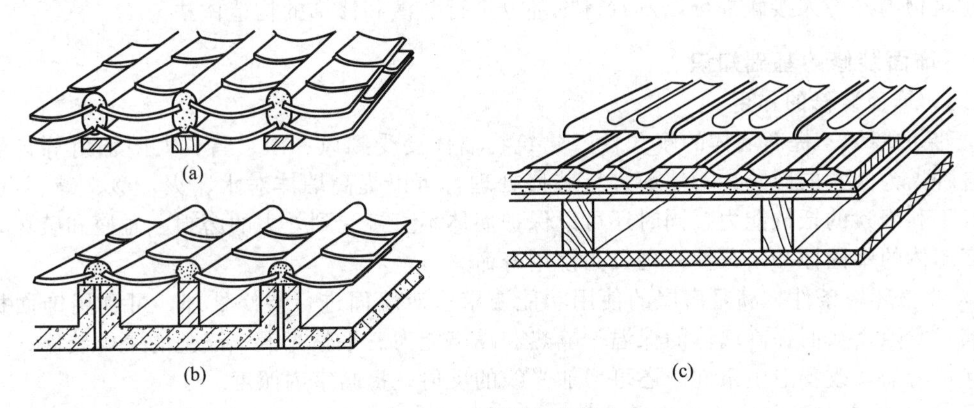


图 3-7-42 坡屋顶的隔热

### 3.7.4.3 屋顶平改坡

“平改坡”是指在建筑结构允许的条件下，将多层住宅平屋顶改造成坡屋顶，并对外立面进行整修粉饰，达到既改善住宅性能又改变建筑物外观视觉效果的房屋修缮行为。坡屋顶的得热量要比平屋顶小，而且由于坡屋顶的闷顶空间的存在，可以有效缓解屋顶外表面的高温对顶层吊顶内表面温度的影响，如果加上适当的通风设计将会使夏季居住热舒适环境更好。因此，“平改坡”做法节能效果明显。除此之外，“平改坡”还在一定程度解决了屋顶的雨水渗漏问题，并且能够改善建筑的外部造型。

#### 3.7.4.4 太阳能屋顶

目前更多的是利用智能化技术、生态技术实现建筑屋顶节能，如太阳能集热屋顶（图 3-7-43)。太阳能屋顶是指可分别安装在每栋独立建筑上的光伏发电系统。太阳能屋顶一方面能通过对太阳辐射能的吸收减少屋顶吸热量，降低室内温度，减少空调负荷；另一方面把吸收的太阳能转化电能，供给房屋各种用电设备。总的来说，它不但减少了建筑能耗，而且为建筑提供了能源。但太阳能屋顶建筑成本较高，因而目前普及率较低。

图 3-7-43 太阳能屋顶

## 3.8 饰面装修

建筑饰面装修是指建筑物除主体结构部分以外，使用建筑材料及其制品或其他装饰性材料对建筑物内外与人接触部分以及看得见部分进行装潢和修饰的构造做法。

### 3.8.1 饰面装修的基础知识

#### 3.8.1.1 饰面装修的作用

① 保护墙体，提高墙体的耐久性　建筑物墙体要受到风、雨、雪、太阳辐射等自然因素和各种人为因素的影响。对墙面进行装修处理，可以提高墙体对水、火、酸、碱、氧化、风化等不利因素的抵抗能力，同时还可以保护墙体不直接受到外力的磨损、碰撞和破坏，从而提高墙体的坚固性和耐久性，延长其使用寿命。

② 改善环境条件，满足房屋的使用功能要求　对墙面进行装修处理，可利用饰面材料堵塞墙身空隙，从而提高墙体的保温、隔热和隔声能力。平整光滑、浅色的室内装修，不仅便于保持清洁，改善卫生条件，还可增加光线的反射，提高室内照度。

③ 美化环境，提高建筑的艺术效果　不同质地、色彩和形式的饰面材料，会给人不同的视觉感受，设计中可以通过正确合理的选材，并对材料表面纹理的粗细、凹凸、对光的吸收、反射程度以及不同的加工方式所产生的各种感观上的效果进行恰当处理和巧妙组合，创造出优美、和谐、统一而又丰富的空间环境。

#### 3.8.1.2 饰面装修构造的影响因素

选择饰面装修构造做法，必须对多种因素加以考虑和分析比较后选择出一种最佳的构造方案。

① 功能性　建筑装饰的基本功能，包括满足与保证使用的要求，保护主体结构免受损害和对建筑的立面、室内空间等进行装饰这三个方面。但是，根据建筑类型的不同、装饰部位的不同，装饰设计的目的是不尽相同的，这就导致了在不同的条件下，饰面所承担的三方面的功能是不同的。因此，在选择装饰构造时，应根据建筑物的类型、使用性质、主体结构所用材料的特性、装饰的部位、环境条件及人的活动与装饰部位间的接触的可能性等各种因素，合理地确定饰面构造处理的目的性。

② 安全性　建筑饰面工程，无论是墙面、地面或顶棚，其构造都要求具有一定的强度和刚度，符合计算要求。特别是各部分之间相互连接的节点，更要安全可靠。如果构造本身不合理，材料强度、连接件刚度等不能达到安全、坚固的要求，也就失去了其他一切功能。

③ 经济性　建筑饰面装修标准差距甚大，不同性质、不同用途的建筑有不同的装饰标准。要根据建筑的实际性质和用途确定装饰标准，既不能盲目追求艺术效果，造成资金的浪费，也不要片面降低装饰标准而影响使用。因此在合理的造价情况下，通过巧妙的饰面装修构造设计可达到既满足功能要求，又具有较好的装饰效果。

### 3.8.2　建筑饰面装修的基本分类

饰面装修根据所处部位的不同，可分为三类：墙面装修、地面装修、顶棚装修。

#### 3.8.2.1　墙面装修

墙体饰面是指墙体工程完成以后，为满足使用功能、耐久及美观等要求，而在墙面进行的装饰和修饰层，即墙面装修层。

3.8.2.1.1　墙面装修的类型

墙体饰面依其所处的位置，分室内和室外两部分。室外装修起保护墙体和美观的作用，应选用强度高、耐水性好以及有一定抗冻性和抗腐蚀、耐风化的建筑材料。室内装修主要是为了改善室内卫生条件，提高采光、音响等效果，美化室内环境。室内装修材料的选用应根据房间的功能要求和装修标准确定；同时，对一些有特殊要求的房间，还要考虑材料的防水、防火、防辐射等能力。

按材料和施工方式的不同，常见的墙体饰面可分为抹灰类、贴面类、涂刷类、裱糊类和铺钉类等。

3.8.2.1.2　墙面装修的构造

墙体饰面装修一般由基层和面层组成。基层即支托饰面层的结构构件或骨架，其表面应平整，并应有一定的强度和刚度。面层附着于基层表面起美观和保护作用，它应与基层牢固结合，且表面须平整均匀。通常将面层最外表面的材料，作为饰面装修构造类型的命名。

（1）抹灰类饰面

抹灰类墙面是指用石灰砂浆、水泥砂浆、水泥石灰混合砂浆、聚合物水泥砂浆、膨胀珍珠岩水泥砂浆以及麻刀灰、纸筋灰、石膏灰等作为饰面层的装修做法。它的主要优点是材料的来源广泛、施工操作简便和造价低廉。但也存在着耐久性差、易开裂、湿作业量大、劳动强度高、工效低等缺点。一般抹灰按质量要求分为普通抹灰、中级抹灰和高级抹灰三级。

为保证抹灰层与基层连接牢固，表面平整均匀，避免裂缝和脱落，在抹灰前应将基层表面的灰尘、污垢、油渍等清除干净，并洒水湿润。同时抹灰层不能太厚，并应分层完成。普通抹灰一般由底层和面层组成，装修标准较高的房间，当采用中级或高级抹灰时，还要在面层与底层之间加一层或多层中间层（图 3-8-1）。

墙面抹灰层的平均总厚度，施工规范中规定不得大于以下数值：

外墙：普通墙面——20mm，勒脚及突出墙面部分——25mm。

内墙：普通抹灰——18mm，中级抹灰——20mm，高级抹灰——25mm。

石墙：墙面抹灰——35mm。

底层抹灰，简称底灰，它的作用是使面层与基层粘牢和初步找平，厚度一般为 5～15mm。底灰的选用与基层材料有关，对黏土砖墙、混凝土墙的底灰一般用水泥砂浆、水泥石灰混合砂浆或聚合物水泥砂浆。轻质混凝土砌块墙的底灰多用混合砂浆或聚合物水泥砂浆。板条墙的底灰常用麻刀石灰砂浆或纸筋石灰砂浆。另外，对湿度较大的房间或有防水、防潮要求的墙体，底灰宜选用水泥砂浆。

中层抹灰的作用是进一步找平，减少由于底层砂浆开裂导致的面层裂缝，同时也是底层和面层的黏结层，其厚度一般为 5～10mm。中层抹灰的材料可以与底灰相同，也可根据装饰要求选用其他材料。

面层抹灰，也称罩面，主要起装饰作用，要求表面平整、色彩均匀、无裂纹等。根据面层采用的材料不同，除一般装修外，还有水刷石、干粘石、水磨石、斩假石、拉毛灰、彩色抹灰等做法（图 3-8-2、图 3-8-3）。

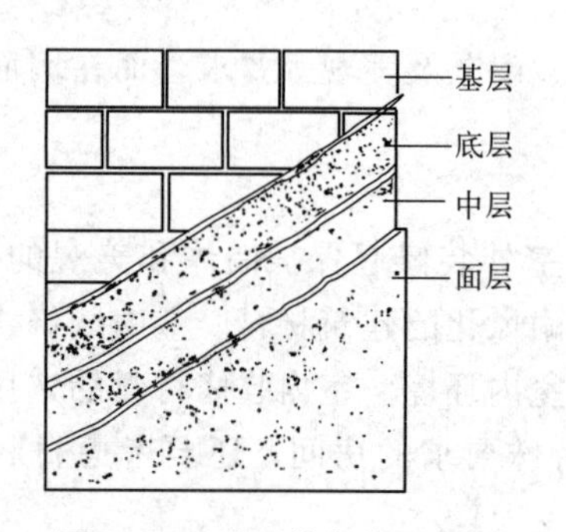


图 3-8-1　墙面抹灰分层构造

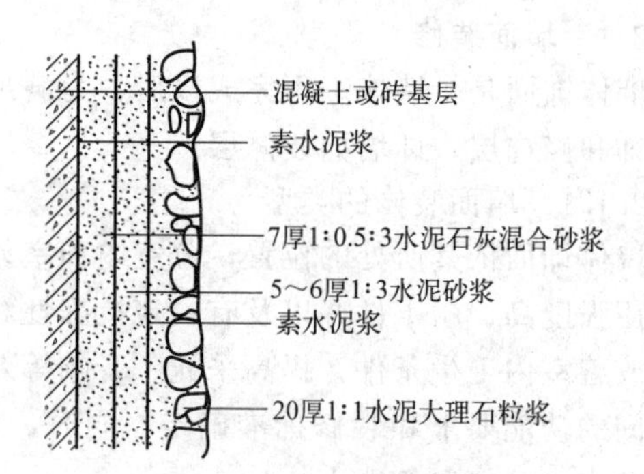


图 3-8-2　水刷石构造

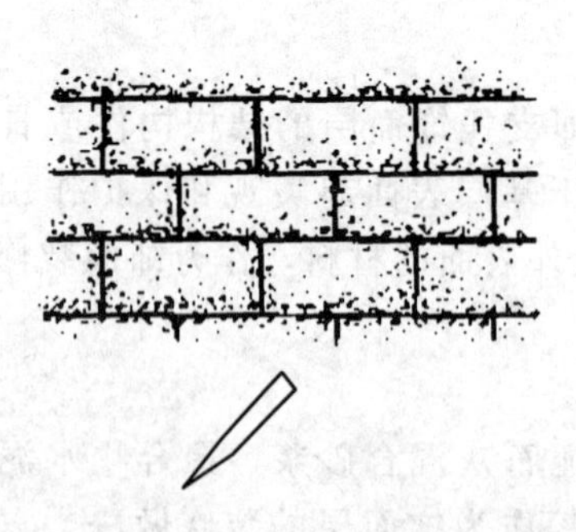

图 3-8-3　斩假石构造

在室内抹灰中，对人群活动频繁、易受碰撞的墙面，或有防水、防潮要求的墙身，常做墙裙对墙身进行保护。墙裙高度一般为 1.5m，有时也做到 1.8m 以上，常见的做法有水泥砂浆抹灰、水磨石、贴瓷砖、油漆、铺钉胶合板等。同时，对室内墙面、柱面及门窗洞口的阳角，宜用 1∶2 水泥砂浆做护角，高度不小于 2m，每侧宽度不应小于

50mm（图 3-8-4）。

在室外抹灰中，由于抹灰面积大，为防止面层裂纹和便于操作，或立面处理的需要，常对抹灰面层做线脚分隔处理。面层施工前，先做不同形式的木引条，待面层抹完后取出木引条，即形成线脚（图 3-8-5）。

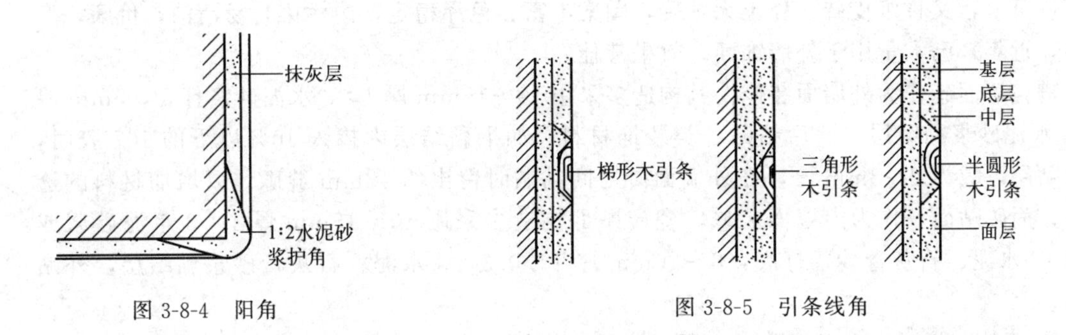


图 3-8-4 阳角

图 3-8-5 引条线角

(2) 贴面类饰面

贴面类是指利用各种天然石材或人造板、块，通过绑、挂或直接粘贴于基层表面的饰面做法。这类装修具有耐久性好、施工方便、装饰性强、质量高、易于清洗等优点。常用的贴面材料有陶瓷面砖、马赛克以及水磨石和天然的花岗岩、大理石板等。其中，质地细腻、耐候性差的材料常用于室内装修，如瓷砖、大理石板等；而质感粗放、耐候性较好的材料，如陶瓷面砖、马赛克、花岗岩板等，多用作室外装修。但在公共建筑体量较大的厅堂内，有时也运用质感丰富的面砖、彩绘陶板装饰墙面，取得了良好的建筑艺术效果。

贴面类饰面构造按工艺不同分为两类：直接镶贴类和采用一定构造连接方式的饰面镶贴类。直接镶贴饰面构造比较简单，大体上由底层砂浆、黏结层砂浆和块状贴面材料面层组成。采用一定构造连接方式的镶贴类构造则与直接镶贴类构造有显著的差异。

① 面砖、陶瓷锦砖、玻璃马赛克等饰面（图 3-8-6） 陶瓷面砖、锦砖系以陶土或瓷土为原料，经加工成型、煅烧而制成的产品，通常分为以下几种：

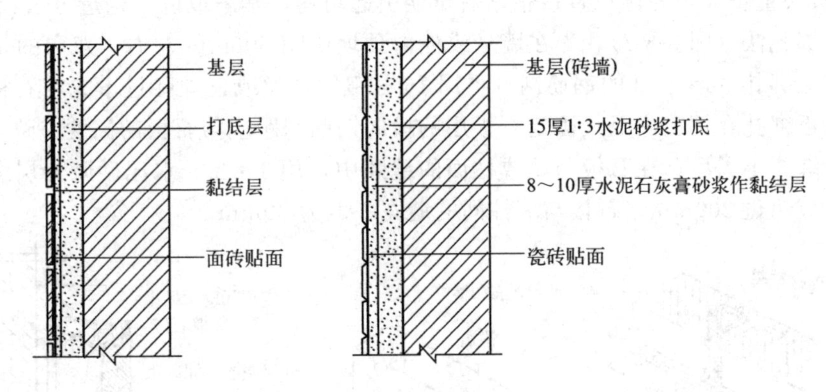


图 3-8-6 面砖饰面构造

陶土釉面砖，它色彩艳丽、装饰性强。其规格为 100mm×100mm×7mm，有白、棕、黄、绿、黑等颜色，具有强度高、表面光滑、美观耐用、吸水率低等特点，多用作内、外墙及柱的饰面。

陶土无釉面砖，俗称面砖，它质地坚固、防冻、耐腐蚀，主要用作外墙面装修，有光面、毛面或各种纹理饰面。

瓷土釉面砖，常见的有瓷砖、彩釉墙砖，瓷砖系薄板制品故又称瓷片。瓷砖多用作厨房、卫生间的墙裙或卫生要求较高的墙面贴面。彩釉墙砖多用作内外墙面装修。

瓷土无釉面砖，主要包括锦砖及无釉砖。锦砖又名马赛克，系由各种颜色、方形或多种几何形状的小瓷片拼制而成，生产时将小瓷片拼贴在 300mm×300mm 或 400mm×400mm 的牛皮纸上，又称纸皮砖。瓷土无釉砖，图案丰富、色泽稳定，耐污染，易清洁，价廉，变化多，近年来已大量用于外墙饰面，效果甚佳。

陶瓷墙面砖作为外墙面装修，其构造多采用 10～15mm 厚 1∶3 水泥砂浆打底，5mm 厚 1∶1 水泥砂浆黏结层，然后粘贴各类装饰材料。如果黏结层内掺入 10%以下的 107 胶时，其粘贴层可减为 2～3mm 厚，在外墙面砖之间粘贴时留出约 13mm 缝隙，以增加材料的透气性，面砖贴面。作为内墙面装修，瓷砖贴面构造多采用 10～15mm 厚 1∶3 水泥砂浆或 1∶3∶6水泥、石灰膏砂浆打底，8～10mm 厚 1∶0.3∶3 水泥、石灰膏砂浆黏结层，外贴瓷砖。

② 天然石板、人造石板贴面　用于墙面装修的天然石板有大理石板和花岗岩板，属于高级装修饰面。

大理石又称云石，表面经磨光后纹理雅致，色泽鲜艳，美丽如画。全国各地有各具特色的产品，如杭灰、苏黑、宜兴咖啡、南京红以及北京房山的白色大理石（汉白玉）等。

花岗岩质地坚硬、不易风化、能适应各种气候变化，故多用作室外装修。它也有多种颜色，有黑、灰、红、粉红色等，根据对石板表面加工方式的不同可分为剁斧石、火爆石、蘑菇石和磨光石四种。

人造石板常见的有人造大理石、水磨石板等。

天然石板安装方法有粘贴法、绑扎法、干挂法三种。

小规格的板材（一般指边长不超过 400mm，厚度在 10mm 左右的薄板）通常用粘贴的方法安装，这与前述的面砖铺贴的方法基本相同。

大规格饰面板是指块面大的板材（边长 500～2000mm）或是厚度大的块材（40mm 以上）。因其板块重量大，为避免直接粘贴后可能引起坍落，常采取以下构造方法：

其一，绑扎法（图 3-8-7）。先在墙身或柱内预埋中距 500mm 左右、双向的 $\phi 8$ “Ω” 形钢筋，在其上绑扎 $\phi 6 \sim \phi 10$ 的钢筋网，再用 16 号镀锌铁丝或铜丝穿过事先在石板上钻好的孔眼，将石板绑扎在钢筋网上。固定石板用的横向钢筋间距应与石板的高度一致，当石板就位、校正、绑扎牢固后，在石板与墙或柱面的缝隙中，用 1∶2.5 水泥砂浆分层灌缝，每次灌入高度不应超过 200mm。石板与墙柱间的缝宽一般为 30mm。

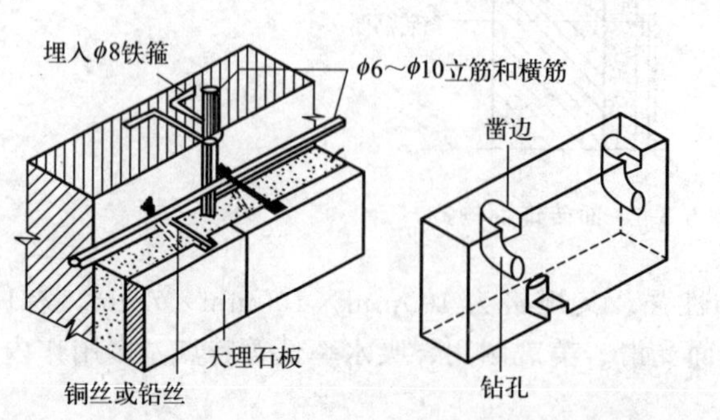


图 3-8-7　绑扎法

其二，干挂法（图 3-8-8）。在需要铺贴饰面石材的部位预留木砖、金属型材或者直接在饰面石材上用电钻钻孔，打入膨胀螺栓，然后用螺栓固定，或用金属型材卡紧固定，最后进行勾缝和压缝处理。人造石板装修的构造做法与天然石板相同，但不必在板上钻孔，而是利用板背面预留的钢筋挂钩，用铜丝或镀锌铁丝将其绑扎在水平钢筋上，就位后再用砂浆填缝。

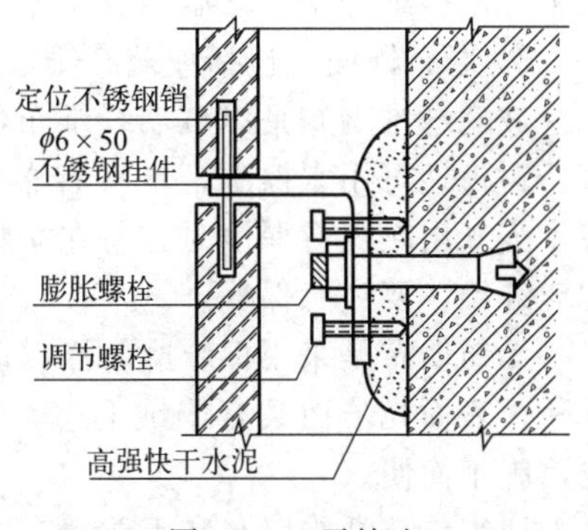

图 3-8-8　干挂法

(3) 涂刷类饰面

在已做好的墙面基层上，经局部或满刮腻子处理使墙面平整，然后涂刷选定的材料即成为涂刷类饰面。

建筑物的内外墙面采用涂刷材料作饰面，是各种饰面做法中最为简便的一种方式。这种饰面做法省工省料、工期短、工效高、自重轻、颜色丰富、便于维修更新，而且造价相对比较低，因此，在国内外涂刷类饰面成为一种传统的饰面方法得到广泛的应用。

涂料按其成膜物的不同可分无机涂料和有机涂料两大类。无机涂料包括石灰浆、大白浆、水泥浆及各种无机高分子涂料等，如 JHS0-1 型、JHN84-1 型和 F832 型等。有机涂料依其稀释剂的不同，分溶剂型涂料、水溶性涂料和乳胶涂料等，如 812 建筑涂料、106 内墙涂料及 PA-1 型乳胶涂料等。

涂刷类饰面的涂层构造，一般可以分为三层，即底层、中间层、面层。

① 底层　俗称刷底漆，其主要目的是增加涂层与基层之间的黏附力，同时还可以进一步清理基层表面的灰尘，使一部分悬浮的灰尘颗粒固定于基层。另外，底层漆还兼具基层封闭剂（封底）的作用，用以防止木脂、水泥砂浆抹灰层中的可溶性盐等物质渗出表面，造成对涂料饰面的破坏。

② 中间层　是整个涂层构造中的成型层。其目的是通过适当的工艺，形成具有一定厚度、匀实饱满的涂层。通过这一涂层，达到保护基层和形成所需的装饰效果。中间层的质量好，不仅可以保证涂层的耐久性、耐水性和强度，在某些情况下对基层尚可起到补强的作用。

③ 面层　作用是体现涂层的色彩和光感。从色彩的角度考虑，为了保证色彩均匀，并满足耐久性、耐磨性等方面的要求，面层最低限度应涂刷两遍。从光泽度的角度考虑，一般来说，溶剂型涂料的光泽度普遍比水溶性涂料、无机涂料的光泽度要高一些。但从漆膜反光的角度分析，却不尽然。因为反光光泽度的大小不仅与所用溶剂的类型有关，还与填料的颗粒大小、基本成膜物质的种类有关。当采用适当的涂料生产工艺、施工工艺时，水溶性涂料和无机涂料的光泽度赶上或超过溶剂型涂料的光泽度是可能的。

(4) 裱糊类饰面

裱糊类饰面是将各种装饰性墙纸、墙布等卷材裱糊在墙面上的一种饰面做法，包括墙纸、墙布、丝绒和锦缎、皮革和人造革等。

① 墙纸饰面　墙纸又称壁纸（图 3-8-9）。墙纸是室内装饰中常用的一种装饰材料，不仅广泛用于墙面装饰，也可应用于吊顶饰面。它具有色彩丰富、图案的装饰性强、易于擦洗等特点；同时，更新也比较容易，施工中湿作业减少，能提高工效，缩短工期。

墙纸应粘贴在具有一定强度、表面平整、光洁、干净、不疏松掉粉的基层上，如水泥砂浆、混合砂浆、石灰砂浆抹面，纸筋灰罩面，石膏板、石棉水泥板等预制板材，以及质量达到标准的现浇或预制混凝土墙体。一般构造方法是：在墙体上做 12mm 厚 1∶3∶9 水泥石灰砂浆打底，使墙面平整，再做 8mm 厚 1∶3∶9 水泥、石灰膏、细黄砂粉面，干燥后满刮腻子并用砂纸磨平，然后用胶粘贴墙纸。

② 墙布饰面　包括玻璃纤维墙布和无纺墙布饰面（图 3-8-9）。

玻璃纤维墙布是以玻璃纤维布作为基材制成的墙布。这种饰面材料强度大、韧性好、耐水、耐火，可用水擦洗，本身有布纹质感，适用于室内饰面。其不足之处是它的盖底力稍差，当基层颜色有深浅时容易在裱糊面上显现出来；涂层一旦磨损破碎时有可能散落出少量玻璃纤维，要注意保养。

无纺墙布是采用棉、麻、涤、腈等合成的高级饰面材料。无纺墙布挺括，有弹性，不易折断，表面光洁而又有羊绒毛感，色彩鲜艳，图案雅致，不褪色，具有一定透气性、可擦洗，施工简便。

裱糊玻璃纤维墙布和无纺墙布的方法与纸基壁纸类同。

③ 丝绒和锦缎饰面　丝绒和锦缎是一种高级墙面装饰材料（图 3-8-10），其特点是绚丽多彩、质感温暖、古雅精致、色泽自然逼真，属于较高级的饰面材料，只适用于室内高级饰面裱糊。

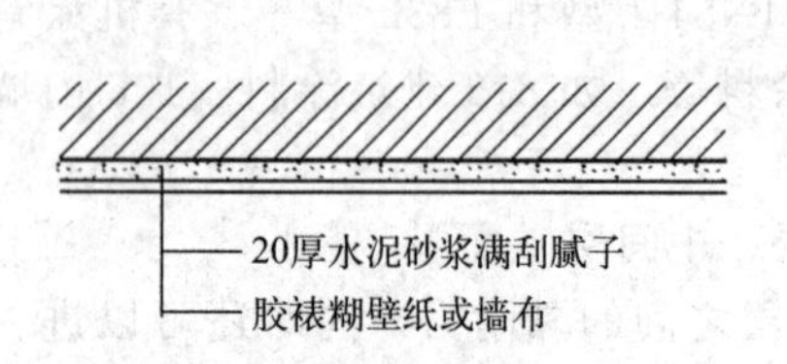


图 3-8-9　墙纸或墙布饰面构造

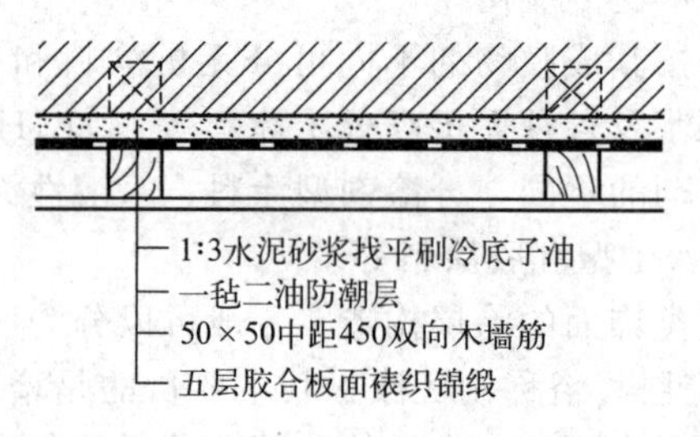


图 3-8-10　锦缎饰面构造

其构造方法是：在墙面基层上用水泥砂浆找平后刷冷底子油，再做一毡二油防潮层，然后立木龙骨（断面为 50mm×50mm），纵横双向间距 450mm 构成骨架。把胶合板（五层）钉在木龙骨上，最后在胶合板上用化学糨糊、107 胶、墙纸胶或淀粉面糊裱贴丝、绒、锦缎。

④ 皮革与人造革饰面　皮革与人造革墙面是一种高级墙面装饰材料，格调高雅，触感柔软、温暖、耐磨并且有消声消震特性。皮革或人造革墙面可用于健身房、练功房、幼儿园等要求防止碰撞的房间以及酒吧台、餐厅、会客室、客房、起居室等，以使环境幽雅、舒适，也适用于录音室等声学要求较高的房间。

皮革与人造革饰面一般构造方法是：将墙面先做防潮处理，即用 1∶3 水泥砂浆 20mm 厚找平墙面并涂刷冷底子油，再做一毡二油，然后立墙筋，墙筋一般是采用断面为(20～50)mm×(40～50)mm的木条，双向钉于预埋在砖墙或混凝土墙中的木砖或木楔之上（图 3-8-11）。

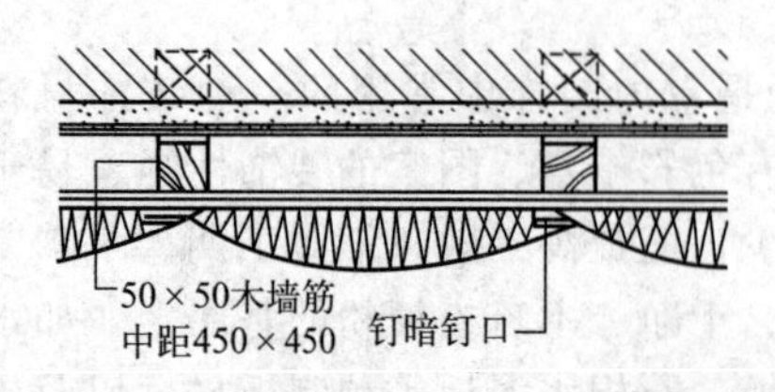


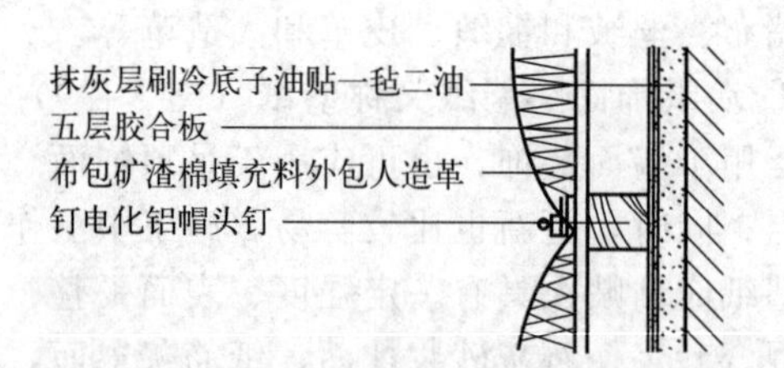


图 3-8-11　皮革与人造革饰面构造

在砖墙或混凝土墙上埋入木砖（或木楔）的间距尺寸，同墙筋的间距尺寸一样。一般为（400～600）mm，按设计中的分格需要来划分，常见的划分尺寸为450mm×450mm。

墙筋固定好后，将五合板做衬板钉于木墙筋之上。然后，以皮革或人造革包矿棉（或泡沫塑料、棕丝、玻璃棉等）覆于五合板之上，并采用暗钉口将其钉在墙筋上。最后，以电化铝帽头钉按划分的分格尺寸在每一分块的四角钉入即可。

（5）铺钉类饰面

铺钉类饰面是指利用天然板条或各种人造薄板借助于钉、胶粘等固定方式对墙面进行的饰面做法。选用不同材质的面板和恰当的构造方式，可以使墙面具有质感细腻、美观大方、或给人以亲切感等不同的装饰效果，同时，还可以改善室内声学等环境效果，满足不同的功能要求。铺钉类装修构造做法与骨架隔墙的做法类似，是由骨架和面板两部分组成，施工时先在墙面上立骨架（墙筋），然后在骨架上铺钉装饰面板（图3-8-12）。

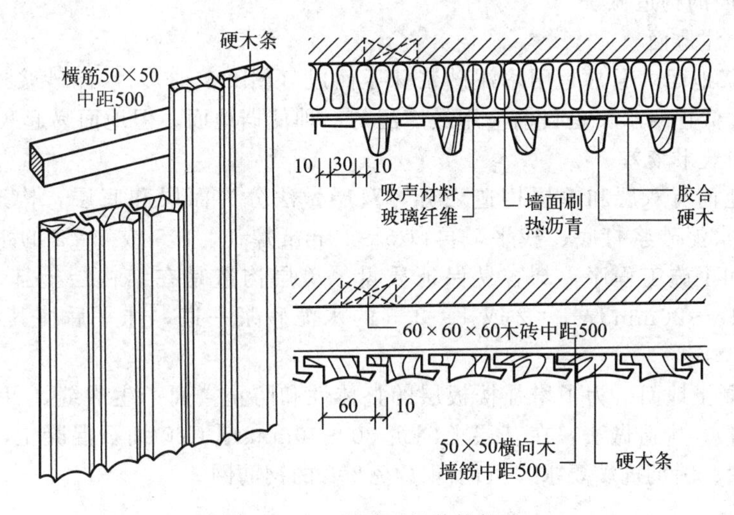


图3-8-12　木质面板装饰构造

骨架有木骨架和金属骨架，木骨架截面一般为50mm×50mm，金属骨架多为槽形冷轧薄钢板。木骨架一般借助于墙中的预埋防腐木砖固定在墙上，木砖尺寸为60mm×60mm×60mm，中距500mm，骨架间距还应与墙板尺寸相配合。金属骨架多用膨胀螺栓固定在墙上。为防止骨架和面板受潮，在固定骨架前，宜先在墙面上抹10mm厚混合砂浆，然后刷二遍防潮防腐剂（热沥青），或铺一毡两油防潮层。

常见的装饰面板有硬木条（板）、竹条、胶合板、纤维板、石膏板、钙塑板及各种吸声墙板等。面板在木骨架上用圆钉或木螺丝固定，在金属骨架上一般用自攻螺丝固定面板。

### 3.8.2.2　地面装修

楼面和地面分别为楼板层和地层的面层，它们在构造要求和做法上基本相同，对室内装修而言，两者统称地面。

#### 3.8.2.2.1　地面的设计要求

地面是人和家具设备直接接触的部分，直接承受地面上的荷载，经常受到摩擦，并需要经常清扫或擦洗。因此，地面首先必须满足坚固耐磨，表面平整光洁并便于清洁。标准较高的房间，地面还应满足吸声、保温和弹性等要求，特别是人们长时间逗留且要求安静的房间，如居室、办公室、图书阅览室、病房等。具有良好的消声能力、较低的热传导性和一定弹性的面层，可以有效地控制室内噪声，并使人行走时感到温暖舒适，不易疲劳。

对有些房间，地面还应具有防水、耐腐蚀、耐火等性能。如厕所、浴室、厨房等用水的房间，地面应具有防水性能；某些实验室等有酸碱作用的房间，地面应具有耐酸碱腐蚀的能力；厨房等有火源的房间，地面应具有较好的防火性能等。

3.8.2.2.2　地面的类型

地面的名称是依据面层所用材料而命名的。按面层所用材料和施工方式不同，常见地面可分为以下几类：

① 整体类地面　包括水泥砂浆、细石混凝土、水磨石及菱苦土地面等。

② 板块类地面　包括黏土砖、大阶砖、水泥花砖、缸砖、陶瓷锦砖、地砖、人造石板、天然石板及木地板等地面。

③ 卷材类地面　包括油地毡、橡胶地毡、塑料地毡及无纺织地毯等地面。

④ 涂料类地面　包括各种高分子合成涂料所形成的地面。

3.8.2.2.3　地面的构造做法

（1）整体浇注地面

① 水泥砂浆地面　通常是用水泥砂浆抹压而成（图 3-8-13）。水泥砂浆地面构造简单、施工方便、造价低且耐水，是目前应用最广泛的一种低档地面，但地面易起灰、无弹性、热传导性高且装饰效果较差。

水泥砂浆地面有双层和单层构造之分，双层做法分为面层和底层，构造上常以 15～20mm 厚 1∶3 水泥砂浆打底、找平，再以 5～10mm 厚 1∶1.5 或 1∶2 的水泥砂浆抹面。分层构造虽增加了施工程序，却容易保证质量。单层构造是在结构层上抹水泥浆结合层一道，直接抹 15～20mm 厚 1∶2 或 1∶2.5 的水泥砂浆一道，抹平后待其终凝前，再用铁板压光。

② 细石混凝土地面　为了增强楼板层的整体性和防止楼面产生裂缝，可采用细石混凝土层（图 3-8-14）。构造做法：在基层上浇筑 30～40mm 厚 C20 细石混凝土，随打随压光。为提高其整体性、满足抗震要求，可内配 $\phi 4@200$ 的钢筋网。

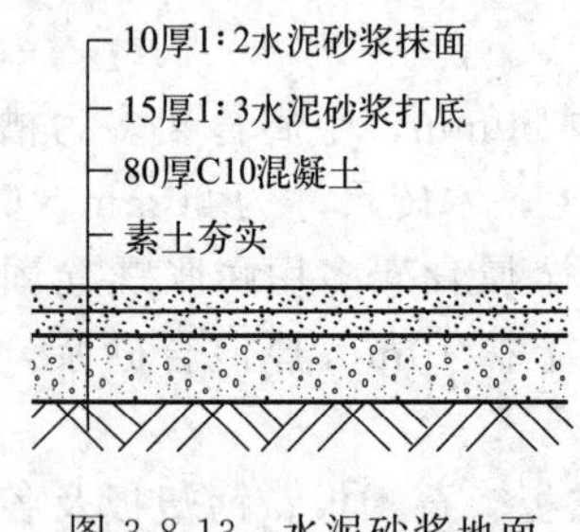


图 3-8-13　水泥砂浆地面

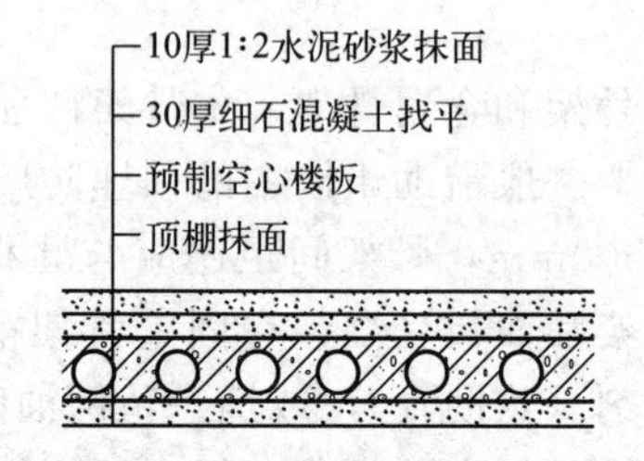


图 3-8-14　细石混凝土地面

③ 水磨石地面　是将用水泥作胶结材料，大理石或白云石等中等硬度石料的石屑作骨料而形成的水泥石屑浆浇抹硬结后，经磨光打蜡而成（图 3-8-15）。

水磨石地面坚硬、耐磨、光洁、不透水，而且由于施工时磨去了表面的水泥浆膜，使其避免了起灰，有利于保持清洁，它的装饰效果也优于水泥砂浆地面，但造价高于水泥砂浆地面，施工较复杂、无弹性、吸热性强，常用于人流量较大的交通空间和房间，如公共建筑的门厅、走廊、楼梯以及营业厅、候车厅等。对装修要求较高的建筑，可用彩色水泥或白水泥加入各种颜料代替普通水泥，与彩色大理石石屑做成各种色彩和图案的地面，即美术水磨石地面，比普通的水磨石地面具有更好的装饰性，但造价较高。

水磨石地面的常见做法是先用 15～20mm 厚 1∶3 水泥砂浆找平，再用 10～15mm 厚

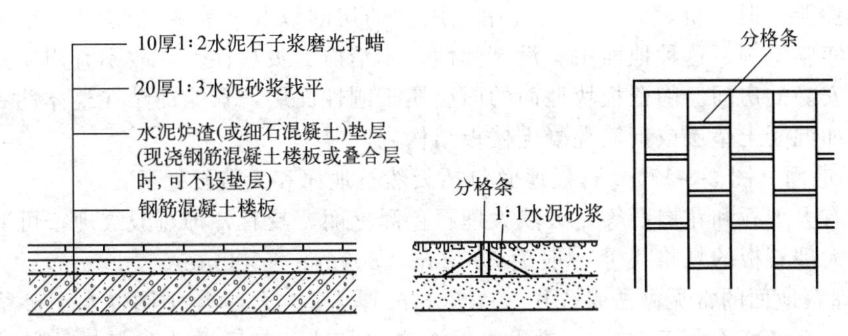


图 3-8-15　水磨石地面

1∶1.5或1∶2的水泥石屑浆抹面，待水泥凝结到一定硬度后，用磨光机打磨，再由草酸清洗，打蜡保护。为便于施工和维修，并防止因温度变化而导致面层变形开裂，应用分格条将面层按设计的图案进行分格，这样做也可以增加美观。分格形状有正方形、长方形、多边形等，尺寸常为400～1000mm。分格条按材料不同有玻璃条、塑料条、铜条或铝条等，视装修要求而定。分格条通常在找平层上用1∶1水泥砂浆嵌固。

(2) 板块地面

板块地面是指利用板材或块材铺贴而成的地面，按地面材料不同有陶瓷板块地面、石板地面、塑料板块地面和木地面等。

① 陶瓷板块地面　用作地面的陶瓷板块有缸砖［图 3-8-16(a)］和陶瓷锦砖［图 3-8-16(b)］、陶瓷彩釉砖、瓷质无釉砖等各种陶瓷地砖。陶瓷锦砖（又称马赛克）是以优质瓷土烧制而成的小块瓷砖，它有各种颜色、多种几何形状，并可拼成各种图案。陶瓷锦砖色彩丰富、鲜艳，尺寸小，面层薄，自重轻，不易踩碎。陶瓷锦砖地面的常见做法是先在混凝土垫层或钢筋混凝土楼板上用15～20mm 厚 1∶3 水泥砂浆找平，再将拼贴在牛皮纸上的陶瓷锦砖用5～8mm 厚 1∶1 水泥砂浆粘贴，在表面的牛皮纸清洗后，用素水泥浆扫缝。

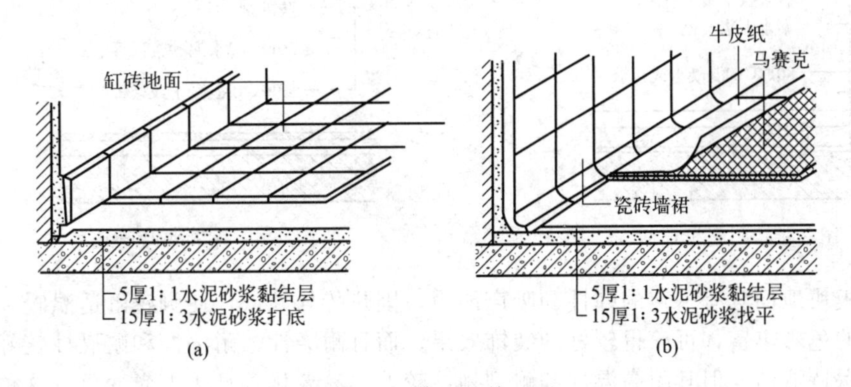


图 3-8-16　陶瓷板块地面

缸砖是用陶土烧制而成，可根据需要制成方形、长方形、六角形和八角形等，并可组合拼成各种图案，其中方形缸砖应用较多。缸砖通常是在 15～20mm 厚 1∶3 水泥砂浆找平层上用 5～10mm 厚 1∶1 水泥砂浆粘贴，并用素水泥浆扫缝。

陶瓷彩釉砖和瓷质无釉砖是较理想的新型地面装修材料，其规格尺寸一般较大。瓷质无釉砖又称仿花岗石砖，具有天然花岗石的质感。陶瓷彩釉砖和瓷质无釉砖可用于门厅、餐厅、营业厅等，其构造做法与缸砖相同。

陶瓷板块地面的特点是坚硬耐磨、色泽稳定，易于保持清洁，而且具有较好的耐水和耐酸碱腐蚀的性能，但造价偏高，一般适用于用水的房间以及有腐蚀的房间，如厕所、盥洗室、浴室和实验室等。这种地面由于没有弹性、不消声、吸热性大，故不宜用于人们长时间停留并要求安静的房间。陶瓷板块地面的面层属于刚性面层，只能铺贴在整体性和刚性较好的基层上，如混凝土垫层或钢筋混凝土楼板结构层。

② 石板地面（图 3-8-17） 石板地面包括天然石地面和人造石地面。

天然石有大理石和花岗石等。天然大理石色泽艳丽，具有各种斑驳纹理，可取得较好的装饰效果。大理石板的规格尺寸一般为 300mm×300mm～500mm×500mm，厚度为 20～30mm。大理石地面的常见做法是先用 20～30mm 厚 1∶3 或 1∶4 干硬性水泥砂浆找平，铺贴大理石板，板缝宽不大于 1mm，撒干水泥粉浇水扫缝，最后过草酸打蜡。另外，还可利用大理石碎块拼贴，形成碎大理石地面，它可以充分利用边角料，既能降低造价，又可取得较好的装饰效果。用作室内地面的花岗石板是表面打磨光滑的磨光花岗石板，它的耐磨程度高于大理石板，但价格昂贵，应用较少。其构造做法同大理石地面。天然石地面具有较好的耐磨、耐久性能和装饰性，但造价较高，属于高档做法，一般用于装修标准较高的公共建筑的门厅、大厅等。

人造石板有预制水磨石板、人造大理石板等，其规格尺寸及地面的构造做法与天然石板基本相同，而价格低于天然石板。

③ 塑料板块地面 随着石油化工业的发展，塑料板块地面（图 3-8-18）的应用日益广泛。塑料地面材料的种类很多，目前聚氯乙烯塑料地面材料应用最广泛，有块材、卷材之分，其材质有软质和半硬质两种。目前在我国应用较多的是半硬质聚氯乙烯块材，其规格尺寸一般为 100mm×100mm～500mm×500mm，厚度为 1.5～2.0mm。塑料板块地面的构造做法是先用 15～20mm 厚 1∶2 水泥砂浆找平，干燥后再用胶黏剂粘贴塑料板。

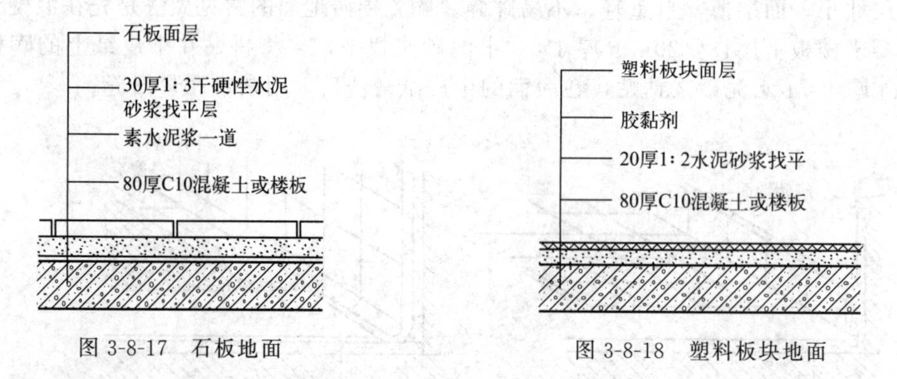


图 3-8-17 石板地面　　图 3-8-18 塑料板块地面

塑料板块地面具有一定的弹性和吸声能力，因热传导性低，使脚感舒适温暖，并有利于隔声，它的色彩丰富，可获得较好的装饰效果，而且耐磨性、耐湿性和耐燃性较好，施工方便，易于保持清洁。但其耐高温性和耐刻划性较差，易老化，日久失光变色。这种地面适用于人们长时间逗留且要求安静的房间或清洁要求较高的房间。

④ 木地面 是指表面由木板铺钉或胶合而成的地面，优点是富有弹性、不起砂、不起灰、易油漆、易清洁、不返潮、纹理美观、蓄热系数小，常用于住宅的室内装修中。木地面从板条规格及组合方式上，可分为普通木地面、硬木条形地面和拼花木地面；从木地面材料上分有纯木材、复合木地板等。纯木材的木地面系指以柏木、杉、松木、柚木、紫檀等有特色木纹与色彩的木材做成木地板，要求材质均匀、无节疤。而复合木地板则是一种两面贴上单层面板的复合构造的木板。木地面按构造方式有空铺式、实铺式和粘贴式三种。

空铺式木地面是将支承木地板的搁栅架空搁置。木搁栅可搁置于墙上，当房间尺寸较大时，也可搁置于地垄墙或砖墩上。空铺木地面应组织好架空层的通风，通常应在外墙勒脚处开设通风洞，有地垄墙时，地垄墙上也应留洞，使地板下的潮气通过空气对流排至室外。空铺式木地面构造复杂，耗费木材较多，因而采用较少（图 3-8-19）。

实铺式木地面是直接在实体基层上铺设的地面。木搁栅直接放在结构层上，木搁栅截面一般为 50mm×50mm，中距小于 450mm。搁栅可以借预埋在结构层内的 U 形铁件嵌固或用镀锌铁丝扎牢。有时为提高地板弹性质量，可做纵横两层搁栅。搁栅下面可以放入垫木，以调整不平坦的情况。为了防止木材受潮而产生膨胀，须在与混凝土接触的底面涂刷冷底子油及热沥青各一道（图 3-8-20）。

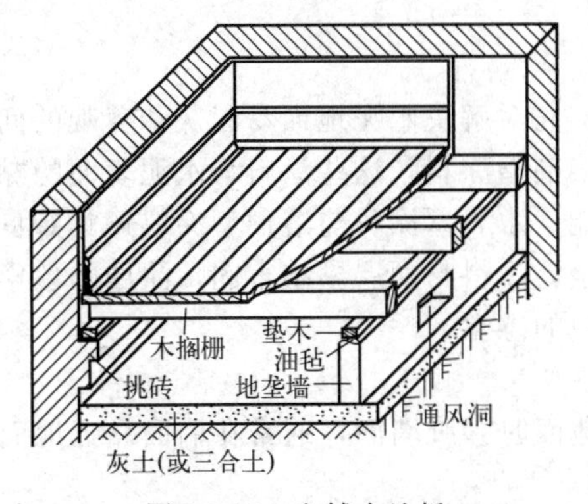

图 3-8-19　空铺木地板

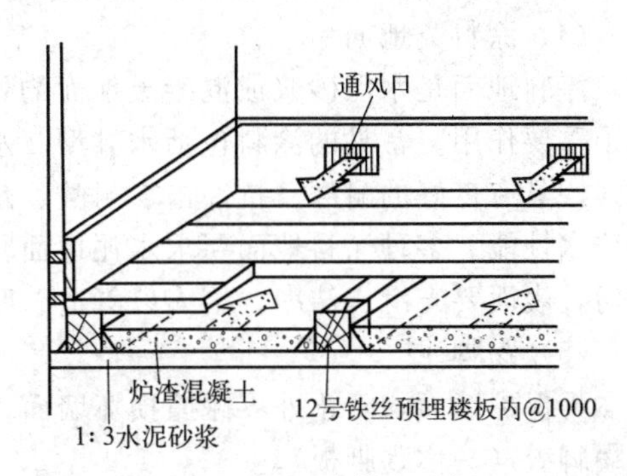

图 3-8-20　实铺木地板

实铺式木地面可用单层木板铺钉，也可用双层木板铺钉。单层木地板通常采用普通木地板或硬木条形地板。双层木地板的底板称为毛板，可采用普通木板，与搁栅呈 30°或 45°方向铺钉，面板则采用硬木拼花板或硬木条形板，底板和面板之间应衬一层油纸，以减小摩擦。双层木地板具有更好的弹性，但消耗木材较多。

粘贴式实铺木地面是将木地板用沥青胶或环氧树脂等黏结材料直接粘贴在找平层上，若为底层地面，则应在找平层上做防潮层，或直接用沥青砂浆找平。粘贴式木地面由于省略了搁栅，比实铺式节约木材，造价低，施工简便，应用较多（图 3-8-21）。

复合木地板可采用粘贴式和无黏结式。无黏结式复合木地板应直接在实体基层上干铺4～5mm 厚阻燃发泡型软泡沫塑料垫层。

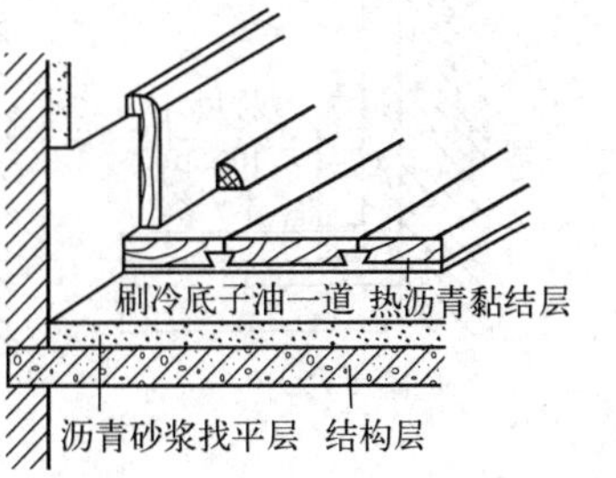

刷冷底子油一道　热沥青黏结层

沥青砂浆找平层　结构层

图 3-8-21　粘贴木地板

（3）卷材地面

卷材地面是用成卷的卷材铺贴而成（图 3-8-22）。常见的地面卷材有软质聚氯乙烯塑料地毡、油地毡、橡胶地毡和地毯等。

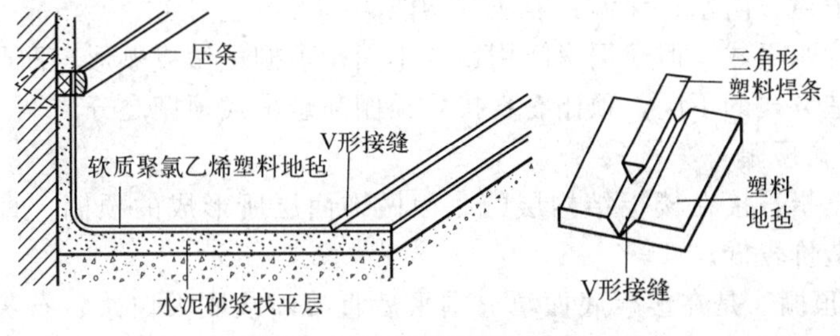

图 3-8-22　塑料卷材地面

软质聚氯乙烯塑料地毡的规格一般为：宽 700～2000mm，长 10～20m，厚 1～8mm，可用胶黏剂粘贴在水泥砂浆找平层上，也可干铺。塑料地毡的拼接缝隙通常切割成 V 形，用三角形塑料焊条焊接。油地毡一般可不用胶黏剂，直接干铺在找平层上即可。

橡胶地毡可以干铺，也可用胶黏剂粘贴在水泥砂浆找平层上。

地毯类型较多，按地毯面层材料不同有化纤地毯、羊毛地毯和棉织地毯等，其中用化纤或短羊毛作面层，麻布、塑料作背衬的化纤或短羊毛地毯应用较多。地毯可以满铺，也可局部铺设，其铺设方法有固定和不固定两种。不固定式是将地毯直接摊铺在地面上；固定式通常是将地毯用胶黏剂粘贴在地面上，或用倒刺板将地毯四周固定。为增加地面的弹性和消声能力，地毯下可铺设一层泡沫橡胶衬垫。

(4) 涂料类地面

涂料地面是水泥砂浆或混凝土地面的处理形式，它对解决水泥地面易起灰和美观的问题起了重要作用。常见的涂料包括水乳型、水溶型和溶剂型涂料，这些涂料与水泥表面的黏结力强，具有良好的耐磨、抗冲击、耐酸、耐碱等性能。水乳型涂料与溶剂型涂料还具有良好的防水性能。多种涂料地面要求水泥地面坚实、平整，涂料与面层黏结牢固，涂层的色彩要均匀，表面要光滑、洁净，给人以舒适、明净、美观的感觉。

(5) 踢脚线

为保护墙面，防止外界碰撞损坏墙面，或擦洗地面时弄脏墙面，通常在墙面靠近地面处设踢脚线（又称踢脚板）。

踢脚线的材料一般与地面相同，故可看作是地面的一部分，即地面在墙面上的延伸部分。踢脚线通常凸出墙面，也可与墙面平齐或凹进墙面，其高度一般为 100～150mm（图 3-8-23）。

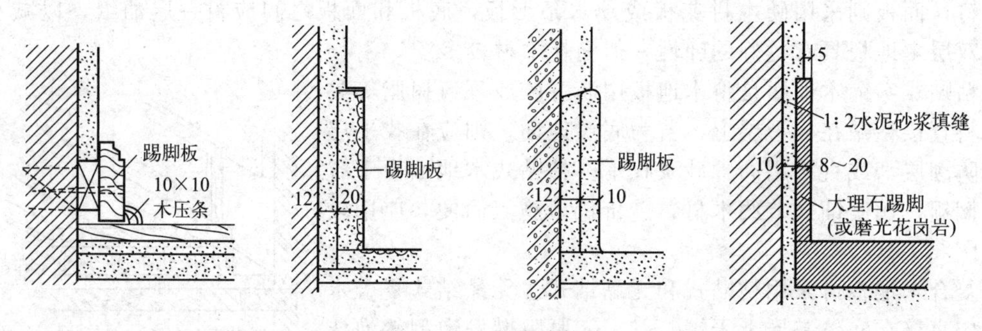


图 3-8-23　踢脚线构造

### 3.8.2.3　顶棚装修

顶棚又称平顶或天花，系指楼板层的下面部分，也是室内装修部分之一。作为顶棚，要求表面光洁、美观，且能起反射光照的作用，以改善室内的亮度。对某些特殊要求的房间，还要求顶棚具有隔声、防水、保温、隔热等功能。

一般顶棚多为水平式，但根据房间用途的不同，顶棚可做成弧形、凹凸形、高低形、折线形等。依其构造方式的不同，顶棚有直接式顶棚和悬吊式顶棚之分。

#### 3.8.2.3.1　直接式顶棚

直接式顶棚是指直接在楼板结构层的底面做饰面层所形成的顶棚。直接式顶棚构造简单，施工方便，造价较低。

① 直接喷刷顶棚　是在楼板底面填缝刮平后直接喷或刷大白浆、石灰浆等涂料，以增加顶棚的反射光照作用，通常用于观瞻要求不高的房间。

② 抹灰顶棚　是在楼板底面勾缝或刷素水泥浆后进行抹灰装修，抹灰表面可喷刷涂料，适用于一般装修标准的房间［图 3-8-24(a)］。

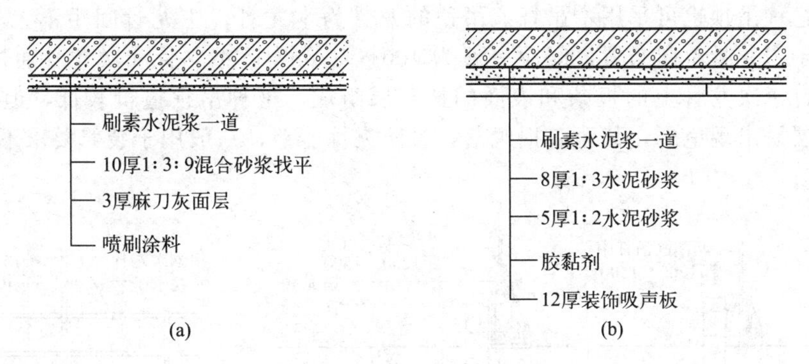


图 3-8-24　直接顶棚构造

抹灰顶棚一般有麻刀灰（或纸筋灰）顶棚、水泥砂浆顶棚和混合砂浆顶棚等，其中麻刀灰顶棚应用最普遍。麻刀灰顶棚的做法是先用混合砂浆打底，再用麻刀灰罩面。

③ 贴面顶棚　是在楼板底面用砂浆打底找平后，用胶黏剂粘贴墙纸、泡沫塑胶板或装饰吸声板等，一般用于楼板底部平整、不需要顶棚敷设管线而装修要求又较高的房间，或有吸声、保温隔热等要求的房间［图 3-8-24(b)］。

3.8.2.3.2　悬吊式顶棚

悬吊式顶棚又称吊顶棚或吊顶，是将饰面层悬吊在楼板结构上而形成的顶棚。吊顶棚的构造复杂、施工麻烦、造价较高，一般用于装修标准较高而楼板底部不平或在楼板下面敷设管线的房间，以及有特殊要求的房间。

吊顶棚应具有足够的净空高度，以便于照明、空调、灭火喷淋、感应器、广播设备等管线及其装置各种设备管线的敷设；合理地安排灯具、通风口的位置，以符合照明、通风要求；选择合适的材料和构造做法，使其燃烧性能和耐火极限符合防火规范的规定；吊顶棚应便于制作、安装和维修，自重宜轻，以减少结构负荷。同时，吊顶棚还应满足美观和经济等方面的要求。对有些房间，吊顶棚应满足隔声、音质等特殊要求。

悬吊式顶棚一般由吊杆、基层和面层三部分组成。吊杆又称吊筋，顶棚通常是借助于吊杆吊在楼板结构上的，有时也可不用吊杆而将基层直接固定在梁或墙上。吊筋的作用主要是承受吊顶棚和搁栅的荷载，并将这一荷载传递给屋面板、楼板、屋架等部位；另一作用是用来调整、确定吊顶棚的空间高度，以适应不同场合、不同艺术处理上的需要。吊杆有金属吊杆和木吊杆两种，一般多用钢筋或型钢等制作金属吊杆。基层是用来固定面层并承受其重量，一般由主龙骨（又称主搁栅）和次龙骨（又称次搁栅）两部分组成。主龙骨与吊杆相连，一般单向布置。次龙骨固定在主龙骨上，其布置方式和间距视面层材料和顶棚外形而定。龙骨也有金属龙骨和木龙骨两种，为节约木材、减轻自重以及提高防火性能，现多用薄钢带或铝合金制作的轻型金属龙骨，常用的有 T 形、U 形、C 形、L 形。面层固定在次龙骨上，可现场抹灰而成，也可用板材拼装而成。

吊顶按面层施工方式不同有抹灰吊顶、板材吊顶和格栅吊顶三大类。

(1) 抹灰吊顶

抹灰吊顶按面层做法不同有板条抹灰、板条钢板网（或钢丝网）抹灰和钢板网抹灰三种。

① 板条抹灰吊顶［图 3-8-25(a)］　吊杆一般采用 $\phi 6$ 钢筋或带螺栓的 $\phi 8$ 钢筋，间距一

般为 900～1500mm。吊杆与钢筋混凝土楼板的固定方式有若干种，如现浇钢筋混凝土楼板中预留钢筋作吊杆或与吊杆连接，预制钢筋混凝土楼板的板缝伸出吊杆，或用射钉、螺钉固定吊杆等。这种吊顶也可采用木吊杆。吊顶的龙骨为木龙骨，主龙骨间距不大于 1500mm，次龙骨垂直于主龙骨单向布置，间距一般为 400～500mm，主龙骨和次龙骨通过吊木连接。面层是由铺钉于次龙骨上的板条和表面的抹灰层组成。这种吊顶造价较低，但抹灰劳动量大，抹灰面层易出现龟裂，甚至破损脱落，且防火性能差，一般用于装修要求不高且面积不大的房间。

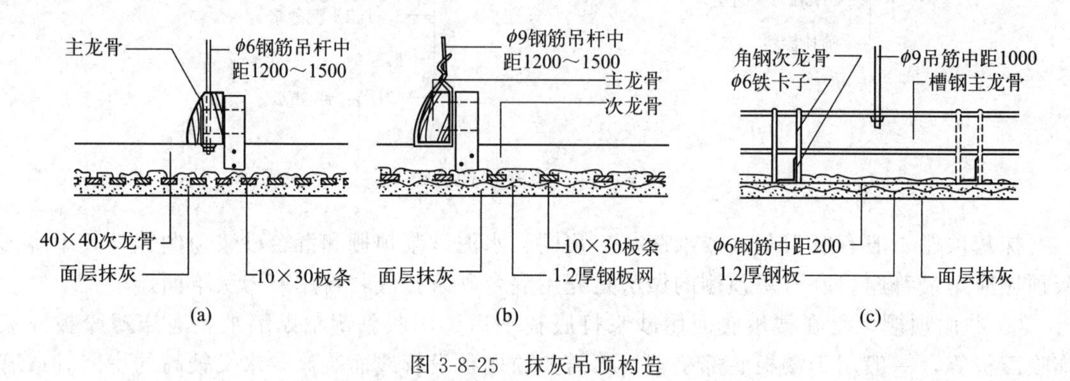


图 3-8-25　抹灰吊顶构造

② 板条钢板网抹灰吊顶［图 3-8-25(b)］ 是在板条抹灰吊顶的板条和抹灰层之间加钉一层钢板网，以防抹灰层开裂脱落。

③ 钢板网抹灰吊顶［图 3-8-25(c)］ 一般采用金属龙骨，主龙骨多为槽钢，其型号和间距应视荷载大小而定，次龙骨一般为角钢，在次龙骨下加铺一道 $\phi$6 的钢筋网，再铺设钢板网抹灰。这种吊顶的防火性能和耐久性好，可用于防火要求较高的建筑。

(2) 板材吊顶

板材吊顶按基层材料不同主要有木基层吊顶和金属基层吊顶两种类型。

① 木基层吊顶（图 3-8-26） 吊杆可采用 $\phi$6 钢筋，也可采用 40mm×40mm 或 50mm×50mm 的方木，吊杆间距一般为 900～1200mm。木基层通常由主龙骨和次龙骨组成。主龙骨钉接或拴接于吊杆上，其断面多为 50mm×70mm。主龙骨底部钉装次龙骨，次龙骨通常纵横双向布置，其断面一般为 50mm×50mm，间距应根据材料规格确定，一般不超过 600mm，超过 600mm 时可加设小龙骨。吊顶面积不大且形式较简单时，可不设主龙骨。木基层吊顶属于燃烧体或难燃烧体，故只能用于防火要求较低的建筑中。

② 金属基层吊顶 吊杆一般采用 $\phi$6 钢筋或 $\phi$8 钢筋，吊杆间距一般为 900～1200mm。金属基层吊顶的主龙骨间距不宜大于 1200mm，按其承受上人荷载的能力不同分为轻型、中型和重型三级，主龙骨借助于吊件与吊杆连接。次龙骨和小龙骨的间距应根据板材规格确定。龙骨之间用配套的吊挂件或连接件连接。

金属基层按材质不同有轻钢基层和铝合金基层。轻钢基层的龙骨断面多为 U 形，称为 U 形轻钢吊顶龙骨，一般由主龙骨、次龙骨、次龙骨横撑、小龙骨及配件组成。主龙骨断面为 C 形，次龙骨和小龙骨的断面均为 U 形。铝合金基层的龙骨断面多为 T 形，称为 T 形铝合金吊顶龙骨，一般由主龙骨、次龙骨、小龙骨、边龙骨及配件组成，主龙骨断面也是 C 形，次龙骨和小龙骨的断面为倒 T 形，边部次龙骨或小龙骨断面为 L 形。

金属基层吊顶的板材主要有石膏板、金属板、塑料板和矿棉板等。

a. 石膏板吊顶 石膏板有普通纸面石膏板、石膏装饰吸声板等，它具有质轻、防火、吸声、隔热和易于加工等优点。石膏板可以直接搁置在 T 形龙骨的翼缘上，也可以用自攻

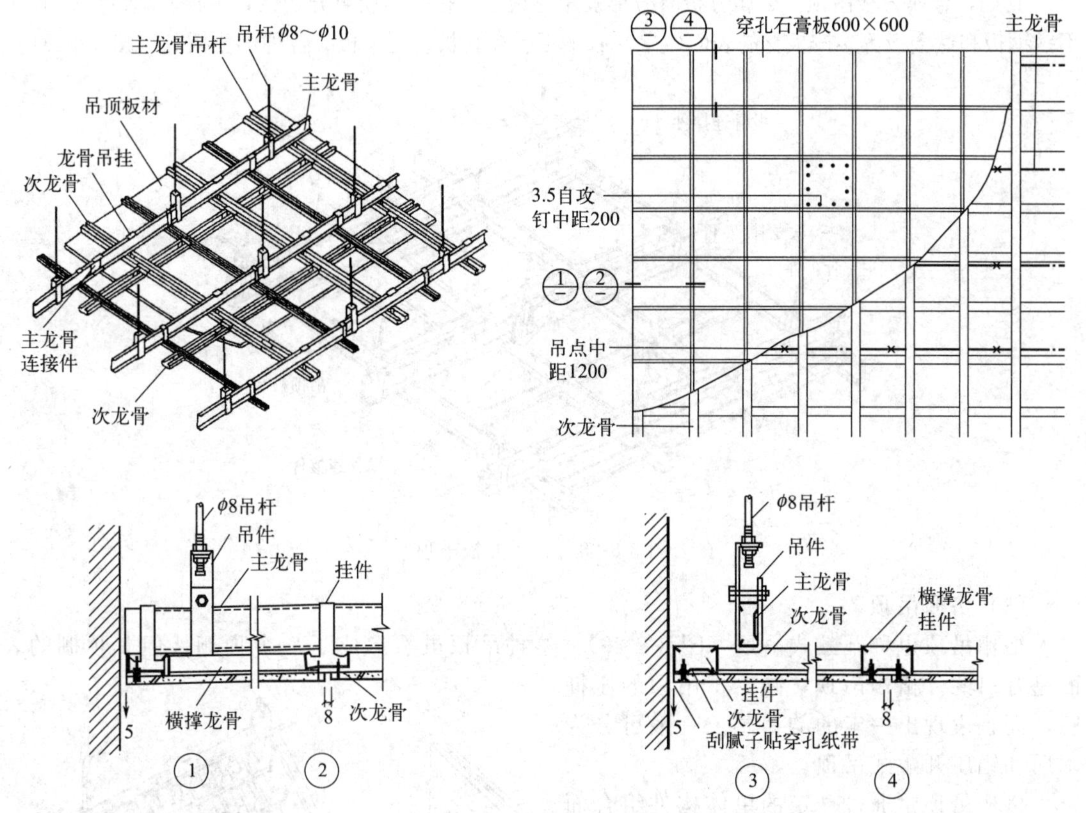


图 3-8-26　木基层石膏板吊顶

螺钉固定于龙骨上。

b. 金属板吊顶　是用轻质金属板材，例如铝板、铝合金板等作面层的吊顶。

金属板顶棚自重小，色泽美观大方，不仅具有独特的质感，而且平、挺，线条刚劲明快，这是其他材料所无法比拟的。在这种吊顶中，吊顶龙骨除是承重杆件外，还兼具卡具的作用。

金属板吊顶分为金属条板吊顶和金属方板吊顶两种类型。

其一，金属条板吊顶。铝合金和薄钢板线轧而成的槽形条板，有窄条、宽条之分。根据条板与条板间相接处的板缝处理形式，可将其分为两大类，即开放型条板顶棚和封闭型条板顶棚。金属条板，一般多用卡固方式与龙骨相连（图 3-8-27）。

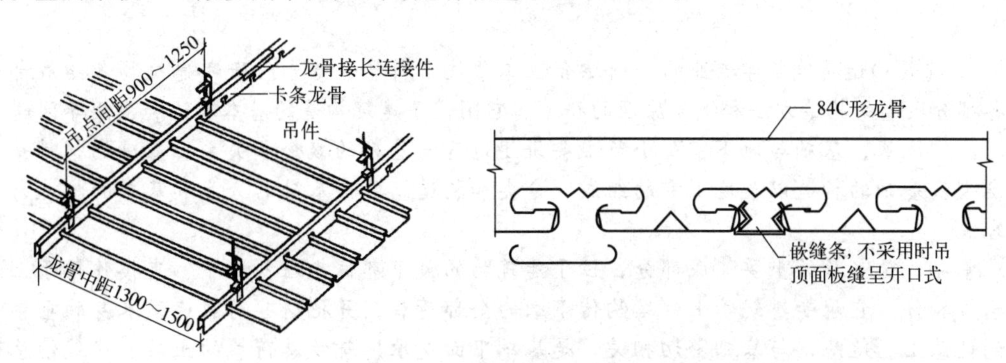


图 3-8-27　金属条板吊顶

其二，金属方板吊顶。金属方板有方形及矩形板块，按其材质可分为铝合金板、彩色镀锌钢板、不锈钢板和钛金板等，按板材的表面效果，有平板、穿孔板、图案板、各种彩色板等（图 3-8-28）。

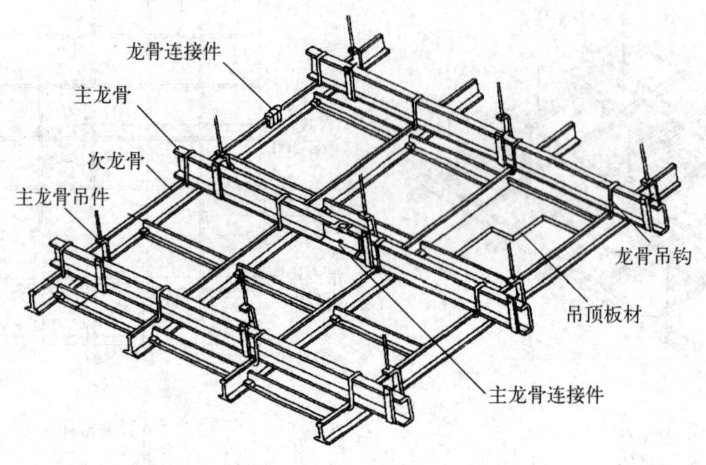


图 3-8-28　金属方板吊顶

（3）格栅吊顶

格栅吊顶也称开敞式吊顶（图 3-8-29）。这种吊顶虽然形成了一个顶棚，但其顶棚的表面是开口的。格栅吊顶，减少了吊顶的压抑感，而且表现出一定的韵律感。一般可分为木质和铝质开敞式吊顶。

格栅吊顶是通过一定的单体构件组合而成的。标准单体构件的连接，通常是采用将预拼安装的单体构件插接、挂接或榫接在一起的方法。

格栅吊顶的安装构造，可分为两种类型：一种是将单体构件固定在可靠的骨架上，然后再将骨架用吊杆与结构相连；另一种方法，是对于用轻质、高强材料制成的单体构件，不用骨架支持，而直接用吊杆与结构相连。

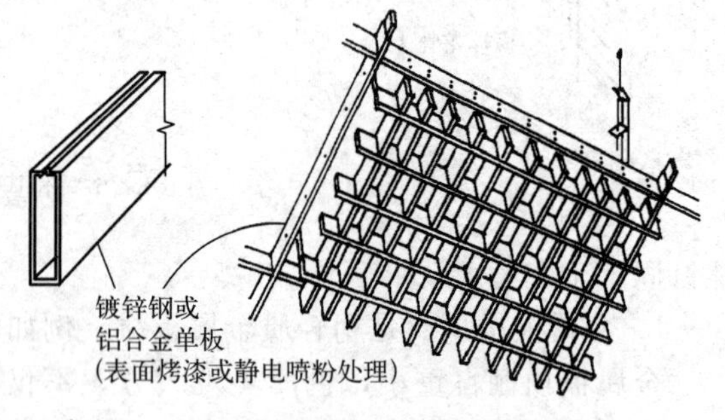


图 3-8-29　格栅吊顶

## 本章小结

1. 建筑构造是建筑学专业的一门综合性工程技术科学，是专门研究建筑物各组成部分以及各部分之间的构造方法和组合原理的科学。它阐述了建筑构造的基本理论和应用等问题。

2. “地基、基础与地下室”小节主要讲述地基与基础的概念和关系、基础的材料、基础的类型及基础的构造以及地下室的组成、分类和构造。其中基础的分类和基础的构造为重点内容。

基础，是房屋的重要组成部分，位于建筑物的最下部位，埋入地下、直接作用于土层上的承重构件。它承受建筑物上部结构传下来的全部荷载，并把这些荷载连同本身的重量一起传到地基上。地基，与基础密切相关，是基础下面支承建筑物总荷载的土层。建筑物总荷载是通过基础传给地基的。但二者又有显著区别。

3. 墙体是房屋的重要承重结构，同时墙体也是建筑的主要围护结构，由于墙体在建筑中的位置不同，功能和作用也不同，设计要求也不同。墙体应具有足够的强度和稳定性，满足保温、隔热等方面的要求，满足防潮、防水要求，满足隔声要求，满足防火要求，并适应工业化生产的要求。

4. “楼板层与地层及阳台雨篷”小节主要讲述民用建筑楼板、地层以及阳台和雨篷的常见类型、基本构造和设计要求，其重点是现浇钢筋混凝土楼板层的构造和结构概念设计。在学习过程中应注意以下几方面：

① 现浇钢筋混凝土楼板按受力和传力情况分板式楼板、梁板式楼板、压型钢板式楼板等。

② 装配式钢筋混凝土楼板类型有实心板、空心板、槽形板、T 形板等。

③ 装配整体式钢筋混凝土楼板常见的做法有叠合式楼板层和密肋填充式楼板层。

④ 地层按其与土壤之间的关系分实铺地层和空铺地层两类。

⑤ 根据楼板所处的部位，需采取相应的防潮、防水、保温、隔声等措施。

5. 楼梯是建筑中楼层间的垂直交通联系的构件，应满足交通和疏散要求，还应符合结构、施工、防火、经济和美观等方面的要求。室外台阶和坡道均为建筑物入口处连接室内外不同标高地面的构件，主要掌握台阶和坡道的类型和构造，台阶和坡道应坚固耐磨，具有较好的耐久性、抗冻性和抗水性。重点掌握以下几个方面的内容：

① 有关楼梯设计方面的知识，包括楼梯组成、功能、形式等，另外楼梯段的宽度、坡度及楼梯有关的净空高度等必须掌握。

② 有关钢筋混凝土楼梯构造要求，包括现浇钢筋混凝土楼梯的特点及结构形式，预制装配式钢筋混凝土楼梯的构造特点与要求，以及楼梯的细部处理都必须重点掌握。

6. 门窗是建筑物的围护构件，设计时主要满足：防风雨、保温、隔声；开启灵活、关闭紧密；便于擦洗和维修方便；坚固耐用、耐腐蚀；符合《建筑模数协调标准》的要求。了解门窗的类型、组成、构造以及节能措施等。

7. 屋顶是房屋最上层覆盖的外围护构件。它主要有两方面的作用：一是防御自然界的风、雨、雪、太阳辐射热和冬季低温等的影响，使屋顶覆盖下的空间有一个良好的使用环境；二是承受作用于屋顶上的风荷载、雪荷载和屋顶自重等，同时还起着对房屋上部的水平支撑作用。因此，通过学习要了解屋顶的相关知识及构造方法，在进行屋顶设计时既满足防水、保温、隔热、隔声、防火等要求，又保证屋顶构件的强度、刚度和整体空间的稳定性。

8. 建筑饰面装修是指建筑物除主体结构部分以外，使用建筑材料及其制品或其他装饰性材料对建筑物内外与人接触部分以及看得见部分进行装潢和修饰的构造做法。根据所处部位的不同，可分为墙面装修、地面装修、顶棚装修三类。

## 本章练习题

**简答题：**

1. 影响建筑构造的因素及设计原则有哪些？
2. 现代的施工建筑方法有哪几种？
3. 什么是地基？什么是基础？二者有何区别？
4. 什么是天然地基？什么是人工地基？
5. 什么是基础埋深？影响基础埋深的因素有哪些？

6. 常见的基础类型有哪些？
7. 什么是刚性基础？什么是柔性基础？
8. 地下室的组成与分类有哪些？
9. 地下室的构造要点有哪些？
10. 墙体设计要求有哪些？
11. 如何确定墙身水平防潮层的位置？其做法有几种？何时需要设置垂直防潮层？
12. 过梁、窗台的作用和构造要点有哪些？
13. 墙身加固措施有哪些？
14. 砌块墙的构造要点有哪些？
15. 隔墙有哪些类型？各类隔墙的构造要点有哪些？
16. 墙体节能构造要点和设计要求有哪些？
17. 墙体隔声构造措施有哪些？
18. 复合墙的类型和特点有哪些？
19. 幕墙的类型和构造特点有哪些？
20. 楼板层由哪几部分组成，作用各如何？
21. 现浇钢筋混凝土楼板的类型有几种？
22. 预制钢筋混凝土楼板在墙上和梁上的构造要点各是什么？
23. 预制构件钢筋混凝土楼板的板缝如何处理？
24. 地坪层由几部分组成？作用如何？
25. 阳台有几种类型？如何处理阳台的排水？
26. 楼梯主要由哪些部分组成？常见的楼梯形式有哪些？
27. 楼梯的坡度、踏步尺寸和梯段尺寸如何确定？
28. 确定楼梯平台深度、栏杆扶手高度和楼梯净高时有何要求？
29. 当楼梯底层中间平台下做通道而平台净高不满足要求时，常采取哪些办法解决？
30. 现浇钢筋混凝土楼梯有哪几种结构形式？各有何特点？
31. 小型构件装配式楼梯的预制踏步有哪几种断面形式和支承方式？
32. 中型构件装配式楼梯的预制梯段和平台各有哪几种形式？
33. 楼梯踏面如何进行防滑处理？
34. 楼梯栏杆有哪几种形式？栏杆与梯段、扶手如何连接？
35. 栏杆扶手在平行楼梯的转弯处如何处理？
36. 疏散楼梯的分类、适用范围及其设计要求是什么？
37. 室外台阶的组成、尺寸和构造做法各是什么？
38. 门和窗按开启方式、材料各如何分类？
39. 门和窗各主要由哪些部分组成？
40. 木门窗框的安装位置和方法有哪些？
41. 夹板门和镶板门的构造要点是什么？
42. 钢门窗有哪几种类型？钢门窗的构造特点是什么？
43. 铝合金门窗和塑钢门窗的特点和构造要点各是什么？
44. 天窗的种类有哪些？
45. 天窗的设计要求及构造要点是什么？
46. 门窗保温构造要点是什么？
47. 门窗的遮阳形式有哪些？
48. 屋顶按外形有哪些形式？各有何特点？
49. 屋顶坡度的形成方法有哪些？
50. 什么是无组织排水、有组织排水？
51. 有组织排水有哪几种类型？如何进行屋面排水组织设计？

52. 柔性防水屋面的构造层有哪些？各层的作用和常见做法是什么？
53. 柔性防水屋面泛水、檐口、雨水口的构造要点各是什么？
54. 刚性防水屋面的构造层有哪些？各层的作用和常见做法是什么？
55. 何谓分格缝？刚性防水屋面设分格缝的作用是什么？其设置要求和构造做法是什么？
56. 坡屋顶的承重结构系统有哪几种？
57. 常见坡屋顶的屋面类型有哪些？各类屋面的构造要点是什么？
58. 平屋顶保温层的位置和构造做法是什么？
59. 为什么保温屋面常需设隔气层？其构造做法是什么？
60. 平屋顶的隔热措施有哪些？
61. 坡屋顶的保温和隔热措施主要有哪些？
62. 墙面装修按材料和施工方式分几类？各种常用墙面装修的特点和构造做法是什么？
63. 墙面的设计要求有哪些？
64. 地面按所用材料和施工方式分哪几类？各种常用地面的特点和构造做法是什么？
65. 踢脚板的作用和构造要点是什么？
66. 顶棚有哪两种类型？各是如何形成的？
67. 顶棚由哪几部分组成？常用吊顶的构造做法是什么？

# 第4章 风景园林建筑结构与构造实例分析

## 4.1 传统风景园林建筑

### 4.1.1 传统风景园林建筑的结构形式

中国传统的风景园林建筑多采用木构架结构体系。构架就是建筑的结构与骨架，一般由柱、梁、檩、枋、椽以及斗拱等构件组成。这些构件按位置、大小和要求等合理排列布置，构成所要营造的建筑的整体支撑框架。它起到稳固建筑整体与承托屋顶等部分的重量的作用，是我国传统建筑中最重要的部分。突出优点有：一是木构架承重，它使得木构架外围的墙体的设置可以自由变化，既可以砌筑实墙、开设门窗作为一般房屋使用，也可以四面砌筑实墙作为仓储建筑使用，还可以四面皆不砌筑墙体而作为开敞通透的四面厅，这显然丰富了我国传统建筑的形式；二是木构架具有伸缩性，可以让它对某些自然现象产生较强的抵抗力。如发生地震时，因为木构架的节点属于柔性连接，之间有一定的伸缩余地，所以可以在一定限度内抵消地震对建筑的危害。总而言之，中国传统建筑的木构架体系，其建筑的重量是由木构架承受，墙体不承重。木构架由屋顶、柱身的立柱及横梁组成，是一个完整又独特的体系，近似于现代的框架结构体系，素有“墙倒屋不塌”之称（图 4-1-1、图 4-1-2）。

图 4-1-1　故宫太和殿

图 4-1-2　天坛祈年殿

中国传统的木构架结构体系，按结构特点及工作原理又可分为抬梁式、穿斗式和井干式三种形式。本书主要以抬梁式木构架为例进行介绍。

#### 4.1.1.1 抬梁式

抬梁式又称叠梁式，由柱、梁、檩、枋四大类基本构件组成，就是在屋基上立柱，柱上支梁，梁上放短柱，其上再置梁，梁的两端并承檩；如是层叠而上，在最上的梁中央放脊瓜柱承脊檩。这种结构属于梁柱体系，在我国应用很广，多用于官式和北方民间建筑，特别北方应用更多（图 4-1-3）。

抬梁式木构架的优点是：构架结实牢固、经久耐用，室内少柱或无柱，可获得较大的空间，结构开敞稳重，受力合理，传力途径清晰明确。因此，此类构架具有较突出的功能性和实用性，同时又毫无掩饰地展示出其自身的结构骨架和宏伟的气势，亦具有真实的结构之美

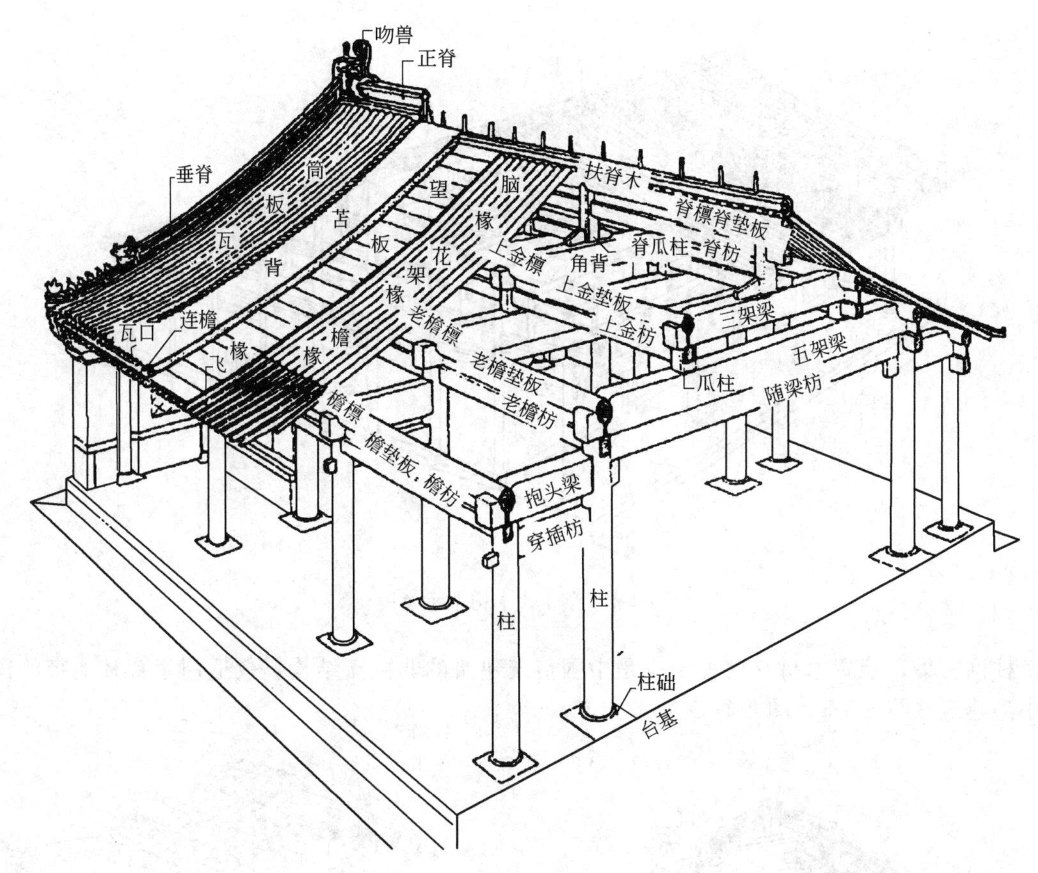


图 4-1-3　抬梁式木构架示意图

和造型之美。

抬梁式木构架的缺点是：这种结构用柱较少，故柱受力较大，消耗木材较多，而且其结构复杂，因此要求加工细致，搭建时要求严格按照规矩进行，否则其坚固性和美观性都受影响。

#### 4.1.1.2　穿斗式

穿斗式又称立帖式，由柱、檩、穿、挑四大类基本构件组成，用穿枋把柱子串联起来，形成一榀榀的房架，檩条直接搁置在柱子上，在沿檩条方向，再用斗枋把柱子串联起来。由此形成了一个整体框架。穿斗式构架柱距较密，柱径较细的落地柱与短柱直接承檩，柱间不施梁而用若干穿枋联系，并以挑枋承托出檐。这种结构属于檩柱体系，广泛用于江西、湖南、四川等季风较多的南方地区（图 4-1-4）。

穿斗式构架的优点是：用料较小，可以用较小的木材建造较大的房屋，这在大木料缺乏时期或是对于大型树木较少的地区十分有利。因为此种构架中的柱子与穿枋整齐排列，形成了细密的网状结构，自然加强了构架整体的稳定性，而且山面抗风性能较好。

穿斗式构架的缺点是：室内柱密而空间不开阔，不能形成相互连通的大空间。

穿斗式和抬梁式有时会混合使用，如抬梁式用于中跨，穿斗式用于山面，发挥各自的优势，适用不同的地势及建筑类型。

#### 4.1.1.3　井干式

用原木嵌接成框状，木材层层相叠，形成墙壁，屋顶也用原木做成。木墙既是围护结构，又是承重结构。井干式构架结构简单，建造容易，但过于简单，使用空间小，空间不灵

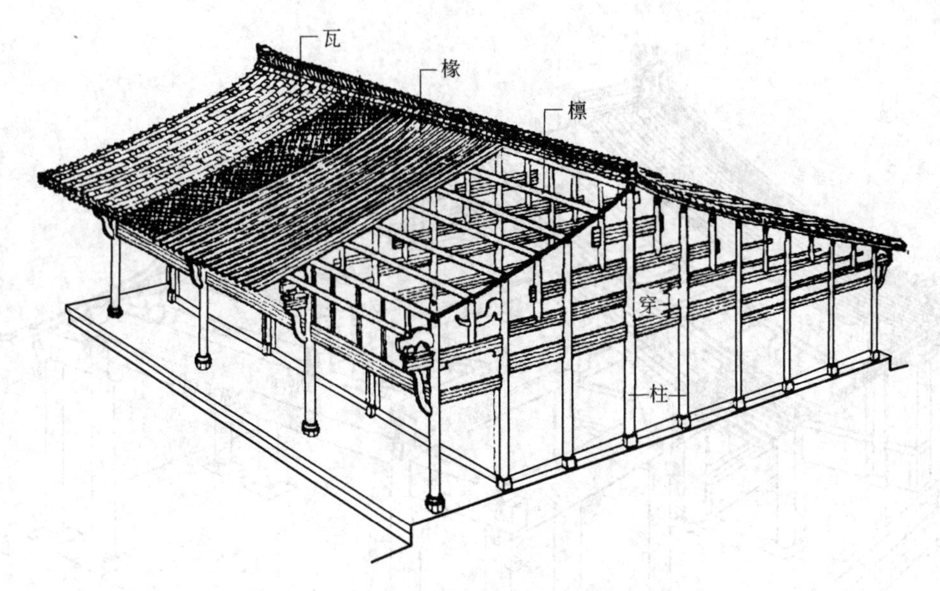


图 4-1-4　穿斗式木构架示意图

活，柱网密集，浪费木材。这种结构是中国传统建筑的非主流结构，仅适用于森林地带的民间小型建筑（图 4-1-5、图 4-1-6）。

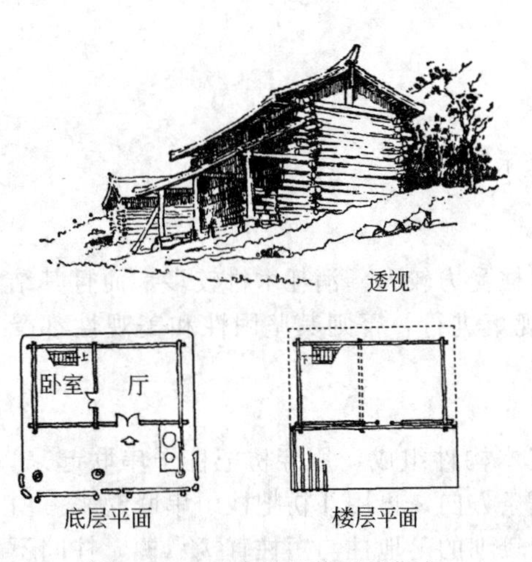


图 4-1-5　云南地区井干式住宅

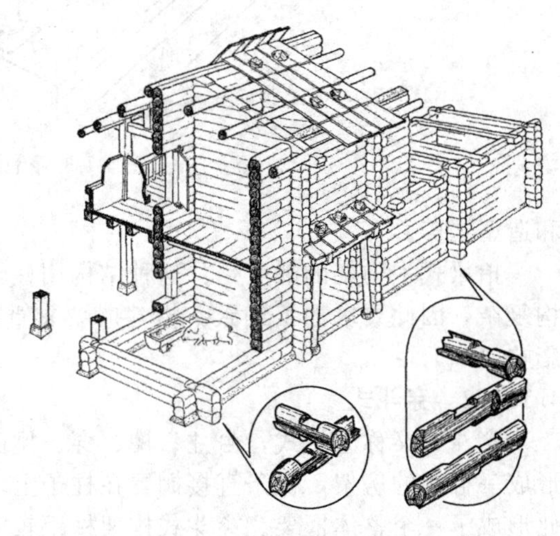

图 4-1-6　井干式木构架示意图

### 4.1.2　传统风景园林建筑的构造组成

中国传统建筑上、中、下三分，即由屋顶、屋身、台基三部分组合构造而成，且在单体形式上素有正式和杂式之分。平面投影为长方形，屋顶为硬山、悬山、庑殿或歇山做法的砖木结构建筑叫“正式建筑”；其他形式的建筑统称为“杂式建筑”（图 4-1-7）。中国传统的风景园林建筑也符合此规律。

从形态学的角度看正式与杂式的不同特点如下：

① 正式建筑特点　规范、平面长方、四种屋顶形式，品格规整、端庄、纯正，等级严格，是严格的木构架技术体系。其空间实用，适合多种功能，宫殿、宗庙、坛、陵以及厅、厢、苑、堂、斋、室等。建筑单体亦具有良好的组合性，用于主体建筑，也可用于厢房，前

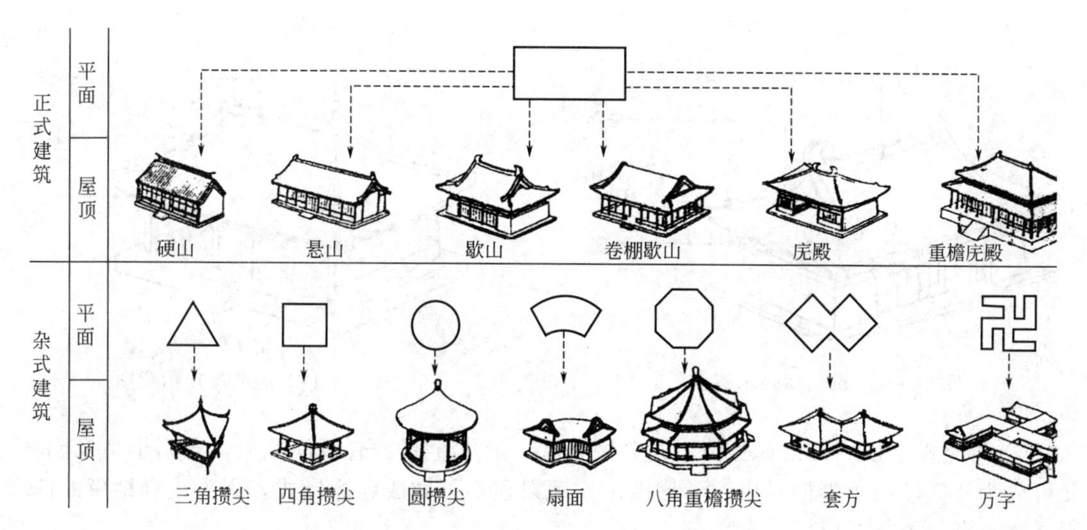


图 4-1-7　中国传统建筑单体形式示意图

后檐分别构成了庭院内外的界限。因此，正式建筑在官式建筑中应用较多，而在风景园林建筑中应用有限。

② 杂式建筑特点　平面屋顶多样，品格自由、活泼、随意，等级模糊、淡化，可用木、砖、石等结构材料。其游乐性、观赏性突出。除了正方形、工字形、圆形平面有时用作宫殿、坛庙等殿堂外，其他多用于亭、榭、塔等类型的风景园林建筑。体型多变、空间富特色、个性显著、外观活泼、品种多。建筑单体形式以及结构与构造，相对固结，多只能按照原形放大缩小，调节功能有限，只能以品种来对应不同的需要。杂式建筑自身形体独立性强，主次不分，适于在庭院正中，不适在周边，难以围合庭院，宜与自然环境结合的散点布置，以其自身造型表现形体美，故在风景园林建筑中应用较多。

4.1.2.1　**屋顶**

中国传统风景园林建筑的外观特征主要表现在屋顶，屋顶的形式不同，体现出的建筑风格及构造做法就不同，常见的屋顶形式有以下几种：

① 硬山　两坡屋顶，屋顶两端与山墙平齐不挑出（图 4-1-8）。

② 悬山　又称“挑山”，两坡屋顶，屋檐两端悬伸在山墙以外（保护山墙不被风吹雨淋），五脊、两坡屋顶的早期做法（图 4-1-9）。

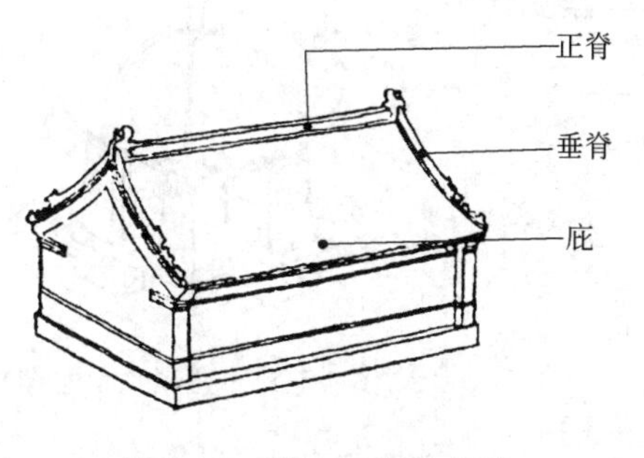


图 4-1-8　硬山屋顶示意图

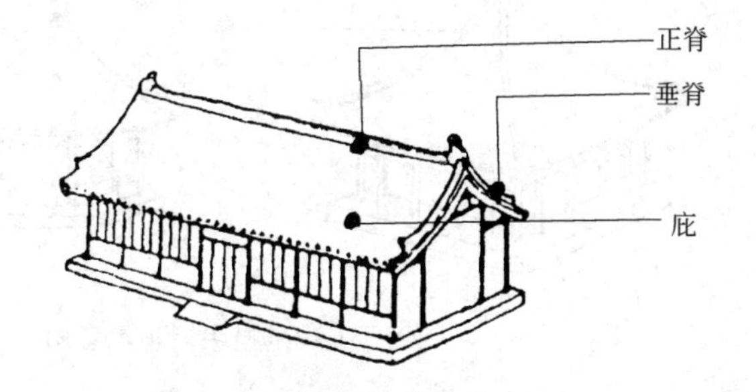


图 4-1-9　悬山屋顶示意图

③ 歇山　由正脊、四条垂脊、四条戗脊组成，又称九脊殿（图 4-1-10）。

④ 庑殿　有正中的正脊和四角的垂脊，共五脊，又称五脊殿（图 4-1-11）。

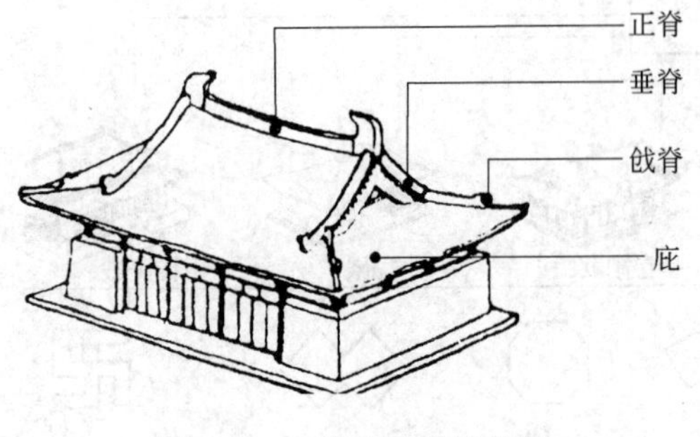


图 4-1-10　歇山屋顶示意图

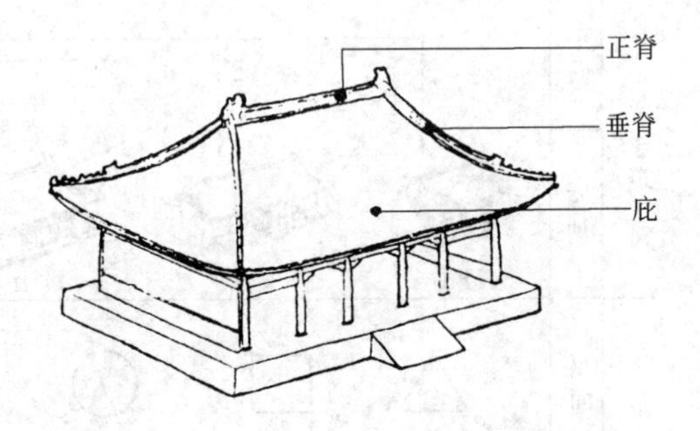


图 4-1-11　庑殿屋顶示意图

⑤ 卷棚式屋顶　将正脊去掉，改为圆弧状，形成卷棚，造型较柔和，多用于皇家园林。又可分为卷棚硬山、卷棚悬山、卷棚歇山。庑殿顶不可做成卷棚形式，因为正脊结束的两端不是垂直脊（图 4-1-12）。

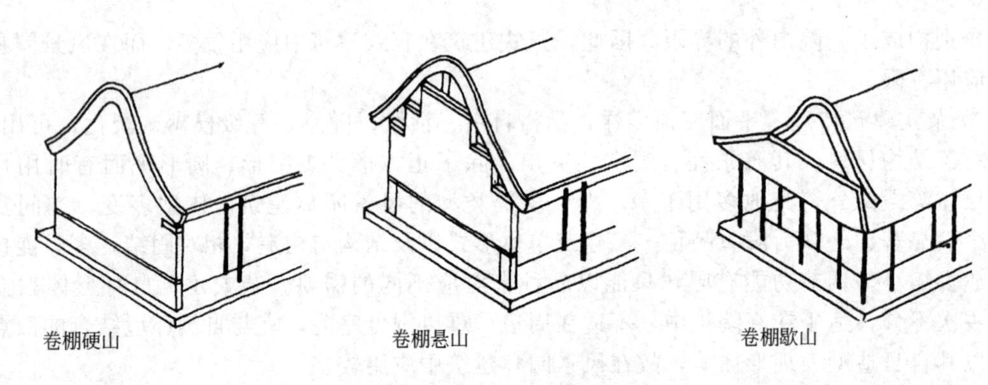


图 4-1-12　卷棚式屋顶示意图

⑥ 各式攒尖顶　屋面较陡、无正脊，而以数条垂脊交合于顶部，其上再覆以宝顶，多用于塔、亭、阁（图 4-1-13）。

⑦ 其他形式　如盝顶（图 4-1-14）、十字脊顶、勾连搭、套方、套圆等。

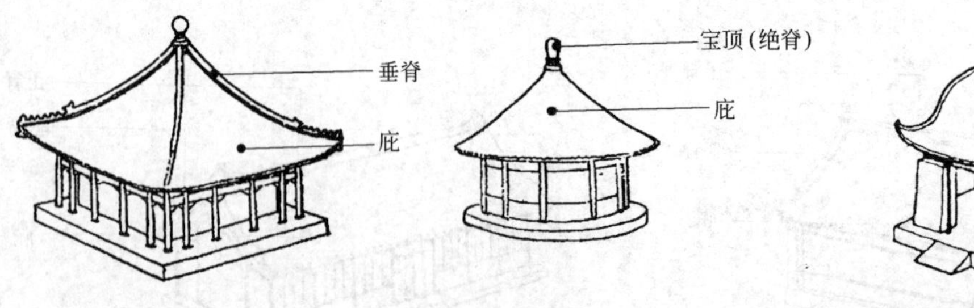


图 4-1-13　攒尖屋顶示意图

图 4-1-14　盝屋顶示意图

#### 4.1.2.2　屋身

位于建筑的屋顶之下、台基之上的部位，包括立柱、横梁、斗拱、檩、枋等构件（图 4-1-15、图 4-1-16）。

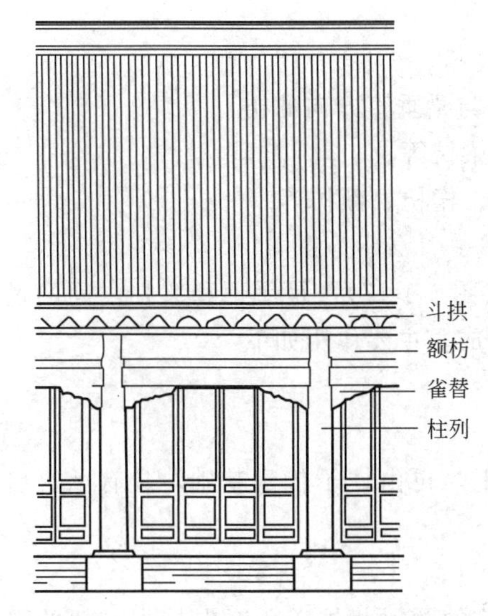


图 4-1-15　抬梁式构架正立面示意图

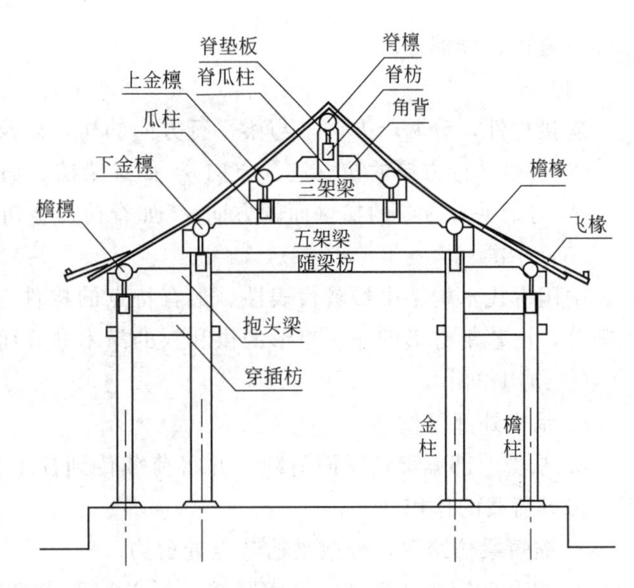


图 4-1-16　抬梁式构架结构与构造示意图

(1) 柱

柱的断面早期为圆形，秦代开始有方形，南北朝时受佛教影响出现高莲瓣柱础等，宋以圆柱为最多。宋、辽建筑的檐柱由当心间向两端升高，称“升起”，这种做法未见于汉、南北朝，明清也不使用。为使建筑有较好的稳定感，宋代建筑规定外檐柱在前后檐向内倾斜，角柱则向两个方向均倾斜，称“侧角”，明清基本不用。柱按所处位置不同分为以下几种。

① 檐柱：檐下最外一列支撑屋檐的柱子。

② 中柱：纵中线上的柱子。

③ 金柱：檐柱与中柱之间的柱子。

④ 角柱：山墙两端角上的柱。

⑤ 山柱：山墙上的柱子。

⑥ 瓜柱（童柱）：两层梁架之间的短柱。

(2) 梁

梁的外观分直梁和月梁，月梁的梁肩呈弓形。经唐宋至今在我国南方建筑中还在使用。梁的断面多为矩形，宋高宽比 3∶2，明清近方形。梁头在汉代作垂直截割，宋、元用蚂蚱头，明清用卷云或挑尖。梁按所处位置及作用的不同分为以下几种。

① 三架梁：承托两个步架，三个檩子。

② 五架梁：承托四个步架，五个檩子。

③ 七架梁：承托六个步架，七个檩子。

④ 抱头梁：小式檐柱与金柱之间的短梁。

⑤ 挑尖梁：大式带檐廊的建筑中，连接金柱和檐柱的短梁，梁头常做成复杂的形式。此梁不承重，只起拉接联系作用。作用同小式抱头梁。

⑥ 单步梁：双步梁上瓜柱之上的短梁。

⑦ 双步梁：挑尖梁一般不承重，如廊子太宽，其梁上正中加一根瓜柱，使梁有载重功能，称双步梁。

(3) 檩

平行屋脊方向的构件，呈圆形，其上承椽木。它与柱子相连，故其名称与柱子相关。如檐檩、金檩、脊檩等。

(4) 枋

连接构件，分两个方向，与梁平行方向的枋，以及与梁垂直方向的枋。

① 与梁平行方向的枋（进深方向） 如穿梁枋、随梁枋等。

② 与梁垂直方向的枋（面阔方向） 如脊枋、金枋、檐枋、额枋等。

(5) 斗拱

中国古代木构架中最具代表性、最有特点的构件（图 4-1-17），是屋顶和梁柱之间的过渡部分，由若干方形的斗、矩形的拱和斜的昂木垒叠而成，主要作用如下：

① 结构作用

a. 承挑外部屋檐。

b. 承受上部梁架，屋面荷载，并将荷载传到柱子上，再由柱子传到基础，具有承上启下、传导荷载的作用。

c. 缩短梁枋跨度，分散梁枋节点处剪力。

d. 组合使用的斗拱群，纵横联结，可以与现代建筑的圈梁相媲美，对保持木构架的整体性及抗震起到了关键作用。

② 装饰作用 美化和丰富立面形象和建筑色彩。

③ 标志作用 如标志建筑等级、标志建筑时代、标志建筑的地域或民族性等。

④ 模数作用 是木构架建筑重要的尺度衡量标准。

(6) 雀替

雀替是梁（额枋）与柱的交接处的构件（图 4-1-18）。主要作用是：

① 增加挤压面和受剪断面。

② 减少净距。

③ 改善节点构造。

④ 艺术上的过渡。

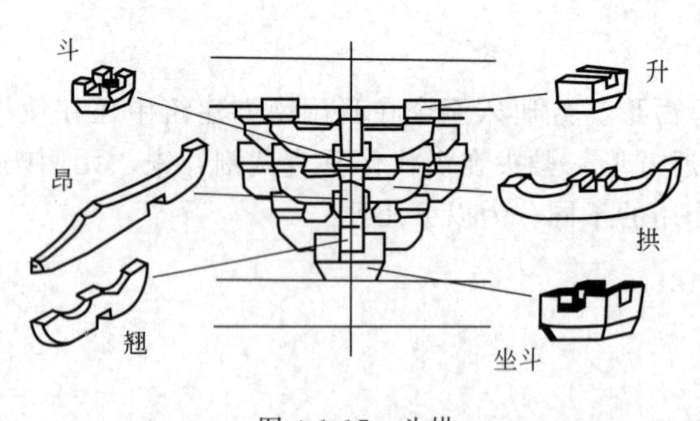


图 4-1-17 斗拱

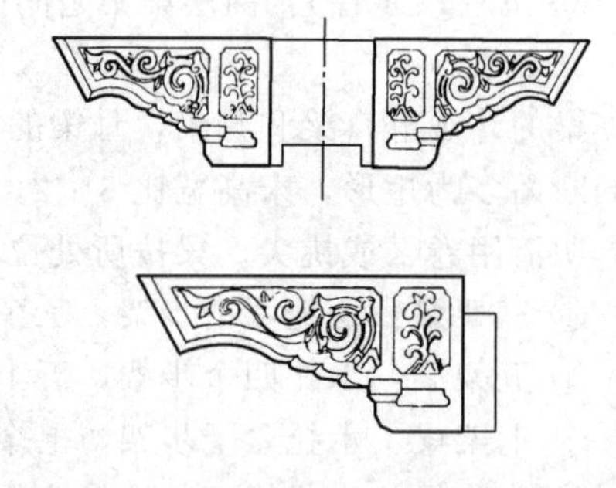

图 4-1-18 雀替

(7) 门窗

门窗主要由槛、框、扇组成，起流通和防护作用（图 4-1-19～图 4-1-22）。

#### 4.1.2.3 台基

建筑下突出的平台。最早是为了御潮防水，后来则出现于外观及等级制度的需要。传统台基分为：台明、月台、台阶、栏杆四个部分，其中台明与月台的结构与构造方式基本相同（图 4-1-23～图 4-1-25）。主要功能如下。

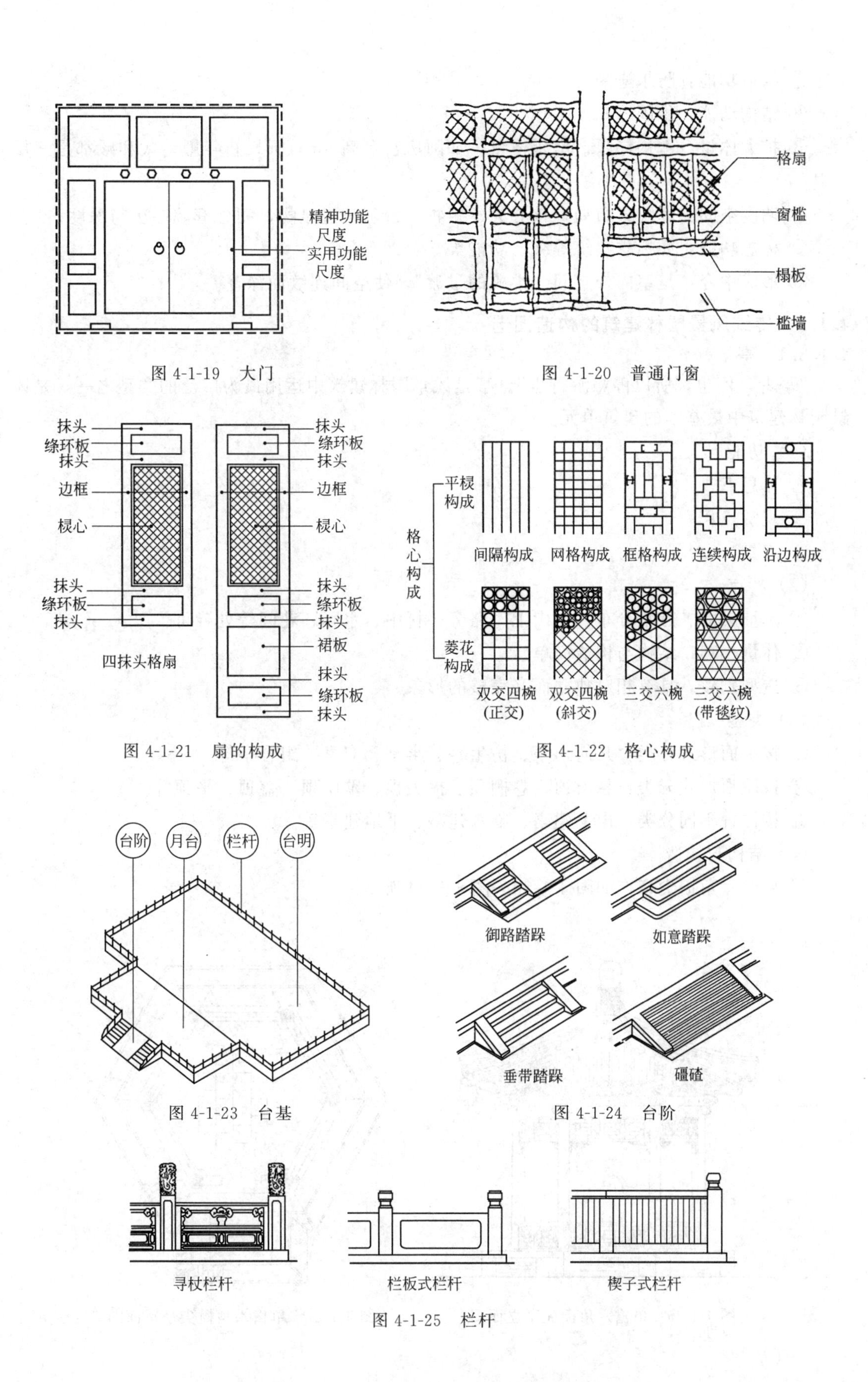


图 4-1-19 大门

图 4-1-20 普通门窗

图 4-1-21 扇的构成

图 4-1-22 格心构成

图 4-1-23 台基

图 4-1-24 台阶

图 4-1-25 栏杆

① 构造功能：防水避潮。

② 结构功能：稳固屋基。

③ 扩大体量：木构局限，虚延体量。如阿房宫台高 8m，天坛祈年殿、太和殿都是三层台基。

④ 调度空间：庭院式布局，核心为建筑物，台基是过渡物，划分庭院层次与深度。

⑤ 标志功能：如标志建筑等级、功能等。

⑥ 形成中介：是室内外空间“柔顺的过渡”，使空间连续而深邃。

### 4.1.3 传统风景园林建筑的构造图选

#### 4.1.3.1 亭

“亭者，停也，所以停憩游行也”。亭是风景园林建筑中运用最为广泛的类型之一，是风景园林建筑中最基本的建筑单元。

(1) 功能

① 休息点；

② 观赏点；

③ 点景。

(2) 特点

① 选址灵活、点状分布，如山上、路旁、村中、水际、花间等处皆可。

② 体量小巧，结构与构造简单。

③ 造型别致，具有相对独立而又完整的形象。

(3) 类型

① 按平面形式分类：几何形亭、仿生亭、半亭、双亭、组合亭等。

② 按屋顶形式分类：悬山顶、卷棚顶、攒尖顶、歇山顶、盝顶、平顶等。

③ 按位置不同分类：山上建亭、临水建亭、平地建亭等。

(4) 结构与构造

① 单檐六角攒尖亭，如图 4-1-26～图 4-1-29 所示。

图 4-1-26 单檐六角攒尖亭立面图

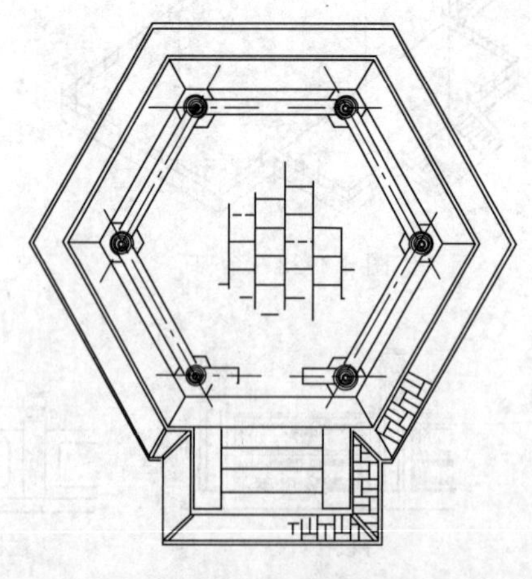

图 4-1-27 单檐六角攒尖亭平面图

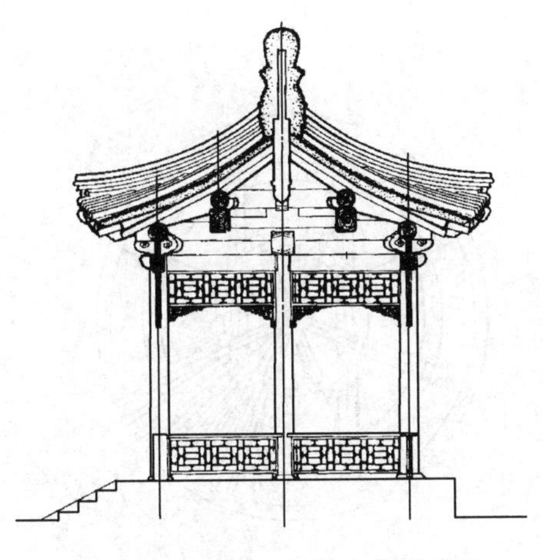

图 4-1-28　单檐六角攒尖亭剖面图

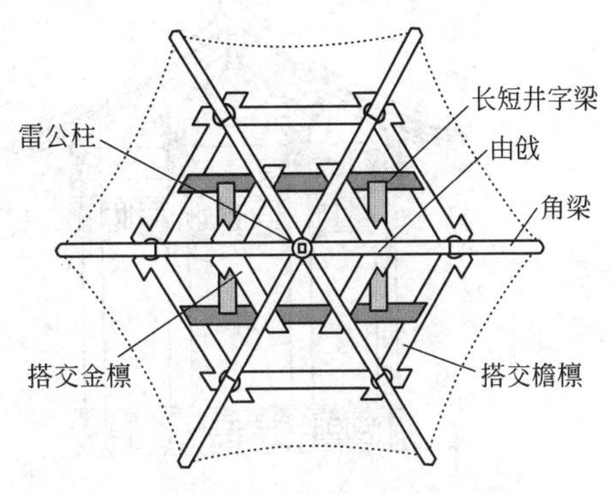


图 4-1-29　单檐六角攒尖亭上架俯视图

② 双围柱重檐六角攒尖亭，如图 4-1-30、图 4-1-31 所示。

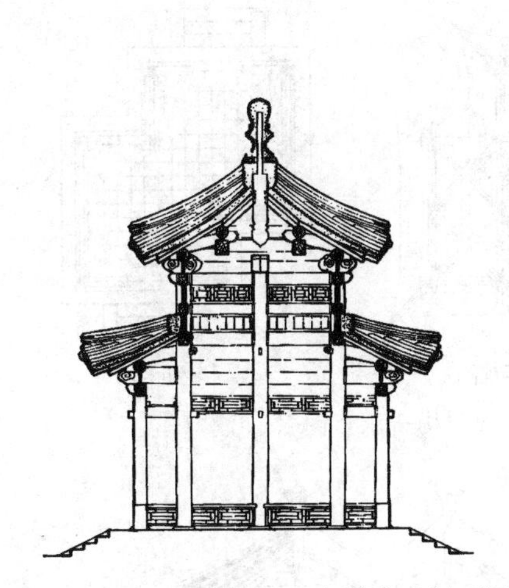

图 4-1-30　双围柱重檐六角攒尖亭剖面图

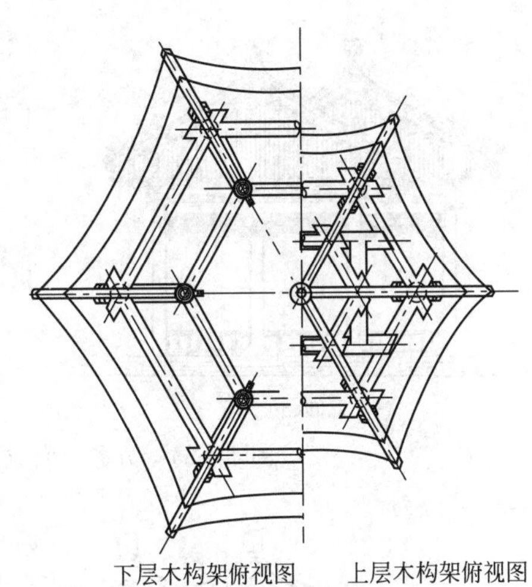


图 4-1-31　双围柱重檐六角攒尖亭木构架俯视图

③ 六柱圆亭，见图 4-1-32。

(a)立面图

(b)剖面图

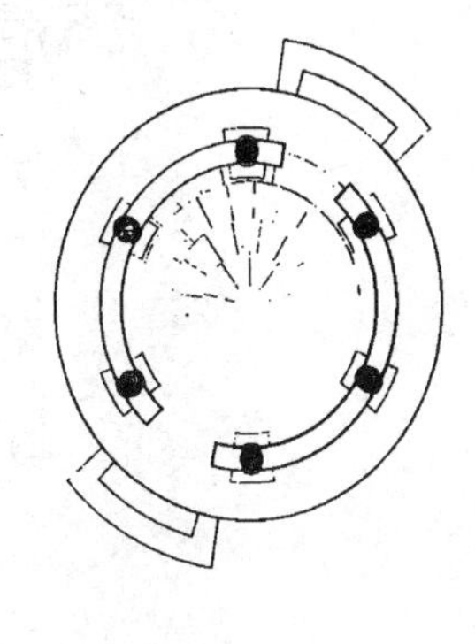

(c)平面图

图 4-1-32　六柱圆亭基本结构与构造示意图

④ 八柱圆亭，见图 4-1-33。

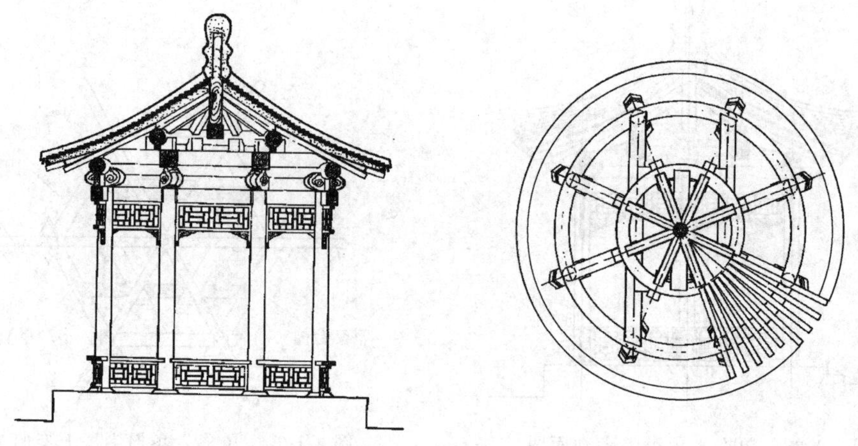

图 4-1-33　八柱圆亭基本结构与构造示意图

⑤ 组合亭，见图 4-1-34、图 4-1-35。

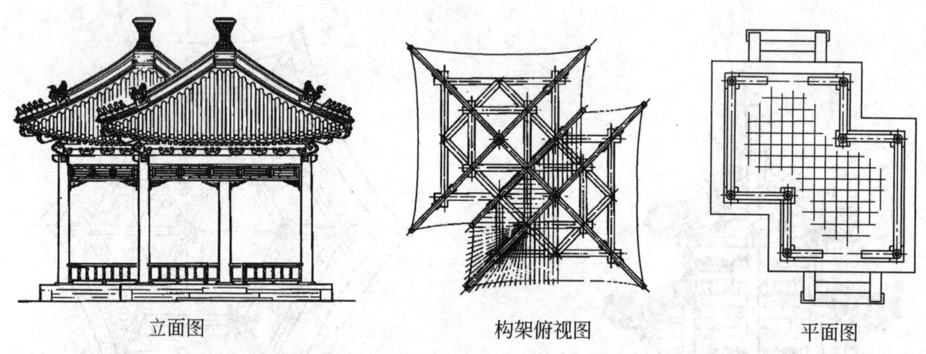


图 4-1-34　方胜（套方）亭基本结构与构造示意图

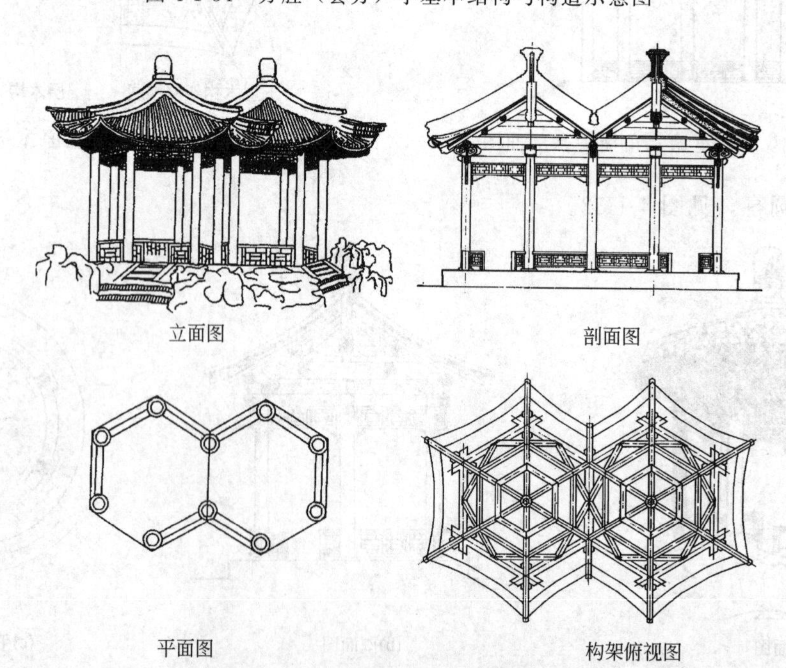


图 4-1-35　双六角亭基本结构与构造示意图

4.1.3.2　廊

“廊者，庑出一步也”。屋檐下的过道及其延伸成独立的有顶的过道称廊。廊是风景园林建筑群体中的重要组成部分（图 4-1-36～图 4-1-38）。

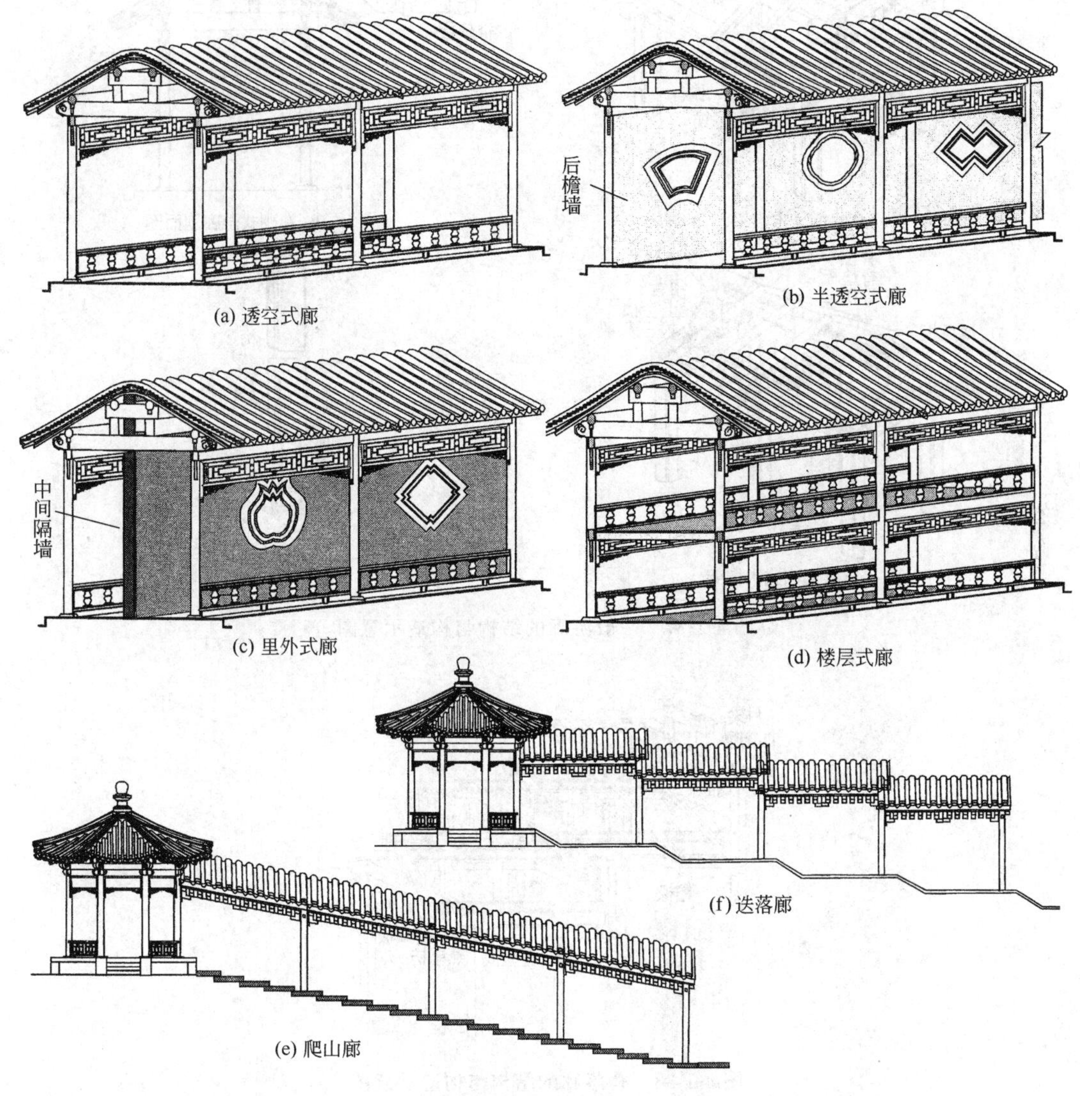


图 4-1-36　各类型廊的示意图

（1）功能

① 交通：联系不同景观空间的通道。

② 划分空间：丰富景观空间层次，增加景深。

③ 导游路线：引导视角多变，构成导游交通路线。

（2）特点

① 由连续的单元组成：廊的基本单元为“间”，“间”一般柱距 3m 左右，横向净宽 1.2～1.5m。连续重复的“间”组成长短和形状各不相同的廊。“间”的数量可由几间至数十间不等。

② 具有通透性：廊的立面多由柱子、漏窗、门洞等组成，故其体态开敞，明朗通透。

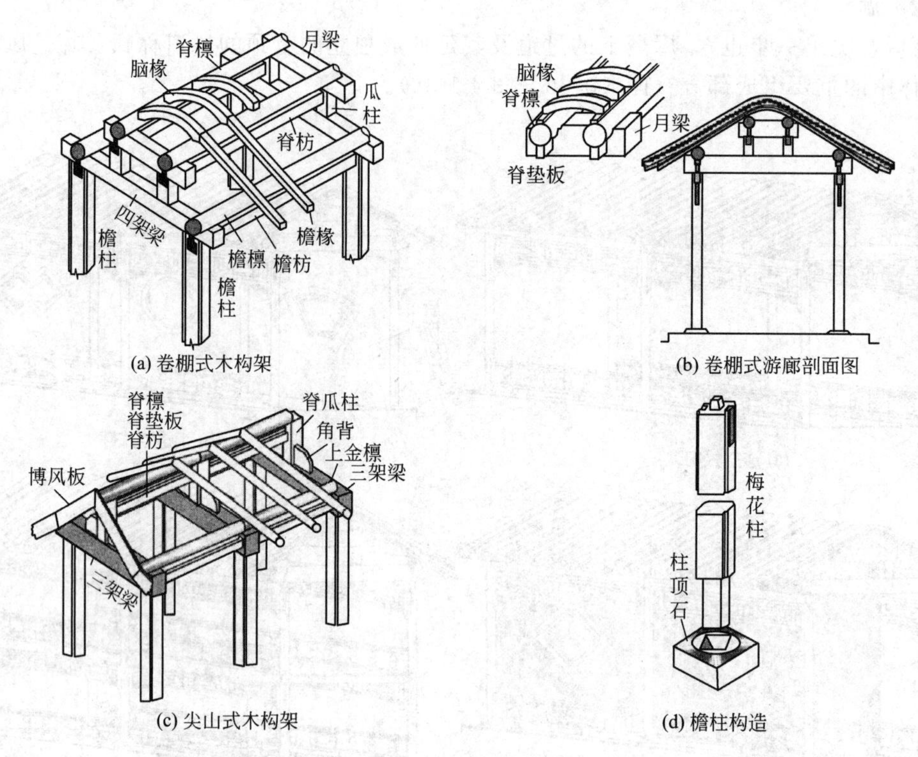


图 4-1-37　一般游廊的结构与构造示意图

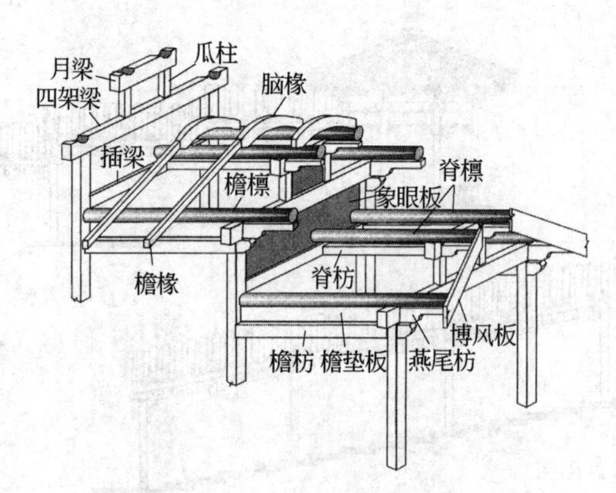


图 4-1-38　叠落廊的结构与构造示意图

③ 选址灵活。

(3) 类型

① 按立面形式分类：单面空廊、双面空廊、复廊、双层廊、单排柱廊等。

② 按平面形式分类：直廊、曲廊、抄手廊、回廊。

③ 按位置不同分类：山上建廊（如爬上廊、叠落廊）、临水建廊（如桥廊、水廊）、平地建廊等。

④ 按承重材料不同分类：木结构廊、竹结构廊。

#### 4.1.3.3　厅与堂

厅、堂体量较大，造型简洁精美，是风景园林中的主体建筑，位于风景园林中最重要的位置上。

（1）功能

厅、堂是供起居生活、会客议事、游憩休息的建筑物。

（2）布局

① 以厅、堂居中，两边配以辅助用房组成封闭的院落。

② 以开敞方式进行布局，厅、堂居于构图中心。

（3）结构与构造

厅、堂为单层木结构建筑，在等级上较殿堂次之，但结构上较为轻巧灵活。厅堂的结构形式是按每间缝横向竖立屋架，屋架间以纵向的檩枋联系而成（图 4-1-39、图 4-1-40）。

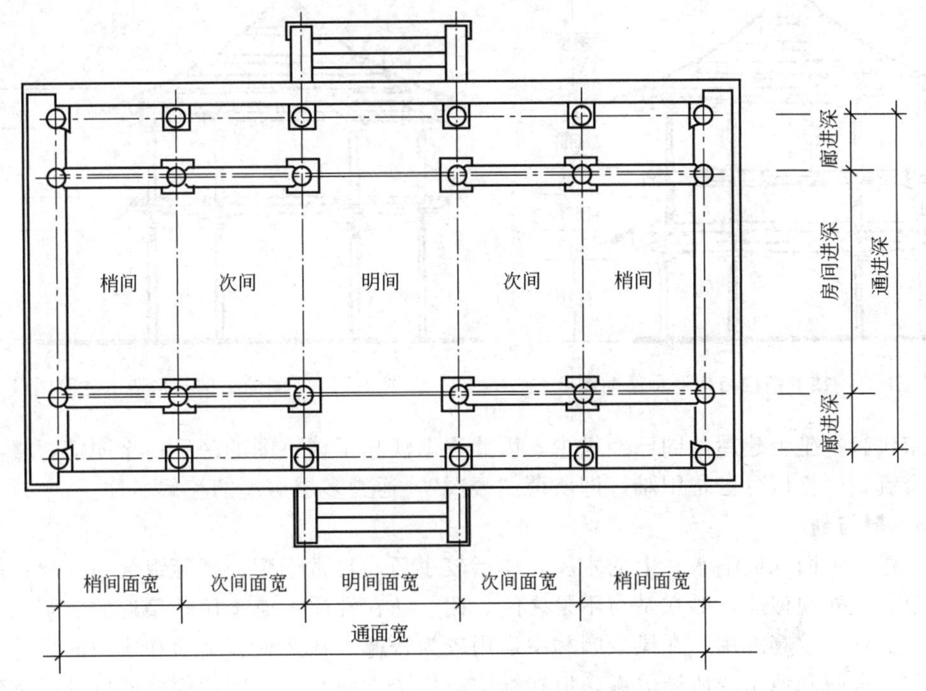


图 4-1-39　宋式厅、堂平面示意图

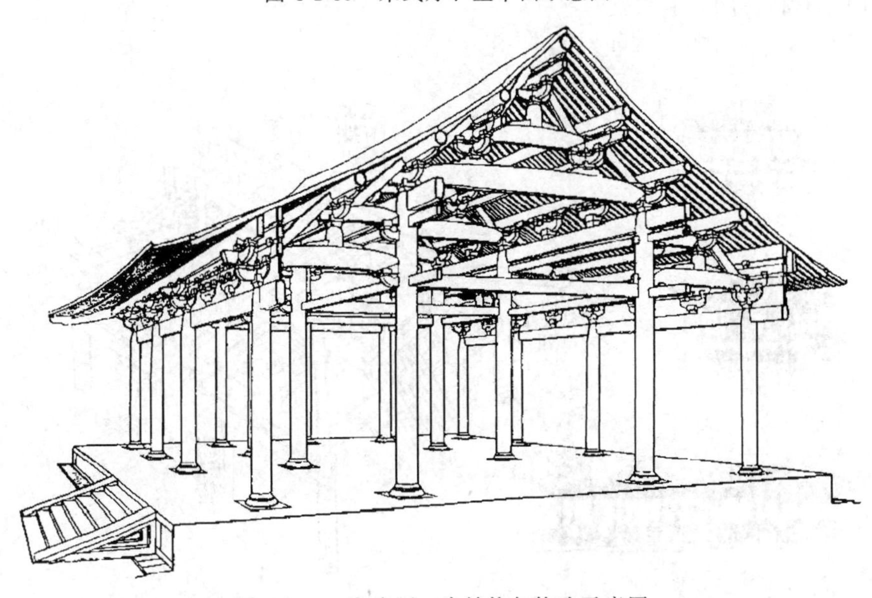

图 4-1-40　宋式厅、堂结构与构造示意图

4.1.3.4　**楼与阁**

楼阁是园林内的高层建筑，一般不仅体量较大，而且造型丰富，变化多样，有广泛的使用功能，是风景园林中的重要景点建筑，运用较为广泛。

古代楼和阁是有区别的，无论是楼还是阁，在构架上都表现为层的叠加，可称为“层叠式”。“楼”一般为在屋上再建屋的多层建筑，即“重屋”（图 4-1-41）。“阁”是建在木构平座上的建筑，与楼在构架上的最主要区别是平座柱立在地上形成底层，而不像楼那样立在下层屋的构架上（图 4-1-42）。

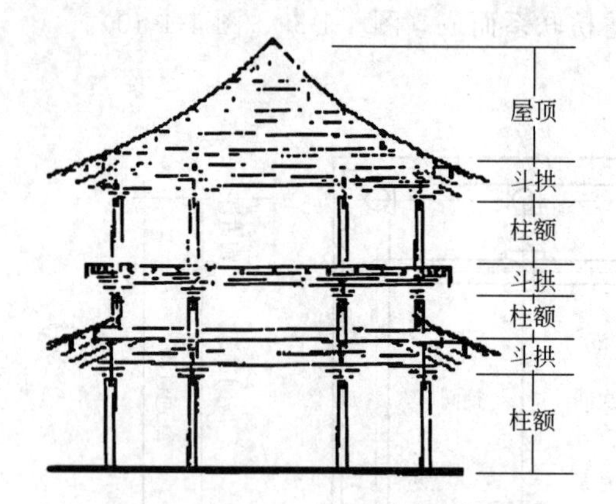

图 4-1-41　楼的结构与构造示意简图

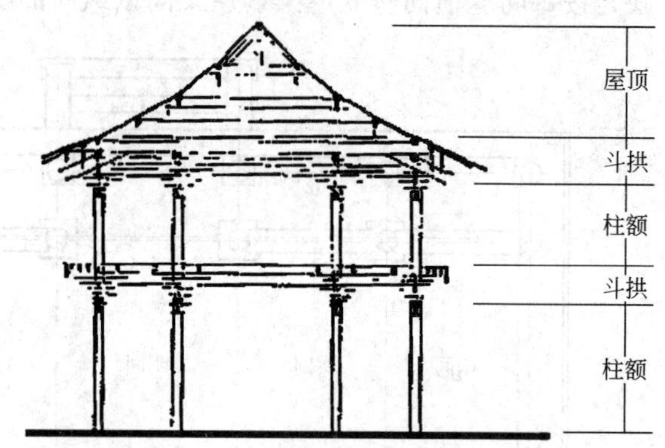

图 4-1-42　阁的结构与构造示意简图

从宋代起平坐上建屋的阁已经极少，因此逐渐淡忘了楼、阁的区别；至明清，楼、阁构架开始合流，严格区分已很困难。即所谓“楼阁”，通指多层房屋的一般名称。

4.1.3.5　**榭与舫**

榭，建在水面（或临水）上的木屋，体量较小巧，且常于廊、亭等组合在一起；舫，也是临水建筑，外观似船，妙在是与不是之间。榭、舫在性质上属于比较接近的建筑类型，可作游憩、赏景、饮宴之用，在风景园林中运用较为普遍。在选址、平面和体型的设计上，有特别注重与水面和池岸的协调关系，但在结构与构造方面与亭、厅堂等传统风景园林建筑基本相同（图 4-1-43、图 4-1-44）。

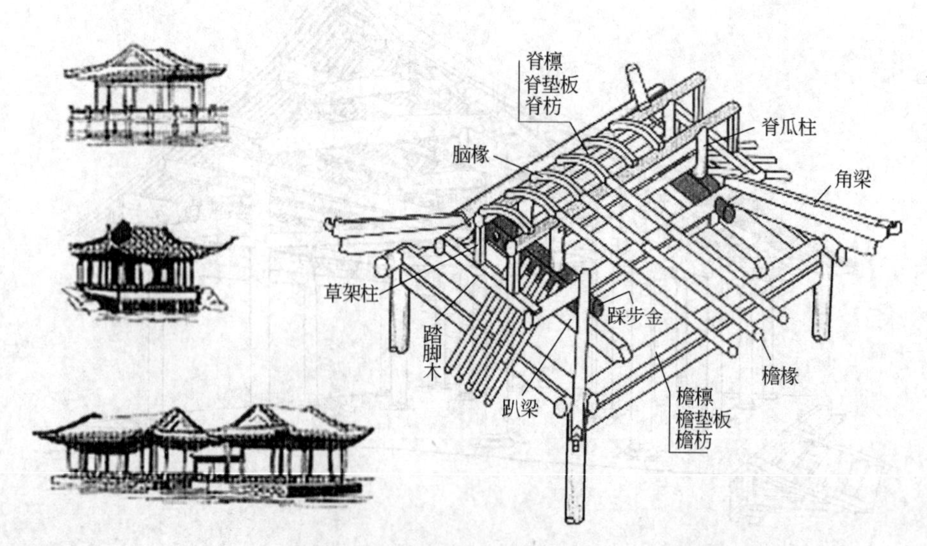

图 4-1-43　榭的形式与构造示意图

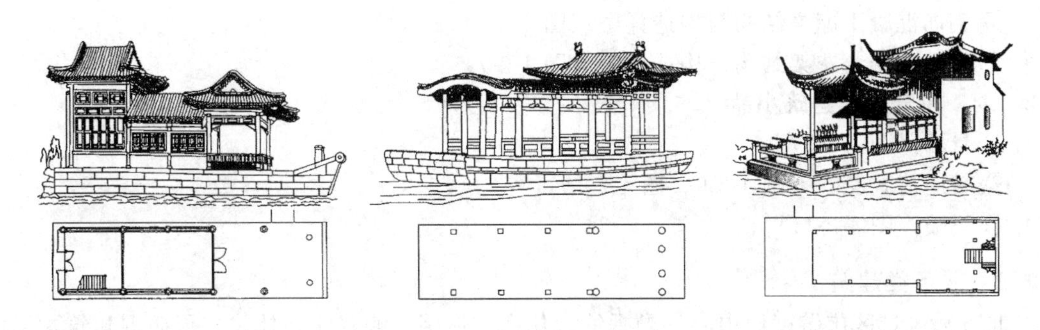

图 4-1-44　舫示意图

4.1.3.6　轩、馆、斋、室

这些建筑作为厅堂的陪衬，属于辅助性建筑，尺寸比厅堂小，位置是次要的。轩，地势高敞，环境幽雅、恬静。馆，主人自用，面积不大，当卧室，是居住建筑的一部分。斋，不开敞，环境静谧。室，与厅堂配合。此类建筑的结构与构造方式也基本与厅堂相同（图 4-1-45、图 4-1-46）。

图 4-1-45　拙政园与谁同坐轩

图 4-1-46　拙政园秫香馆

## 4.2　现代风景园林建筑

现代风景园林建筑属现代建筑范畴，具有现代建筑的一般规律和特性。现代风景园林建筑的结构体系及构造组成的基本原理，可详见本书第 2 章、第 3 章。本节侧重以图例结合文字说明的形式，阐释不同类型的现代风景园林建筑的构造做法。

### 4.2.1　游憩类建筑

4.2.1.1　科普展览建筑

北方地区某动物园水禽馆，采用墙柱混合承重的结构体系，供饲养和参观之用。为满足景观、造型以及观赏需要，南立面采用柱替代砌体墙承重，玻璃幕墙围合（图 4-2-1～图 4-2-4）。

4.2.1.2　文体游乐建筑

北方地区某多层会所建筑，供文体娱乐休闲之用，地下一层，地上二层，采用框架结构体系（图 4-2-5）。

4.2.1.3 **游览观光建筑**

① 钢筋混凝土凉亭结构与构造详图（图 4-2-6）。

② 钢筋混凝土花架结构与构造详图（图 4-2-7）。

4.2.1.4 **风景园林建筑小品**

① 景墙（图 4-2-8）。

② 带座椅式花坛（图 4-2-9、图 4-2-10）。

③ 旱喷（图 4-2-11）。

### 4.2.2 服务类建筑

北方某风景区旅游度假中心，融餐饮、住宿、休闲、购物于一体，二层砖混建筑，采用墙承重结构（图 4-2-12～图 4-2-29）。

### 4.2.3 管理建筑

4.2.3.1 **围墙及大门**

某风景区大门及围墙结构与构造详图（图 4-2-30～图 4-2-32）。

4.2.3.2 **其他管理用房及设施**

① 某风景区售票及管理用房结构与构造详图（图 4-2-33、图 4-2-34）。

② 某风景区办公楼，二层砖混建筑，采用墙承重结构体系（图 4-2-35）。

### 4.2.4 公用建筑

某风景区小型公用建筑，融公共厕所、垃圾中转站、门卫、办公于一体，二层（局部三层）砖混建筑，采用墙承重结构体系（图 4-2-36）。

其他案例图扫描相应二维码查看。

图 4-2-37 会所结构与构造详图（二）

图 4-2-38 会所结构与构造详图（三）

图 4-2-39 会所结构与构造详图（四）

图 4-2-40 会所结构与构造详图（五）

图 4-2-41 会所结构与构造详图（六）

图 4-2-42 会所结构与构造详图（七）

图 4-2-43 会所结构与构造详图（八）

图 4-2-44 钢筋混凝土花架结构与构造详图

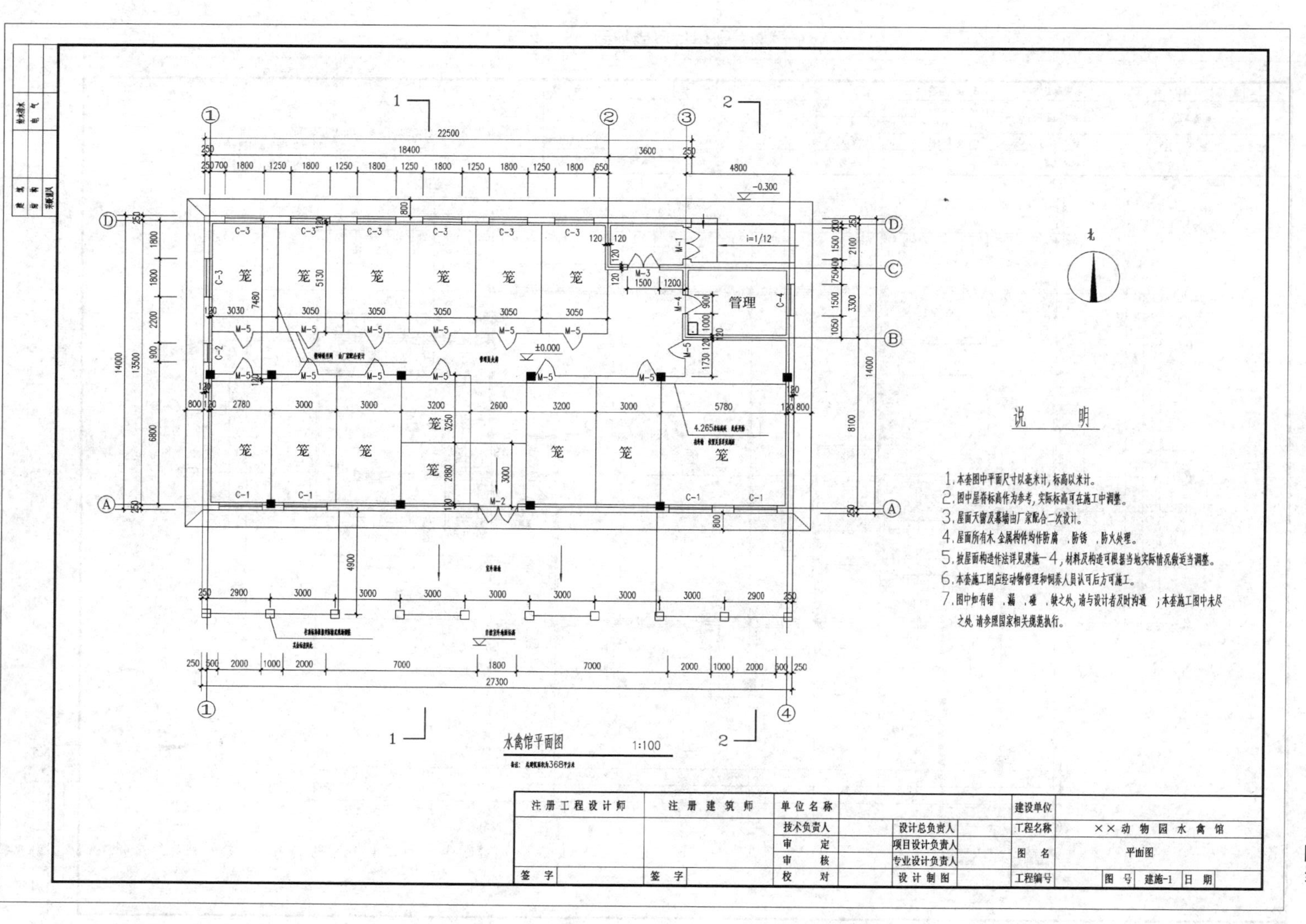


图 4-2-1 水禽馆结构与构造详图(一)

图4-2-2 水禽馆结构与构造详图(二)

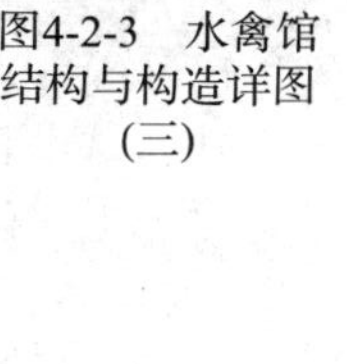

图4-2-3 水禽馆结构与构造详图(三)

图4-2-4 水禽馆结构与构造详图(四)

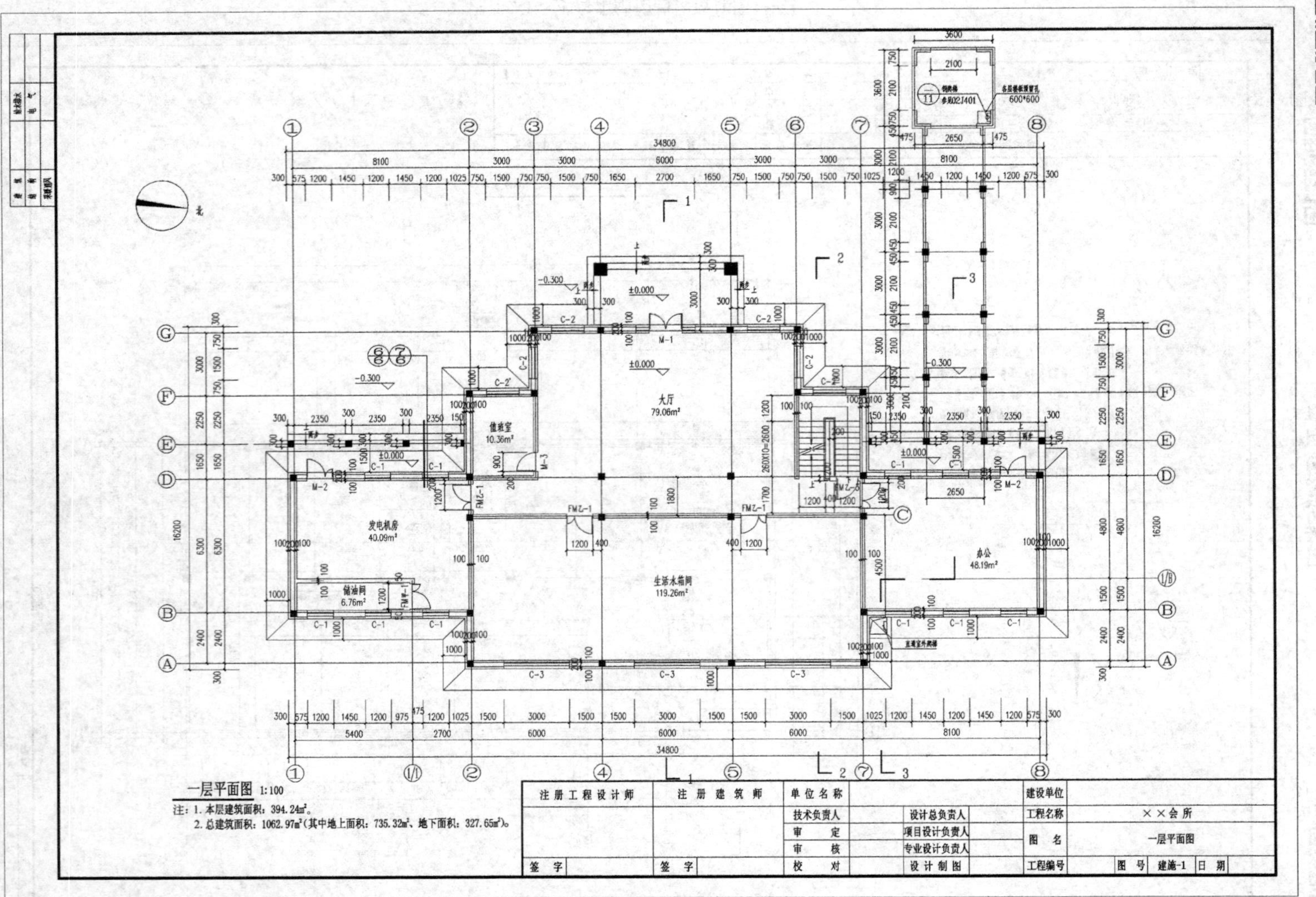


图 4-2-5 会所结构与构造详图(一)

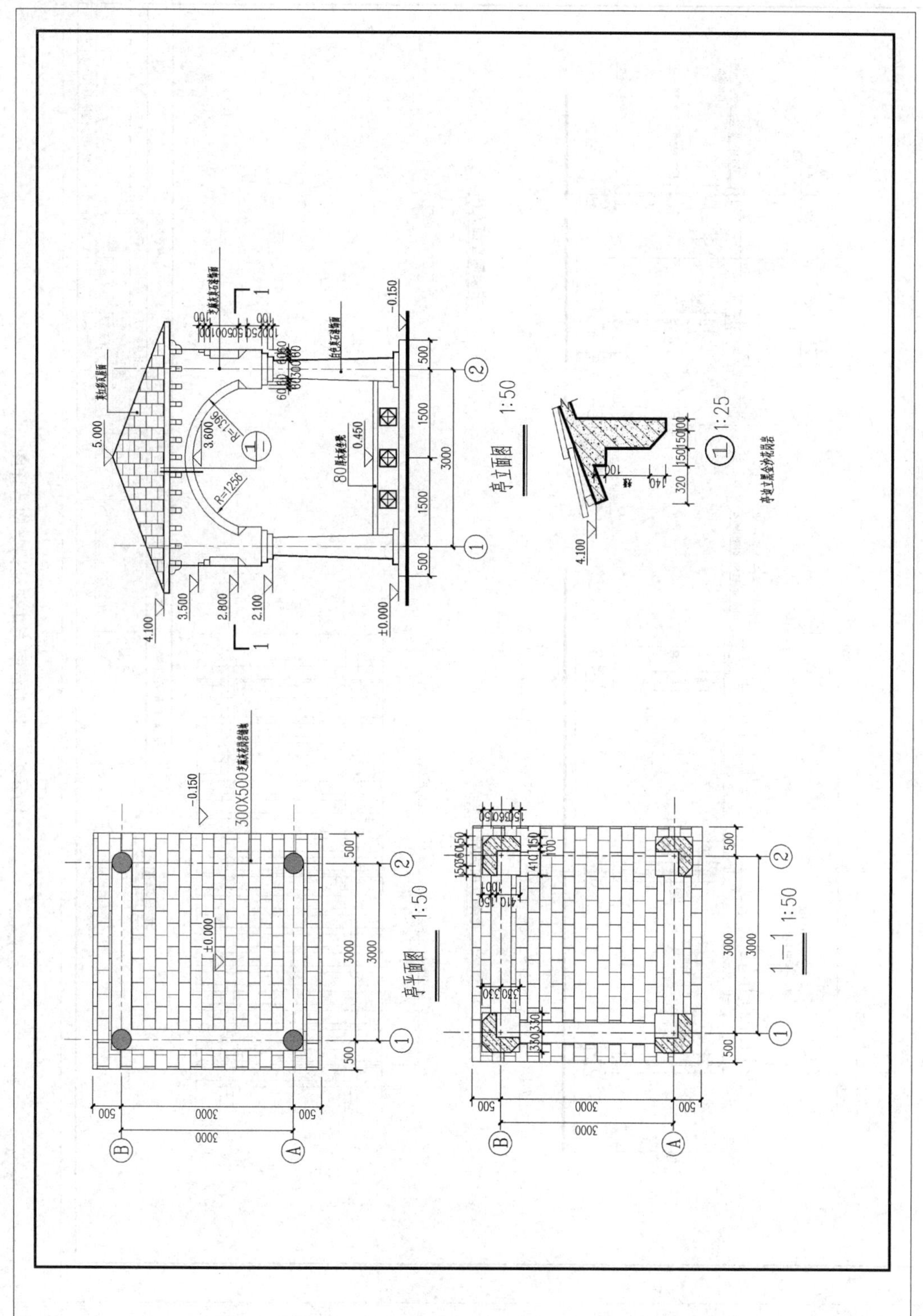


图 4-2-6　钢筋混凝土凉亭结构与构造详图

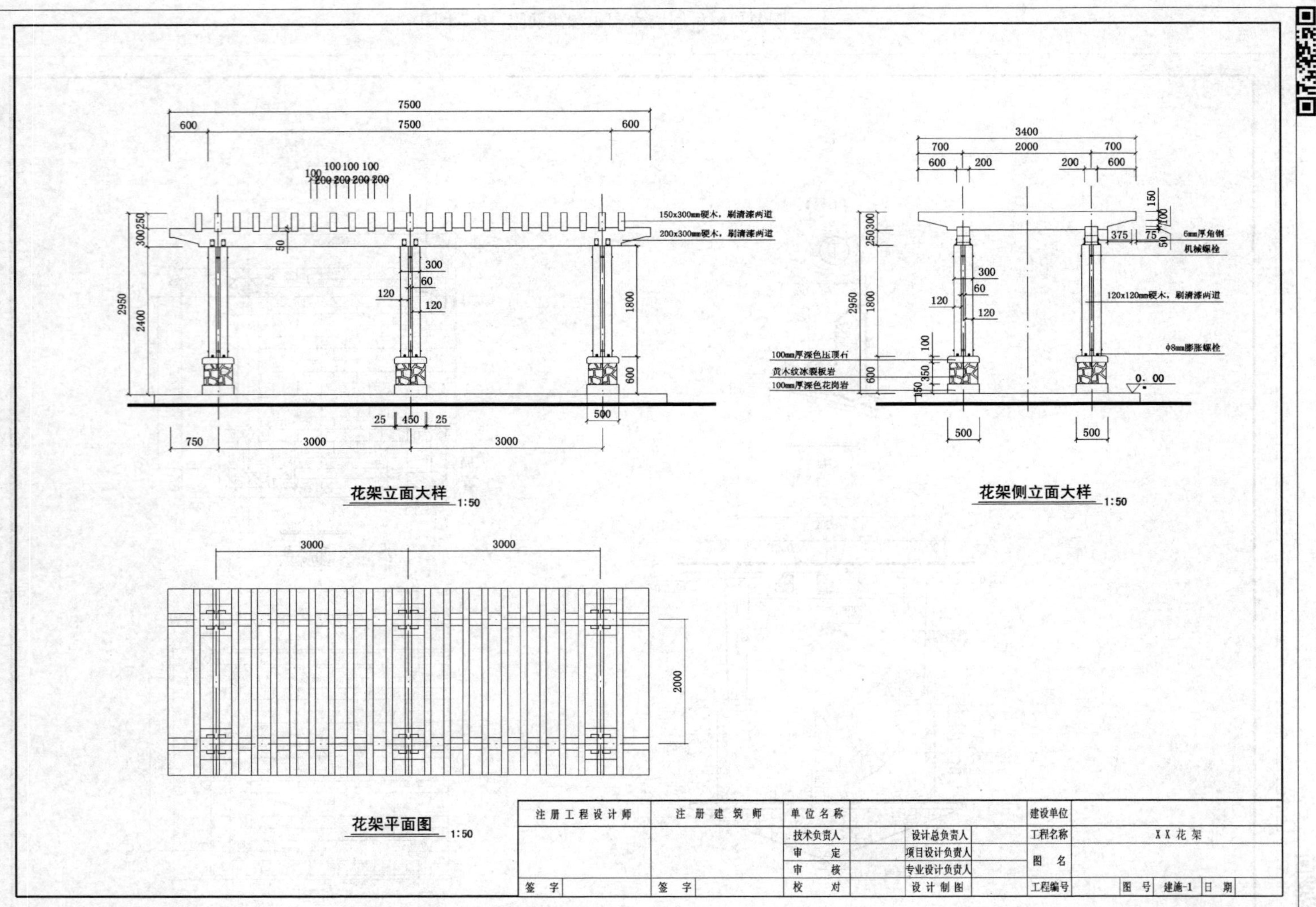


图 4-2-7　钢筋混凝土花架结构与构造详图

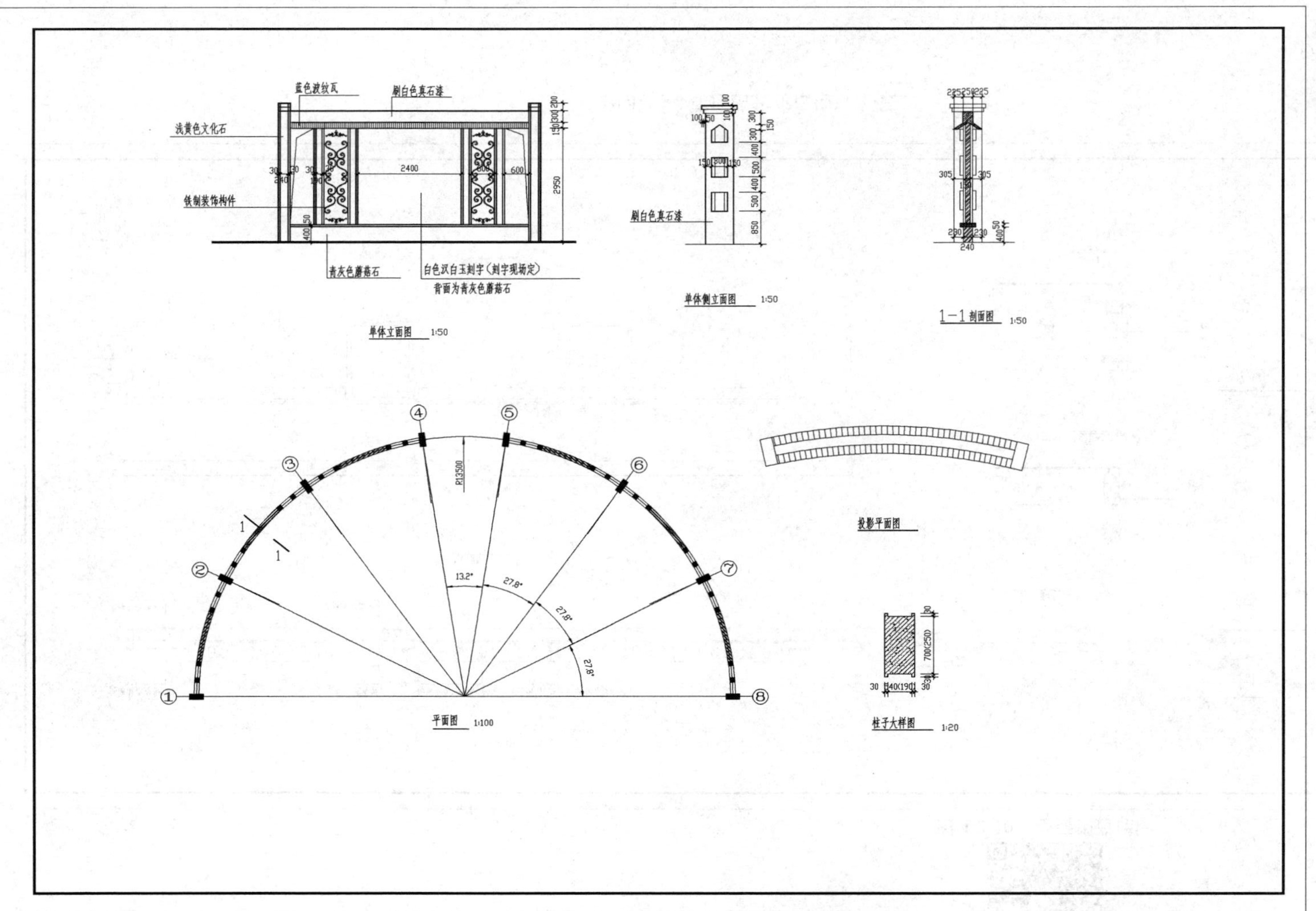


图 4-2-8　景墙结构与构造详图

图 4-2-10　座椅构造详图

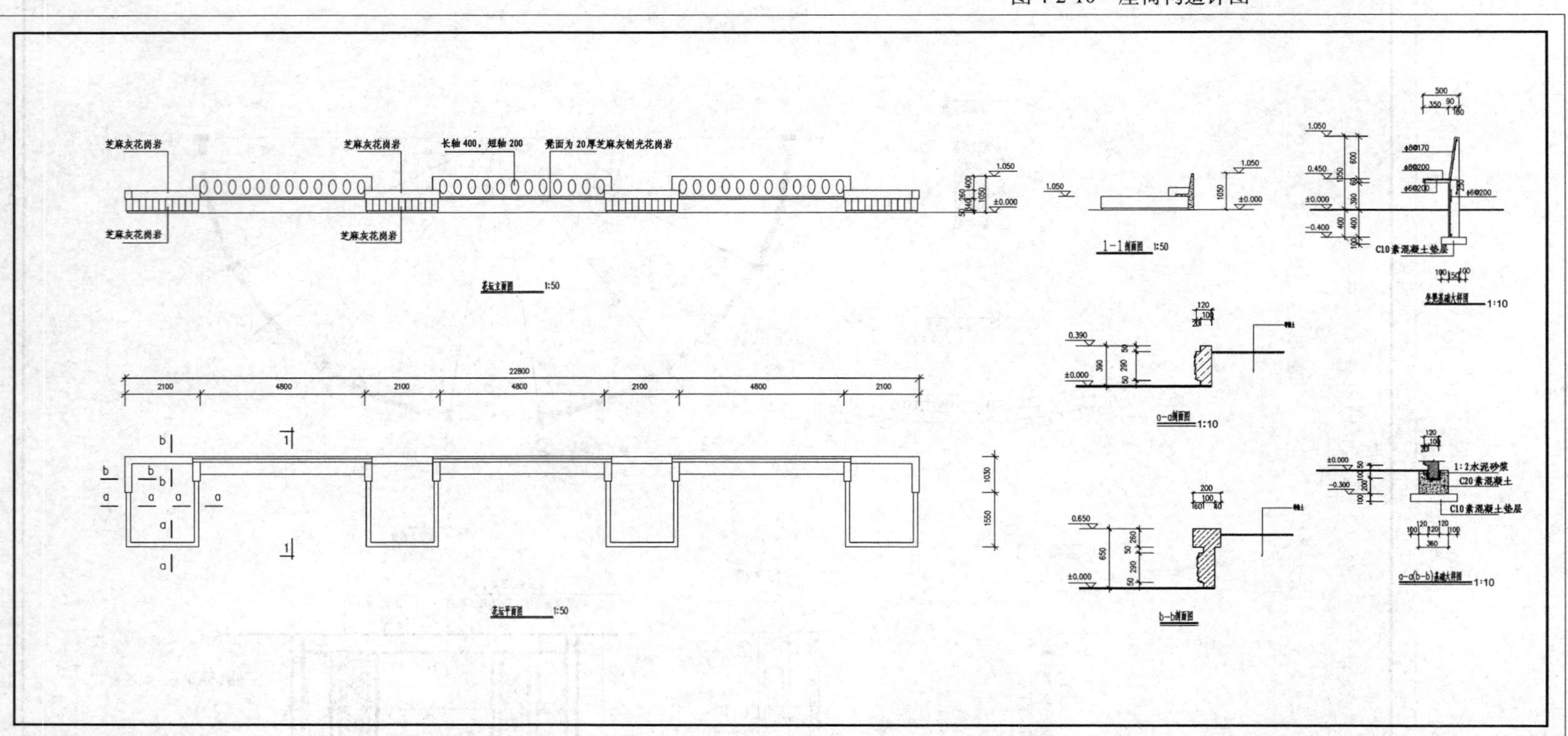


图 4-2-9　带座椅式花坛构造详图

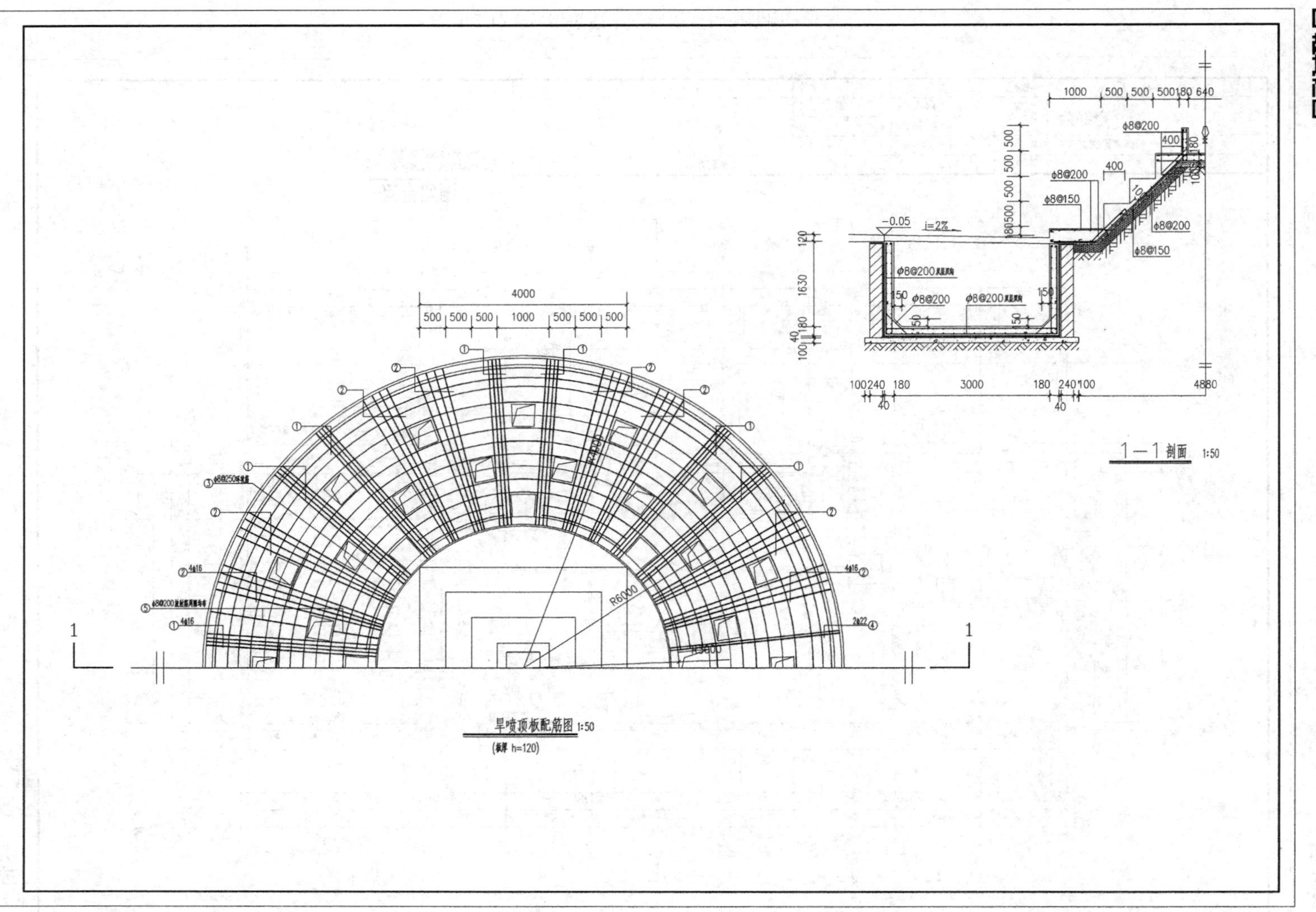


图 4-2-11　旱喷构造详图

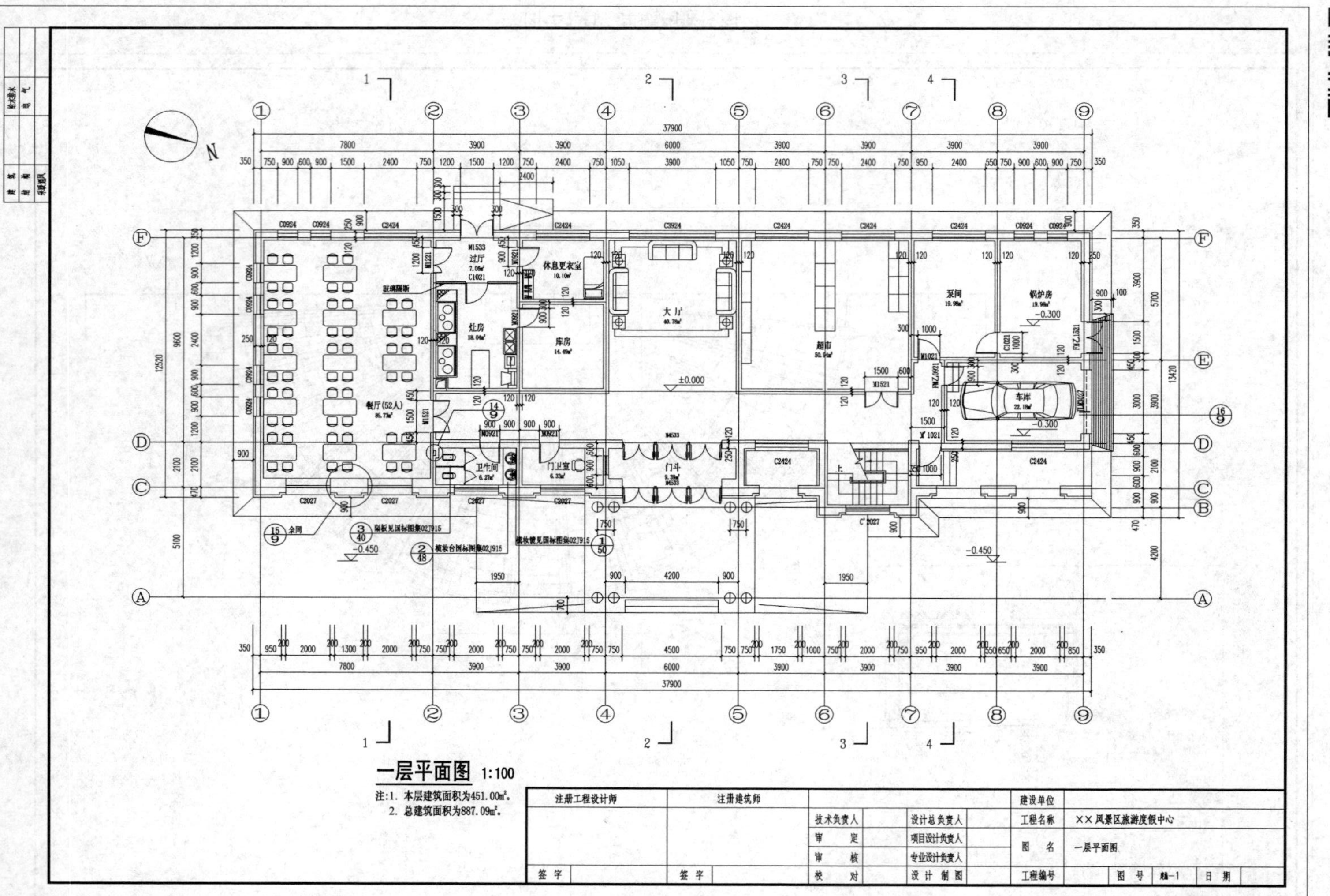


图 4-2-12　旅游度假中心结构与构造详图(一)

图 4-2-13　旅游度假中心结构与构造详图（二）

图 4-2-14　旅游度假中心结构与构造详图（三）

图 4-2-15　旅游度假中心结构与构造详图（四）

图 4-2-16　旅游度假中心结构与构造详图（五）

图 4-2-17　旅游度假中心结构与构造详图（六）

图 4-2-18　旅游度假中心结构与构造详图（七）

图 4-2-19　旅游度假中心结构与构造详图（八）

图 4-2-20　旅游度假中心结构与构造详图（九）

图 4-2-21　旅游度假中心结构与构造详图（十）

图 4-2-22　游客服务中心结构与构造详图（一）

图 4-2-23　游客服务中心结构与构造详图（二）

图 4-2-24　游客服务中心结构与构造详图（三）

图 4-2-25　游客服务中心结构与构造详图（四）

图 4-2-26　游客服务中心结构与构造详图（五）

图 4-2-27　游客服务中心结构与构造详图（六）

图 4-2-28　游客服务中心结构与构造详图（七）

图 4-2-29　游客服务中心结构与构造详图（八）

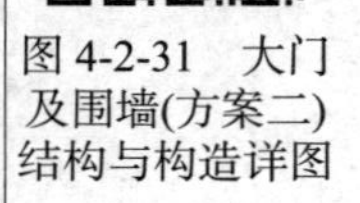

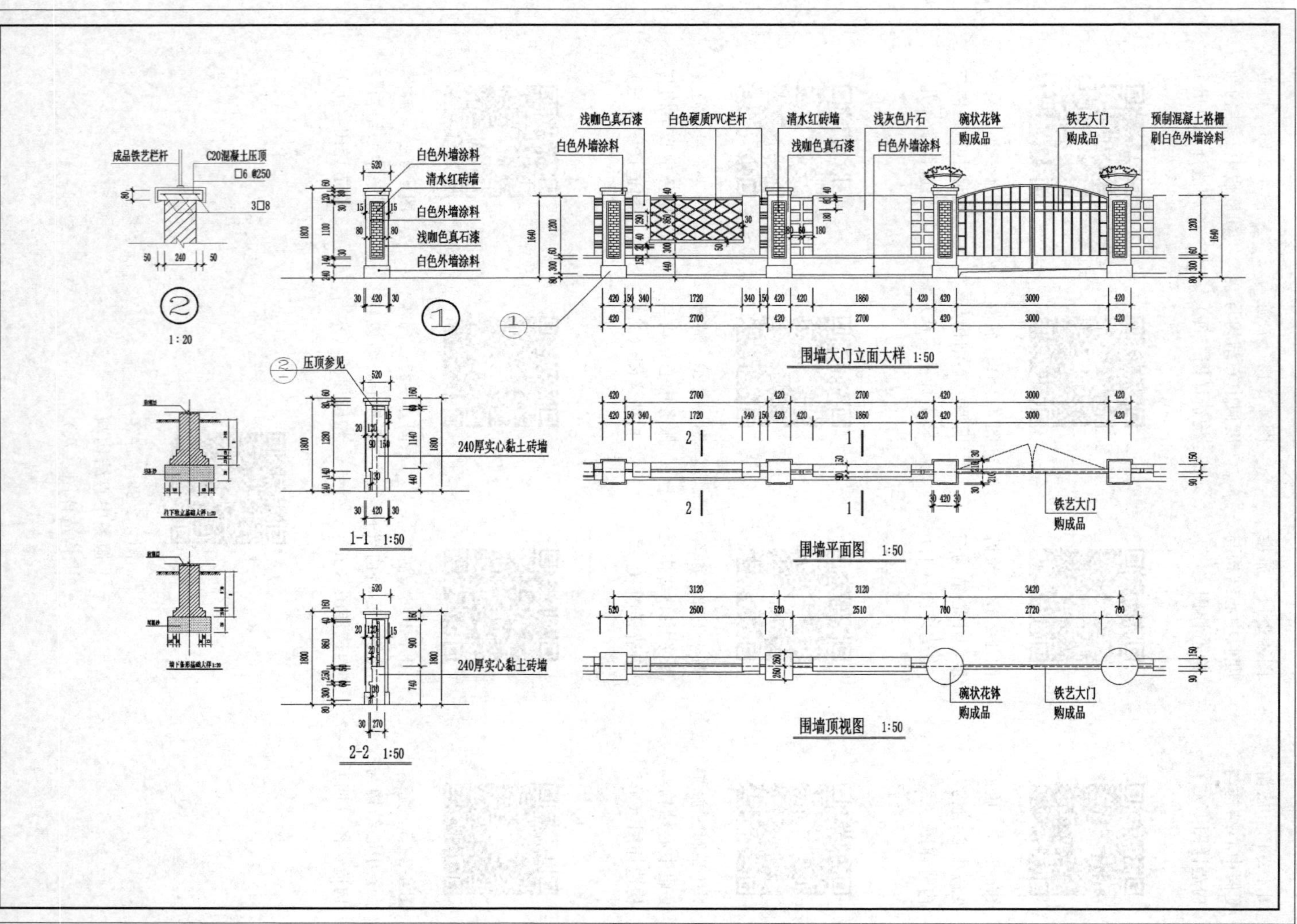


图 4-2-30　大门及围墙(方案一)结构与构造详图

图 4-2-31　大门及围墙(方案二)结构与构造详图

图 4-2-32　入口标志结构与构造详图

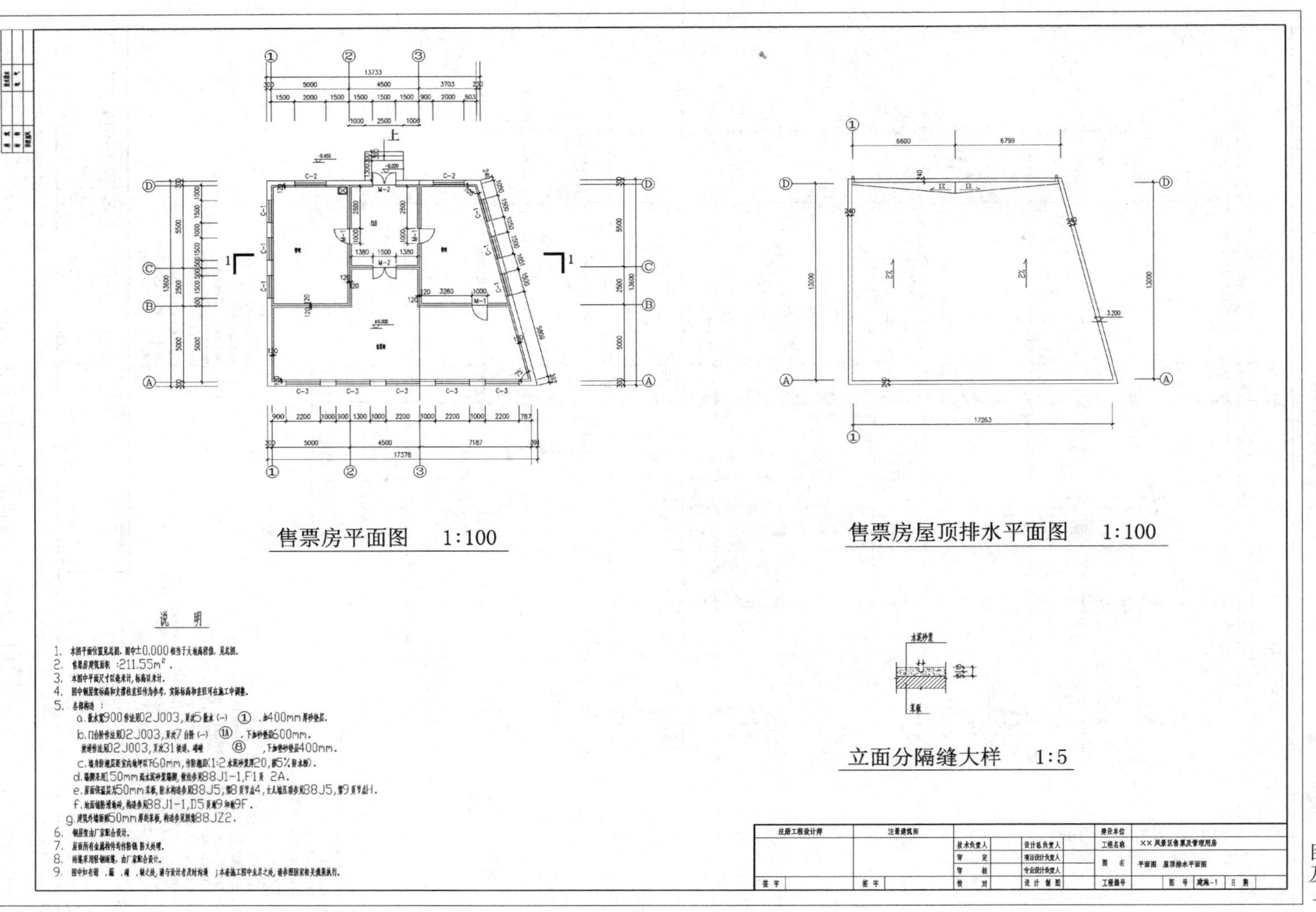


图 4-2-33　售票及管理用房结构与构造详图(一)

图 4-2-34　售票及管理用房结构与构造详图(二)

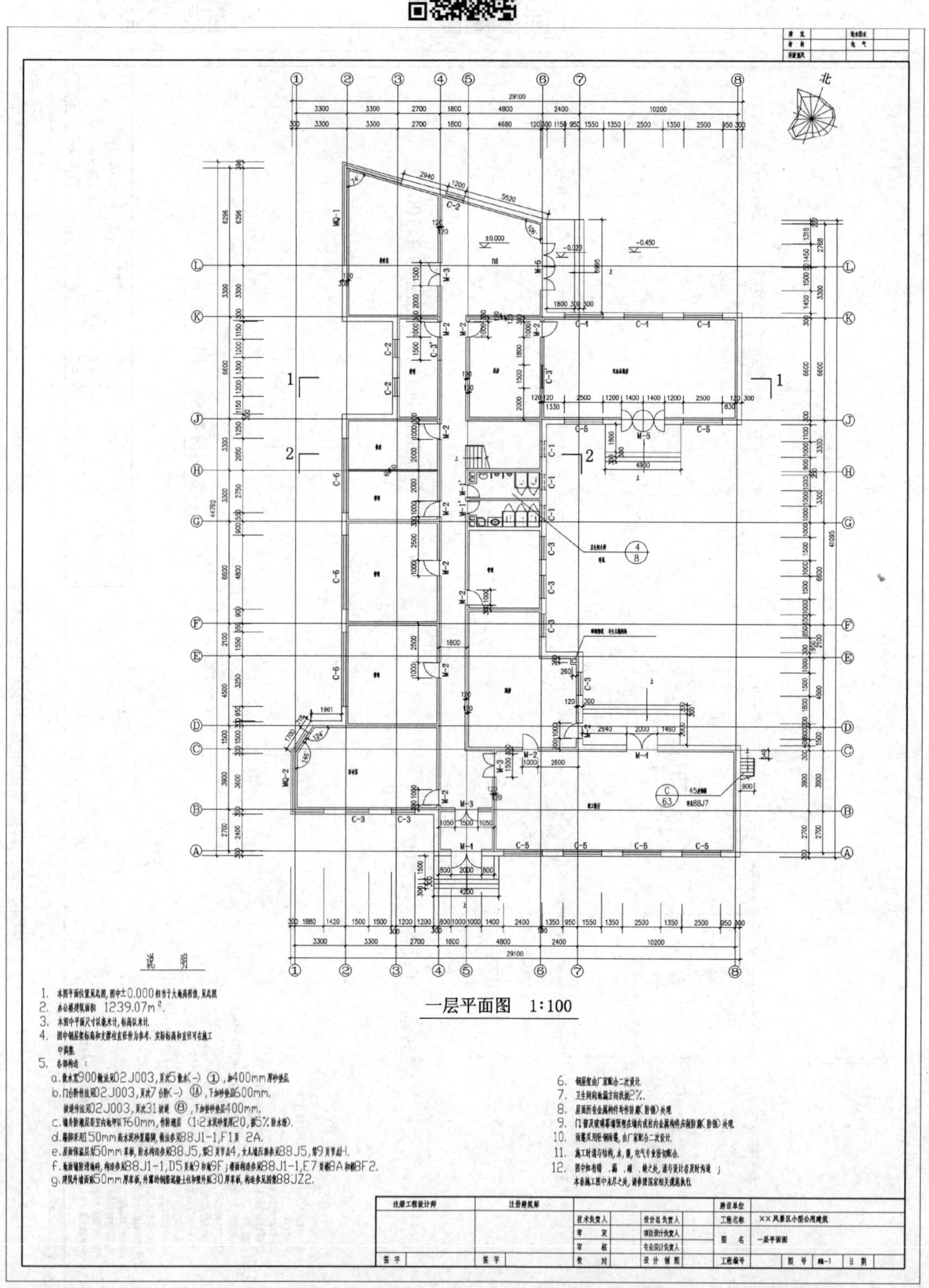


图 4-2-35 办公楼结构与构造详图（一）

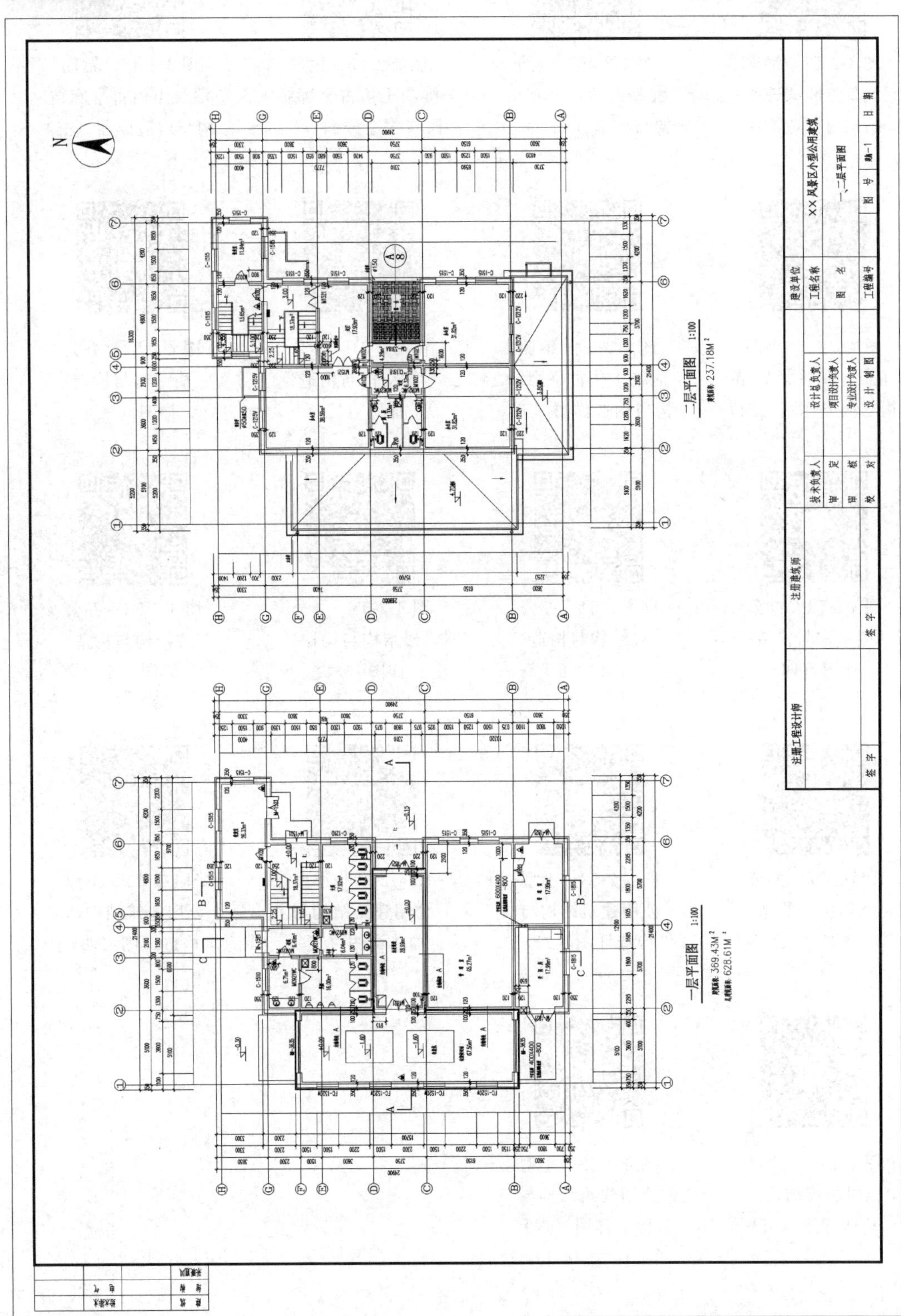


图 4-2-36 小型公用建筑结构与构造详图(一)

图 4-2-45　钢筋混凝土欧式凉亭结构与构造详图

图 4-2-46　钢筋混凝土仿古亭廊结构与构造详图（一）

图 4-2-47　钢筋混凝土仿古亭廊结构与构造详图（二）

图 4-2-48　钢筋混凝土仿古亭廊结构与构造详图（三）

图 4-2-49　钢筋混凝土仿古亭廊结构与构造详图（四）

图 4-2-50　钢筋混凝土仿古亭廊结构与构造详图（五）

图 4-2-51　办公楼结构与构造详图（二）

图 4-2-52　办公楼结构与构造详图（三）

图 4-2-53　办公楼结构与构造详图（四）

图 4-2-54　办公楼结构与构造详图（五）

图 4-2-55　办公楼结构与构造详图（六）

图 4-2-56　办公楼结构与构造详图（七）

图 4-2-57　办公楼结构与构造详图（八）

图 4-2-58　小型公用建筑结构与构造详图（二）

图 4-2-59　小型公用建筑结构与构造详图（三）

图 4-2-60　小型公用建筑结构与构造详图（四）

图 4-2-61　小型公用建筑结构与构造详图（五）

图 4-2-62　小型公用建筑结构与构造详图（六）

## 本章小结

1. 通过本章学习要求学生掌握中国传统风景园林建筑及现代风景园林建筑的结构特点和构造组成。

2. 中国传统的风景园林建筑多采用木构架结构体系，又可细分为抬梁式、穿斗式和井干式三种形式。

3. 中国传统的风景园林建筑由屋顶、柱身、台基三部分组成。

4. 现代风景园林建筑的结构类型、构造组成以及构造方法详见本书第2章、第3章所述。

## 本章练习题

**简答题：**

1. 中国传统风景园林建筑的木构架体系特点有哪些？
2. 中国传统木构架可分为哪三种类型，各自的特点是什么？
3. 中国传统的风景园林建筑主要由哪几部分组成？

# 第5章 风景园林建筑结构与构造课程设计

风景园林建筑结构与构造课程设计一般安排在理论课程结束之后，是围绕课程大纲开展的一次综合性设计实训。要求学生在一定时间（通常为 8 学时）内完成一个构造详图设计，或是在建筑设计方案的基础上进行结构与构造方案的初步设计并绘制施工图。课程设计数量 3～4 个为宜，24～32 学时，时间跨度 3～4 周。

## 5.1 墙身构造设计

### 5.1.1 墙身构造设计实例分析

**例题 1**

1. 设计条件

一层建筑物，外墙采用砖墙厚 240mm（如墙厚数值未给，应根据各地区的特点自定），墙上有窗。室内外高差为 450mm。

2. 设计内容

外墙身剖面节点详图：

(1) 墙身构造（墙体内外两侧均做装饰饰面，装饰内容自定）。

(2) 门窗洞口（过梁与窗台）构造。

(3) 勒脚构造。

(4) 散水或明沟构造。

3. 设计深度及要求

(1) 标注定位轴线位置及细部尺寸。

(2) 标注各点控制标高（如窗台顶面、门窗过梁底面、室内外地坪面等）。

(3) 辅以简要文字说明，表达构造层次、构造方法及所用材料。

(4) 标注构件坡度及排水方向。

(5) 图纸尺寸：A3，图中线条、材料等，一律按建筑制图标准表示。

(6) 详图比例：1∶10。

(7) 标注图名及比例。

(8) 表达方式：墨线。

4. 参考方案（图 5-1-1）

### 5.1.2 设计实践

**任务书 1**

1. 设计要求

通过墙身构造设计，要求学生掌握以下内容：

(1) 墙身剖面的基本组成内容。

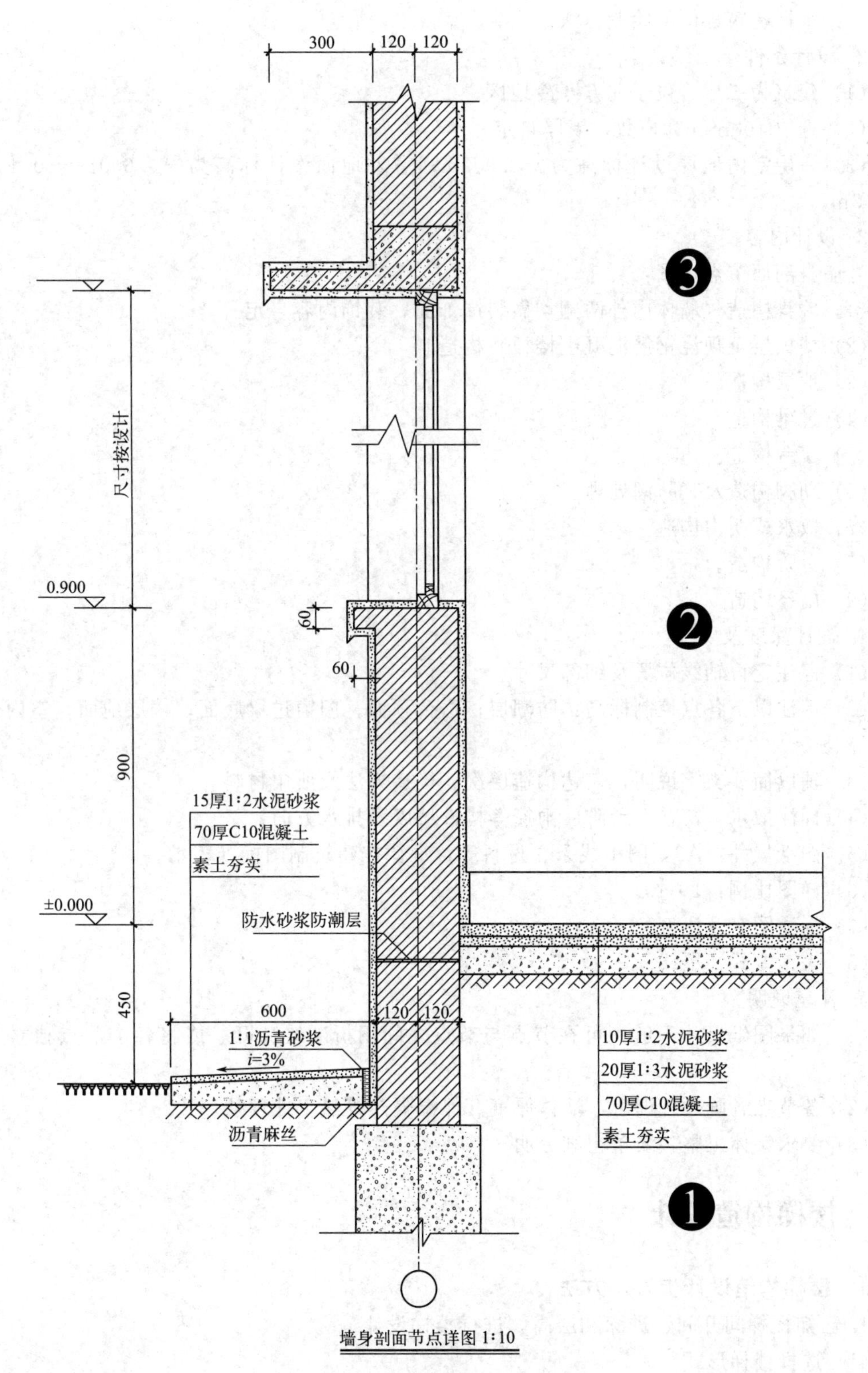
300
120
120
3
尺寸按设计
0.900
60
60
2
900
15厚1∶2水泥砂浆
70厚C10混凝土
素土夯实
±0.000
防水砂浆防潮层
450
600
120
120
1∶1沥青砂浆
i=3%
沥青麻丝
10厚1∶2水泥砂浆
20厚1∶3水泥砂浆
70厚C10混凝土
素土夯实
1
墙身剖面节点详图 1∶10

图 5-1-1　墙身构造详图

（2）墙身剖面基本组成的构造方式。

（3）掌握建筑详图的绘制方法。

2. 设计条件

（1）建筑为二层，位于北方寒冷地区。

（2）选取100mm为模数，墙厚自定。

（3）一层室内地坪设计标高为±0.000m；室外地面设计标高为－0.600～－0.450m；层高3m。

3. 设计内容

外墙身剖面节点详图：

（1）墙身构造（墙体内外两侧均做装饰饰面，装饰内容自定）。

（2）楼板层（现浇钢筋混凝土楼板）构造。

（3）地层构造。

（4）过梁构造。

（5）窗台构造。

（6）勒脚构造及其防潮处理。

（7）散水或明沟构造。

（8）台阶构造。

（9）雨篷构造。

4. 设计深度及要求

（1）标注定位轴线位置及细部尺寸。

（2）标注以下各点控制标高：防潮层；窗台顶面；门窗过梁底面；楼层地面；室内外地坪面等。

（3）辅以简要文字说明，表达构造层次、构造方法及所用材料。

（4）标注散水、窗台、台阶、雨篷等构件坡度及排水方向。

（5）图纸尺寸：A3，图中线条、材料等，一律按建筑制图标准表示。

（6）详图比例：1∶10。

（7）标注图名及比例。

（8）表达方式：墨线。

5. 补充说明

（1）如果图纸尺寸不够，可在节点与节点之间用折断线断开，或将各个节点独立分别布图。

（2）各节点各画一种即可，墙体厚度、保温隔热等热工处理须一致。

（3）要求字体工整，线条粗细分明。

## 5.2 楼梯构造设计

### 5.2.1 楼梯构造设计步骤及方法

1. 已知楼梯间开间、进深和层高，进行楼梯设计

（1）选择楼梯形式

根据已知的楼梯间尺寸，选择合适的楼梯形式。进深较大而开间较小时，可选用双跑平行楼梯；开间和进深均较大时，可选用双分式平行楼梯；进深不大且与开间尺寸接近时，可

选用三跑或四跑楼梯。

(2) 确定踏步尺寸（$h$ 和 $b$）和踏步数量（$N$）

根据建筑物的性质和楼梯的使用要求，确定踏步尺寸。

通常公共建筑主要楼梯的踏步尺寸适宜范围为：踏步宽度 300mm、320mm，踏步高度 140～150mm；公共建筑次要楼梯的踏步尺寸适宜范围为：踏步宽度 280mm、300mm，踏步高度 150～170mm；住宅共用楼梯的踏步尺寸适宜范围为：踏步宽度 250mm、260mm、280mm，踏步高度 160～180mm。

设计时，可选定踏步宽度，由经验公式 $2h+b=600$mm（$h$ 为踏步高度，$b$ 为踏步宽度），可求得踏步高度，且各级踏步高度应相同。

根据楼梯间的层高和初步确定的楼梯踏步高度，计算楼梯各层的踏步数量，即踏步数量为：

$$N=\text{层高}(H)/\text{踏步高度}(h)$$

若得出的踏步数量不是整数，可调整踏步高度 $h$ 值，使踏步数量为整数。

(3) 确定梯段宽度（$B$）

根据楼梯间的开间、楼梯形式和楼梯的使用要求，确定梯段宽度。

如双跑平行楼梯：

$$\text{梯段宽度}(B)=(\text{楼梯间净宽}-\text{梯井宽})/2$$

梯井宽度一般为 100～200mm，梯段宽度应采用 1M 或 1/2M 的整数倍数。

(4) 确定各梯段的踏步数量（$n$）

根据各层踏步数量、楼梯形式等，确定各梯段的踏步数量。

如双跑平行楼梯：

$$\text{各梯段踏步数量}(n)=\text{各层楼梯踏步数量}(N)/2$$

各层踏步数量宜为偶数。若为奇数，每层的两个梯段的踏步数量相差一步。

(5) 确定梯段长度（$L$）和梯段高度（$H'$）

根据踏步尺寸和各梯段的踏步数量，计算梯段长度和高度，计算式为：

$$\text{梯段长度}(L)=[\text{该梯段踏步数量}(n)-1]\times\text{踏步宽度}(b)$$

$$\text{梯段高度}(H')=\text{该梯段踏步数量}(n)\times\text{踏步高度}(h)$$

(6) 确定平台深度（$D$）

根据楼梯间的尺寸、梯段宽度等，确定平台深度。平台深度不应小于梯段宽度（即 $D\geqslant B$），对直接通向走廊的开敞式楼梯间而言，其楼层平台的深度不受此限制，但为了避免走廊与楼梯的人流相互干扰并便于使用，应留有一定的缓冲余地，此时，一般楼层平台深度至少为500～600mm。

(7) 确定底层楼梯中间平台下的地面标高和中间平台面标高

若底层中间平台下设通道，平台梁底面与地面之间的垂直距离应满足平台净高的要求，即不小于 2000mm。否则，应将地面标高降低，或同时抬高中间平台面标高。此时，底层楼梯各梯段的踏步数量、梯段长度和梯段高度需进行相应调整。

(8) 校核

根据以上设计所得结果，计算出楼梯间的进深。

若计算结果比已知的楼梯间进深小，通常只需调整平台深度；当计算结果大于已知的楼梯间进深，而平台深度又无调整余地时，应调整踏步尺寸，按以上步骤重新计算，直到与已知的楼梯间尺寸一致为止。

(9) 绘制楼梯间各层平面图和剖面图

楼梯平面图通常有底层平面图、标准层平面图和顶层平面图。

绘图时应注意以下几点：

① 尺寸和标高的标注应整齐、完整。平面图中应主要标注楼梯间的开间和进深、梯段长度和平台深度、梯段宽度和梯井宽度等尺寸，以及室内外地面、楼层和中间平台面等标高。剖面图中应主要标注层高、梯段高度、室内外地面高差等尺寸，以及室内外地面、楼层和中间平台面等标高。

② 楼梯平面图中应标注楼梯上行和下行指示线及踏步数量。上行和下行指示线是以各层楼面（或地面）标高为基准进行标注的，踏步数量应为上行或下行楼层踏步数。

③ 在剖面图中，若为平行楼梯，当底层的两个梯段做成不等长梯段时，第二个梯段的一端会出现错步，错步的位置宜安排在二层楼层平台处，不宜布置在底层中间平台处。

2. 已知建筑物层高和楼梯形式，进行楼梯设计，并确定楼梯间的开间和进深

(1) 根据建筑物的性质和楼梯的使用要求，确定踏步尺寸；再根据初步确定的踏步尺寸和建筑物的层高，确定楼梯各层的踏步数量。设计方法同上。

(2) 根据各层踏步数量、梯段形式等，确定各梯段的踏步数量。再根据各梯段踏步数量和踏步尺寸计算梯段长度和梯段高度。楼梯底层中间平台下设通道时，可能需要调整底层各梯段的踏步数量、梯段长度和梯段高度，以使平台净高满足 2000mm 要求。设计方法同上。

(3) 根据楼梯的使用性质、人流量的大小及防火要求，确定梯段宽度。通常住宅的共用楼梯梯段净宽不应小于 1100mm，不超过六层时，可不小于 1000mm。公共建筑的次要楼梯梯段净宽不应小于 1200mm，主要楼梯梯段净宽应按疏散宽度的要求确定。

(4) 根据梯段宽度和楼梯间的形式等，确定平台深度。设计方法同上。

(5) 根据以上设计所得结果，确定楼梯间的开间和进深。开间和进深应以 3M 为模数。

(6) 绘制楼梯各层平面图和楼梯剖面图。

### 5.2.2 楼梯构造设计例题分析

**例题 2**

如图 5-2-1 所示，某内廊式综合楼的层高为 3.60m，楼梯间的开间为 3.30m，进深为 6m，室内外地面高差为 450mm，墙厚为 240mm，轴线居中，试设计该楼梯。

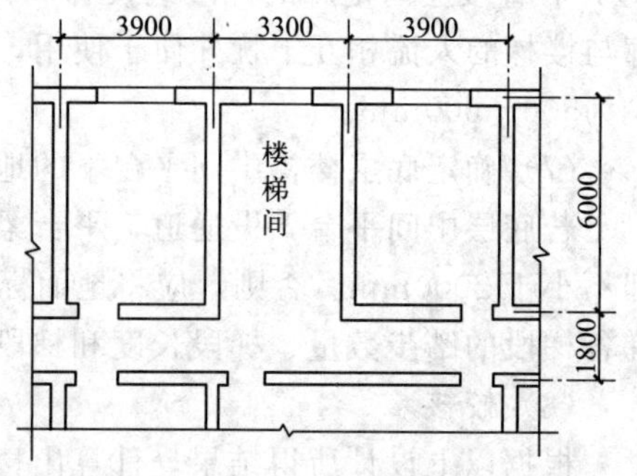


图 5-2-1 某内廊式综合楼平面示意图

**解** (1) 选择楼梯形式

对于开间为 3.30m，进深为 6m 的楼梯间，适合选用双跑平行楼梯。

(2) 确定踏步尺寸和踏步数量

作为公共建筑的楼梯，初步选取踏步宽度 $b=$ 300mm，

由经验公式 $2h+b=600$mm，求得踏步高度 $h=$ 150mm，初步取 $h=150$mm。

各层踏步数量 $N=$层高$(H)/h=3600/150=24$ 级

(3) 确定梯段宽度

取梯井宽为160mm，楼梯间净宽为：3300－2×120＝3060mm

则梯段宽度为：$B=(3060-160)/2=1450$mm

(4) 确定各梯段的踏步数量

各层两梯段采用等跑，则各层两个梯段踏步数量为：

$$n_1=n_2=N/2=24/2=12\text{ 级}$$

(5) 确定梯段长度和梯段高度

梯段长度：$L_1=L_2=(n-1)b=(12-1)\times3000=3300$mm

梯段高度：$H_1'=H_2'=n\times h=12\times150=1800$mm

(6) 确定平台深度

中间平台深度 $D_1$ 不小于 1450mm（梯段宽度），取 1600mm，楼层平台深度 $D_2$ 暂取 600mm。

(7) 校核

$$L_1+D_1+D_2+120=3300+1600+600+120=5620\text{mm}<6000\text{mm(进深)}$$

将楼层平台深度加大至 600＋(6000－5620)＝980mm。

由于层高较大，楼梯底层中间平台下的空间可有效利用，作为贮藏空间。为增加净高，可降低平台下的地面标高至－0.300m。根据以上设计结果，绘制楼梯各层平面图和楼梯剖面图（图 5-2-2，此图按三层综合楼绘制。设计时，按实际层数绘图）。

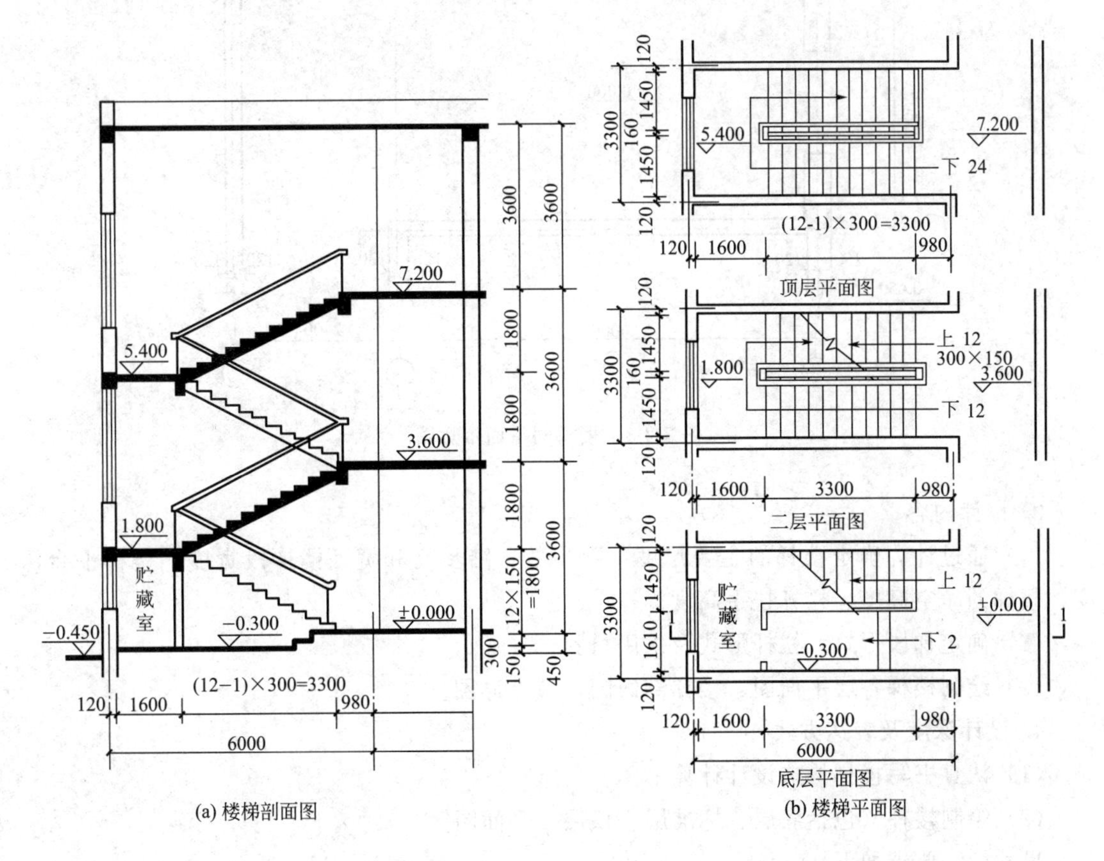


图 5-2-2　楼梯设计详图

### 5.2.3 设计实践

**任务书 2**

1. 设计要求

通过楼梯构造设计要求学生掌握以下内容：

(1) 楼梯布置的基本原则。

(2) 楼梯设计的计算方法。

(3) 楼梯的组成、楼梯的结构形式选择和结构布置方案。

(4) 楼梯施工图的绘制方法。

2. 设计条件

某砖混结构三层建筑，开敞式平面的楼梯间，其平面如图 5-2-3 所示。楼梯间的开间为 3.6m，进深为 6.0m，层高为 3.6m，室内外地面高差 450mm。楼梯间外墙厚 370mm，内墙厚 240mm，轴线内侧墙厚均为 120mm，走廊轴线宽 2.4m。

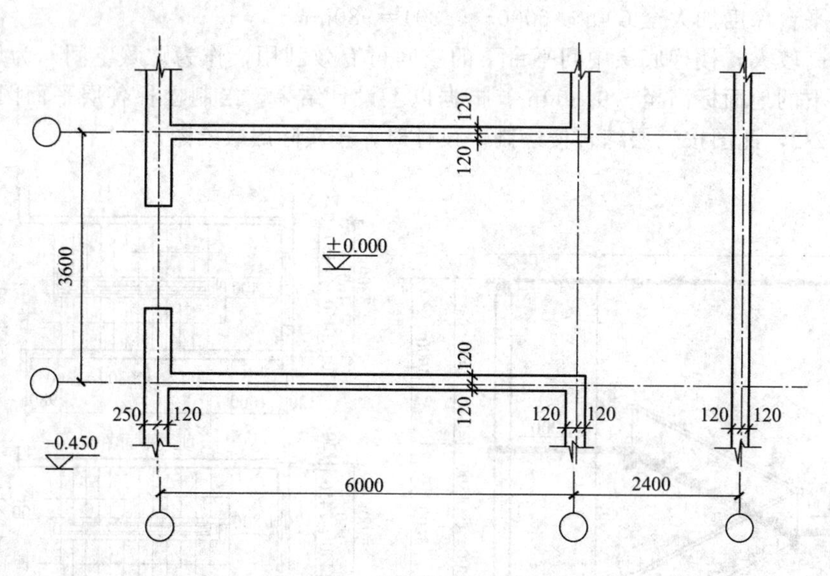


图 5-2-3 楼梯间平面示意图

3. 设计内容

(1) 通过计算确定楼梯的主要尺度：踏步数、踏步高和宽、楼梯段宽度、楼梯平台深度、楼梯的净空高度、栏杆扶手高度等。

(2) 确定梯段形式、栏杆形式及采用材料。

(3) 绘制楼梯各层平面图、楼梯剖面图及节点详图。

4. 设计深度及表达方式

(1) 认真书写楼梯构造设计计算书。

(2) 绘制楼梯（包括底层、标准层、顶层）平面图。

尺寸标注要求如下：

① 楼梯开间方向两道尺寸：轴线尺寸；梯段及梯井尺寸。

② 楼梯进深方向两道尺寸：轴线尺寸；梯段长度及平台尺寸。

③ 上下方向标注，各平台标高标注（建筑标高）。

④ 在底层平面图中引出楼梯剖面剖切位置、方向及剖面编号。

(3) 楼梯剖面图

内容及尺寸标注要求如下：

① 设计并绘制楼梯剖面。

② 水平方向两道尺寸：楼梯的定位轴线及进深尺寸，底层梯段和平台尺寸。

③ 垂直方向两道尺寸：建筑总高度；楼梯对应的楼层层高。

④ 标注各楼层标高；各平台标高；室内外标高。

(4) 楼梯节点、详图。

绘制节点详图 2～3 个，辅以简要文字说明，表达构造、层次、构造方法及所用材料。

(5) 纸张尺寸：A2，图中线条、材料等，一律按建筑制图标准表示。

(6) 绘图比例：平面图及剖面图，比例 1∶50；节点详图，比例 1∶20。

(7) 标注图名及比例。

(8) 表达方式：墨线。

5. 补充说明

(1) 如果图纸尺寸不够，可在节点与节点之间用折断线断开，或将各节点独立布图。

(2) 要求字体工整，线条粗细分明。

## 5.3 平屋顶构造设计

**任务书 3**

1. 设计要求

通过平屋顶构造设计要求学生掌握以下内容：

(1) 掌握屋顶有组织排水的设计方法。

(2) 训练绘制屋顶构造节点详图。

2. 设计条件

(1) 屋顶形式：平屋顶。

(2) 结构类型：自定。

(3) 屋顶排水方式：有组织排水，檐口形式自定。

(4) 屋面防水方案：柔性（卷材）防水。

(5) 该建筑所在地区年降水量小于 900mm。

(6) 屋顶有保温或隔热要求。

3. 设计内容及图纸要求

(1) 屋顶节点详图

① 檐口构造　当采用檐沟外排水时，表示清楚檐沟板的形式、屋顶各层构造、檐口处的防水处理，以及檐沟板与圈梁、墙、屋面板之间的相互关系，标注檐沟尺寸，注明檐沟饰面层的做法和防水层的收头构造做法。

当采用女儿墙外排水或内排水时，标示清楚女儿墙压顶构造、泛水构造、屋顶各层构造和天沟形式等，注明女儿墙压顶和泛水的构造做法，标注女儿墙的高度、泛水的高度等尺寸。

当采用檐沟女儿墙外排水时要求同上。用多层构造引出线注明屋顶各层做法，标注屋面排水方向和坡度大小，标注详图符号和比例，剖切到的部分用材料图例表示。

② 泛水构造　画出高低屋面之间的立墙与低屋面交接处的泛水构造，表示清楚泛水构造和屋面各层构造，注明泛水构造做法，标注有关尺寸，标注详图符号和比例。

③ 雨水口构造　表示清楚雨水口的形式、雨水口处的防水处理，注明细部做法，标注有关尺寸，标注详图符号和比例。

(2) 纸张尺寸：A3，图中线条、材料等，一律按建筑制图标准表示。

(3) 详图比例：1∶10。

(4) 标注图名及比例。

(5) 表达方式：墨线。

## 5.4　小型风景园林建筑结构与构造方案初步设计

**任务书 4**

1. 设计要求

通过此设计要求学生掌握以下内容：

(1) 风景园林建筑的方案设计。

(2) 风景园林建筑的结构布置方案。

(3) 风景园林建筑的构造方法。

(4) 风景园林建筑与自然环境及景观的协调。

(5) 练习绘制建筑施工图以及建筑结构布置图。

2. 设计条件（任选其中一项）

(1) 小型展示建筑

位于北方某大学，主要由展示与交流空间、管理等几部分组成，总建筑面积约 250m$^2$（可上下浮动 5%），一层为主，局部二层。

在场地适当位置安排有顶的室外展示空间，面积为 100m$^2$（上下可浮动 5%），要求室内外展示空间有一定的联系。

(2) 小型旅游接待中心

位于北方某风景区，主要由客房、餐饮、交通接待、管理等几部分组成，总建筑面积 800～1000m$^2$（可上下浮动 10%），一层为主，局部二层。

(3) 小型服务中心

位于北方某风景区，主要由文化活动用房、健身活动用房、客房、餐饮、交通接待、管理等几部分组成，总建筑面积约 2500m$^2$（可上下浮动 10%），一层为主，局部二层。

图 5-4-1～图 5-4-6 为东北林业大学学生建筑设计方案，仅供参考。

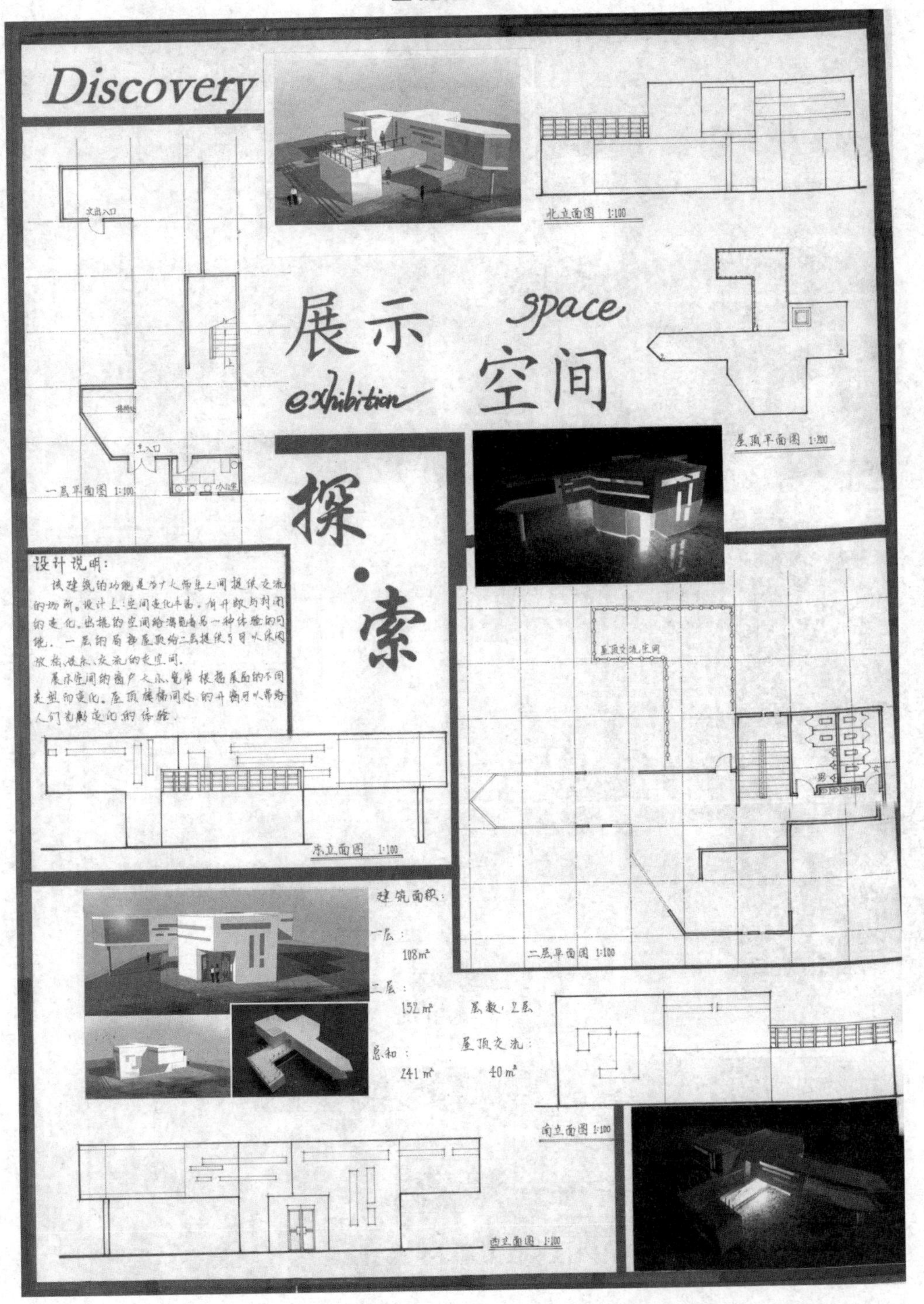
Discovery
北立面图 1:100
展示 space
exhibition 空间
屋顶平面图 1:200
一层平面图 1:100
探·索
设计说明:
东立面图 1:100
二层平面图 1:100
建筑面积:
一层: 108㎡
二层: 152㎡ 层数: 2层
总和: 241㎡ 屋顶交流: 40㎡
南立面图 1:100
西立面图 1:100

图5-4-1 学生习作1(一)

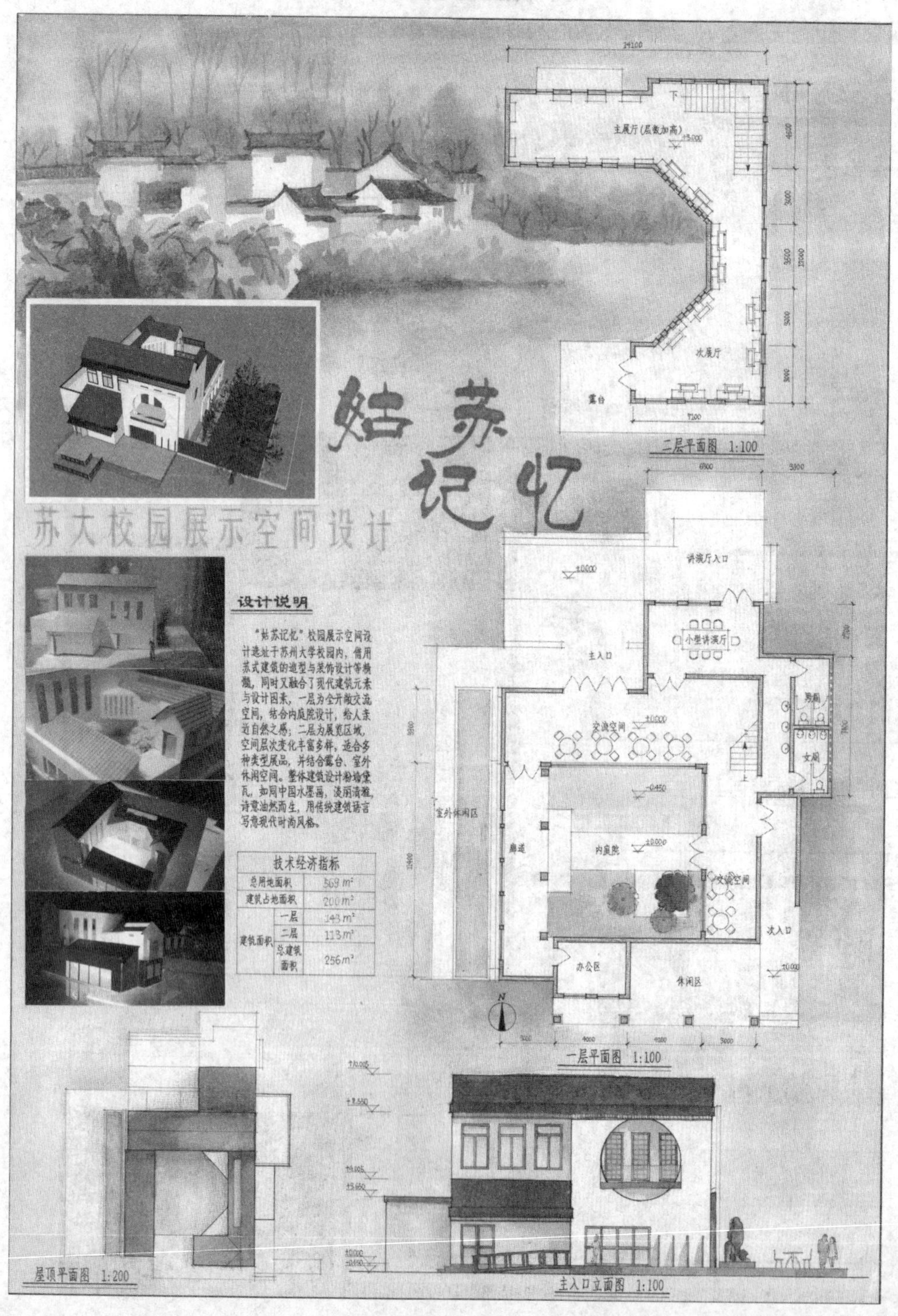
姑苏记忆
苏大校园展示空间设计
设计说明
"姑苏记忆"校园展示空间设计选址于苏州大学校园内，借用苏式建筑的造型与装饰设计等横截，同时又融合了现代建筑元素与设计因素，一层为全开敞交流空间，结合内庭院设计，给人亲近自然之感；二层为展览区域，空间层次变化丰富多样，适合多种类型展品，并结合露台、室外休闲空间。整体建筑设计粉墙黛瓦，如同中国水墨画，淡雅清雅，诗意油然而生，用传统建筑语言写意现代时尚风格。
技术经济指标
总用地面积 569 m²
建筑占地面积 200 m²
建筑面积 一层 143 m²
二层 113 m²
总建筑面积 256 m²
主展厅（层数加高）
次展厅
露台
二层平面图 1:100
讲演厅入口
小型讲演厅
主入口
交流空间
男厕
女厕
室外休闲区
廊道
内庭院
次入口
办公区
休闲区
一层平面图 1:100
屋顶平面图 1:200
主入口立面图 1:100
图 5-4-2 学生习作2（一）

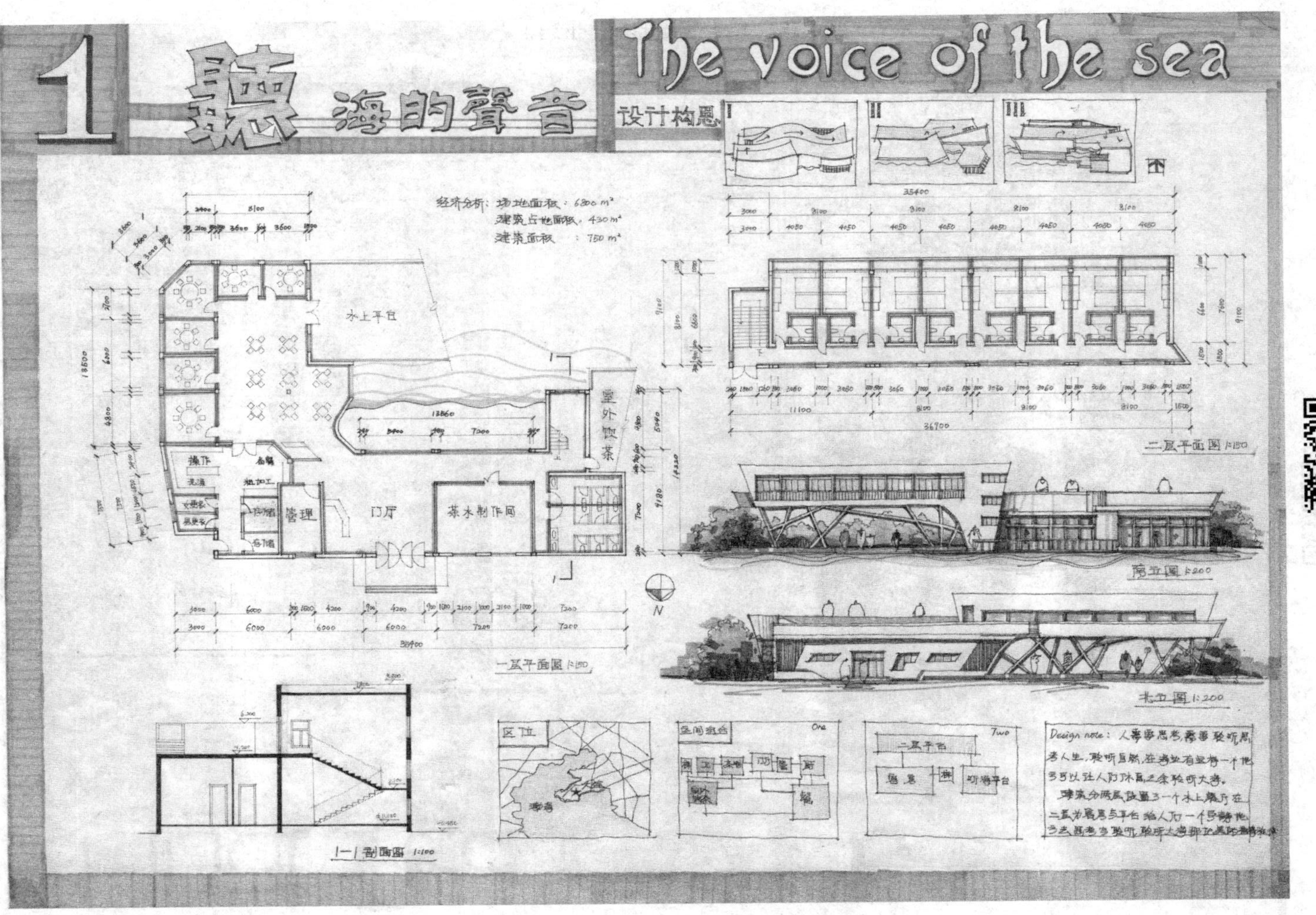
1
聽 海的聲音
The voice of the sea
设计构思
经济分析：场地面积：6800 m²
建筑占地面积：430 m²
建筑面积：750 m²
水上平台
室外饮茶
门厅
茶水制作间
管理
一层平面图 1:150
二层平面图 1:150
南立面图 1:200
北立面图 1:200
1—1剖面图 1:100
区位
渤海

图 5-4-3　学生习作3（一）

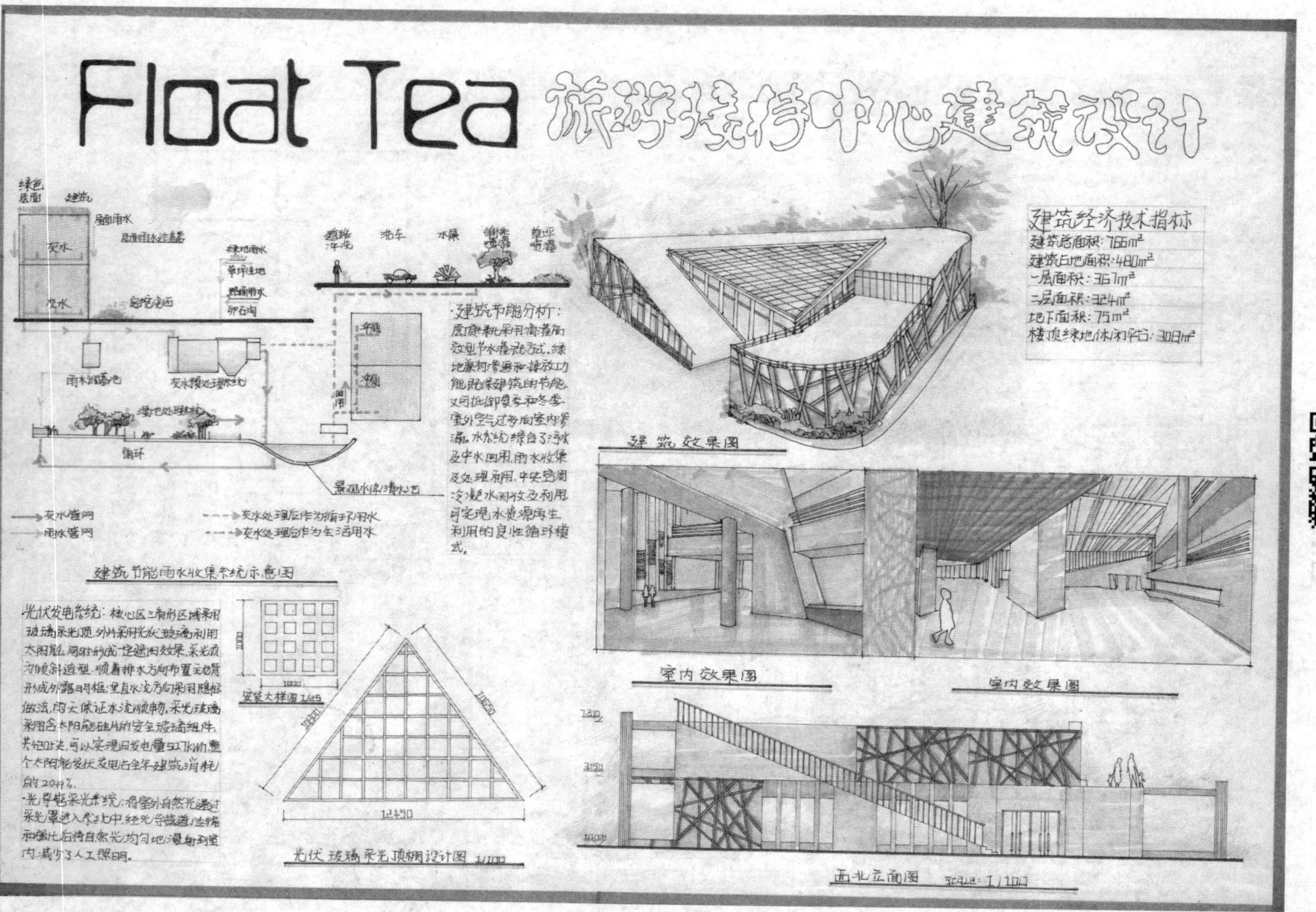
Float Tea
旅游接待中心建筑设计
建筑经济技术指标
建筑总面积：766m²
建筑占地面积：480m²
一层面积：367m²
二层面积：324m²
地下面积：75m²
楼顶绿地休闲平台：308m²
建筑效果图
室内效果图
室内效果图
建筑节能雨水收集系统示意图
光伏玻璃采光顶棚设计图 1/100
西北立面图

图5-4-4 学生习作4(一)

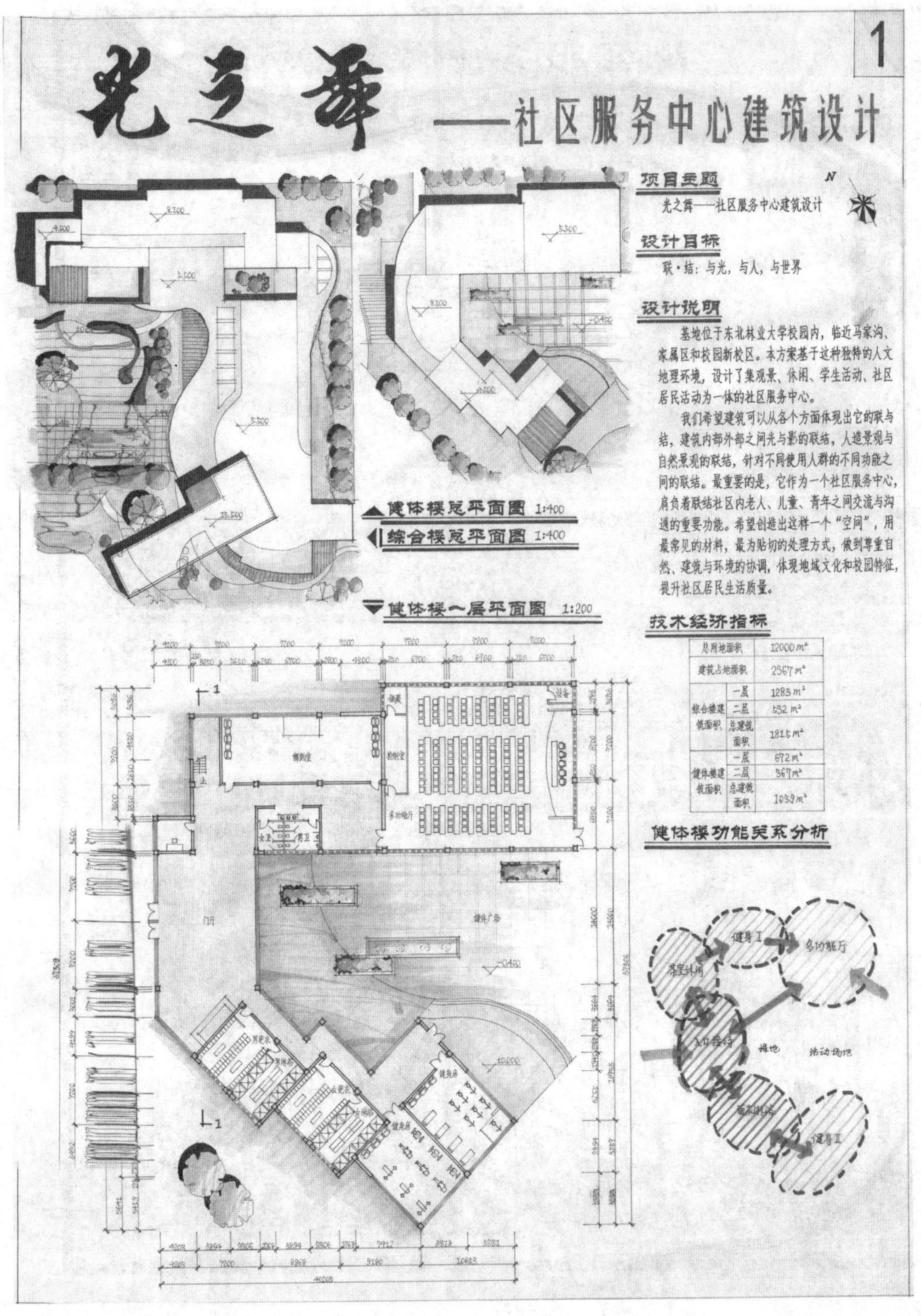


| 总用地面积 | | 12000 $m^2$ |
|---|---|---|
| 建筑占地面积 | | 2367 $m^2$ |
| 综合楼建筑面积 | 一层 | 1285 $m^2$ |
| | 二层 | 532 $m^2$ |
| | 总建筑面积 | 1815 $m^2$ |
| 健体楼建筑面积 | 一层 | 672 $m^2$ |
| | 二层 | 367 $m^2$ |
| | 总建筑面积 | 1039 $m^2$ |

图 5-4-5 学生习作5(一)

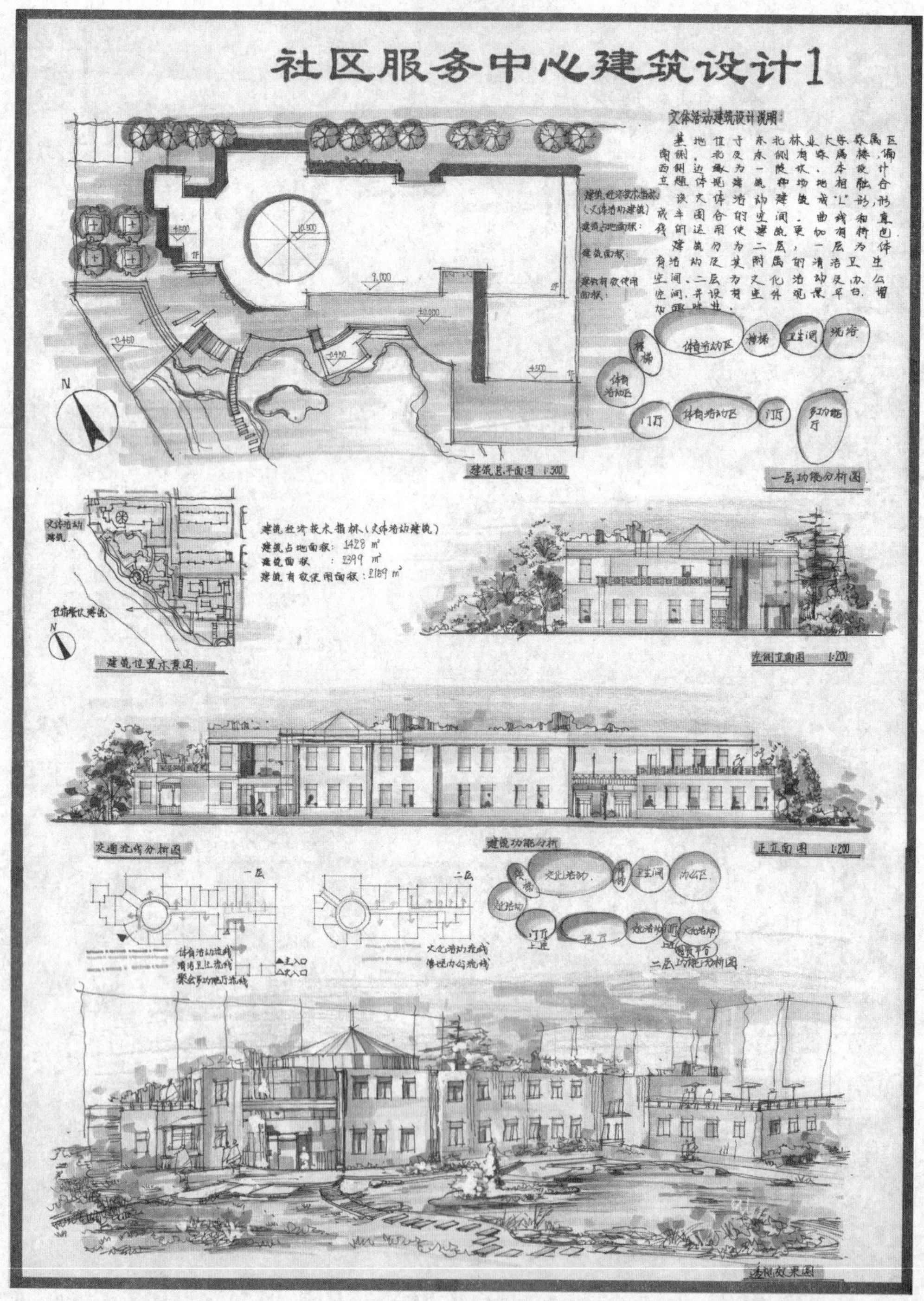

社区服务中心建筑设计1
文体活动建筑设计说明：
建筑总平面图 1:300
一层功能分析图
建筑位置示意图
建筑经济技术指标（文体活动建筑）
建筑占地面积：1428 m²
建筑面积：2399 m²
建筑有效使用面积：2189 m²
东侧立面图 1:200
正立面图 1:200
交通流线分析图
建筑功能分析
一层
二层
二层功能分析图
透视效果图


图 5-4-6 学生习作6(一)

3. 设计内容

(1) 建筑方案设计。

(2) 选择恰当的结构体系。

(3) 确定合理的结构布置方案，并绘制结构布置图。

(4) 绘制建筑剖面图，1～2个，至少一个剖到楼梯。

(5) 绘制节点构造详图，不少于3个。

4. 设计深度及要求

(1) 标注定位轴线位置及细部尺寸。

(2) 绘图比例如下：

平、立、剖面图：1∶100；

结构方案布置图比例：1∶100；

详图比例：1∶10。

(3) 要求字体工整，线条粗细分明。图中线条、材料等，一律按《房屋建筑制图统一标准》(GB/T 50001—2017) 表示。

(4) 标注图名及比例。

(5) 表达方式：墨线淡彩。

图 5-4-7 听海的声音-学生习作3（一）

图 5-4-8 听海的声音-学生习作3（二）

图 5-4-9 听海的声音-学生习作3（三）

图 5-4-10 听海的声音-学生习作3（四）

图 5-4-11 Float Tea 旅游接待中心建筑设计-学生习作4（一）

图 5-4-12 Float Tea 旅游接待中心建筑设计-学生习作4（二）

图 5-4-13 Float Tea 旅游接待中心建筑设计-学生习作4（三）

图 5-4-14 光之舞——社区服务中心建筑设计-学生习作5（一）

图 5-4-15 光之舞——社区服务中心建筑设计-学生习作5（二）

图 5-4-16 光之舞——社区服务中心建筑设计-学生习作5（三）

图 5-4-17 光之舞——社区服务中心建筑设计-学生习作5（四）

图 5-4-18 社区服务中心建筑设计-学生习作6（一）

图 5-4-19　社区服务中心建筑设计-学生习作 6（二）

图 5-4-20　社区服务中心建筑设计-学生习作 6（三）

图 5-4-21　社区服务中心建筑设计-学生习作 6（四）

## 5.5　风景园林建筑结构与构造课程设计评分方法

### 5.5.1　评分依据

（1）方案总体构思：占 25%。

（2）建筑功能与技术设计：占 25%。

（3）材料选择与应用：占 25%。

（4）图纸规范与制图表达能力：占 15%。

（5）平时上课纪律与设计态度：占 10%。

### 5.5.2　评分标准

（1）90≤优秀≤100

① 能够很好地理解和领悟设计题目的要求，方案总体构思合理准确；

② 建筑功能布局合理正确，结构布置方案优良，体现了设计者较强的技术设计能力；

③ 熟悉建筑材料性能，具备熟练应用材料的能力；

④ 图纸规范，图面整洁，文字说明简单扼要、清晰流畅，制图表达准确、生动；

⑤ 学生课堂表现突出，设计过程中态度积极主动。

（2）80≤良好＜90

① 能够理解和领悟设计题目的要求，方案构思水平较强；

② 建筑功能布局较为合理，结构布置方案较好，体现了设计者较强的技术设计能力；

③ 比较熟悉建筑材料性能，具备熟练应用材料的能力；

④ 图纸规范，图面整洁，文字说明简洁通顺，制图表达准确；

⑤ 学生课堂表现良好，设计过程中态度较为积极主动。

（3）70≤中等＜80

① 基本能够理解和领悟设计题目的要求，方案设计水平较高；

② 建筑功能布局基本合理，结构布置方案一般，体现了设计者具备一定的技术及能力；

③ 熟悉建筑材料性能，能够较为合理地应用材料的能力；

④ 图纸较为规范，文字说明通顺，制图表达不够准确、生动；

⑤ 学生课堂表现较好，设计过程中态度一般。

（4）60≤及格＜70

① 对设计题目的理解和领悟能力、总体方案设计水平均较差；

② 建筑功能布局与结构布置方案均缺乏合理性，设施设备不健全，设计者的技术设计

能力较弱；

③ 熟悉建筑材料性能，具备熟练应用材料的能力；

④ 图纸较为规范，文字说明基本通顺，制图表达不够准确；

⑤ 学生课堂表现一般，设计过程中态度不够积极认真。

(5) 不及格<60

① 对设计题目的理解不准确，方案能力偏差；

② 建筑功能布局与结构布置方案均缺乏合理性，设计者缺乏相应的技术设计知识及能力；

③ 应用材料的能力差；

④ 文字说明基本通顺，但图纸不规范，制图表达也不够准确；

⑤ 学生课堂表现较差，设计过程中态度散漫。

## 风景园林建筑结构与构造课程思政教学设计

| 题目 | 教学目标 | 教学内容 | 学时分配 | 思政元素 | 思政载体 | 教学方式 | 育人成效 |
|---|---|---|---|---|---|---|---|
| 第一章<br>概论 | 1. 了解风景园林建筑的构造组成、分类方式、模数制度等基础知识；<br>2. 认识建筑结构与构造在建筑设计过程中的地位和作用；<br>3. 构建对营造美好家园的社会责任感和理想信念 | 1. 结构与构造要点<br>2. 建筑的组成<br>3. 建筑的分类与分级<br>4. 风景园林建筑的类型<br>5. 建筑标准化及模数协调 | 2 | 文化自信<br>文化传承<br>文化互鉴<br>科学精神<br>创新精神 | 视频、图片分享：古今中外优秀<br>建筑案例赏析 | 导入式教学<br>多媒体教学<br>互动讨论 | 1. 激发学生感悟中外建筑发展历程及建筑文化精髓；<br>2. 引导学生领会结构与构造的发展，既是文化沉淀，也是文化创新；<br>3. 激励学生不仅要坚定文化自信、文明传承，也要积极文化交流互鉴，更要永葆科学精神、创新精神；<br>4. 培养学生合理设计、科学建造、诚实守信、爱岗敬业的工匠精神和家国情怀，以正确的人生观和价值观为社会主义建设贡献力量 |
| 第2章<br>风景园林<br>建筑结构 | 1. 了解建筑结构形式的分类、发展、适用范围以及其构造特点；<br>2. 把握新材料、新技术、新结构发展趋势；<br>3. 培养结构设计与建筑设计融合能力。建筑与结构相互协调，合理选型、科学布置、切实可行的进行建筑方案设计；<br>4. 树立严谨科学态度和工程安全意识 | 1. 建筑结构基本知识<br>2. 建筑结构的类型及风景园林建筑常用的结构形式<br>3. 墙承重结构体系<br>4. 框架结构体系<br>5. 大跨度结构体系<br>6. 高层建筑结构体系<br>7. 新材料、新技术、新结构的发展趋势 | 10 | 辩证思维<br>工程思维<br>职业素养<br>科学精神<br>工匠精神<br>创新精神<br>爱国情怀<br>民族自豪感<br>国际视野 | 1. 视频分享：<br>现代建筑与结构融合工程案例赏析<br>2. 经典阅读：<br>中国传统建筑书籍、图纸分析 | 导入式教学<br>多媒体教学<br>案例教学<br>互动讨论 | 1. 强调结构与建筑融合，引导学生认识建筑结构发展历程及结构型式，鼓励学生建筑设计与结构选型同步进行，培养工程思维、职业素养和创新精神；<br>2. 强化结构布置遵循“简单、规则、均匀、对称”的原则，同时保证强度、刚度和稳定性等多方面要求，激发科学精神和辩证思维；<br>3. 引入我国优秀结构工程案例，展示我国工程技术成就及工匠贡献，培养工匠精神和爱国情怀，树立民族自豪感；<br>4. 引入国际先进结构工程案例，聚焦前沿发展动态及趋势，培养国际视野、科技创新精神，树立职业使命感 |

续表

| 题目 | 教学目标 | 教学内容 | 学时分配 | 思政元素 | 思政载体 | 教学方式 | 育人成效 |
|---|---|---|---|---|---|---|---|
| 第3章<br>风景园林建筑构造 | 1. 了解建筑物各组成部分的功能作用和构造方法；<br>2. 把握新材料、新技术、新工艺发展趋势；<br>3. 培养构造设计与建筑设计、结构设计融合能力，三者相互协调，制定合理的构造方案，设计“实用、坚固、经济、美观”的建筑及其构配件；<br>4. 树立严谨科学态度和工程安全意识 | 1. 建筑构造基本知识<br>2. 地基与基础构造<br>3. 墙体构造<br>4. 楼底层构造<br>5. 楼梯构造<br>6. 门窗构造<br>7. 屋顶构造<br>8. 饰面装修<br>9. 防火构造<br>10. 装配式建筑概况 | 24 | 工程思维<br>职业素养<br>工匠精神<br>创新精神<br>人文关怀<br>节能减排<br>生态文明<br>国际视野 | 1. 视频分享：<br>现代建筑工程施工案例赏析<br>2. 经典阅读：<br>中国传统营造书籍、图纸分析<br>3. 多媒体辅助：<br>三维模型、动画生成，多角度、全过程演示 | 导入式教学<br>多媒体教学<br>案例教学<br>互动讨论 | 1. 强调构造、结构、建筑三者融合，引导学生了解建筑构造基本原则、影响因素及典型做法，鼓励学生依据建筑的功能、结构、环境、材料、施工技术等要素，科学制定构造方案，培养工程思维、职业素养和创新精神；<br>2. 倡导“节能减排”“生态文明”“科技创新”“科技强国”，激励学生坚持生态文明建设、持续提升人居环境，树立人文关怀设计理念；<br>3. 引入国内外优秀构造设计和施工案例，展示新时代先进的工程技术成就及精益求精的工匠精神，开阔视野、丰富技能，培养工匠精神、科技创新精神，树立职业使命感 |
| 第4章<br>风景园林建筑结构与构造实例分析 | 1. 加深体会风景园林建筑的结构特点和构造方式；<br>2. 熟练识读施工图纸，明确领会设计者的意图；<br>3. 提升专业技能和职业素养 | 1. 传统风景园林建筑结构与构造实例解析；<br>2. 现代风景园林建筑结构与构造实例解析 | 4 | 科学精神<br>工匠精神<br>专业技能<br>职业素养<br>民族自豪感<br>职业自豪感 | 图片、视频、动画分享展示 | 导入式教学<br>多媒体教学<br>案例教学<br>互动讨论<br>翻转课堂 | 1. 通过古今优秀建筑实例分析，体会经典、传承文明，强化科学精神和工匠精神，提升民族自豪感和职业自豪感；<br>2. 培养学生自主学习、独立思考以及方案分析和解决问题的能力，提升专业技能和职业素养 |
| 第5章<br>风景园林建筑结构与构造课程设计 | 1. 综合运用理论知识进行结构与构造方案设计；<br>2. 熟练绘制施工图纸，清晰表达设计者的意图；<br>3. 提升专业技能和职业素养 | 1. 墙身构造设计<br>2. 楼梯构造设计<br>3. 平屋顶构造设计<br>4. 小型风景园林建筑结构与构造方案初步设计 | 24 | 工程思维<br>职业素养<br>实战能力<br>创新精神 | 优秀学生作品分享展示 | 案例教学<br>互动讨论<br>翻转课堂<br>实训指导 | 1. 培养学生持续学习、不断探索、勇于创新的精神；<br>2. 训练学生综合运用理论知识和技术手段，通过融合、协调和构思，提出解决问题的合理方案，培养工程思维、实战能力及职业素养 |

# 参 考 文 献

[1] 李必瑜．建筑构造（上册）.6版．北京：中国建筑工业出版社，2019.

[2] 杨维菊．建筑构造设计（上册）.2版．北京：中国建筑工业出版社，2016.

[3] 金虹．建筑构造．北京：清华大学出版社，2005.

[4] 同济大学等．房屋建筑学.5版．北京：中国建筑工业出版社，2016.

[5] 叶献国．建筑结构选型概论.2版．武汉：武汉理工大学出版社，2013.

[6] 樊振和．建筑构造原理与设计.5版．天津：天津大学出版社，2018.

[7] 彭一刚．建筑空间组合论.3版．北京：中国建筑工业出版社，2008.

[8] 翟志，林洋．风景建筑构造与结构.3版．北京：中国林业出版社，2016.

[9] 刘福智，佟裕哲．风景园林建筑设计指导．北京：机械工业出版社，2007.

[10] 田永复．中国园林建筑构造设计.2版．北京：中国建筑工业出版社，2008.

[11]《园林建筑材料与构造》编委会．园林建筑材料与构造．北京：中国建筑工业出版社，2007.

[12] 房智勇，冯萍，常宏达．房屋建筑构造学课程设计指导与习题集．北京：中国建筑工业出版社，2008.

[13]《建筑设计资料集》（第三版）编委会．建筑设计资料集．北京：中国建筑工业出版社，2017.